产业专利分析报告

（第72册）——自主式水下滑翔机技术

国家知识产权局学术委员会◎组织编写

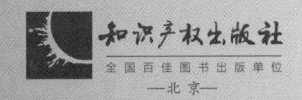

知识产权出版社
全国百佳图书出版单位
—北京—

图书在版编目（CIP）数据

产业专利分析报告. 第72册，自主式水下滑翔机技术/国家知识产权局学术委员会组织编写. —北京：知识产权出版社，2020.6
ISBN 978–7–5130–6942–7

Ⅰ. ①产… Ⅱ. ①国… Ⅲ. ①专利—研究报告—世界 ②水下作业机器人—专利—研究报告—世界 Ⅳ. ①G306.71②TP242.2

中国版本图书馆 CIP 数据核字（2020）第 085910 号

内容提要

本书是自主式水下滑翔机行业的专利分析报告。报告采用了比较研究法、调查研究法、追踪研究法、实证研究法对自主式水下滑翔机进行研究，以宏观角度对专利布局和态势进行全面分析，也从微观角度对竞争主体、重点关键技术和重要专利进行深入分析。此外，由于自主式水下滑翔机具有一定的技术保密性，相关主题的专利数据较少，传统研究方法无法满足需要，报告创新性地采用了"扩展"专利分析方法。本书是了解该行业技术发展现状并预测未来走向，帮助企业做好专利预警的必备工具书。

责任编辑：卢海鹰　王瑞璞	责任校对：谷　洋
执行编辑：周　也	责任印制：刘译文
封面设计：博华创意·张冀	

产业专利分析报告（第72册）
——自主式水下滑翔机技术
国家知识产权局学术委员会　组织编写

出版发行： 知识产权出版社 有限责任公司	网　　址：http://www.ipph.cn
社　　址：北京市海淀区气象路 50 号院	邮　　编：100081
责编电话：010–82000860 转 8740	责编邮箱：zhouye@cnipr.com
发行电话：010–82000860 转 8101/8102	发行传真：010–82000893/82005070/82000270
印　　刷：天津嘉恒印务有限公司	经　　销：各大网上书店、新华书店及相关专业书店
开　　本：787mm×1092mm　1/16	印　　张：17.75
版　　次：2020 年 6 月第 1 版	印　　次：2020 年 6 月第 1 次印刷
字　　数：400 千字	定　　价：88.00 元
ISBN 978-7-5130-6942-7	

出版权专有　侵权必究
如有印装质量问题，本社负责调换。

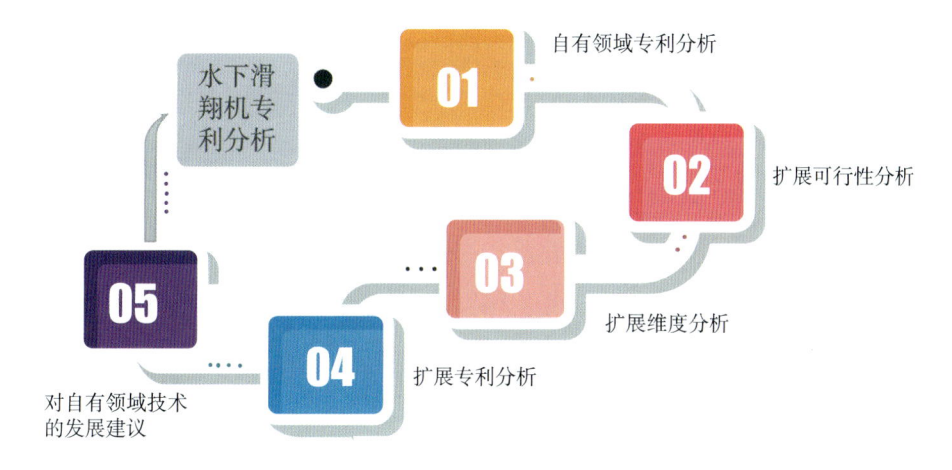

图2-3-1　扩展专利分析方法

（正文说明见第26页）

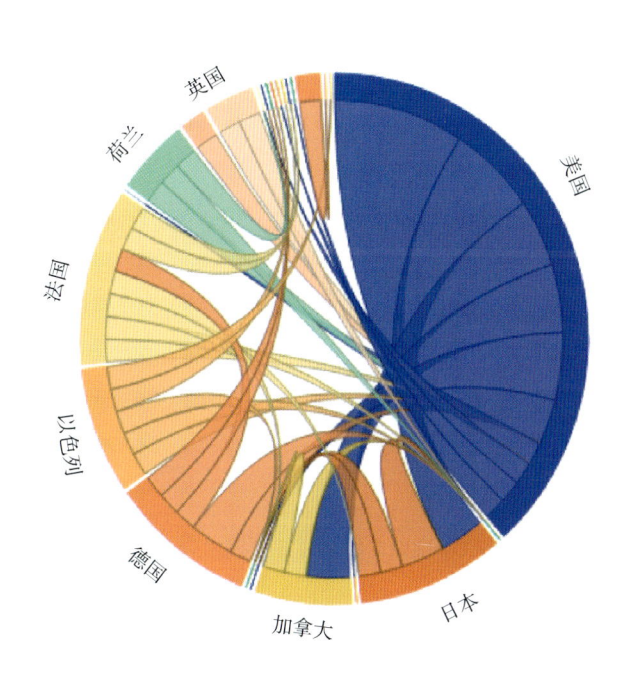

图3-1-15　AUG专利同族主要分布

（正文说明见第51页）

图 3-1-2　AUG 全球专利申请主要技术分支申请量分布

（正文说明见第 38 页）

(a)全球专利申请趋势对比

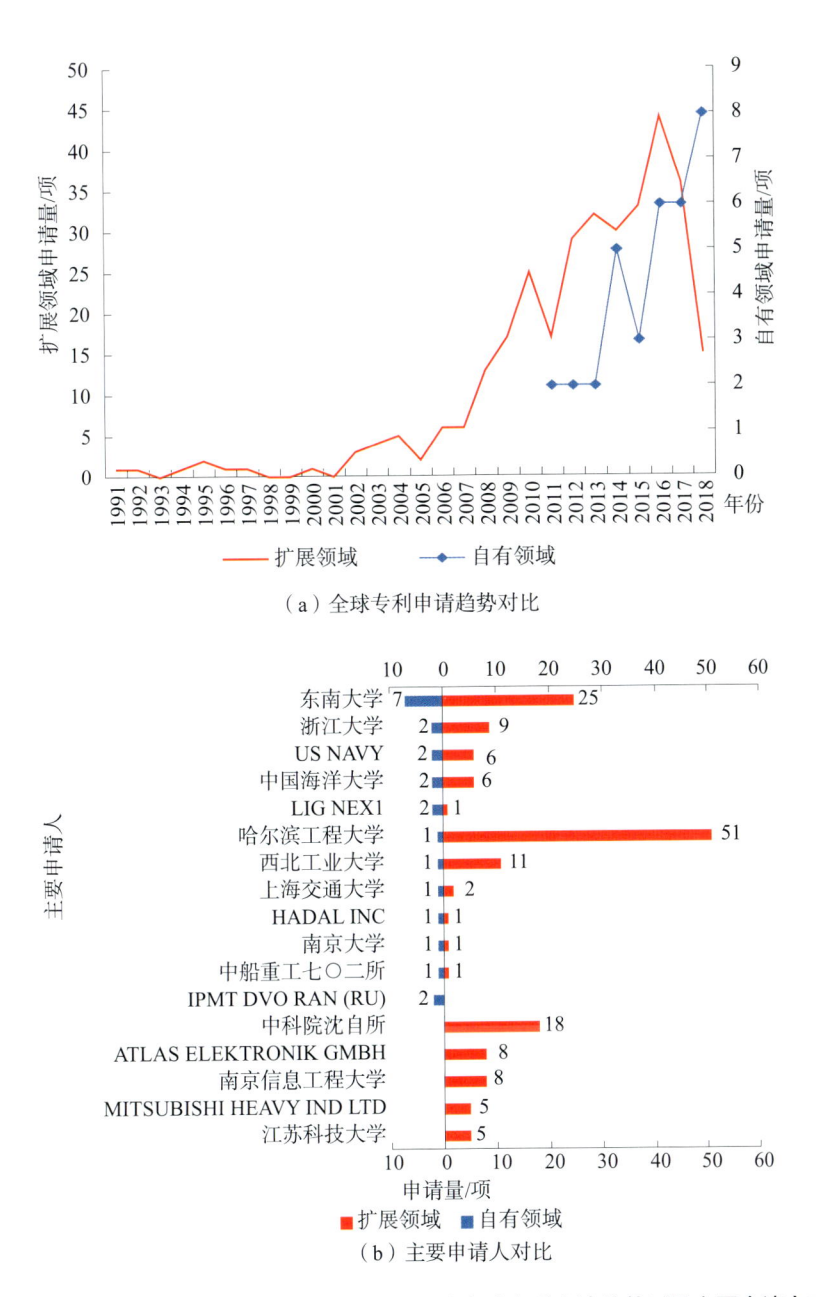

(b)主要申请人对比

图3-4-1 AUG导航技术自有与扩展领域全球专利申请趋势以及主要申请人对比

（正文说明见第63页）

图5-5-7　US NAVY水声换能器技术发展路线

（正文说明见第152页）

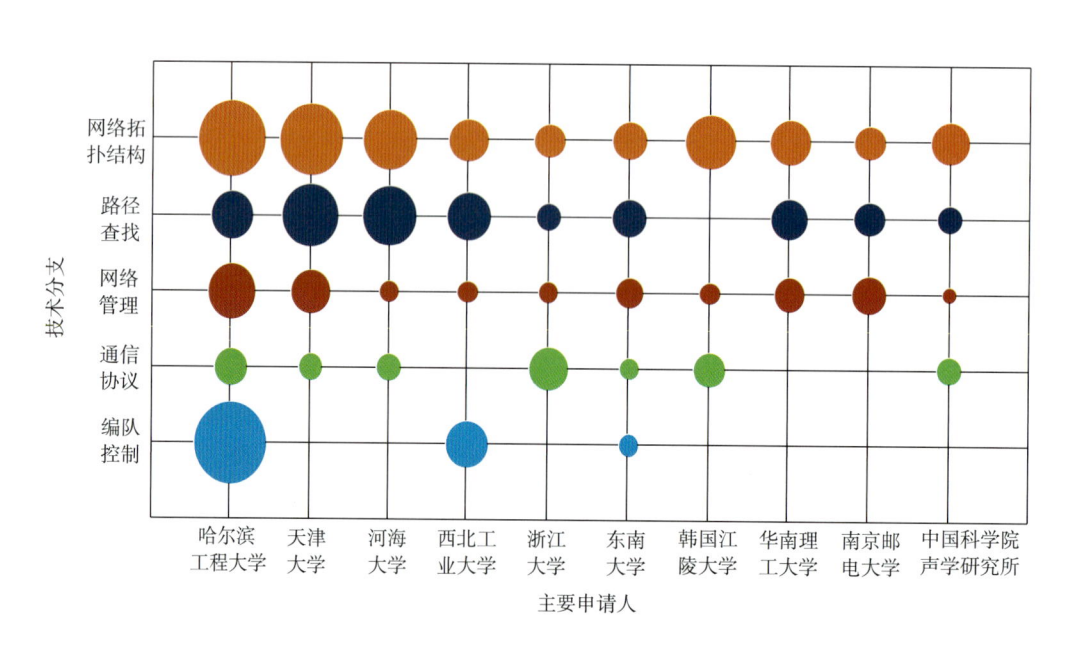

图6-3-15　AUG组网技术扩展专利全球主要申请人分布

（正文说明见第188页）

注：图中气泡大小代表申请量的多少。

编委会

主　任：贺　化

副主任：郑慧芬　雷春海

编　委：张小凤　孙　琨　朱晓琳　刘　稚

　　　　李　原　闫　娜　邹文俊　杨　明

　　　　鄢春根　甘友斌　江洪波　范爱红

　　　　郭　荣

前　言

2019年是中华人民共和国成立70周年，是全面建成小康社会、实现第一个百年奋斗目标的关键之年。在以习近平同志为核心的党中央的坚强领导下，国家知识产权局认真贯彻落实党中央、国务院决策部署，聚焦创新驱动和改革开放两个轮子，强化知识产权创造、保护、运用。为推动产业高质量发展，围绕国家重点产业持续开展专利分析研究，深化情报分析，提供精准支撑，充分发挥知识产权在国家治理中的作用。

在国家知识产权局学术委员会的领导和指导下，专利分析普及推广项目始终坚持"源于产业、依靠产业、推动产业"核心原则，突出情报分析工作定位和功能，围绕国家100余个重点产业、重大技术和重大项目开展研究，形成一批高质量的研究成果，通过出版《产业专利分析报告》（第1～70册）推动成果落地生根，逐步形成与产业紧密联系和互动合作的良好格局。

这一年，专利分析普及推广项目在求变求新的理念引领下，锐意进取，广开渠道，持续引导和鼓励具备相应研究能力的社会力量承担研究工作，得到社会各方的热情支持和积极响应。10项课题经立项评审脱颖而出，中国科学院、北京空间科技信息研究所等科研院所，清华大学、北京大学等高校，江西省陶瓷知识产权信息中心、中国煤炭工业协会生产力促进中心等企事业单位或单独或联合承担了具体研究工作。各方主动发挥独特优势，组织近150名研究人员，历时7个月，圆满完成了各项研究任务，形成一批凸显行业特色的研究成果和方法论。同时，择优选取其中8项成果以《产业专利分析报告》（第71～78册）

系列丛书的形式出版。这8项报告所涉及的产业方向分别是混合增强智能、自主式水下滑翔机技术、新型抗丙肝药物、中药制药装备、高性能碳化物先进陶瓷材料、体外诊断技术、智能网联汽车关键技术、低轨卫星通信技术，均属于我国科技创新和经济转型的核心产业。

专利分析普及推广项目的发展离不开社会各界一如既往的支持与帮助，各级知识产权局、行业协会、科研院所等为课题的顺利开展贡献了巨大的力量，近百名行业和技术专家参与课题指导工作，《产业专利分析报告》（第71~78册）的出版凝聚着社会各界智慧。

专利分析成果的生命力在于推广和应用。在新冠肺炎疫情期间，国家知识产权局结合实际，组织力量编制并发布多份抗击新冠病毒肺炎专利信息研报，广泛推送至科研专班和相关专家，充分发挥专利信息对疫情防控科研攻关的专业支撑与引导作用，助力打赢疫情防控阻击战。希望各方能够充分吸收《产业专利分析报告》的内容，积极发挥专利信息对政策决策、技术创新等方面的智力支撑作用。

由于报告中专利文献的数据采集范围和专利分析工具的限制，加之研究人员水平有限，报告的数据、结论和建议仅供社会各界借鉴研究。

《产业专利分析报告》丛书编委会
2020年5月

项目联系人

孙　琨　010-62086193/sunkun@cnipa.gov.cn

自主式水下滑翔机技术产业专利分析课题研究团队

一、项目指导

国家知识产权局：贺　化　郑慧芬　雷春海

二、项目管理

国家知识产权局专利局：张小凤　孙　琨　王　涛

三、课题组

承担单位：国家知识产权局专利局专利审查协作天津中心
　　　　　　青岛海洋科学与技术国家实验室发展中心

课题负责人：刘　稚　李　原

课题组组长：黄树军

统　稿　人：刘　琳　肖　东

主要执笔人：张　岩　赵　睿　安　然　连　慧　李凯锋
　　　　　　　张耀天

课题组成员：刘　稚　李　原　黄树军　刘　琳　肖　东
　　　　　　　张　岩　赵　睿　安　然　连　慧　李凯锋
　　　　　　　张耀天　吕　勇　田德艳　赵　翠　朱小龙

四、研究分工

数据检索：张　岩　赵　睿　安　然　李凯锋　张耀天

数据清理：张　岩　赵　睿　安　然　连　慧　李凯锋　张耀天

数据标引：张　岩　赵　睿　安　然　连　慧　李凯锋　张耀天

图表制作：张　岩　赵　睿　安　然　连　慧　李凯锋　张耀天

报告执笔：黄树军　刘　琳　肖　东　张　岩　赵　睿
　　　　　　安　然　连　慧　李凯锋　张耀天　高　燕
　　　　　　王　静　王浩羽　林明昆　郑子川　吕　勇

田德艳 赵 翠 朱小龙

报告统稿：刘 琳 肖 东

报告编辑：黄树军 刘 琳 肖 东 张 岩 赵 睿
安 然 连 慧 李凯锋 张耀天

报告审校：刘 稚

五、报告撰稿

黄树军：主要执笔第 1 章第 1.5 节

刘 琳：主要执笔第 1 章第 1.1～1.2 节、第 2 章、第 4 章第 4.1 节、第 8 章第 8.2 节

肖 东：主要执笔第 1 章第 1.4 节、第 3 章第 3.5 节

张 岩：主要执笔第 6 章

赵 睿：主要执笔第 5 章

安 然：主要执笔第 3 章第 3.2～3.4 节，第 7 章 7.3.3 节、第 7.4.1 节，第 8 章第 8.1 节

连 慧：主要执笔第 3 章第 3.1 节、第 7 章第 7.4.2～7.5 节

李凯锋：主要执笔第 7 章第 7.1 节、第 7.2.3～7.3.2 节

张耀天：主要执笔第 4 章第 4.2～4.3 节、第 4.4.1 节

高 燕：主要执笔第 4 章第 4.4.2 节

王 静：主要执笔第 7 章第 7.2.1 节

林明昆：主要执笔第 7 章第 7.2.2 节

王浩羽：主要执笔第 4 章第 4.5 节

郑子川：主要执笔第 1 章第 1.3 节

吕 勇：主要执笔图索引

田德艳：主要执笔图索引

赵 翠：主要执笔表索引

朱小龙：主要执笔表索引

六、指导专家

王 澄 原国家知识产权局专利局机械发明审查部

目 录

第1章 绪　论 / 1
  1.1　研究背景 / 1
    1.1.1　基本结构及原理 / 1
    1.1.2　技术发展现状 / 2
    1.1.3　产业发展现状 / 7
    1.1.4　应用需求 / 8
    1.1.5　面临的问题 / 9
  1.2　研究方法和内容 / 10
    1.2.1　研究方法 / 10
    1.2.2　研究内容 / 10
    1.2.3　技术分解 / 11
  1.3　数据检索和处理 / 13
  1.4　查全和查准评估 / 13
  1.5　相关事项和约定 / 14
    1.5.1　相关数据的解释和说明 / 14
    1.5.2　术语约定 / 14
    1.5.3　主要申请人名称约定 / 15

第2章 特色专利分析方法 / 21
  2.1　本报告难点与特点 / 21
    2.1.1　技术起步晚，属于新兴前沿领域 / 21
    2.1.2　专利申请量与产业需求、立项研究情况不匹配 / 22
    2.1.3　专用技术与通用技术相互交织并存 / 24
  2.2　常规专利分析方法及其局限性 / 25
    2.2.1　常规专利分析方法介绍 / 25
    2.2.2　常规专利分析方法的局限性 / 25
  2.3　特色"扩展"专利分析方法介绍 / 26
    2.3.1　自有领域专利分析 / 26

2.3.2 扩展可行性分析 / 27
2.3.3 扩展维度分析 / 30
2.3.4 扩展专利分析 / 31
2.3.5 对自有专利技术发展意见建议 / 33
2.4 特色"扩展"专利分析方法应用价值 / 33
2.4.1 有助于实现新兴领域/军用领域专利分析 / 34
2.4.2 有助于理清专用/通用交织技术脉络 / 34
2.4.3 有助于突破技术瓶颈 / 34
2.4.4 有助于给出全方位建议 / 34
2.5 本章小结 / 35

第3章 AUG专利整体态势分析 / 36
3.1 AUG自有领域专利整体态势分析 / 36
3.1.1 全球专利申请态势分析 / 36
3.1.2 中国专利申请态势分析 / 52
3.2 AUG专利扩展可行性分析 / 56
3.2.1 扩展原因分析 / 56
3.2.2 扩展维度分析 / 56
3.3 AUG扩展领域专利整体态势分析 / 57
3.4 AUG自有领域与扩展领域整体态势对比分析 / 63
3.5 本章小结 / 68

第4章 导航技术专利分析 / 70
4.1 现有AUG导航技术专利分析 / 70
4.1.1 专利整体情况 / 70
4.1.2 专利技术构成 / 72
4.1.3 专利技术发展路线 / 77
4.1.4 重要专利分析 / 80
4.1.5 现有导航技术专利数量较少的原因分析 / 82
4.2 扩展可行性及维度分析 / 84
4.2.1 现有导航技术存在的问题及需求 / 85
4.2.2 扩展可行性及维度分析 / 86
4.3 AUG导航技术扩展专利分析 / 88
4.3.1 专利申请趋势分析 / 88
4.3.2 专利技术构成 / 93
4.3.3 重要申请人专利分析 / 96
4.3.4 重要专利分析 / 105
4.4 AUG导航技术选择建议 / 108

4.4.1　针对海洋环境监测和测量 / 109
　　　4.4.2　针对水下目标预警探测 / 110
　4.5　本章小结 / 111

第5章　水声通信技术专利分析 / 113
　5.1　现有AUG水声通信技术专利分析 / 114
　　　5.1.1　专利申请整体情况 / 114
　　　5.1.2　专利申请数量较少原因分析 / 116
　　　5.1.3　专利申请技术分支 / 122
　　　5.1.4　重点专利介绍 / 123
　5.2　扩展可行性及维度分析 / 126
　　　5.2.1　扩展可行性分析 / 126
　　　5.2.2　扩展维度分析 / 127
　5.3　AUG水声通信技术扩展专利分析 / 128
　　　5.3.1　全球专利申请趋势 / 129
　　　5.3.2　专利申请区域分布 / 130
　　　5.3.3　申请人分析 / 132
　　　5.3.4　专利申请人类型 / 134
　　　5.3.5　专利技术分布 / 135
　　　5.3.6　专利技术功效分析 / 139
　5.4　重要专利分析 / 140
　　　5.4.1　重要专利筛选 / 140
　　　5.4.2　重要专利技术分析 / 141
　5.5　重点申请人专利分析 / 145
　　　5.5.1　哈尔滨工程大学 / 145
　　　5.5.2　US NAVY / 149
　5.6　AUG水声通信技术选择建议 / 153
　　　5.6.1　采用新材料、新结构的水声换能器 / 153
　　　5.6.2　网络拓扑节点部署策略 / 154
　5.7　军民融合建议 / 155
　　　5.7.1　以水声传感网络作为热点技术 / 155
　　　5.7.2　加强对企业的支持、引导 / 156
　5.8　本章小结 / 157

第6章　组网技术专利分析 / 159
　6.1　现有AUG组网技术专利分析 / 159
　　　6.1.1　专利整体情况 / 159
　　　6.1.2　技术分析 / 163

6.1.3　重要专利分析 / 167
6.2　扩展可行性及维度分析 / 170
6.2.1　扩展可行性分析 / 171
6.2.2　技术领域扩展分析 / 175
6.3　AUG 组网技术扩展专利分析 / 176
6.3.1　整体态势分析 / 176
6.3.2　技术分析 / 182
6.3.3　重要申请人专利分析 / 188
6.3.4　重要专利分析 / 197
6.4　AUG 组网技术选择的建议 / 200
6.4.1　水声通信带宽窄 / 200
6.4.2　降低组网能耗 / 200
6.4.3　节点维护 / 203
6.5　本章小结 / 203

第 7 章　运动控制系统专利分析 / 205

7.1　全球运动控制系统专利申请分析 / 205
7.1.1　申请趋势 / 205
7.1.2　申请目标地 / 206
7.1.3　主要申请人 / 208
7.1.4　技术构成 / 208
7.1.5　技术分布与功效 / 209
7.2　中国运动控制系统专利申请分析 / 210
7.2.1　申请趋势 / 211
7.2.2　技术构成 / 211
7.2.3　各技术分支申请态势 / 211
7.2.4　技术效果 / 213
7.2.5　主要申请人及技术分布 / 214
7.3　运动控制系统技术分支专利分析 / 215
7.3.1　浮力驱动系统专利分析 / 217
7.3.2　姿态调整系统专利分析 / 225
7.3.3　辅助推进系统专利分析 / 231
7.4　重要申请人专利分析 / 237
7.4.1　中科院沈自所 / 237
7.4.2　天津大学 / 245
7.5　本章小结 / 249

第 8 章　结论及建议 / 251
　　8.1　结　　论 / 251
　　8.2　建　　议 / 252
　　　　8.2.1　依据海洋强国战略，制定产业发展规划 / 252
　　　　8.2.2　借鉴相近技术领域，重点突破关键技术 / 254
　　　　8.2.3　加强知识产权保护，助力行业创新发展 / 255

图索引 / 257
表索引 / 261

第1章 绪 论

本章作为本报告的开篇,将从自主式水下滑翔机(Autonomous Underwater Glider,AUG)的研究背景、研究方法和内容、数据检索和处理、查全查准评估、相关事项和约定等方面进行介绍。

1.1 研究背景

2017年,习近平总书记在党的十九大报告中明确要求"坚持陆海统筹,加快建设海洋强国"。加快建设海洋强国必须充分认知海洋;先进的海洋监测技术、监测设备是认知海洋的硬件基础和理论支撑,直接影响海洋开发的深度和广度。

"十三五"以来,围绕国家海洋强国建设战略,在强化海洋认知方面,我国实施了"国家全球海洋立体观测系统"重大工程,将海洋监测技术装备作为海洋强国建设发展的新重点。其中,"透明海洋"[1]工程已取得了阶段性成绩,我国构建起全球第一个马里亚纳海沟海洋科学综合观测网,自主研发了4000m深海Argo、深海AUG等水下关键观测技术与装备,并基于深海AUG的观测数据取得了一系列具有国际引领性的认知海洋研究成果。

1.1.1 基本结构及原理

水下航行器是一类重要的海洋观测和操作平台,是能在水下自由移动,携带感知、信息处理机通信系统,以远程遥控、自主或半自主操作方式进行水下作业或信息收集的专用装置。根据是否搭载人员,水下航行器可分为载人水下航行器(Human Occupied Vehicle,HOV)和无人水下航行器(Unmanned Underwater Vehicle,UUV)。根据操作方式的不同,无人水下航行器分为遥控水下航行器(Remotely Operated Vehicle,ROV)、自主式水下航行器(Autonomous Underwater Vehicle,AUV)以及AUG。各种水下航行器的分类如图1-1-1所示。

其中,AUG是一种新型的海洋监测设备,融合了海洋环境信息自动收集、处理、存储、传输等功能,具有续航时间长、运动范围广、隐蔽性强的特点,可执行水下搜索、监视、侦查、导航和反潜作战等重要任务。根据主要驱动能源的不同,AUG又可分为电能驱动AUG和温差能驱动AUG。

---

[1] 吕晨昕. 浅析"青岛蓝谷"海洋装备制造产业[J]. 环渤海经济瞭望, 2018 (05): 87-88.

```
                        水下航行器
                    ┌──────┴──────┐
              载人水下航行器      无人水下航行器
                    ┌────────────┼────────────┐
            自主式水下滑翔机  自主式水下航行器  遥控水下航行器
```

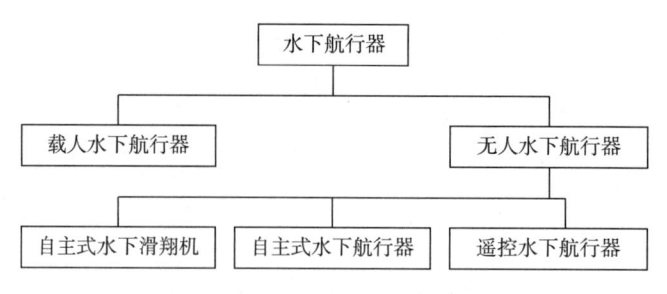

图 1-1-1　水下航行器分类

AUG 一般由壳体、水翼、能源部分、重心调节装置、浮力调节装置、天线等几部分构成。AUG 在航行时通过浮力调节系统控制自身浮力的变化，实现正浮力和负浮力之间的状态转换，在海中产生上浮或者下潜的动力。AUG 在上浮和下潜时，在水的浮力和水对机翼的阻力作用下，产生了向前合力，从而向上前方或下前方进行滑翔运动；在航行过程中，通过改变重心和浮心的相对位置，产生横滚力矩和俯仰力矩，实现回转和俯仰运动。由于 AUG 需要不断进行浮力变化和重心调节，因此，AUG 的航迹从三维空间来看呈现为螺旋运动，从垂直剖面来看呈现为锯齿形运动。

AUG 具有典型锯齿状剖面运动能力，且不需要额外的动力驱动装置；仅靠浮力驱动自身运动的特性，能够极大地节约 AUG 的能源消耗，使其持续观测时间一般长达几个月，续航能力可达上千公里，可以到达海洋中许多以前难以触及的位置，有效提高海洋环境的空间和时间测量密度。此外，由于 AUG 不需要额外的动力驱动装置，其运动时产生的噪声几乎等同于海水自噪声，且自身体积较小，难以被探测，使得 AUG 隐蔽性强，可用于水下目标预警与探测。AUG 能够克服传统海洋观测工具续航能力差、观测范围小的缺陷，现已成为常规的、可持续的、高分辨率海洋观测平台。

1.1.2　技术发展现状

（1）国外技术发展现状

AUG 最早由美国海洋学家 Henry Stommel 于 1989 年提出设计概念，并由美国工程师 Douglas C. Webb 等人在 US NAVY 技术局（Office of Naval Technology，ONT）支持下研制出样机，命名之为 Slocum Glider。[1] 1998 年 11 月，第一台 Slocum Glider 样机在美国佛罗里达州的瓦库拉泉和纽约州的塞纳克湖分别成功完成功能验证试验。[2] 1999 年，美国华盛顿大学应用物理实验室研制成功 Sea Glider。[3] 1999 年，美国 Scripps 海洋研究

---

[1] STOMMEL H. The slocum massion [J]. Oceanography, 1989, 2 (1): 22-25.

[2] SIMONETTI P J. Low-cost, endurance ocean profiler [J]. Sea Technology, 1998, 39 (2): 17-21.

[3] ERIKSEN C C, OSSE T J, LIGHT R D, et al. Seaglider: a long-range autonomous underwater vehicle for oceanographic research [J]. IEEE Journal of Oceanic Engineering, 2001, 26 (4): 424-436.

所和 Woods Hole 海洋研究所共同研制成功 Spray Glider。❶ 2008 年法国 ACSA 公司成功开发 SeaExplorer❷ 混合推进 AUG。目前，Sea Glider 已被 Kongsberg 公司实现产品化，Spray Glider 被 Bluefin 公司实现商品化，Slocum Glider 被 Teledyne Webb Research 公司实现商品化❸。Sea Glider、Spray Glider、Slocum Glider 是目前 AUG 的主流产品。

Spray Glider 的耐压壳体为 Myring 形，材料为 6061T6 铝合金，驱动能源为电能，通过液压泵产生驱动浮力，内置电池组分为三组，其中两组电池分别用来调节俯仰姿态和横滚姿态；续航能力 330 天，巡航范围 7000km，最大下潜深度 1500m，被设计用于深海水域。Spray Glider 采用 GPS 实现水面定位，在水下通过电子罗盘数据进行航位推算，通信系统采用商用低轨道小卫星短数据通信系统，可实现双向通信，通信速率 100byte/s。Spray Glider 采用细长的低阻力的流线型外壳，并把天线内置于飞翼中，以进一步减小阻力。此外，Spray Glider 可集成温盐深（Conductivity Temperature Depth, CTD）传感器、溶解氧传感器、叶绿素计等多种传感器。

Sea Glider 使用 6061T6 铝合金制成耐压壳体，外置一层纺锤形低阻玻璃纤维复合材料作为导流罩，既补偿了大深度下的净浮力损失，又减小了水阻力；驱动能源为电能，通过液压泵产生驱动浮力，内部容量 17 兆焦耳的可平移和旋转的电池组用于调整姿态。续航能力 200 天，巡航范围 4600km，最大下潜深度 1000m。Sea Glider 采用 GPS 实现水面定位，在水下通过电子罗盘数据进行航位推算，应用卡尔曼滤波的方法对平均海流和振动海流进行预测并校正航向。Sea Glider 通信系统采用无线通信和铱星通信，通信速率分别为 450byte/s 和 100byte/s。Sea Glider 的俯仰角度范围可以由 10°达到 75°，它的 GPS 天线装在尾部一根 1m 多长的杆子上，在浮出水面时，不需要辅助的浮力装置，天线就能高出水面，成功获得 GPS 定位和通信。此外，Sea Glider 采用海图和声学高度计相结合的方式，实现海底避撞功能。Sea Glider 可搭载温盐深传感器、溶解氧传感器、声学多普勒海流剖面仪（Acoustic Doppler Current Profiler，ADCP）等多种传感器进行作业。

Teledyne Webb Research 公司经过长期的试验与改进，形成了 Slocum Glider 系列化产品，分为电能驱动型和温差能驱动型两类，有下潜深度 30m、100m、200m、350m、1000m 多种型号，同时 Teledyne Webb Research 公司能够根据客户需求研制其他深度的 AUG。Slocum Glider 外形为带平行中体的水滴形，传感器搭载舱壳体采用 6061T6 铝合金，电池舱壳体采用碳纤维复合材料。Slocum Glider 使用滚动膜柱塞泵和微型轴向柱塞泵作为核心部件实现浮力驱动，通过内部电池组的前后移动和尾部操舵分别实现俯仰和横滚姿态的调节，航行过程中通过电子罗盘进行航位推算，可预测海流并实施航向

---

❶ SHERMAN J, DAVIS R E, OWENS W B, et al. The autonomous underwater glider "Spray" [J]. IEEE Journal of Oceanic Engineering, 2001, 26（4）：437-446.

❷ CLAUSTRE H, BEGUERY L, PLA P. Sea explorer glider breaks two world records multisensor UUV achieves global milestones for endurance, distance [J]. Sea Technology, 2014, 55（3）：19-22.

❸ WEBB D C, SIMONETTI P J, JONES C P. Slocum: an underwater glider propelled byenvironmental energy [J]. IEEE Journal of Oceanic Engineering, 2001, 26（4）：447-452.

校正。Slocum Glider 位于水面时，尾部气囊辅助抬起天线，可实现无线电、铱星通信和 GPS 定位功能。Slocum Glider 可携带 114 节锂电池，续航能力 120～360 天，巡航范围可达 8000km。Slocum Glider 可集成声学多普勒海流剖面仪、溶解氧传感器、温盐深传感器、水听器、浊度计、后向散射仪、叶绿素计、湍流计等多种传感器。

SeaExplorer 混合推进 AUG，采用水阻较小的椭球外形，使用新型复合材料制作耐压舱，通过液压泵提供驱动浮力，下潜深度 700m，通过内部容量 9 兆焦耳的可移动和旋转的电池包实现姿态调节，续航能力 60 天，巡航范围 1200km，采用 GPS 和铱星通讯进行定位和通信。SeaExplorer 可搭载温盐深传感器、溶解氧传感器、浊度计等执行任务。

除以上商业化 AUG 外，世界各国也研发出了多种不同类型的 AUG。美国华盛顿大学应用物理实验室于 2002 年研制了潜深 6000m 级的 Deep Glider。该 AUG 采用了与 Sea Glider 类似的外形特征，使用碳纤维复合材料作为耐压壳体，可潜入全世界 98% 的海洋海底执行任务。2006 年 11 月进行的海域试验表明，其实际最大工作深度达 2713m，完成 150 个剖面，航程为 220km。

2006 年和 2007 年，美国 Scripps 海洋研究所海船物理实验室（Marine Physical Lab）和华盛顿大学应用物理实验室共同研制出大型 AUG XRay[1]，飞翼布局使其升阻比高达 20∶1，设计航程达 1500km，并于 2007 年进行了水域实验。2010 年，更高性能的滑翔机 ZRay[2] 问世，升阻比达到 35∶1，采用喷水射流的方式实现对深度的精确控制及水面推进，可携带水听器阵列对海洋哺乳动物进行监听和辨识。

AUG 载荷能力有限，因此，单台 AUG 的观测或探测功能相对单一。为拓展 AUG 的单机功能，AUG 组网观测是其重要的发展和应用方向之一。AUG 组网观测以 AUG 为核心装备，可涵盖潜标系统、浮标系统、UUV 等多种观测系统平台，具有较好的拓展性，可极大提高移动观测平台执行复杂任务的综合能力，可满足海洋观测与探测复杂任务的需求。目前，国外建设的水下观测网主要有美国的自主海洋采样观测网（Autonomous Ocean Sampling Network，AOSN）、近海水下持续监视网络（Persistent Littoral Undersea Surveillance Network，PLUSNet）、综合海洋观测系统（Integrated Ocean Observing System，IOOS）、欧洲滑翔观测网（European Gliding Observatories Network，EGO）以及澳大利亚的综合海洋观测系统（Australian Integrated Marine Observing System，IMOS）。

20 世纪 90 年代开始，US NAVY 研究院自主海洋采样观测网项目研究启动，其可用于观测大范围近海及沿海区域内各种重要海洋现象。[3] 自主海洋采样观测网分别于 2000 年、2003 年和 2006 年在蒙特利海湾进行了一系列海洋观测试验。在试验中，多台

---

[1] GRIFFITHS G, JONES C, FERGUSON J, et al. Undersea gliders [J]. Journal of Ocean Technology, 2007, 2 (2): 64-75.

[2] HILDEBRAND J A, SPAIN D, GERALD L, et al. Glider - based passive acoustic monitoring techniques in the southern Califomia region [R]. SAN DIEGO STATE UNIV CA DEPT OF COMPUTER SCIENCES, 2011.

[3] FRATANTONI D M, HADDOCK S H D. Introduction to the autonomous ocean sampling network (AOSN - II) program [J]. Deep Sea Research Part II Topical Studies in Oceanography, 2009, 56 (3-5): 61.

AUG 作为移动分布式的海洋参数自主采样网络节点，在海洋环境参数采样应用中显示出卓越的优势和广阔的应用前景。

美国近海水下持续监视网络是一种半自主控制的海底固定节点加水中机动节点的网络化设施。[1] 该网络的移动式通信节点由携带半自主任务传感器的多个无人水下航行器组成，其中 AUG 作为无人水下航行器之一，其主要任务为水文测量、海洋噪声和水下目标噪声侦测，并快速生成濒海环境态势变化图。

美国国家海洋和大气管理局于 2002 年提出组建全国性的综合海洋观测系统网络计划。[2] 由于 AUG 在海洋观测网中的重要作用，美国国家海洋和大气管理局又于 2012 年 8 月初步提出国家滑翔机组网计划（National Glider Network Plan），并成立数据中心，采用统一的 AUG 数据格式，共享其观测数据。

为实现全球性、区域性及近海岸等不同范围内的长期海洋观测任务，英国、法国、德国、意大利、西班牙和挪威等国家组成了欧洲滑翔观测网。2005～2014 年，欧洲滑翔观测网陆续布放了大约 300 台次 AUG 执行各种海洋观测任务，用于实时采集大西洋海域内的海洋剖面数据信息。

基于美国和欧洲商品化的 AUG 产品，澳大利亚也进行了 AUG 网络构建技术的研究，成立了澳大利亚综合海洋观测系统。澳大利亚综合海洋观测系统项目于 2012～2013 年共布放了包括 Sea Glider 和 Slocum Glider 在内的数十台 AUG，共计执行调查任务超过 150 个，主要集中用于观测澳洲东部、南部和西部边界流，促进了澳大利亚在 AUG 协作组网应用技术方面的迅速发展。

（2）国内技术发展概况

国内关于 AUG 研究的起步较晚，始于 21 世纪初，在科学技术部和国家自然科学基金委员会等相关部委的项目支持下，我国 AUG 的技术发展迅速。目前已有多家科研单位对此进行研究，分别为天津大学、中国科学院沈阳自动化研究所（以下简称"中科院沈自所"）、上海交通大学、浙江大学和中国海洋大学。

天津大学 2002 年开始第一代 AUG 的研发，2005 年研制完成温差能驱动 AUG 原理样机，并成功进行水域试验。天津大学于 2007 年研制出 Petrel 混合推进 AUG 试验样机，采用 GPS 定位，也可通过无线终端或卫星通信终端与岸基监控站完成数据传输，可搭载水听器、温盐深传感器等，并在抚仙湖成功完成水域试验。2014 年天津大学自主研发的 Petrel‐Ⅱ[3]采用了最新的混合推进技术，融合了浮力驱动与螺旋桨推进技术，不但能实现和自主式水下航行器一样的转弯、水平运动，而且具备传统滑翔机剖面滑翔的能力。Petrel‐Ⅱ通过液压泵、电磁阀等元器件控制液压油出入外皮囊，改变滑翔

---

[1] GRUND M, FREITAG L, PREISIG J, et al. The PLUSNet underwater communications system: acoustic telemetry for undersea surveillance [C]. Boston: IEEE Oceans 2006, 2006.

[2] HARLAN J, TERRILL E, HAZARD L, et al. The integrated ocean observing system high‐frequency radar network: status and local, regional, and national applications [J]. Marine Technology Society Journal, 2010, 44 (6): 122–132.

[3] WANG S, SUN X, WANG Y, et al. Dynamic modeling and motion simulation for a winged hybrid‐driven underwater glider [J]. China Ocean Engineering, 2011, 25 (1): 97–112.

机排水体积，实现其上浮、下潜状态的转换和滑翔速度的调控；通过电机驱动电池组沿滑翔机轴线做平移和旋转运动，改变滑翔机重心位置，以实现其姿态控制和转向运动。Petrel-Ⅱ的导航系统由 GPS 和电子罗盘组成，通信系统主要由铱星通信模块构成，可实现 AUG 的水面定位及其与岸站的长距离数据传输；其测量系统集成了温盐深传感器、湍流传感器、声学传感器等各类传感器，可获取相关测量数据。Petrel-Ⅱ可持续不间断工作 42 天，并在南海北部水深大于 1500m 的海域通过测试，创造了中国 AUG 无故障航程最远、时间最长、剖面运动最多、工作深度最大等诸多纪录，突破了国外技术封锁。

2003 年中科院沈自所开始 AUG 相关技术的基础研究工作。自 2007 年起在国家 863 计划的支持下，中科院沈自所开展了 AUG 工程样机研制，2008 年研制成功水下滑翔试验机工程样机。中科院沈自所研制的 AUG "海翼" 本体采用模块化设计，分为艏部舱段、姿态调节舱段、观测舱段和尾部舱段等 4 个舱段；艏部舱段主要安装电子罗盘 TCM3、高度计和深度计；观测舱段主要安装温盐深传感器，可以根据需求定制扩展其他传感器；姿态调节舱段安装有俯仰调节装置、横滚调节装置、载体控制单元等；尾部舱段安装浮力调节装置、应急处理单元、卫星通信定位模块、无线电通信模块以及通信定位天线，采用铱星通信、GPS 定位、北斗短数据包服务与定位。2014 年 10 月 15 日，中科院沈自所研制的 "海翼" 在南海结束了为期一个多月的海上试验，完成了多滑翔机同步区域覆盖观测试验和长航程观测试验。❶ 在长航程试验中，滑翔机海上总航程突破 1000km，达到 1022.5km，持续时间达到 30 天，获得 229 个 1000m 深剖面观测数据。2017 年 3 月，中科院沈自所的 "海翼-7000" 深海滑翔机在马里亚纳海沟完成了 6329m 大深度下潜观测任务，打破了当时 AUG 工作深度的国际纪录。

2018 年 4 月，青岛海洋科学与技术试点国家实验室海洋观测与探测联合实验室（天津大学部分）的 "Petrel-10000" 深海 AUG 在马里亚纳海沟首次下潜至 8213m，再一次刷新了深海 AUG 工作深度的世界纪录。

在 AUG 组网观测方面，2014 年 9 月，天津大学在我国西沙群岛附近海域最早实现了 3 台 AUG 的编队与协作观测作业，开展了初步尝试。2017 年 7 月，中科院沈自所在南海海域布放了共计 12 台 "海翼" 系列 AUG，开始进行多机的协作观测测试。同期，天津大学依托青岛海洋科学与技术试点国家实验室，联合中国海洋大学、中船重工七一〇所、中山大学、复旦大学等高校和研究机构，完成了最大规模的一次面向海洋 "中尺度涡" 现象的立体综合观测网的构建任务。其中，移动观测平台包括 Petrel AUG、各型波浪滑翔机等共计 30 余台/套国产海洋先进观测装备。该立体综合观测网采用多种设备进行多参数、综合、立体、协作、异构组网同步观测，是我国首次实现多种类水面和水下移动平台、定点与固定平台相结合的协作观测，有效提高了我国海

---

❶ YU J, ZHANG A, JIN W, et al. Development and experiments of the sea-wing underwater glider [J]. China Ocean Engineering, 2011, 25 (4): 721–736.

洋观测与探测及相关数据获取的能力和水平，是我国区域海洋观测的一个重要里程碑。2019 年，在我国第十次北极考察期间，自然资源部第一海洋研究所实施了 AUG 观测项目，采用 Petrel AUG 搭载温盐深传感器和溶解氧传感器，对北极海域水体与生化要素进行了组网观测。尽管国内高校和科研院所已经进行了 AUG 组网的有益实践，但是我国尚未在国家层面上开展基于 AUG 的观测网络构建和长时续的业务化运行。

1.1.3 产业发展现状

（1）国外产业发展现状

国外 AUG 技术起步早，主流 AUG 机型均已进入产品化阶段，AUG 产业发展迅速。Teledyne Webb Research 研制的 Slocum Glider 在 2011 年已具备批量生产能力，截至 2014 年已售出约 500 台用于学术和军事用途，其商业用户包括 US NAVY、海洋观测计划组织、英国国家海洋学中心、DOF Subsea 北美分公司等。2011 年，美国太空和海军作战系统司令部代表 US NAVY C4I 计划执行办公室向 Teledyne Webb Research 订购了合同价值 5260 万美元的 Slocum Glider。2018 年，美国国家海洋和大气管理局与 Teledyne Webb Research 签订了价值 700 万美元的合同，用于购买 Slocum Glider、传感器组件及其服务。

2013 年 5 月，挪威的 Kongsberg 公司获得了华盛顿大学 Sea Glider 独家商业许可，并于 2013 年 12 月对 Sea Glider 进行全面生产。Kongsberg 公司设计并制造了 Sea Glider 生产线，可生产制造不同系列和不同型号的 Sea Glider，同时具备产品定制能力以满足客户的不同需求。除此之外，Kongsberg 公司可根据客户需求开发定制相应的传感器套件。Kongsberg 公司目前已生产制造 Sea Glider C2、Sea Glider M6 等系列产品和 Deep Glider、Oculus Glider 等最新产品。2015 年 Kongsberg 公司成立了欧洲支持中心，为 Sea Glider 提供维修服务。2017 年 Kongsberg 公司在海底博览会推出了 Sea Glider 租赁服务，以满足研究人员和商业用户的需求。与此同时，Kongsberg 公司在海底博览会上展示的 Sea Glider 的许多技术已被公认为行业标准，特别是最新发布的可用于 AUG 的 cNODE Mini S 应答器，能够高效地提供水下定位。

目前，Slocum Glider、Sea Glider 的标准型号每台售价约为 7 万美元。

（2）国内产业发展现状

目前，天津大学和中科院沈自所在 AUG 产业化方面走在了国内前列。2014 年 3～4 月及 2015 年 4～6 月，天津大学水下机器人团队投入多台 Petrel AUG 参加由科学技术部 21 世纪办公室组织的两次海试比测，Petrel 在最大潜深、最远航程、最长续航等多个性能指标上创国内记录，可靠性和实用性得到充分验证。经过不断的技术完善和数十次海试，Petrel AUG 已完成了定型，具备小批量生产能力，但尚未组建生产线。每台 Petrel AUG 售价约为 100 万元人民币。

2017 年 12 月 17 日，在沈阳举行的"第一届 AUG 应用技术研讨会"上，国家海洋局、中国科学院以及国内外多家科研院校的百余名专家和学者一致建议，我国应尽快成立 AUG 应用技术联盟，加大 AUG 研制力度，加强生产单位与用户的对接与合作，加快我国 AUG 成果转化与推广应用进程。

2018 年，中科院沈自所与天津深之蓝海洋设备科技有限公司签署授权生产协议，由天津深之蓝海洋设备科技有限公司负责"海翼"号 AUG 的产业化生产及品牌运营，"海翼"号首条量产生产线将落户天津滨海新区。

1.1.4 应用需求

海上经济的发展以及维护国家海洋权益的军事活动均与环境因素密切相关，清楚了解海洋环境是一切活动的基础。AUG 作为一种新的海洋环境监测探测手段，通过搭载各种传感器，可对海洋温度、密度、深度、潮汐、海流、海洋锋面和海水透明度进行长时间、大范围的垂直剖面测量，分析不同海域水下声传播特性，执行水下搜索、监视、侦查、猎雷、通信、导航和反潜作战等任务，可广泛应用于民用和军事领域。按照 AUG 应用场景的不同，可以将 AUG 应用划分为海洋环境监测和测量、水下目标预警探测。

在海洋环境监测和测量方面，海洋学家们将 AUG 视为一个传感器搭载平台和通信节点，可以根据自己的观测需求更换不同的传感器，实现大尺度、长时序的海洋环境监测与跟踪。例如，1999 年 8 月至 2003 年 8 月，多种型号的 AUG 样机参加了由 US NAVY 技术局赞助的在美国蒙特利湾进行的自主海洋采样观测网第一期和第二期试验。两次试验的主要内容包括：大范围海洋参数动态实时获取、分析以及海况预报性能测试。在第二期试验中，AUG 总航程达到了 10000km，运动剖面数超过 13400 组，获取了包括温度、盐度、叶绿素溶度、海水浑浊度及平均海流在内的多项数据。[1] 2009 年 4 月 27 日至 12 月 4 日，一台 Slocum Glider 成功横穿大西洋，获取了大量海洋 200 米水层数据，为海洋与大气的相互作用研究和气候变化对海洋生态系统的影响研究提供了大量数据。[2] 在环境污染监测方面，自从 2010 年 4 月美国墨西哥湾发生石油泄漏以来，Slocum Glider、Spray Glider 和 Sea Glider 都先后参与了墨西哥湾的水域调查，提供了包括水下碳氢化合物含量、污染海域海流海况和水下油污分布情况等大量极具应用价值的数据，为后续污染治理提供了重要信息支持。同时，AUG 还通过搭载高频声学探测装置，研究溢油对海洋哺乳动物和浮游生物的影响。[3] 除了追踪污染、研究气候变化之外，AUG 还可用来观察海底火山爆发、探测冰川情况、作为数据传输节点。

在水下目标预警探测方面，各国纷纷将 AUG 引入海军作战任务中。例如，为提高沿岸和滨海海域的国防安全，美国从 2005 年开始建造沿海持久水下监测网。Slocum Glider、Spray Glider、Sea Glider 和 Xray 等 AUG 作为监测网的重要组成部分，主要用来

---

[1] RAMP S R, DAVIS R E, LEONARD N E, et al. Preparing to predict: the second autonomous ocean sampling network (AOSO-II) experiment in the monterey bay [J]. Deep-Sea Research Part II, 2008, 56 (3): 6886.

[2] GLENN S, SCHOFIELD O, KOHUT J, et al. The trans-Atlantic slocum glider expeditions: a catalyst for undergraduate participation in ocean science and technology [J]. Marine Technology Society Journal, 2011, 45 (1): 5267.

[3] WOOD S, MIERZWA C. State of technology in autonomous underwater gliders [J]. Marine Technology Society Journal, 2013, 47 (5): 8496.

实现对海洋环境的持久和移动监测。2009年3月，美国空间和海战系统司令部与美国 Teledyne Webb Research 公司签署了一份总价值5200万美元的合同，购买150套近岸滑翔机及配套设备，作为美国军方滨海战场传感融合集成网络（Littoral Battlespace Sensing Fusion & Integration，LBSF&I）的重要组成部分；AUG 在其中主要用来收集目标海域影响声音传播的相关海洋环境数据，以反演该海域水体的声学传播特性，改善船队的定位，支持 US NAVY 演习。同时，AUG 也可对过往目标海域的潜艇、水面舰艇、水中兵器和其他声源信号进行监听。在未来海洋作战任务中，AUG 将扮演一个非常重要的角色。

1.1.5 面临的问题

通过对 AUG 相关研发机构以及生产企业的调研，发现 AUG 目前面临的问题主要集中在技术和产业两个方面。

(1) 技术方面

① 能耗制约。能源是 AUG 面临的挑战之一，AUG 的续航能力、航速和载荷均受制于能源。此外，能耗因素也极大限制了水声通信和主动探测等大功率技术在 AUG 上的应用，制约了 AUG 功能的扩展和应用的发展。因此，除提高电源能量密度外，如何提高能源利用效率、降低功耗也是当前亟待解决的问题。

② 机动性弱。AUG 的工作深度从几米到几千米不等，同时还会受到潮汐、海浪以及海底地貌等复杂海洋环境的影响，从而导致 AUG 的运动轨迹发生偏离甚至致使其难以完成预定的观测任务。因此，提高 AUG 的机动性也是实际应用中亟须解决的问题。

③ 导航精度不高。传统的惯性导航在短期内精度高，但误差会随着时间累积，在长时间水下航行的过程中会产生较大的漂移。而采用 GPS 导航装置，只有当 AUG 浮出水面时才能接收信号进行定位，但对于执行隐蔽侦察和预警探测任务的 AUG 而言，浮出水面不利于 AUG 隐蔽。因此，如何提高 AUG 导航精度是目前面临的问题之一。

④ 水声通信时延大、带宽窄。由于海水对电磁波衰减大，在水下无线通信主要采用水声通信，通过声波调制实现数据交换。但声音在海水中的传播速度仅为1500m/s，远低于电磁波传播速度，而海洋幅员辽阔且众多海洋现象具有大尺度特性，因此，海洋中水声通信的距离往往较远、时延较大。此外，声波频率越高，则声源功耗越高，且在海洋中衰减越快，因此，海洋中长距离通信的水声信号往往频率不高、带宽较小。然而，水声通信时延大影响了信息传递的实时性，带宽窄限制了通信速率。AUG 水声通信系统如何同时兼顾功耗、通信速率并降低延时大、带宽窄的不良影响是目前面临的问题之一。

⑤ 网络稳定性不强。AUG 组网能够有效拓展单机能力，极大扩展单机探测的覆盖区域，具有更大的应用价值。但是，AUG 在纵垂面的特殊俯仰运动方式以及在水平面的横向-横滚运动耦合的运动特性导致其对水声信号收集难度大，AUG 组网、协同、编队等组网技术的实现效果并不理想。如何控制 AUG 组网是 AUG 应用面临的严峻问题之一。

⑥ 小型化。当前 AUG 正朝着小型化、轻量化方向发展，以提高 AUG 的可控性、机动性和高负载性。由于 AUG 内部空间有限，因此，对 AUG 搭载设备的体积有所限制。AUG 模块组件的小型化，对于提升 AUG 的可控性、机动性、高负载性具有重要意义。

（2）产业方面

目前，我国 AUG 应用相对较少，国内 AUG 市场需求处于少量定制阶段，市场规模远小于美国等海洋强国。我国 AUG 研发主体以高校和科研院所为主，AUG 的生产和组装还停留在手工阶段，生成能力低、产品稳定性差。

1.2 研究方法和内容

本节对 AUG 专利分析的研究方法、研究内容以及技术分解表进行介绍。

1.2.1 研究方法

本报告采用了比较研究法、调查研究法、追踪研究法、实证研究法对 AUG 进行研究，以宏观和微观、整体和局部相结合的方式，对专利数据进行全面和深入的分析。既从宏观角度对专利布局和态势进行全面分析，也从微观角度对竞争主体、重点关键技术和重要专利进行深入分析。此外，由于 AUG 具有一定的技术保密性，相关主题的专利数据较少，传统的研究方法不能满足对 AUG 的产业专利分析的需要，本报告创新性地采用"扩展"专利分析方法对 AUG 的专利数据进行多层次、多角度的扩展式探讨和研究。

① 比较研究法。通过对国内外专利布局方向、不同技术改进方向、不同时间节点技术发展态势等的比较，得到 AUG 发展趋势及方向。

② 调查研究法。通过行业调研、专家咨询等多种方式，获取关键技术、热点技术难点问题以及发展现状。

③ 追踪研究法。关注最新的行业动态、国家政策以及非专利文献信息等，追踪它们对 AUG 技术发展、应用领域发展的导向性影响。

④ 实证研究法。向相关行业、企业分阶段验证 AUG 专利分析结论，包括技术发展态势、确定的核心专利等，及时调整分析思路。

⑤ "扩展"专利分析方法。通过 AUG 专利、非专利文献挖掘 AUG 与其他领域技术的关联性，并将其他领域相应技术的专利文献作为扩展专利进行分析，从而为 AUG 的技术发展方向和技术瓶颈的突破提供参考。

1.2.2 研究内容

近年来，AUG 技术发展迅猛，市场需求不断扩大。本报告主要采用宏观数据分析和重点样本分析相结合的方式，探索 AUG 的技术发展方向、技术问题解决方案、专利布局策略等。主要研究内容如下。

① AUG 专利态势分析。对全球及我国的 AUG 专利的申请态势、技术来源地、技术构成、主要申请人等进行具体分析，以展现全行业的专利申请的现状，了解宏观产

业情况和技术情况。

② 特色分析方法介绍。对"扩展"专利分析方法产生的原因、具体分析步骤、应用价值等方面进行说明介绍。

③ 针对运动控制系统等关键技术进行深入分析,通过技术发展路径、技术功效矩阵、重要专利等微观数据分析,寻找技术空白点、技术热点及需要突破的问题;针对导航系统、水声通信、组网技术等关键技术进行深入分析,了解技术发展现状和需要突破的问题,并在扩展专利分析的基础上确定 AUG 未来的技术发展方向并寻找解决 AUG 技术问题的潜在方案。

④ 对 AUG 相关技术以及产业给出主要结论及建议措施。

1.2.3 技术分解

根据不同的研究目的,AUG 技术在业界具有不同的分类方式;对于专利信息分析来说,客观上同样要求在明确的技术分类和清晰的技术边界之下进行。只有明确了 AUG 的技术分类,才可能有针对性地进行研究和分析。同样,只有了解了清晰的技术边界,才可能将属于 AUG 的专利技术从海量专利文献中检索出来,并作为分析的数据基础。

课题组经过前期技术和产业现状调研、资料收集及专家讲座,对 AUG 行业有了全面的认识。在此基础上,通过对 AUG 技术的探讨,同时兼顾行业标准、习惯与专利检索数据,最终形成了详尽的 AUG 技术分解表,具体参见表 1-2-1。AUG 一级技术分支主要包括 AUG 总体、能源系统、水声通信技术、导航技术、运动控制系统、组网技术、其他。

表 1-2-1 AUG 技术分解表

一级分支	二级分支	三级分支	四级分支
AUG 总体	水动力外形	艇体外形	水滴形
			低阻层流形
		水翼外形	固定翼式
			可变翼式
		附体外形	—
			—
	耐压壳体	材料选择	金属材料
			非金属材料
		结构抗压	—
		密封	—
	总体布置(配重等)	—	—
	其他	—	—

续表

一级分支	二级分支	三级分支	四级分支
能源系统	电池	电池自身改进	—
		电池成组技术	—
		电池状态监测	—
	温差能	—	—
	波浪能	—	—
	太阳能	—	—
	其他	—	—
水声通信技术	水声换能器	—	—
	水声传感网络	—	—
	水声信号的调制解调	—	—
	电路与硬件模块	—	—
导航技术	无线电卫星导航	—	—
	航位推算	—	—
	惯性导航	—	—
	组合导航	—	—
	声学导航	—	—
	地球物理导航	—	—
	其他	—	—
运动控制系统	浮力驱动	变浮力	—
		变重力（抛载）	—
	姿态调整	方向调节	横滚调节
			尾舵调节
		俯仰调节	—
	辅助推进	螺旋桨式	—
		喷射式	—
	其他	—	—
组网技术	网络拓扑结构	—	—
	路由与路径查找	—	—
	编队控制	—	—
	通信协议	—	—
	网络管理	—	—

续表

一级分支	二级分支	三级分支	四级分支
其他	支持系统	回收布放	—
		测试装置	—
	AUG 应用	目标探测	—
		海洋环境探测	—

1.3 数据检索和处理

中英文数据库的检索策略由课题组所有成员和指导专家共同协商确定。中文文献各技术分支均以中国专利全文文本代码化数据库（CNTXT）为主，以中国专利文摘数据库（CNABS）的数据为补充。全球专利的检索以由世界专利文摘数据库和德温特世界专利索引数据库组成的虚拟数据库（VEN）为主，西文全文库的数据为补充。根据课题一级技术分支的平行独立性，采用"总—分"式的检索策略。在检索过程中，采用关键词以及 IPC 分类号限定技术领域、结构特征等，提高数据的准确性，通过检索—验证—分析原因—继续检索—验证，实现数据查全和查准。具体而言，先确定课题研究范围，然后利用分类号、关键词或两者的结合进行初步检索；通过阅读相关专利文献进一步扩展关键词，调整检索策略，并用申请人进行补全；归纳噪声文献特点，进行初步去噪，然后进行查全率和查准率验证；根据验证的结果分析漏检和引入噪声的原因，再进一步调整检索式，如此反复，最后对检索结果进行人工浏览和手工去噪，保证查全率和查准率满足要求。约定检索数据截止日期为 2019 年 10 月 12 日，但由于 2019 年申请的专利大部分未公开而无法客观体现该年的专利申请趋势，因此截取申请日在 2018 年 12 月 31 日前的数据作为数据样本。AUG 全球专利申请 531 项，包括中国专利申请（技术发源在中国的各项同族专利）413 项；针对本课题深入研究的导航技术、水声通信技术、组网技术通过"扩展"研究法，对相关技术在技术领域、功能效果、关键技术方面进行了扩展检索，检索得到全球专利申请 1581 项，包括中国专利申请 967 项。最终检索到 AUG 全球专利申请和扩展专利申请共计 2112 项。

1.4 查全和查准评估

查全率和查准率是评估检索结果优劣的指标。
（1）查准率评估
由于课题组对每篇中文及英文文献检索结果均进行了人工查阅和标引，从而使 AUG 各技术分支的中文检索和英文检索的查准率都接近 100%。
（2）查全率评估
查全评估主要采用基于申请人和/或发明人和基于中英文反证来构建查全测试样本

专利文献集合，即在阅读的专利文献中搜集非重要申请人和/或发明人所申请的专利文献作为测试样本，以及将中文及英文检索结果中经过清理、标引后的数据作为样本。选取多个非重要申请人的其他抽样，得到查全率结果。查全率计算公式为：查全率 = 测试样本/检索结果集合 × 100%。

课题组根据上述评估查全率的方法对中文及英文检索结果的查全率进行了验证，得到 AUG 专利申请检索结果的查全率为：中文文献查全率为 92.3%，英文文献查全率为 91.2%，查全率符合专利分析的要求和标准。

1.5 相关事项和约定

本节对相关数据的解释和说明、主要申请人名称方面进行约定。

1.5.1 相关数据的解释和说明

为保证表述内容的一致性，在此对相关内容作以下约定。

在进行全球专利数据分析时，存在一项发明创造在不同国家进行申请的情况，这些发明内容相同或相关的申请被称为专利族。本报告中将属于一个专利族的多件专利文献仅以一条数据进行记录和统计。

每个专利族中最早优先权所属国家或地区就是这项专利技术的技术发源地。在作历年专利申请量项数统计时还需要知晓最早优先权年份，并以此作为横坐标进行作图。VEN 数据库中的 PR 字段记录了优先权号及优先权日信息，最早优先权为一个专利族中优先权日最早的那个优先权，以最早优先权号的前两位确定最早优先权国别。

1.5.2 术语约定

本节对本报告中出现的专利术语或者现象给出解释。

项：同一项专利是指在多个国家或者地区提出的基于相同优先权的专利申请。在进行专利申请数量统计时对于数据库中以 1 个专利族（这里的"族"指的是同族专利中的族）数据出现的一系列专利文献，计算为 1 项。一般情况下，专利申请的项数对应于专利技术的数目。

件：在进行专利申请数量统计时，例如为了分析申请人在不同国家、地区或者组织所提出的专利申请的分布情况，将同族专利申请分开进行统计，所得到的结果对应于申请的件数。1 项专利申请可能对应于 1 件或者多件专利申请。在中国专利数据中，基于同样发明构思的发明专利申请和实用新型专利申请记为不同的两件。

全球申请：申请人在全球范围内向各专利管理机构提出的专利申请。

中国申请：申请人在中国向中国国家知识产权局提出的专利申请。

AUG：自主式水下滑翔机。

AUV：自主式水下机器人。

1.5.3 主要申请人名称约定

在各专利数据库中由于申请人名称翻译不同、不同数据库标引格式不同、企业名称变更、企业兼并重组、子母公司的因素，导致同一申请人存在多种不同的表述方式。为了正确统计各申请人实际拥有的专利申请或专利权的数量，增加数据的准确度，以下对主要申请人的称谓进行统一，以提高规范性和数据准确性。AUG 主要申请人的名称约定参见表 1-5-1。

表 1-5-1 AUG 主要申请人的名称约定*

约定名称	申请人名称
AT&T	AT T Bell Laboratories
	AT T Corp
	AT T Mobility II LLC
	AT T Technologies Inc
BAE	BAE Systems Information and Electronic Systems Integration Inc
	BAE SYSTEMS PLC
BOEING	BOEING CO
	THE BOEING COMPANY
	The Boeing Company
BRITISH AEROSPACE	BRITISH AEROSPACE
	BRITISH AEROSPACE PUBLIC LIMITED COMPANY
CGG SERVICES SAS	CGG Services SA
	CGG SERVICES SAS
ERICSSON	ERICSSON TELEFON AB L M
	TELEFONAKTIEBOLAGET L M ERICSSON（PUBL）
	Telefonaktiebolaget LM Ericsson（publ）
Etat Francais represente parle Delegue General pour l'Armement	Etat Francais as represented by the Delegue Generalpour l'Armement
	Etat Francais represente par le Delegue General pour l'Armement
	Etat Francais represente par le Delegue Ministeriel pour l'Armement
	L'Etat Francais represente par le Delegue General Ministeriel pour l'Armement
	L'Etat Francais represente par le Delegue General pour l'Armement

* 申请人名称从相关专利检索系统原样导出，以方便读者查询。

续表

约定名称	申请人名称
Fraunhofer Gesellschaft	Fraunhofer Gesellschaft zur F rderung der Angewandten Forschung e V
	Fraunhofer Gesellschaft zur Förderung der angewandten Forschung e V
GANGNUNG WONJU	GANGNEUNG WONJU NATIONAL UNIVERSITY INDUSTRY ACADEMY COOPERATION GROUP
GE	GE Energy Power Conversion Technology Limited
	General Electric Company
GROSSO GILLES	GROSSO GILLES
	GROSSO GILLES A
HANWHA	HANWHA CORP
	HANWHA SYSTEMS CO LTD
Her Majesty the Queen in right of Canada as represented by the Minister of National Defence	Her Majesty the Queen in right of Canada as represented by the Minister of Defense
	Her Majesty the Queen in right of Canada as represented by the Minister of National Defence
	Her Majesty the Queen in right of Canada as represented by the Minister of National Defence of Her Majesty's Canadian Government
HYDROACOUSTIC	HYDROACOUSTIC INC
IBM	INTERNATIONAL BUSINESS MACHINES
	International Business Machines Corporation
IHI	IHI CORP
	IHI CORPORATION
	IHI Corporation99
Indian Institute of Technology Madras	Indian Institute of Technology Madras
	INDIAN INSTITUTE OF TECHNOLOGY MADRAS（IIT MADRAS）
IROBOT	iRobot Corpoartion
IVANOV Olexandr	IVANOV
	IVANOV Olexandr

续表

约定名称	申请人名称
JAPAN AGENCY FOR MARINE EARTH SCIENCE TECHNOLOGY	JAPAN AGENCY FOR MARINE EARTH SCIENCE AND TECH
	JAPAN AGENCY FOR MARINE EARTH SCIENCE AND TECHNOLOGY
	JAPAN AGENCY FOR MARINE EARTH SCIENCE TECHNOLOGY
	JAPAN AGENCY MARINE EARTH SCI
	JAPAN MARINE SCI TECHNOL CT
KAWASAKI	KAWASAKI HEAVY IND LTD
	KAWASAKI SHIPBUILDING CORP
LAUKIEN	LAUKIEN
	LAUKIEN GUENTHER
LG	LG CNS CO LTD
	LG Electronics Inc
LIG NEX1	(LIGX) LIG NEX1 CO LTD
	LIG NEX1 CO LTD
Lockheed Martin	Lockheed Martin Corporation
	Lockheed Martin Tactical Systems Inc
MITSUI ENG SHIPBUILD	Mitsui Eng & Shipbuild Co Ltd
	MITSUI ENG SHIPBUILD CO LTD
	MITSUI SHIPBUILDING ENG
NEC	NEC CORP
	NEC Corporation
	NEC Corporation4237
	NEC NETWORK SENSOR SYSTEMS L
NGK	NGK SPARK PLUG CO
	NGK Spark Plug Co Ltd
Northrop Grumman	Northrop Grumman Corporation
	Northrop Grumman Systems Corporation
NTT	NIPPON TELEGR TELEPH CORP <NTT>
	NTT DoCoMo Inc
	NTT DoCoMo Inc392026693
	日本電信電話株式会社

续表

约定名称	申请人名称
Panasonic	Panasonic Corporation
	Panasonic Intellectual Property Management Co Ltd
PUKYONG NAT UNIV INDUSTRY UNIV COOP FOUND	PUKYONG NAT UNIV INDUSTRY UNIV COOP FOUND
	PUKYONG NATIONAL UNIVERSITY INDUSTRY UNIVERSITY-COOPERATION FOUNDATION
RAYTHEON	Raytheon BBN Technologies Corporation
	RAYTHEON CO
	Raytheon Company
	雷神公司
ROKE MANOR RESEARCH	ROKE MANOR RESEARCH
	ROKE MANOR RESEARCH LIMITED
Samsung	Samsung Electronics Co Ltd
	Samsung Electronics Ltd
SCHLUMBERGER	SCHLUMBERGER CANADA LIMITED
	SCHLUMBERGER HOLDINGS LIMITED
	SCHLUMBERGER TECHNOLOGY B V
	SERVICES PETROLIERS SCHLUMBERGER
SK	SK Planet Co Ltd
	SK TELECOM CO
	SK TELECOM CO LTD
SONARDYNE	SONARDYNE INTERNAT LTD
	Sonardyne International Limited
Teledyne Webb Research	Teledyne Benthos Inc
	TELEDYNE INSTRUMENTS INC
	Teledyne RD Instruments Inc
	Teledyne RD Instruments，Inc.
THALES	THALES
	THALES SA
	THALES UK PLC
Undersea Systems	Undersea Systems International Inc
	Undersea Systems International Inc Dba Ocean Technology Systems

续表

约定名称	申请人名称
UNIV DEGLI STUDI DI ROMA LA SAPIENZA	UNIV DEGLI STUDI DI ROMA LA SAPIENZA
	UNIV DEGLI STUDI DI ROMA LA SAPIENZA ROMA
	UNIVERSITA' DEGLI STUDI DI ROMA "LA SAPIENZA"
US ARMY	The United States of America as represented by the Secretary of the Army
	The United States of America as represented by the U S Army Corps of Engineers as represented by Secretary of The Army
	US ARMY
US NAVY	THE GOVERNMENT OF THE UNITED STATES AS REPRESENTED BY THE SECRETARY OF NAVY
	THE GOVERNMENT OF THE UNITED STATES OF AMERICA AS REPRESENTED BY THE SECRETARY OF THE NAVY
	The Government of the United States of America, as represented by the Secretary of the Navy
	The United States of America as represented by the Secretary of the Navy
	The United States of America represented by the Secretary of the Navy
	US NAVY
	美国海军
Westinghouse Electric	Westinghouse Electric Corp
	WESTINGHOUSE ELECTRIC CORPORATION
哈工大	哈尔滨工业大学
	哈尔滨工业大学（威海）
	哈尔滨工业大学深圳研究生院
韩国海洋发展研究院	KOREA INST OCEAN SCI TECH
	KOREA INSTITUTE OF OCEAN SCIENCE TECHNOLOGY
河海大学	河海大学
	河海大学常州校区
	南通河海大学海洋与近海工程研究院

续表

约定名称	申请人名称
华为	HUAWEI TECHNOLOGIES CO LTD
	华为技术有限公司
山东省计算中心	山东省计算中心
	山东省计算中心（国家超级计算济南中心）
上海交通大学	SHANGHAI JIAO TONG UNIVERSITY
	上海交通大学
天津大学	天津大学
	天津大学（青岛）海洋工程研究院有限公司
西安交通大学	XI'AN JIAOTONG UNVERSTIY
	西安交通大学
中船重工七〇二所	中国船舶科学研究中心（中国船舶重工集团公司第七〇二研究所）
	中国船舶重工集团公司第七〇二研究所
中船重工七一〇所	中国船舶重工集团公司第七一〇研究所
中船重工七五〇试验场	中国船舶重工集团公司七五〇试验场
中国计量大学	中国计量大学
	中国计量学院
中兴	ZTE CORPORATION
	中兴通讯股份有限公司
中科院沈自所	中国科学院沈阳自动化研究所

第 2 章　特色专利分析方法

专利分析是以某一技术领域的专利信息为分析样本,获取技术情报、法律情报、商业情报的工具。常规的专利分析往往需要一定数据量的专利作为支持,运用专利数据进行态势分析,挖掘信息中隐藏的真相,其通常适用于发展相对成熟的行业和领域。随着科学技术的不断进步,越来越多的新兴产业出现,但其专利申请较少,尚未与技术发展相匹配,专利数据量不能很好地支撑专利态势分析。因此,现有专利分析方法已不能满足部分新兴产业的专利分析需求。

以本报告为例,AUG 领域属于前沿技术领域,虽然其专利数据量较少,但技术研发热度高,国外已有成型的产品并形成了一定的市场规模。针对这一现状,课题组经过大量调查研究、文献论证以及产业应用确认,探索出本报告的特色专利分析方法——"扩展"专利分析方法,以期能够扩展专利分析的维度,给出更加合理和全面的技术、产业发展建议,对类似的新兴产业专利分析具有推广借鉴意义。

2.1　本报告难点与特点

经专利检索后,发现 AUG 领域的专利数据量较少。通过产业调研分析、文献浏览筛选等研究后,课题组归纳总结了 AUG 专利分析的难点与 AUG 领域的技术和产业特点,分析了专利数据量较少的实质原因。

2.1.1　技术起步晚,属于新兴前沿领域

AUG 是当前海洋水体自主观测的新型装备,也是实现深海大范围、长时序海洋观测与探测的有效技术手段。国外 AUG 技术的发展与应用主要集中于美国、法国、英国和澳大利亚等海洋强国,其中美国一直是 AUG 技术的先驱者和领导者。AUG 的发展历程大致经历以下过程。

① AUG 概念的提出和原型机的试制。1989 年 AUG 概念被提出;1990 年 US NAVY 技术局与 Teledyne Webb Research 签署 Slocum Glider 原型机合同,支持 AUG 原理样机的研制;1991 年 Slocum Glider 原型机试制成功。

② 小型 AUG 功能样机的研制。1995 年 US NAVY 技术局支持小型 AUG 的研发工作;2000 年美国成功研制出了 Slocum Glider、Spray Glider、Sea Glider 三种小型 AUG;2001~2002 年这三种小型 AUG 成功完成了海试。

③ 小型 AUG 应用与大型 AUG 研究。2004 年 9~11 月,一台 Spray Glider 用一个多月穿越了湾流,从马里兰州南塔基特南部出发最终接近百慕大群岛,累计行程 600 英

里，速度大约0.5kn，成为第一个在水下穿越湾流的AUG；2005年加拿大AUG机器人中心成立；2006年澳大利亚海洋滑翔器国家实验室对AUG进行相关研究。

④ 多AUG系统研究。2003年美国自主海洋采样观测网Ⅱ期在蒙特雷湾执行，AUG用于6周以上的扩展海洋调查，试验中使用了12台Slocum Glider和5台Spray Glider，是目前使用AUG数目最多的项目。

通过以上可以看出，美国AUG研究较早且从AUG的概念提出以来经过十余年的发展实现了小型化和实际应用；而由于技术封锁，其他国家2000年以后才开始进行AUG研究，并持续进行AUG技术攻关和应用探索。

由于国外的技术封锁，我国AUG均为自主研发，相关研究工作起步较晚。天津大学2002年开始第一代AUG的研制，于2005年研制完成温差能驱动AUG原理样机，并成功进行水域试验。2005年，中科院沈自所开发出AUG原理样机，并完成湖上试验。

中国在经历技术探索期的技术发酵之后，随着国家"十二五"计划中一系列发展海洋装备的政策的支持，各高校及科研院所抓住重大历史机遇，投入大量资金及研发力量进行AUG研究，产生了大量的科技成果，国内AUG不断刷新连续工作时间最长、测量剖面最多、续航里程最远等纪录。

2.1.2 专利申请量与产业需求、立项研究情况不匹配

由于技术封锁、保密审查及军事管控等影响，AUG专利申请量较少，全球专利数量仅531项。以AUG涉及的水声通信技术为例（见表2-1-1），US NAVY涉及军事的水声通信技术，会因保密审查而公开较晚，部分基础性专利要历经20年以上才会公开。但在产业上，国外AUG已经较好地实现了产业化并进行了大规模应用，较少的专利申请量与旺盛的产业需求、立项研究等明显不匹配。

表2-1-1　US NAVY水声通信技术脱密年限分布

时间范围	占比	涉及内容
10年以内	72%	水声信号调制算法、水声换能器应用布置、水声信号的电路设计
		水下测绘勘探等民用方面的水声探测
10~20年	16%	低频水声换能器结构设计
		实现军事目标引爆的水声信号处理
20年以上	12%	潜艇、水雷的目标定位、隐身和静音
		水声换能器机构及材料的基础性专利

（1）专利申请量与产业需求表现不匹配

由于AUG特殊的应用场景，其属于典型的政府主导型产业。以美国为例，早在2007年就实现了多机组网观测，现已具备量产能力且成本较低；美国军方和政府大规模购买和使用水下滑翔机产生了旺盛的产业需求。Teledyne Webb Research研制的Slocum Glider截至2014年已售出约500台用于学术和军事用途；2011年，美国太空和海军作

战系统司令部代表 US NAVY C4I 计划执行办公室向 Teledyne Webb Research 订购了合同价值 5260 万美元的 Slocum Glider；2018 年，美国国家海洋和大气管理局与 Teledyne Webb Research 签订了价值 700 万美元的合同，用于购买 Slocum Glider、传感器组件及其服务。然而经检索发现已公开的美国 AUG 专利申请很少，与其产业化程度和旺盛的产业需求存在明显错位。

（2）专利申请量与立项研究不匹配

通过统计国家自然科学基金对 AUG 的立项情况（见图 2-1-1），我们发现立项数量及立项金额均呈现波动增长态势，特别是近三年，我国对 AUG 的研究资金投入越来越高，逐渐将 AUG 研究推向新的高度。

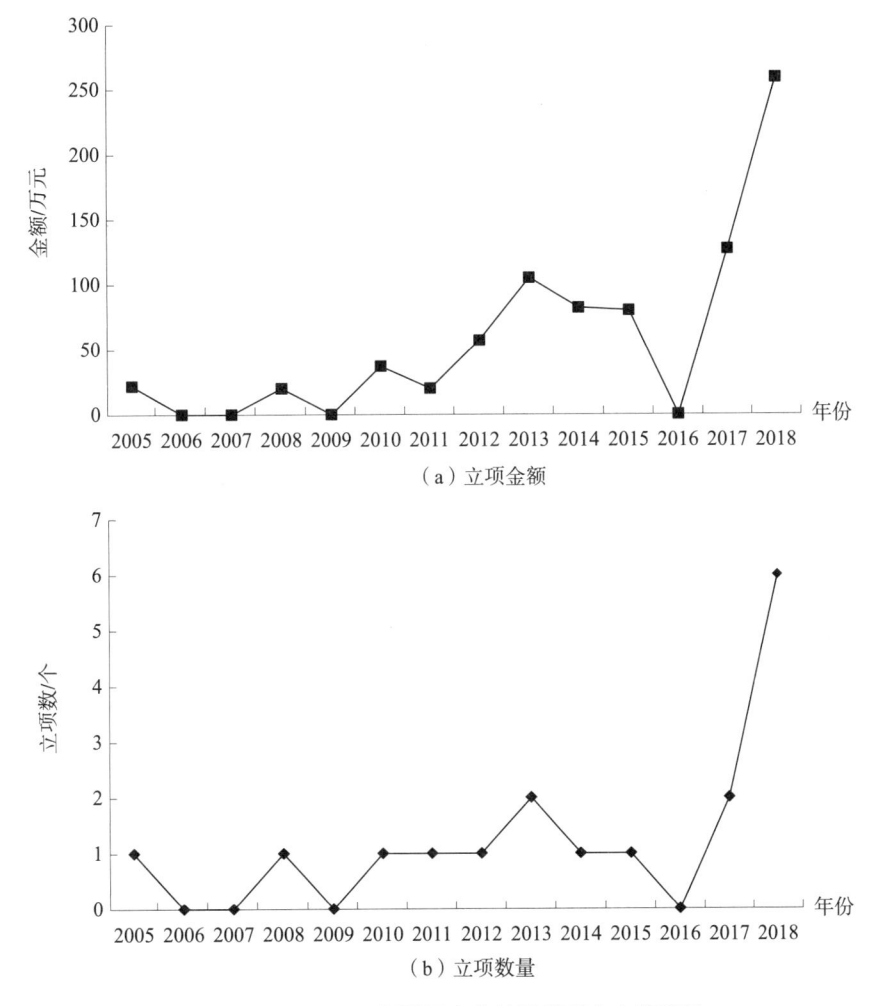

(a) 立项金额

(b) 立项数量

图 2-1-1　AUG 领域国家自然科学基金立项情况

通过搜索中国知网学术上 AUG 的论文发现，对解决 AUG 问题的研究呈逐年升温态势（见图 2-1-2），学术界正在进行持续的技术研发和突破。

图 2-1-2　AUG 中国知网学术论文发表情况

通过对专利信息检索、国家立项及学术研究的发掘发现，我国对于 AUG 的立项及支持力度逐渐增大，学术研究同样处于火热状态。并且天津大学研究的"海燕"和中科院沈自所研究的"海翼"在续航里程、下潜深度以及稳定性等诸多方面实现了突破，表明该领域技术发展旺盛。但 AUG 专利数量少，与立项研究表现不一致。

2.1.3　专用技术与通用技术相互交织并存

AUG 是一种新型的水下机器人，其利用净浮力和姿态角调整获得推动力，通过浮力调节动态地调整载体自身浮力，实现载体正浮力与负浮力之间的状态转换，为载体提供上浮和下潜动力。AUG 在载体浮力以及滑翔翼的作用下，产生向前的水平滑翔速度。AUG 重心调节系统是通过调节载体内部的质量分布，从而改变载体重心与浮心的位置关系，以改变横滚力矩和俯仰力矩，实现载体回转和俯仰运动。由于 AUG 以自身浮力作为航行动力，其驱动原理和运动方式与传统的螺旋桨推进的水下航行器具有巨大差异，因此 AUG 运动控制相应技术属于 AUG 专用技术。

同时，AUG 自身也应用了壳体新材料、传感器、水声通信、导航、组网、能源及布放回收等许多其他通用技术。例如，AUG 通过搭载水声通信、无线通信和卫星通信等多种通信设备，作为通信网络节点实施中继通信，成为"海基物联网"的重要组成部分。这些技术也可以应用在 AUV 等其他海洋设备，用来实现同样的功能。

AUG 也可作为水下移动平台载体，搭载水听器、温盐深传感器等进行水下探测、数据采集。在实现搭载功能用时，AUG 与其他可实现搭载功能的海洋设备一样均可满足搭载需求。

AUG 具有自己独特的运动属性，同时也可以将通用技术应用于 AUG 并实现相应的功能。因此，AUG 兼具自身的专用技术特性与通用技术特性。

2.2 常规专利分析方法及其局限性

常规专利分析方法通过对时间、区域、申请人、技术等信息进行科学计量，利用统计特性或数据处理手段使这些信息呈现出纵览全局和预测的功能，但对于专利分析样本少的领域存在一定的局限性。

2.2.1 常规专利分析方法介绍

专利分析是对专利信息进行科学的加工、整理与分析，经过深度挖掘与缜密剖析，转化为具有较高技术与商业价值的可利用信息。通过对专利说明书、专利公报中大量零碎的专利信息进行分析、加工、组合，并利用统计学方法和技巧使这些信息转化为具有总揽全局及预测之功能的竞争情报，从而为企业的技术、产品及服务开发中的决策提供参考。

现有专利分析的过程是对最具有技术价值、法律价值、经济价值的专利信息再生产的过程；是使用各种定量或定性的分析方法，通过对大量杂乱的、孤立的专利信息进行分析，研究专利信息之间的关联性，挖掘深藏在大量信息中的客观事实真相。通过对文献的内在特征，即对专利技术内容进行归纳和演绎、分析与综合以及抽象与概括等，了解和分析某一技术发展状况。在对大量的专利信息加工整理的基础上，对专利信息中的时间、区域、申请人、技术等某些特征进行科学计量，从中提取有用的、有意义的信息，并将个别零碎的信息转换成系统的、完整的、有价值的信息。

针对以上角度分析，从而对特定技术或技术领域做出趋势预测，研判企业或国家在相关产业和技术领域的重点技术及技术发展方向、主要竞争对手的技术组合和技术投资动向，为企业乃至国家制定相应的专利战略和宏观政策提供参考。

根据专利分析的定义和过程可以看到，专利分析的基础是具有统计意义的样本，即专利大数据。通过大量的样本信息，对特定维度进行分析，得到趋势性结论，为技术研发及决策提供依据。

2.2.2 常规专利分析方法的局限性

常规专利分析方法的基础是可统计的分析样本，分析的维度是时间、区域、申请人、技术等，通过对一定量的专利数据进行态势分析，挖掘信息中隐藏的真相。目前的专利分析方法适用于发展相对成熟的行业和领域；但常规专利分析对于专利分析样本少的领域存在一定的局限性，因为样本数量的稀少将大大增加偶然因素的干扰，使统计结果降低或失去统计学意义，难以得到可靠的结论。

从前文可以看出，AUG属于前沿技术，专利信息不足，产业需求旺盛，专用技术与通用技术交织并存。基于AUG领域全球专利数据量531项的专利数据，从专利宏观分析角度来看，部分技术分支的专利数量难以支撑得出趋势性结论；从专利微观分析角度来看，不能通过时间、区域、申请人、技术等维度描绘AUG领域发展全貌，部分技术分支不能通过现有数据分析形成技术路线、提供解决 AUG 面临问题的有效方案。因此，仅仅从 AUG 现有的专利数据量入手进行专利分析，不能得到全面的分析结论和建议。

但随着我国科学技术的快速发展，往往人们更加关注前沿新兴领域科技的发展，尤其是想通过专利解决技术难题的突破。未来专利分析不仅是对已有专利信息分析得出发展趋势，也可能为具体技术问题的解决提供借鉴，以进行技术突破。

2.3 特色"扩展"专利分析方法介绍

通过总结本课题特点，可见常规专利分析方法不能满足本课题研究需要。在不断尝试摸索、归纳总结及验证后，得到本课题特色专利分析方法——扩展专利分析方法。

当面临的专利分析属于前沿新兴领域，专利数量不足时，应当先对该领域进行可行性分析，初步判断是否适用本方法；然后进行不同维度扩展，重点考虑技术领域扩展、功能效果扩展、关键技术扩展等；随后对扩展专利进行分析，并建立重点专利筛选模型，从技术近似性、功能效果近似性、技术转用性三个角度进行重点专利筛选；最后针对扩展专利分析的结果，对该前沿新兴领域提供发展建议。

扩展专利分析方法包括自有领域专利分析、扩展可行性分析、扩展维度分析、扩展专利分析、对自有领域技术的发展建议五个步骤，具体参见图 2-3-1（见文前彩色插图第 1 页）。下面将对各个步骤进行详细介绍。

2.3.1 自有领域专利分析

自有专利是指欲分析技术领域的专利，以与扩展后获得的专利进行区分，例如，本报告分析的技术领域为 AUG，自有专利即 AUG 领域的专利。通过自有专利分析了解自有专利与哪些领域的技术存在关联，主要通过以下手段分析：

（1）趋势维度

通过时间趋势、申请人趋势、地域趋势了解自有专利的基本态势，了解该行业的技术发展态势和发展动向，对行业整体有宏观认识：包括各阶段的申请量、申请人数量的变化、主要申请国家和地区、各阶段产业和政策的发展情况等。

（2）申请人维度

申请人的技术信息与行业技术发展趋势密切相关，伴随某些技术的兴起或衰退，申请人在技术上的专利申请活跃度也呈现相应的变化。通过对申请人的分析，探寻发明人团队的具体技术，寻找技术之间的发展及创新关联。

（3）技术维度

对技术的分析通常能为技术的开发和利用提供参考依据。自有专利分析的技术主要通过自有专利技术之间的引证和被引证关系、技术的发展路线、重点专利进行分析，找到自有专利技术与其他领域技术之间的关联。

自有专利分析与常规分析方法类似，需要在常规的专利分析方法之上，重点关注发明人团队、重点专利，挖掘扩展线索，发现技术之间的关联维度。

2.3.2 扩展可行性分析

任何一种特定技术都不是孤立存在的，它总是与其他关联技术一起，为实现某个共同的目的而构成某种技术系统。技术解决问题的方法和实现的功能？总被应用在不同的领域中。因此，特定技术总是在技术系统和应用中相互关联和交叉。

2.3.2.1 技术关联路径

文献信息、创新主体、科技立项中会公开很多技术信息的线索。通过公开的线索，可以找到技术之间的关联信息。

（1）文献信息路径

技术关联可以通过多种方式发现。非专利文献、专利文献中会披露技术使用、技术发展的线索。有些线索会直接记载在文献中，而有些线索则通过文献中的引证与被引证信息披露。

① 直接记载。部分技术使用、技术发展等情报会直接记载在文献中从而给出信息线索。各领域对技术的使用及技术发展状况可以反映技术变化的过程或技术之间的发展关系。通过记载的技术使用和发展状况，可以了解技术的创新过程、功能效果变化及应用领域的关联。

例如，通过对 AUG 导航技术的非专利检索发现，*Slocum: An Underwater Glider Propelled by Environmental Energy* 中介绍到美国设计的 Slocum Glider 的导航系统是从 MIT Odyssey AUV 的导航系统移植过来的[1]，由此找到 AUG 和水下航行器在导航技术上的领域关联。

本课题的 1 篇专利文献"一种多移动汇聚节点定位辅助的水下传感器网络路由方法"（公开号 CN104507135A）则记载了，将水下传感器网络的多移动汇聚节点定位路由的方式应用到海洋立体网络监测结构中常用的水下航行器、AUG、水下普通节点以及水面基站等多种设备的配合协调运作，可以有效减少能量的消耗，避免由于传输距离过长而过高地消耗能量。通过该专利文献公开的信息，发现降低能耗可以通过水下传感网络的应用实现。

② 引证信息。引证信息是反映技术信息的一个重要角度，可以判断技术渗透转移情况和技术聚集特性。[2] 非专利文献的引证信息通常在研究现状中记载，专利文献的引证信息在背景技术中记载。研究现状或背景技术中的引证信息通常是创新主体在此基础上做的改进或创新。

文献的引证与被引证信息往往意味着两者间具有紧密的技术关联。这种技术关联包括引证与被引证。对某一特定专利文献而言，引证指的是该专利文献对现有技术的引用，被引证则是后续专利文献对上述特定专利文献的引用。通过对引证与被引证情

---

[1] WEBB D C, SIMONETTI P J, JONES C P. Slocum: an underwater glider propelled by environmental energy [J]. IEEE Journal of Oceanic Engineering, 2001, 26 (4): 447 – 452.

[2] 刘斌强，江玉得. 专利引证信息及其应用研究 [J]. 中国知识产权，2011 (2).

况追踪分析，人们可以掌握相关技术的起源背景以及后续的变革历程。

引证分析是人们用来研究与评估某项技术的重要手段，因为一篇非专利文献或一件专利被随后的文献引用为现有技术的次数越多，其所包含的技术就越有价值。基于此，通过引证与被引证信息可以找到技术应用或发展的关联。

例如，对 AUG 组网技术专利文献进行引证和被引证追踪检索，该 15 篇专利文献的引证文献和被引证文献一共 71 件。经过对该 71 件引证文献和被引证文献逐篇阅读分析，并对其进行了分类，发现其中占比最高的是 AUG 产品本身，占比第二高的是一般水下组网技术。由于专利间的引证与被引证关系往往意味着两者间具有紧密的技术关联，因此引证文献和被引证文献中一般水下通信网络技术的占比情况也反映出了 AUG 组网技术与一般水下组网技术之间的相关性，两者在技术上具有一定的通用性，在技术上相互关联。

(2) 创新主体路径

本方法所述创新主体既包括公司或科研院校等法人或非法人组织，也包括发明人团队。由于新兴前沿领域的研发工作专业性较强，同一创新主体，尤其是同一研发团队往往聚焦于一个相对比较具体的方向，其研究领域往往是相对固定的；同一研发团队、同一法人组织或非法人组织之间在技术上是有密切关联的。

可以看到，创新主体的技术总是在一条或多条主线上持续研究或改进，发明团队更能找到技术发展的脉络。对创新主体的研究可以找到他们的技术研发状况、合作状况等关联信息。

创新主体的技术研发状况记录了发明人在进行研究时的智力活动，全面反映了文献技术交流的现状与趋势。通过创新主体的研究状况可以看出技术发展的脉络和技术的依赖性，能够有效获取技术的变化信息，发现技术的改进方向。

法人或非法人组织的创新模式从自主创新发展到开放式创新阶段，打破传统的法人或非法人组织边界，将内部和外部的资源有机地结合在一起。合作研发是创新主体之间合作创新成果的体现，也是技术成果应用的体现。通过创新主体的合作状况，可以从中看到发展技术合作和技术应用的关联。

例如：通过对 AUG 组网技术发明人的研究发现，天津大学金志刚、冯晓宁团队不仅对水声传感器的组网进行研究，还研究水声传感器网络在 AUG、水下航行器上的应用。通过创新主体的技术研究，可以发现技术应用之间的关联。

(3) 科技立项路径

重点研发计划、国家自然科学基金等重大项目立项会披露共性技术之间的领域关联。

国家自然科学基金根据国家发展科学技术的方针、政策、规划，指导、协调、资助基础研究和部分应用研究，促进学科技术进步、经济繁荣和社会发展。国家自然科学基金瞄准重大科学前沿和国家重要战略需求，应对未来挑战，部署一批具有基础性、战略性、前瞻性的优先发展领域。

国家重点研发计划由原国家重点基础研究发展计划、国家高技术研究发展计划、国家科技支撑计划、国际科技合作与交流专项、产业技术研究与开发基金和公益性行业科研专项等整合而成，主要针对事关国计民生的重大社会公益性研究，以及事关产业核心竞争力、整体自主创新能力和国家安全的重大科学技术问题，突破国民经济和社会发展主要领域的技术瓶颈。

国家重点研发计划、国家自然科学基金等是国家针对重大科技领域创新立项的学科和技术，所立项目代表着国家产业的支持方向。每个立项的内容既包括解决重大科学问题的基础研究，也包含突破共性关键技术的应用研究。每个专项都是进行全链条的创新设计，部署基础研究、重大共性关键技术、应用示范等研发任务。因此，从国家重点研发计划、国家自然科学基金项目、重点建设项目等国家科技项目立项出发，可以找到领域之间的关键共性技术之间的关联。

例如，通过科技立项检索，发现天津大学自然科学基金立项包括了"高动态环境下 AUG 大规模可靠组网机制研究""基于环境能源的水下航行器多尺度性能驱动设计方法和动态自适应网络构建技术"。通过该立项可以看到 AUG、水下航行器领域在研究组网技术，可见，在 AUG 及水下航行器之间存在技术的关联。

2.3.2.2 技术关联角度

技术在不断的发展过程中有技术的演进，实现不同的功能，面临多种应用领域，基于技术领域、功能效果、关键技术存在一定的关联。

（1）技术领域角度

随着技术的发展，当前技术之间的相互融合渗透的趋势日趋明显。新一轮科技和产业革命的方向不仅仅依赖于一两类学科或某种单一技术，而是多学科、多技术领域的高度交叉和深度融合。

技术融合趋势决定了战略性新兴产业不可能也不应该孤立地发展，而是既要有利于推动传统产业的创新，又要有利于未来新兴产业的崛起。而且，战略性新兴产业与其他产业之间、战略性新兴产业内部之间的融合也是大势所趋，这将使得行业间的界限越来越模糊，综合竞争力越来越强。

（2）功能效果角度

功能效果是技术实现的效果，解决了现有技术中需要解决的技术问题，体现了技术的使用价值。每项产品或技术都能够实现一定的功能、提供一定的功效。

随着科技水平的提高和竞争日益加剧，同一功能围绕相同技术进行不同领域的市场开拓和占领，相互的竞争实现了同一功能扩展至其他需求的领域。例如：为了实现人类语音转化为计算机可读输入，手机软件使用了语音识别技术，翻译笔也使用了语音识别技术，两者功能效果是相似的，且技术具有一定的关联度。因此，从功能的角度，可以找到技术之间的关联。

（3）关键技术角度

随着技术实现新突破，以及技术在重点产品、重点领域及战略性新兴产业中不断推广应用，使得不同产业均可使用突破性的关键技术提升本产业的技术能力，加强了技术的应用转化。例如，随着 3D 打印技术的发展，其被逐渐应用于航天科技产业、建筑产业、医疗产业等。

对于基础元件、部件和基础工艺等共性的核心技术，开始的时候可能是针对某个产品开发的，随着技术的不断成熟和标准化，积淀成为技术的基础，开始在其他产品上使用。随着技术使用的扩展，技术在产品上具有了关联。

国家为引导和凝聚社会资源，对满足国民经济发展需要的战略性基础技术、关键共性技术开发进行分类指导，催化围绕关键共性技术的研究成果。关键共性技术可以在一个或多个产业中广泛应用，基于关键技术的应用使企业能够进行再研发形成专有技术，技术的应用使得技术在不同产业存在交叉关联。

综上，大量的文献、创新主体的研究、科技立项等会披露技术、功能、领域之间的关联，基于信息之间的关联为扩展分析提供了思路和依据。

2.3.3 扩展维度分析

根据扩展可行性分析，技术在文献信息、创新主体、科技立项中存在技术领域角度、功能效果角度、关键技术角度的关联。本小节主要从技术领域、功能效果、关键技术等介绍如何扩展专利。

2.3.3.1 技术领域扩展

相同或相近的技术领域往往意味着相同或近似的技术需求，在技术上具有一定的通用性。在某项技术被使用的时候，根据技术应用领域的特点，在各个应用领域中融合时所处的场景是技术应用领域。

在扩展领域时，应当考虑本领域技术人员能想到的可以应用在不同工作或用途中的相同或相似结构的领域，技术所涉及解决具体问题的技术领域，使用相同或类似技术手段的领域，与技术功能或固有用途相关的领域，组成部件功能应用的领域。

在具体步骤中，课题组参考了专利检索过程中技术领域扩展的思路，首先可从邻近或上位技术领域、相似结构的领域、解决相同具体问题的技术领域、使用相同或类似技术手段的领域进行场景扩展，在上述领域的扩展不能满足需求时，从实现组成部件功能应用的领域的邻近或上位场景扩展。根据邻近或上位应用场景的特点，可以从技术涉及的领域探索发展路径及应用转化方式。

例如，AUG 导航系统中通过专利和非专利的文献技术关联，发现使用相同技术的领域还包括水下航行器，因此，可以将 AUG 的导航技术扩展至水下航行器，通过相邻领域提供解决相应问题的启示。

2.3.3.2 功能效果扩展

功能效果扩展适用于同一功能或相同功能扩展至其他需求的领域的情形。功能效果扩展方式通过功能效果确定、功能效果检索、技术手段使用三个步骤实现扩展。

功能效果确定是把技术的本质和核心加以抽象描述，通过技术实现的功能确定功能效果；而后根据确定的功能效果，按照专利检索的方式与数据库特点，对功能效果进行检索要素的确定，如确定关键词和分类号表达等，检索实现基本功能的所有技术手段。

功能效果扩展是基于同样功能可以使用在不同的技术领域中的现象,从技术的功能效果入手,将体现技术功能效果的检索要素做表达,在数据库中检索具有同样功能效果需求的领域,从而扩展技术领域。

基于扩展检索结果,查询扩展技术领域使用的技术手段,最后由本领域技术人员针对检索的技术手段进行甄别,判断技术手段应用至本产品或本领域中的可行性和扩展领域。

例如:由于 AUG 需要在水下滑翔长达数月以采集信息,因此所需的通信技术必须是低功耗和小型化的,据此在研究 AUG 的通信技术时,将其扩展到所有能够实现低功耗和小型化的通用水声通信技术,最后再寻找能够应用到 AUG 水声通信中的具体手段。

2.3.3.3 关键技术扩展

专利文献中包含大量的技术信息、法律信息、经济信息,关键技术扩展是从本领域涉及的技术入手,通过专利文献数据技术路线及功效矩阵、产业调研、文献调研等多个角度,找到本领域解决问题的关键技术手段。

之后从关键技术手段出发,在所有专利文献数据中,对技术手段的关键词或其他表达方式进行扩展,通过专利数据检索,在全领域找到关键技术的具体实施方式,从而将关键技术的领域从分析的单个技术领域拓展至全技术领域,提供多种思路或方法。借鉴其他领域的技术实施方式,由本领域技术人员判断扩展领域方法适用至目标技术上的可行性。关键技术扩展是从技术解决的问题入手,判断解决问题的关键技术手段,寻找其他领域技术的具体实施方式。

例如,目前 AUG 的组网编队主要通过领队跟随式实现。通过领队跟随式编队技术进行检索,寻找领队跟随式的具体算法,从而可完善和丰富 AUG 的组网编队控制方式。

2.3.4 扩展专利分析

扩展后的专利数据成为具有统计意义的样本,为专利分析奠定了基础。本小节主要介绍扩展后专利分析的维度及扩展后专利分析的内容,并构建重要专利筛选模型,筛选出扩展的重要专利。扩展后专利分析虽然同常规分析方法一样,均主要从趋势、申请人、技术等维度进行单独或组合维度分析,但扩展分析的具体内容又与常规分析方法有所差别。

(1) 趋势分析

常规专利分析方法通过趋势分析了解该行业的技术发展态势和发展动向,有助于对行业有整体认识,并对研发重点和路线进行适应性的调整。而扩展分析方法主要通过趋势分析进行比较,得到目标技术在扩展结果中的发展阶段,从而为自有领域提供技术方向指引。

(2) 申请人分析

常规专利分析方法主要通过申请人了解本领域的创新实力及市场的布局状况;而

扩展专利分析通过申请人分析，能得到不同的创新主体及技术之间的发展关联，为自有领域创新主体技术引进、自有领域创新主体寻找潜在合作对象提供建议。

（3）技术分析

常规专利分析方法通过微观技术分析得到技术发展的热点与空白点，提供技术发展方向。扩展分析方法还通过扩展技术分析，为自有领域技术发展提供思路，找到解决问题的新思路和新手段。

（4）扩展后重要专利筛选

重要专利从技术近似性、功能效果近似性、技术转用可行性的单个角度进行筛选，建立评分模型。

① 模型建立依据。在领域扩展后，涉及扩展领域适用至目标技术领域。专利审查指南中规定了转用发明创造性判断的思路和考虑因素，本扩展分析方法基于专利审查指南构建了一个判断筛选扩展领域文献可借鉴、可转用到专用技术中的模型，帮助本领域技术人员判断扩展领域技术适用至本领域技术上的可行性。

因为创造性判断过程中从对比文件到本申请的逻辑分析过程就是还原发明的过程，如果基于创造性的判断规则认为通用领域的专利文献转用到专用领域中是没有障碍的、是显而易见的，则对于本领域技术人员而言这样的转用是可行的、相对比较容易的。专用领域的研发人员虽然和专利审查指南中定义的"本领域技术人员"有所差异，但在本领域的知识和技能方面具有很大的相似性，因此我们推定：转用发明创造性的判断条件和判断逻辑对于专用领域的研发人员具有适用性。

② 模型建立。我们在建立筛选模型时主要考虑三方面因素：领域近似性（技术所应用的对象）、转用技术障碍、技术问题需求度（通用领域文献所解决的技术问题在专用领域中解决相同技术问题的需求程度）。以上三个判断因素的分值赋值如下：

领域近似性由高到低分为 A、B、C 三档，依次计 8~10 分、4~7 分、1~3 分。A 档是领域近似性高的，表示二者在使用的技术、结构和实现的功能上相似性较高，比如 AUG 与水下航行器具有类似的结构，且均能实现探测的功能，为相似性较高的领域；B 档是领域近似性一般的领域，例如 AUG 与水下机器人，通过不同的结构实现水下运动，可以实现相同的目的，为近似性一般的领域；C 档是不相关领域，比如 AUG 与无人机，二者在机构、功能、应用上均有较大差别。

转用技术障碍从低到高分为 A、B、C 三档，依次计 8~10 分、4~7 分、1~3 分。A 档是指转用基本无障碍；B 档是指技术转用到其他领域有一定障碍，但障碍不大；C 档是基本不能将技术转用到另一领域。

例如，水下航行器中编队的神经网络算法复杂度较高，而 AUG 由于功率限制难以用大型或高功耗性能强的处理器，因此复杂算法转用有一定障碍，此时评分为 B 档；将光通信的短距离应用于 AUG 之间远距离通信基本难以实现，评分为 C 档。

技术问题需求度由高到低分为 A、B、C 三档，依次计 8~10 分、4~7 分、1~3 分。A 档是本领域技术应用到另一领域的需求较高，B 档是技术需求度中，C 档是技术需求度低。

例如，节能既是水下航行器的需求，也是 AUG 的迫切需求，因此从技术问题需求角度来看，二者的需求度较高，为 A 档；解决协同定位更新频率低的问题虽然对 AUG 也有意义，但不是目前最主要的需求，为 B 档；AUG 运动轨迹为锯齿形，不存在水下航行器随跟海床运动问题，该技术需求为 C 档。

③ 分数计算。通过对领域近似性、转用技术障碍、技术问题需求度的打分求和，得到转用可能性的总分，进而判断转用可能性的高低。即转用可能性总分值 = 领域近似性分值 + 转用技术障碍分值 + 技术问题需求度分值。

通过上述专利文献评分方法确定专利技术文献转用到另一领域的难易程度，在筛选重要专利的时候综合考虑了传统的筛选重要专利的指标（例如目前的专利法律状态、引证被引证情况、专利维持年限、专利同族数量）和专利技术文献转用难度评分结果进行了初筛，并在此基础上根据产业技术发展情况和专利技术本身的情况进行再次确认，得到重要专利。

2.3.5 对自有专利技术发展意见建议

扩展专利的目的是为自有技术提供发展意见建议，通过扩展的专利数据可以提供技术和产业发展建议。

（1）提供技术发展建议

为技术发展方向提供参考。对扩展后数据进行专利分析、趋势分析等，通过扩展领域找到技术发展方向和技术发展问题，预判自有领域的技术改进及技术规避方向，为技术的开发和利用提供参考依据，把握未来发展趋势，提供多个技术路径。

找到突破技术瓶颈的可借鉴方案。通过扩展分析后的技术分析和重要专利分析，找到其他领域解决问题的全部技术手段，将扩展领域的技术手段应用至目标技术，从而为自有领域解决该问题提供多种解决方案和方法。

合作对象多样化。不同领域有不同的创新主体，通过扩展领域的检索，能够发现在扩展领域中不同的创新主体或发明人。通过扩展后的专利，进行创新主体及趋势分析，找到扩展领域的创新主体和创新技术，可以根据发展需要，与不同于自有领域的创新主体进行合作或引进。

（2）提供产业发展建议

通过自有及扩展领域趋势、申请人、地域、技术分析后，得到目前技术所处现状，梳理创新发展面临的问题及未来发展方向，为政策决策提供有力抓手，优化创新资源。

2.4 特色"扩展"专利分析方法应用价值

随着我国经济和技术的不断发展，未来的专利分析项目很可能面临着与本课题组类似的数据量少的难题，未来的专利分析也不一定是单单就现有数据进行统计分析，也很可能有需求去破解技术难题，帮助产业切实解决技术问题，该方法因此具有一定的普适性价值和意义。

2.4.1 有助于实现新兴领域/军用领域专利分析

前沿技术是高技术领域中具有前瞻性、先导性和探索性的重大技术，是未来高技术更新换代和新兴产业发展的重要基础，是国家高技术创新能力的综合体现。前沿技术代表世界高技术前沿的发展方向，对国家未来新兴产业的形成和发展具有引领作用。通过专利分析对其提供研究方向指引和技术突破建议具有重要意义。新兴技术具有技术积累少、创新难度大的特点，而由于专利公开的滞后性，新兴前沿领域专利数量往往较少。

军民共用领域部分因申请国防专利，涉及保密审查，公开的专利数量也不多。传统专利分析方法难以适用专利数量较少的研究，而"扩展"专利分析方法解决了这一难题，是对传统专利分析方法的一个补充，拓展了专利分析的适用范围。

2.4.2 有助于理清专用/通用交织技术脉络

随着技术的发展，当前技术之间的相互融合不仅仅依赖于一两类学科或某种单一技术，而是多学科、多技术领域的高度交叉和深度融合。新一轮科技和产业变革正在孕育兴起，一些重要科学问题和关键核心技术已呈现出革命性突破的先兆，带动了关键技术交叉融合。不同技术领域之间存在相同的技术问题，存在不同的技术手段可解决相同的技术问题。通过对不同领域解决相同技术问题的技术手段进行挖掘，可以厘清相互交织的技术脉络。

前沿技术发展初期，公开专利数据量少，将技术延伸至扩展领域后，可以形成专利分析的基础，即专利大数据。针对专利大数据，可以从独立的专利文献中找到技术在不同领域、不同功能之间的发展，厘清交织在不同维度的技术发展脉络，对研发方向的预测提供参考，并启发如何弥补技术的缺陷而进行相应的研发。

2.4.3 有助于突破技术瓶颈

产业或行业上存在的技术问题是专利分析的前提，每一种专利分析都有自己解决的问题，专利分析的目的之一就是为解决问题提供指引或方案。

在专利信息不足的领域，通过"扩展"分析方法，进行扩展分析后，可以判断创新难题，深剖关联性前沿技术方案，拓宽革新思路，助力突破研发瓶颈，找到解决本领域技术问题的方法，弥补技术薄弱环节，促进产业发展。

2.4.4 有助于给出全方位建议

扩展分析方法通过技术、国家立项、功能效果、应用场景等多个维度，在多个维度中了解国家支持基础与行业发展方向，也在不同维度中拓展了对技术、领域的认知。通过扩展分析方法将目标技术扩展至其他方向，使得分析不局限于本领域的解决方式。

通过全局形成的发展规律寻找解决问题的视野和思路，提供多种方式谋划解决方案。放眼于全领域，提供了更多可参考的思路，可给出全面意见建议。

2.5 本章小结

基于本课题研究的 AUG 专利数据量少的现象，从 AUG 的领域特点入手，分析课题研究中的问题及现有专利分析方法的缺陷。具体而言，面对新兴技术公开信息较少，但产业和技术发展对前沿技术的专利分析需求旺盛的领域，常规专利分析方法不能满足本课题的分析需求。本课题组因此探索"扩展"专利分析方法，对前沿技术领域进行专利分析，解决产业面临的问题。

通过文献信息路径、创新主体路径、科技立项路径寻找技术领域关联、功能效果关联、关键技术关联，找到扩展依据，论证扩展方法的可行性，进而从技术领域、功能效果、关键技术等维度进行扩展。针对扩展后专利，进行时间、申请人、地域、技术分析，建立扩展后重要专利的筛选模型，为自有专利在技术和产业提供发展意见建议。

随着我国前沿技术的增多，拓展分析方法有助于实现新兴前沿技术专利分析，厘清交织技术之间的发展脉络，突破技术瓶颈，给出全方位的建议和措施。

第3章 AUG专利整体态势分析

本章从全球专利申请态势和中国专利申请态势的角度，对AUG技术进行了专利数据分析。由于AUG技术应用场景多为军事领域，存在较为严格的技术封锁，部分技术分支的专利申请数量有限，因而无法通过常规专利分析方法得出趋势性分析结论。为此，本章根据第2章提出的研究思路及扩展专利分析方法，将AUG导航、AUG水声通信及AUG组网分别扩展至水下航行器导航技术、水声通信技术以及水下组网技术，从而进一步在扩展领域对整体态势进行分析。

3.1 AUG自有领域专利整体态势分析

本节主要从全球专利申请态势、中国专利申请态势、技术构成的角度对AUG技术进行专利数据分析，涉及全球专利申请趋势、技术来源地、主要申请人、专利同族分布地域分析以及中国专利申请趋势、技术来源地、技术分布区域等分析内容。研究数据来自CNABS、VEN等专利摘要数据库以及CNTXT、USTXT和EPTXT等专利全文数据库，经过检索、去噪、去重、清理、验证、标引等数据处理过程，得到数据分析样本全球专利申请531项，其中中国专利申请413项。以上数据为本章及后续章节的研究基础。

3.1.1 全球专利申请态势分析

20世纪中叶，美国率先开始对AUG技术的探索，并成功提出AUG的设计概念。进入21世纪后，人类对海洋的探测和研究发展到了前所未有的高度，几乎所有国家和地区都在致力于海洋环境管理、海洋生命物种保护、海洋经济持续发展等海洋科学研究工作。作为传统的核心观测平台，海面船舶虽然能够观测海洋特性，但却存在运行成本昂贵、持续观测能力不足等缺点。卫星可以高效完成海面观测，但缺乏海洋垂向尺度的探测能力。为了克服传统海洋观测工具的缺陷，近年来，AUG技术得到了快速发展，现已成为常规的、可持续性的、高分辨率的海洋观测平台。

专利申请与技术的发展是密不可分的。科学技术的进步促进了相关专利的申请，而对专利申请数据的分析又可进一步对技术发展提供指导和借鉴。随着AUG技术的蓬勃发展，其专利申请的数量与日俱增。

3.1.1.1 申请趋势分析

通过对AUG全球专利申请量进行分析，如图3-1-1所示，AUG技术全球专利申请整体呈现增长趋势，技术发展经历了技术萌芽期、技术储备期和快速发展期。

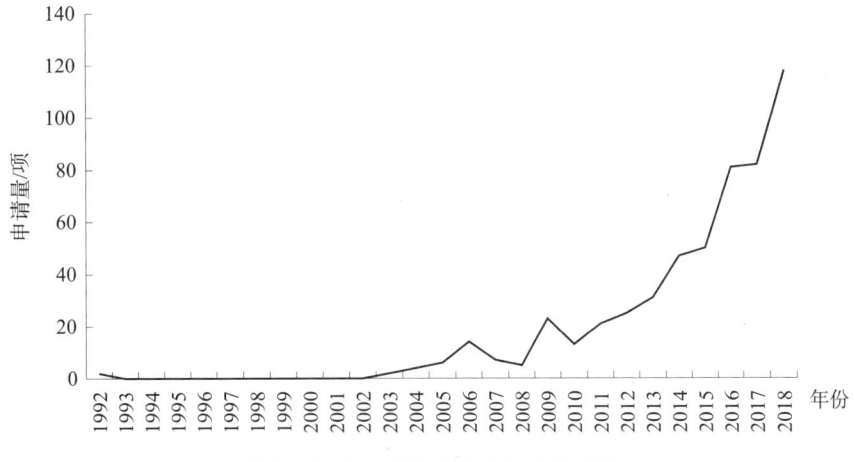

图 3-1-1　AUG 全球专利申请趋势

（1）技术萌芽期（1992~2005年）

1989年，美国海洋学家Stommel率先提出了AUG概念，并对AUG的发展和应用进行了有益规划，AUG技术及其应用从此进入了人们的视野。1992年，联邦德国的迪尔股份有限公司提出了第一项AUG发明专利申请，通过搭载声呐系统对水下目标物体进行追踪和打击，由此也体现了AUG在国防军事领域的重要应用。同年，美国人Douglas C. Webb提出了第一项温差能驱动AUG专利申请。从概念到产品，经过十余年的产品化探索，直至2001年，"Slocum Glider""Spray Glider""Sea Glider"等AUG代表机型才相继问世，AUG技术由此进入了一个持续而长久的发展状态。尽管2003~2005年全球每年专利申请数量仅为个位数，但是稳定的专利申请数量标志着AUG技术的萌芽摸索阶段即将结束。

（2）技术储备期（2006~2010年）

随着AUG技术的实用化，世界各国对于AUG的需求也随之提高，促使AUG性能不断完善、功能日益丰富。全球年度专利申请数量虽然有较大波动，但是整体呈现增长态势，由此进入了AUG技术储备阶段。其中，2009年专利申请数量达到了这一阶段的最高值，年度申请量突破20项。2007~2008年专利申请数量虽然处于波谷，但是每年的申请数量仍然高于萌芽期。技术储备阶段为AUG技术在下一阶段的迅速发展奠定了基础。

与国内相比，该阶段国外AUG技术的发展相对较为成熟：美国AOSN于2006年就已经通过AUG在蒙特利海湾进行了一系列海洋观测试验；法国ACSA于2008年成功研发了SeaExplorer混合推进AUG；欧洲EGO也在该阶段开始陆续布放AUG进而执行了各类海洋观测任务。国内申请人，如天津大学、中科院沈自所以及上海交通大学等，相继突破美国对于中国所实施的禁售禁运技术封锁，开始提出AUG相关专利申请。在国家实施海洋强国建设政策的驱动下，浙江大学、华中科技大学以及中船重工七〇二所和中船重工七一〇所等科研单位也纷纷投身于AUG的研究工作中，中国AUG技术至此才逐渐开始发展。2017年，天津大学自主研制开发"海燕"混合推进AUG。2008年，中科院沈自所成功研制具有自主知识产权的"海翼"AUG工程样机，并在千岛湖完成湖试。2009年，天津大学第二代混合推进型AUG"Petrel-I"研制成功，工作深度达到500m。AUG技术的不断突破和相关产品的成功研发，进一步推动了中国AUG专利申请数量的增长。

（3）快速发展期（2011~2018年）

随着AUG在水下传感器网络部署中广泛应用，全球AUG专利申请数量迅猛增长，年均增长率达到30%，标志着AUG技术进入了快速发展期。直至2018年，AUG专利申请数量仍然势头不减，而且2018年全球专利申请数量攀升至前所未见的峰值，年度专利申请数量达到110余项。该阶段的专利申请数量占到了全球专利申请总量的80%以上，专利申请量的快速增长也表明了AUG应用技术研发水平的迅速提升，而中国AUG技术的迅速崛起在全球专利申请数量的蓬勃增长中发挥着关键性作用。

中国在经历了技术储备期的技术发酵之后，随着国家"十二五"计划中一系列海洋经济发展、海洋科学研究的政策实施，高校及科研院所抓住了重大历史机遇，投入大量资金及研发力量，从而产生了大量的科技成果，随之带来了专利申请数量的突飞猛进。目前，中国AUG专利申请数量已经占到全球专利申请总量的76%，中国专利申请数量的增长直接推动了该阶段全球专利申请数量的攀升。虽然中国专利申请数量迅速增加，但由于其应用场景多集中于环境监测及水体调查等科研工作，目前中国AUG的商业化和产业化程度并不算高。

3.1.1.2 技术构成分布

一个正常运行的AUG需要运动控制系统、能源系统、导航技术、AUG总体等多项技术的协同支撑，每项技术分支的发展情况都会极大影响AUG技术的整体发展和应用。如图3-1-2（见文前彩色插图第2页）所示，从AUG全球专利申请主要技术分支申请量占比可知作为AUG专用技术的运动控制系统占比最高，其他各技术分支占比则相对较少。通过对AUG各个技术分支进行专利申请数据分析，可以掌握各技术分支的研发状况。

下面分别对各分支进行具体分析：

（1）AUG总体

AUG总体的全球专利申请量为87项，占比为16%，主要包括水动力外形、总体布置和耐压壳体等。其中，水动力外形的研究是AUG总体结构研究的重点，目的在于提高其水动力。优良的水动力性能直接影响AUG长航时、大范围实时监测的功效。

1）AUG总体全球专利申请趋势

如图3-1-3所示，AUG总体的全球专利申请始于2003年，经过技术萌芽和探索后，于2014年开始快速增长，2017年专利申请量有所回落，但次年申请量就达到了目前为止的最高峰，总体态势趋于增长。其中，中国于2007年才开始首项AUG总体的专利申请，在2012年之后申请量迅速增长，且对比中国和外国申请量可知，中国的专利申请数量远超外国，自2012年之后全球AUG总体的专利申请量随着中国申请量的变化而变化。2017~2018年也是外国AUG总体申请量最多的两年，各国在这两年均加大了AUG总体的研究力度。

图 3-1-3 AUG 总体全球专利申请趋势

2) AUG 总体在华专利申请态势

如图 3-1-4 所示，我国 AUG 总体的专利申请全部来源于中国本土。AUG 总体在华专利申请态势图中，并未有国外专利申请，美国、英国、法国及日本等技术强国尚未开始在我国进行 AUG 总体的专利申请和布局。我国在该分支的专利申请量于 2017 年间有所回落，总体态势趋于增长。

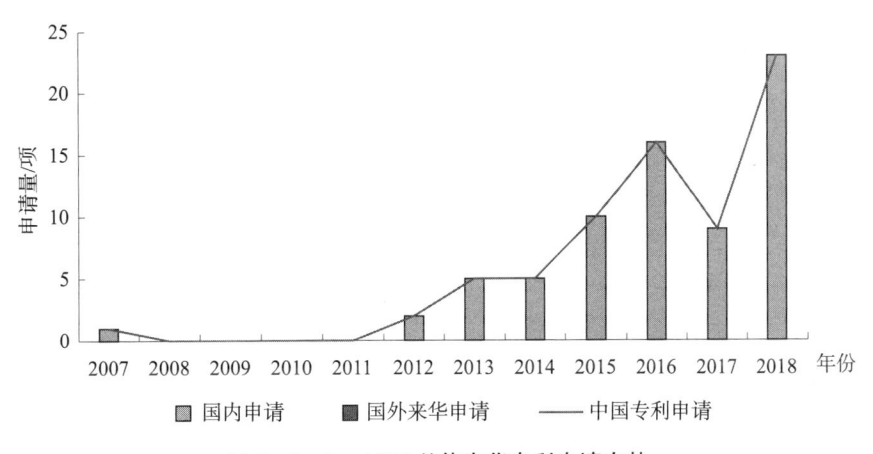

图 3-1-4 AUG 总体在华专利申请态势

3) AUG 总体主要申请人

如图 3-1-5 所示，目前 AUG 总体技术主要掌握在中国申请人手中，其中大连海事大学和哈尔滨工程大学专利申请量最多。AUG 总体技术在全球专利申请量排名前 15 位的申请人中仅有 2 位国外申请人，其余皆为中国申请人。其中，排名第一位的是大连海事大学，专利申请量为 8 项；其次是哈尔滨工程大学，专利申请量为 6 项；广东海洋大学、天津大学和浙江大学的专利申请量并列排名第三位。从创新主体构成来看，我国 AUG 总体技术的申请人全部为高校和科研院所，即我国对该分支的专利数量虽多，但目前还处于技术研发阶段，并未投入产业化应用。

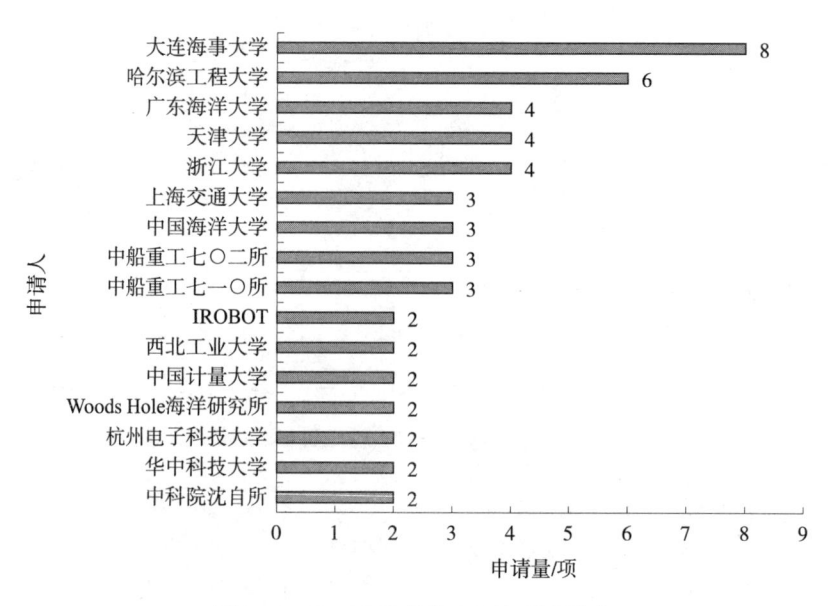

图 3-1-5　AUG 总体主要专利申请人

（2）能源系统

AUG 能源系统的专利申请量达 63 项，占比为 11%，主要包括波浪能、温差能、电池、太阳能等。AUG 虽然能源消耗极低，只在调整净浮力和姿态角度时消耗少量能源，但要提高其续航能力，在能源系统方面的改进仍是突破口之一。

1）能源系统全球专利申请趋势

如图 3-1-6 所示，能源系统的全球专利申请态势总体呈波浪式增长并在后期有回落。具体而言，专利申请始于 1992 年，之后开始长期的技术发展和储备，发展较为缓慢，但于 2013 年申请量开始急剧增长，并在 2014 年达到峰值，而在 2014 年之后因技术相对成熟，专利申请量也趋于减少。

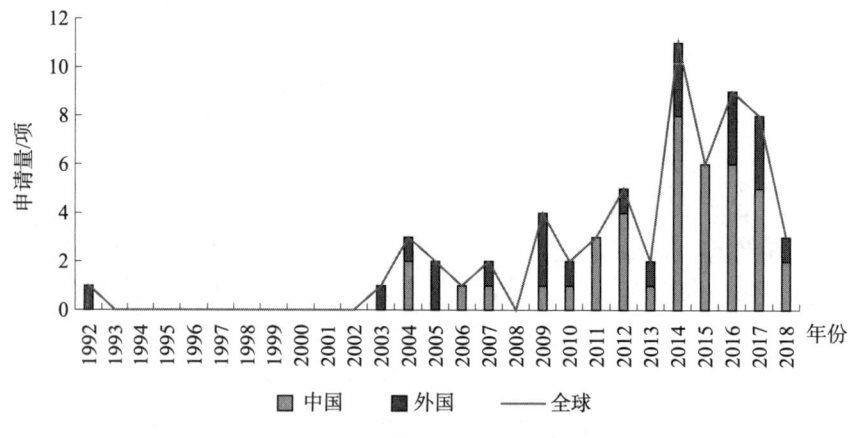

图 3-1-6　AUG 能源系统全球专利申请趋势

由国内外专利申请量对比来看,中国专利申请趋势与全球趋势大体保持一致。在2006年之后,中国专利申请量的变化直接影响了全球专利申请趋势的变化,国内专利申请量高于国外的专利申请量,但能源系统每年的专利申请量仅为几项或十几项,因此差距不大。2014~2017年国内外对能源系统的专利申请数量均达到了最大值,但在2018年国内外对能源系统的专利申请量均有大幅度的回落,也说明了各国对AUG能源系统的研究热度有所下降。

2)能源系统在华专利申请态势

如图3-1-7所示,能源系统在我国的专利申请绝大多数源自中国国内。能源系统仅在2007年和2016年分别有1项和2项外国在华申请,此外全部是中国国内申请,国外尚未开始在我国进行大规模的专利申请和布局。我国在2004年开始有AUG能源系统领域的专利申请,该年也是我国AUG技术专利申请的起点。经过十年的技术积累,中国专利申请数量在2014年和2016年达到了最高值,2016年之后逐渐递减,其与全球申请态势大致相符。

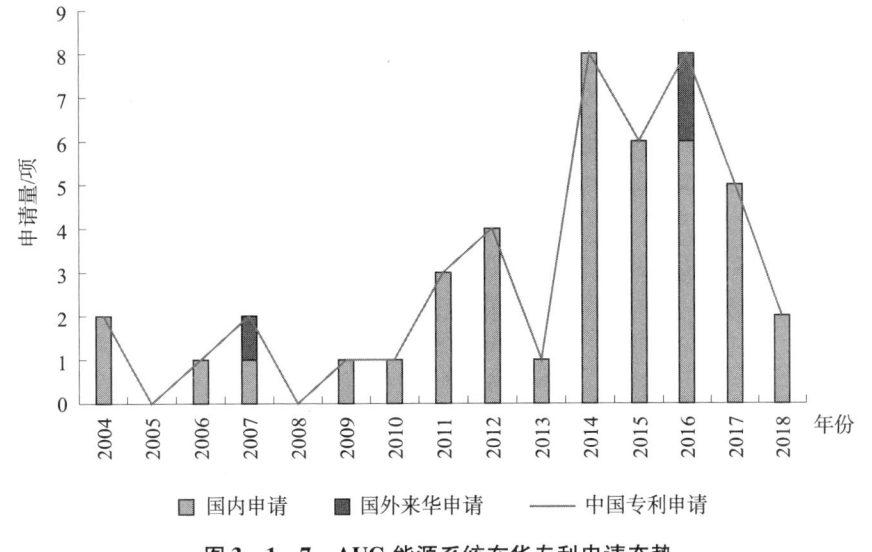

图3-1-7 AUG能源系统在华专利申请态势

3)能源系统主要申请人

如图3-1-8所示,目前能源系统的专利技术主要掌握在中国申请人手中,其中西北工业大学专利申请量最多。能源系统全球专利申请量排名靠前的大部分为中国申请人。排名第一位的西北工业大学,专利申请量为12项;其次是美国RAYTHEON,专利申请量为6项;武汉理工大学和上海交通大学的专利申请量并列排名第三位。从创新主体构成来看,能源系统的中国申请人全部为高校和科研院所,说明虽然我国对AUG能源技术的专利数量最多,但目前仍处于技术研发阶段,并未投入产业化应用。

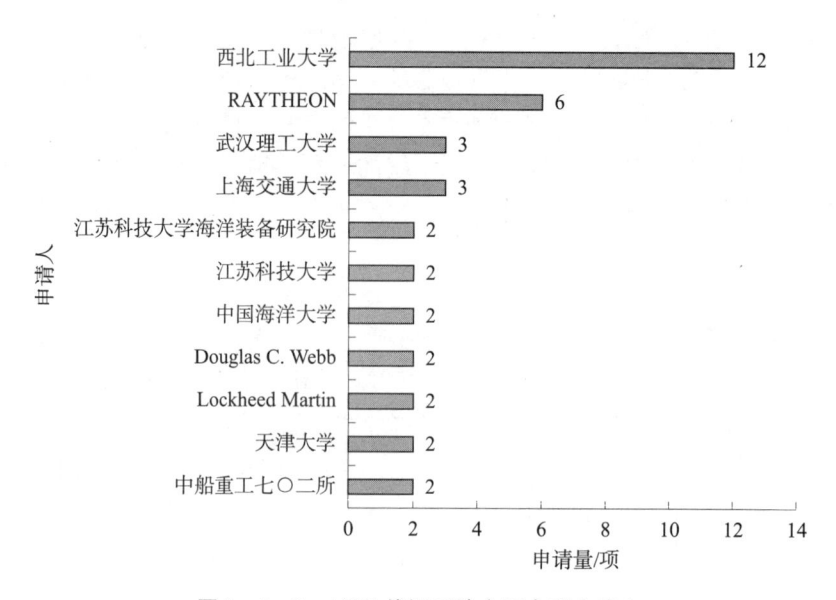

```
申请人: 西北工业大学          12
        RAYTHEON              6
        武汉理工大学            3
        上海交通大学            3
        江苏科技大学海洋装备研究院  2
        江苏科技大学            2
        中国海洋大学            2
        Douglas C. Webb       2
        Lockheed Martin       2
        天津大学                2
        中船重工七〇二所        2
        (申请量/项: 0 2 4 6 8 10 12 14)
```

图 3-1-8　AUG 能源系统主要专利申请人

（3）导航技术、水声通信技术和组网技术

① 导航技术专利申请量为 34 项，占比为 6%，主要包括组合导航和声学导航等。导航技术在 AUG 技术分支中占有重要的一席之地，直接关系着 AUG 的行驶路径以及能否准确到达目的地。如表 3-1-1 所示，AUG 导航技术全球专利申请起步较晚，2011 年才开始首项专利申请，相对于 AUG 整体的技术发展状态而言，发展相对滞后，但整体趋势处于增长状态，至 2018 年申请量达到了新高度。

表 3-1-1　AUG 导航技术、水声通信技术、组网技术全球专利申请趋势　　单位：项

年份	导航技术	水声通信技术	组网技术
2006	0	1	0
2007	0	0	0
2008	0	0	0
2009	0	0	0
2010	0	1	0
2011	2	0	0
2012	2	0	0
2013	2	2	3
2014	5	0	1
2015	3	3	3
2016	6	3	1
2017	6	3	3
2018	8	10	3

② 水声通信技术分支包括专利申请 23 项，占比为 4%，涵盖了水声传感网络、电路与硬件模块等方面。水声通信技术是实现 AUG 组网应用最关键的技术难点，也是当前水下航行器的研究热点。如表 3-1-1 所示的水声通信技术全球专利申请趋势，水声通信技术的专利申请起步于 2006 年，从 2015 年开始迅速增长，并在 2018 年达到峰值。

③ 组网技术在 AUG 各分支技术中的专利申请量最少，仅为 14 项，占比 3%。虽然组网技术在目前的专利申请数量中占比最小，但对 AUG 的应用范围起到了至关重要的作用，多台 AUG 组网后形成编队能够提高适应范围和观测能力，同时获取海洋中不同位置的信息。如表 3-1-1 所示，全球 AUG 组网技术于 2013 年才开始提出专利申请，虽然数量较少，但其在每年均有相关专利申请提出，是 AUG 技术的最新研究方向，发展前景十分广阔。在中国，AUG 的组网应用对于国家建设"全球海洋观测网"工程至关重要。

由专利数量来看，导航技术、水声通信技术和组网技术的专利申请总量仅为几十项，并不能从中得出准确的趋势性分析结论。但根据实际调研情况，这三个分支却是 AUG 技术最为关键的技术分支，对此，我们将在第 4~6 章进行详细的扩展分析。

（4）运动控制系统

运动控制系统在 AUG 所有技术分支中专利申请量最多，申请量达 227 项，占比为 42%。运动控制系统主要包括浮力调节、姿态调整和辅助推进等，通过准确调节浮力和姿态角度来实现精确的运动控制，这也是 AUG 的研究基础。如图 3-1-9 所示，AUG 运动控制系统全球专利申请起于 2004 年，并在之后开始呈波浪式增长，于 2014 年进入发展的快车道，至 2018 年申请量最大。

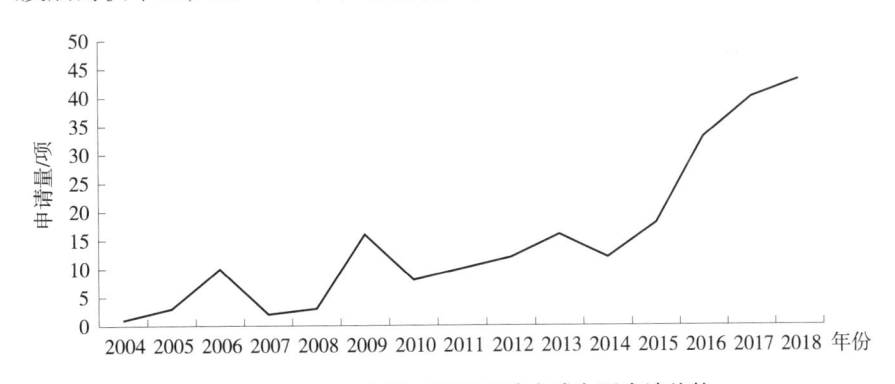

图 3-1-9 AUG 运动控制系统全球专利申请趋势

由于运动控制系统是 AUG 技术的核心，且专利数量在各分支中占比最大，我们将在第 7 章着重对其进行分析。

（5）其他分支

除上述技术分支外，AUG 还包括以支持系统、AUG 应用等为主的其他技术。该分支的专利数量包括 98 项，占比为 18%。支持系统对 AUG 的布放、回收、测试提供全面的帮助和支援；AUG 应用技术主要为 AUG 搭载不同用途和型号的传感器提供相应的应用服务。这两方面虽然不属于 AUG 的核心技术，但其技术的发展水平也从一定程度上制约着 AUG 的推广使用。由图 3-1-10 可知，该技术分支在 1992 年就开始进行专利申请，至今全球申请总量达到 98 项，其间专利申请量波动也较大，但大体趋于增长，并在 2018 年达到最大值 28 项。该方面技术为 AUG 技术的全面拓展和创新奠定了基础。

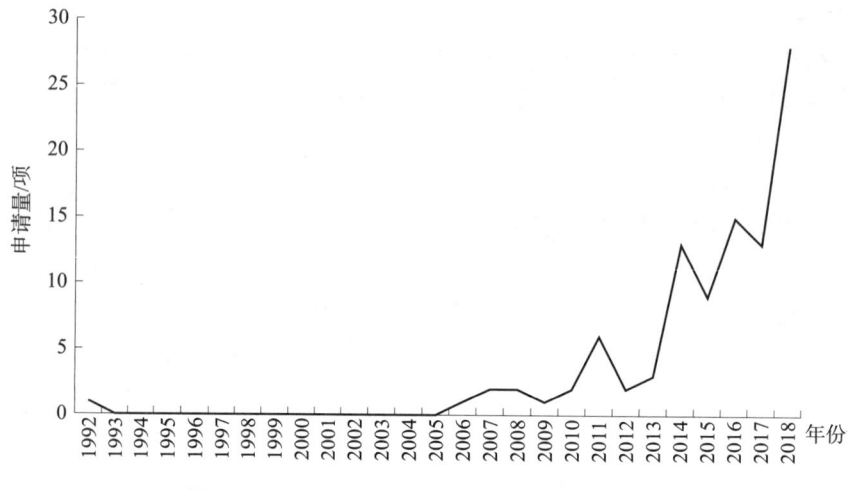

图 3-1-10 AUG 其他技术全球专利申请趋势

3.1.1.3 主要技术来源地及目标地

（1）主要技术来源地

中国、美国、俄罗斯、韩国、日本的专利申请量占据了 AUG 技术总体申请量的绝大部分份额，AUG 技术也主要集中于上述五个国家。如图 3-1-11 所示，AUG 全球专利申请主要技术来源地中排名前五位的依次为中国（409 项）、美国（49 项）、俄罗斯（24 项）、韩国（18 项）和日本（8 项）。

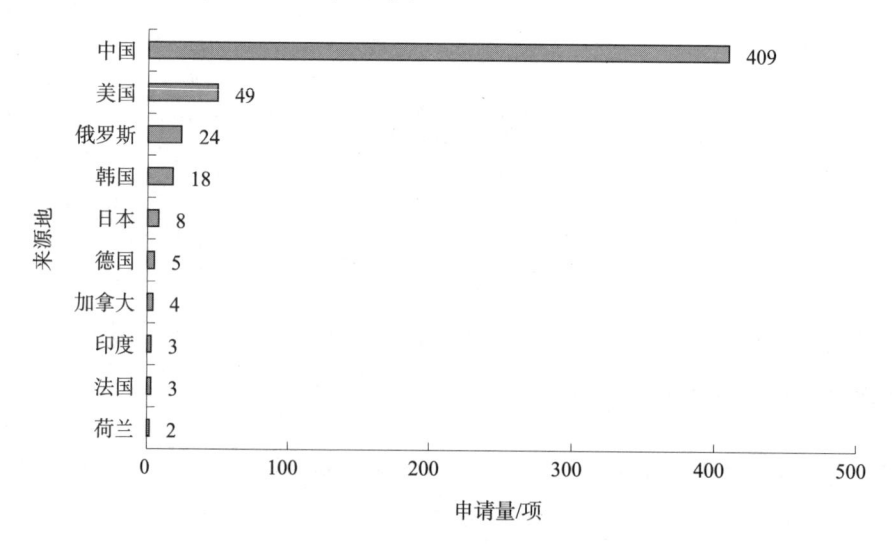

图 3-1-11 AUG 全球专利申请主要技术来源地

中国专利申请数量最多，占全球专利申请总量的77%。美国位列第二，专利申请数量仅占全球专利申请总量的9%。就专利申请数量而言，中国占有绝对优势。以上五个国家的专利申请数量占全球专利申请总量的99%，由此表明，AUG技术主要为上述五个国家所垄断。

(2) 主要技术来源地近年申请趋势

中国AUG的技术研究总量已经超过美国及欧洲等国家和地区，成为全球AUG技术专利申请的主力军。如图3-1-12所示，近年AUG专利申请主要技术来源地专利申请统计以五年为一个发展周期，在2000~2005年期间，中国的专利申请量还低于美国，从第二个五年开始，中国的AUG专利申请量就已经超越美国成为全球第一，之后中国专利申请量持续增长。美国、俄罗斯和韩国从第一个五年到第三个五年，其专利申请量都保持稳定增长趋势；2016年以来，美国申请量略有下滑，而俄罗斯依旧保持迅猛发展态势，并超越美国排名第二位，显示出俄罗斯正加强对AUG的技术研究。

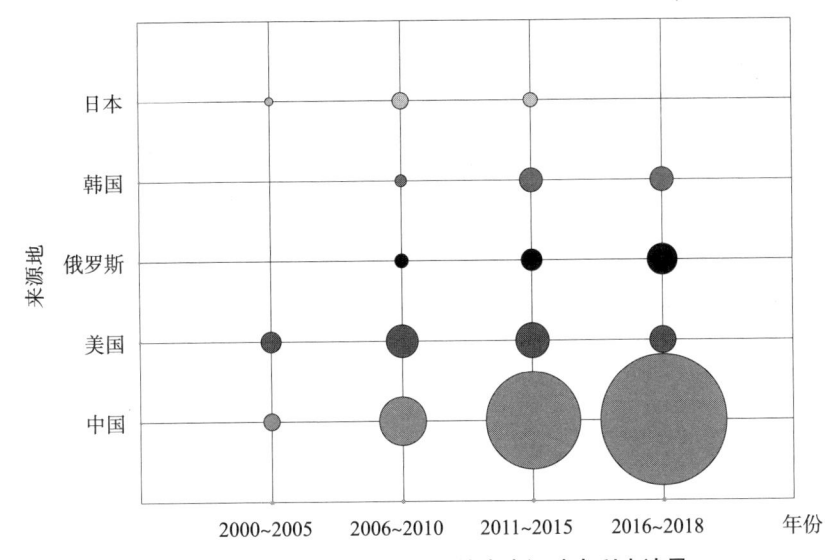

图 3-1-12 AUG全球主要技术来源地专利申请量

注：图中气泡大小表示申请量多少。

(3) 主要技术目标地

AUG技术的主要技术来源地与主要技术目标地大致相同，其技术来源地和技术实施地相匹配。由图3-1-13所示的AUG全球专利申请主要技术目标地可知，中国、美国、俄罗斯、韩国、日本等是AUG专利申请的主要目标地，其与图3-1-11所示的主要来源地相同；欧洲作为专利申请目标地，也有15件专利申请，说明了欧洲地区也是全球AUG技术实施的集中目的地。由各国的数量变化也可以得知，AUG专利技术在他国布局的专利数量并不大，其同样与AUG的军事应用领域和国外以禁运禁售AUG等相关措施进行技术封锁有关。

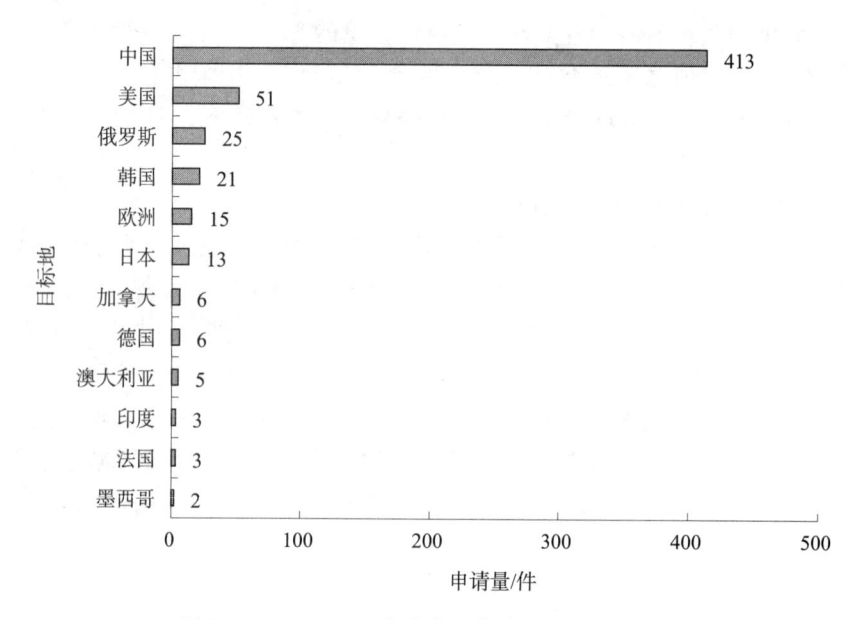

图 3-1-13　AUG 全球专利申请主要技术目标地

3.1.1.4　主要申请人

从专利申请数量的角度来看，中国申请人在 AUG 技术的研发力度和成果产出方面已经占据了绝对优势。如图 3-1-14 所示，AUG 技术全球专利申请量排名前 15 位的申请人中仅有 1 位美国申请人，其余均为中国申请人，且多为高校和科研院所。天津大学的专利申请数量为 31 项，在全球专利申请人中排名第一位。中科院沈自所位居其次，专利申请数量为 30 项。中国海洋大学的专利申请数量为 29 项，全球排名第三位。

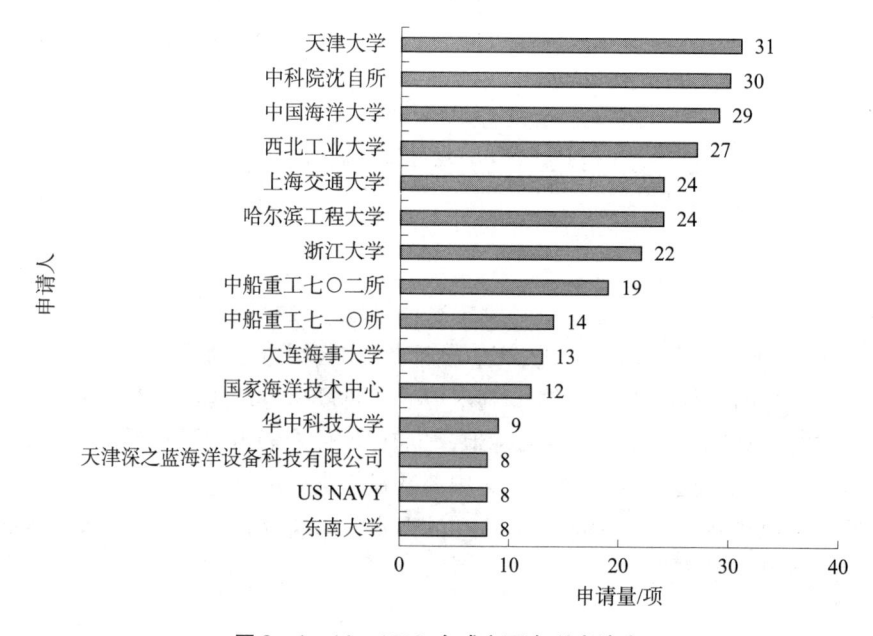

图 3-1-14　AUG 全球主要专利申请人

西北工业大学提出27项专利申请，上海交通大学、哈尔滨工程大学的专利申请数量均为24项，浙江大学专利申请数量为22项。专利申请数量在10项以上的申请人，还包括中船重工七〇二所、中船重工七一〇所、大连海事大学以及国家海洋技术中心。

美国作为AUG技术的发源地，在AUG技术储备和产品应用方面领跑全球，而且在美国专利申请人中，既有政府背景的US NAVY，也有最早研制Slocum Glider水下滑翔机的Teledyne Webb Research，更有世界军工电子技术与产品方面的龙头企业美国RAYTHEON。但是，美国专利申请情况却与其军工核心地位和所占据的市场份额大相径庭，全球专利申请量排名前15位的美国申请人仅US NAVY一家。为此，我们以US NAVY在AUG水声通信技术扩展领域的专利申请情况为例，对其专利申请的公开时间进行统计分析：12%的专利是在提出申请后20年才予以公开，涉及潜艇、水雷的目标定位、隐身和静音技术以及水声换能器原理、材料方面的基础研究；16%的专利在提出申请后的10~20年间予以公开，涉及低频水声换能器的结构设计以及实现军事目标引爆的水声信号处理技术；72%的专利在提出申请后10年内予以公开，涉及水声信号调制解调算法、水声信号电路设计、水声换能器应用布置以及水下测绘勘探等民用方面的水声探测技术。基于对以上数据的分析可见，US NAVY关于AUG水声通信技术扩展领域的专利申请公开时间远远超过了我国18个月公开的审查程序时长。对于涉及武器装备和军事战略目的的专利申请，美国政府通过延长公开时间的方式达到了保密审查的目的。因此，对于具有重要军事战略意义的AUG而言，社会公众难以获知披露相关技术内容的美国专利。特别是在2011年"9·11"事件发生之后，美国政府对于保密信息的公开政策愈发保守，每年美国专利商标局的保密发明解密数量也大为减少。此外，美国军工企业的所有权制度与我国大为不同，美国政府虽然不是军工企业的"所有者"，但由于政府军品采购仍然是军工企业赖以生存的前提，因此，美国政府在市场经济中仍然充当着"管理者"的角色。受制于政府的监督和管理，国外军工企业虽然在科技研发能力、国际竞争力和国际市场份额方面占有绝对优势，但是考虑到相关技术的保密性和敏感性，因而对于可能威胁到国家安全的专利技术绝少公开。

目前，我国AUG创新主体仍以高校和科研院所为主。作为专利申请量排名前15位中的唯一一家企业，天津深之蓝海洋设备科技有限公司通过对接中科院沈自所实现AUG技术转化。可见，随着我国AUG技术研发水平的不断提高，中国申请人的研究重心已经开始从AUG技术向AUG产品逐步转移。尽管如此，高校及科研院所的技术转化程度仍显不足。

下面以全球前五位的申请人为例，结合近年来的专利申请趋势和技术构成，对天津大学、中科院沈自所、中国海洋大学、西北工业大学、上海交通大学的专利申请布局进行具体分析。

（1）天津大学

天津大学是我国最早开展AUG技术研究的科研机构，学科设置齐全，研发能力目前处于国内一流水平。

如表3-1-2所示，天津大学对AUG的研究起步较早，方向全面，重点研究方向在运动控制系统。天津大学对 AUG 的专利申请技术构成中涵盖了运动控制系统、水声通信技术、组网技术、AUG 总体、能源系统以及其他；其研究重点集中在运动控制系统，对其他五个分支的研究较为均衡。由每年专利申请量来看，天津大学于 2005 年就已经开始对 AUG 进行专利申请，在 2018 年专利申请量达最高值 10 项，研究方向也进行了大范围的拓展。其主要专利申请年分别在 2009 年、2011 年、2015 年、2018 年，与 2009 年 500 米工作深度的混合推进 AUG 试验样机的成功、2014 年"海燕"AUG 的组网和协作观测的实现以及 2017 年 7 月多台 AUG 的集群测试成功的研发成果时间相匹配。

表 3-1-2 天津大学 AUG 专利申请技术构成 单位：项

年份	运动控制系统	水声通信技术	组网技术	AUG 总体	能源系统	其他
2005	1	0	0	0	0	0
2006	1	0	0	0	1	0
2007	2	0	0	0	0	0
2008	0	0	0	0	0	0
2009	4	0	0	0	0	0
2010	1	0	0	0	0	0
2011	4	0	0	0	0	0
2012	0	0	0	0	1	0
2013	1	0	0	0	0	0
2014	0	0	0	0	0	0
2015	3	0	0	3	0	1
2016	0	0	0	0	0	0
2017	0	1	1	0	0	0
2018	1	3	3	1	0	2
总计	18	4	4	4	2	3

（2）中科院沈自所

中科院沈自所成立于 1958 年 11 月，主要研究方向是机器人、工业自动化和光电信息处理技术，AUG 也是该所的研究重点之一。

中科院沈自所对 AUG 研究起步较早，研究重点集中在运动控制系统。由表 3-1-3 中所示，中科院沈自所自 2006 年就已经对 AUG 技术进行了首项专利申请，且由每年专利申请量来看，其年专利申请数量较为稳定，直至 2017 年运动控制系统仍旧是主要研究方向。中科院沈自所近年 AUG 专利申请技术构成中包括运动控制系统、AUG 总体、能源系统以及包括支持系统在内的其他分支，总体来看，研究重点在运动控制系统。

中科院沈自所的专利申请提出的时间也与其研发成果时间相吻合，2005年10月研制出"海翼"AUG原理样机后，于2006年提出了首项专利申请；2008年10月"海翼"AUG工程样机研制成功并在千岛湖完成了湖上实验，次年便提出6项专利申请；2017年"海翼"AUG在马里亚纳海沟完成大深度下潜观测任务，最大下潜深度达到6329米，样机试验的成功再次孕育了大量的专利申请。

表3-1-3 中科院沈自所AUG专利申请技术构成　　　　　　　单位：项

年份	运动控制系统	AUG总体	能源系统	其他
2006	2	0	0	0
2007	0	0	0	0
2008	0	0	0	0
2009	5	0	1	0
2010	3	0	0	0
2011	0	0	0	0
2012	0	0	0	0
2013	3	0	0	0
2014	0	2	0	0
2015	4	0	0	0
2016	2	0	0	2
2017	5	0	0	0
2018	1	0	0	0
总计	25	2	1	2

（3）中国海洋大学

中国海洋大学具有国家实验室"青岛海洋科学与技术试点国家实验室"，在AUG领域致力于声学滑翔机的技术研究。

中国海洋大学虽然对AUG的研究起步较晚，但研究方向较为全面，重点集中在运动控制系统和支持系统（属于其他分支）。如表3-1-4所示，其专利申请技术构成中涵盖了运动控制系统、导航技术、水声通信技术、AUG总体、能源系统以及包括支持系统在内的其他分支。总体来看，其研究重点集中在运动控制系统和支持系统。由中国海洋大学的每年专利申请量来看，其于2011年才开始对AUG进行专利申请，在2016年专利申请量已高达14项，之后几年的研究方向也多在于运动控制系统。此外，中国海洋大学还推出了"透明海洋"重大计划。在2016年4月，中国海洋大学自主研发的声学AUG实现了国内AUG在西太平洋的首次大深度观测和千米量级的V型和W型剖面海洋观测，2016年专利申请量的增多也与该试验成果相关。

表3-1-4 中国海洋大学AUG专利申请技术构成　　　单位：项

年份	运动控制系统	导航技术	水声通信技术	AUG总体	能源系统	其他
2011	0	0	0	0	1	0
2012	0	0	0	0	0	0
2013	0	0	0	0	0	0
2014	0	0	0	0	0	2
2015	0	0	0	0	0	0
2016	7	0	0	2	1	4
2017	2	0	0	0	0	1
2018	6	2	1	1	0	0
总计	15	2	1	3	2	7

（4）西北工业大学

西北工业大学是一所以航空、航天、航海工程研究为特色的大学，其在航海工程上也具有一定的研究成果，其中有包括AUG在内的"自主水下航行器"。

西北工业大学对AUG的研究起步较晚，重点集中在运动控制系统和能源系统。如表3-1-5所示，其专利申请的时间分布于2011~2018年。起步虽晚，但西北工业大学每年都有相应的技术成果，主要技术分支包括运动控制系统、导航技术、AUG总体和能源系统，其中运动控制系统和能源系统的专利申请最多，均为12项。目前，西北工业大学研制的50千克级便携式AUG已突破了复合材料耐压壳体结构轻量化设计、高精度自适应定深控制、应急避险舵机控制等关键技术难题。

表3-1-5 西北工业大学AUG专利申请技术构成　　　单位：件

年份	运动控制系统	导航技术	AUG总体	能源系统
2011	0	0	0	1
2012	2	0	0	0
2013	1	0	0	0
2014	1	1	0	6
2015	0	0	0	2
2016	5	0	0	1
2017	2	0	0	2
2018	1	0	2	0
总计	12	1	2	12

(5) 上海交通大学

上海交通大学具有国家实验室"船舶与海洋工程国家实验室"以及国家重点实验室"海洋工程国家重点实验室",其对 AUG 技术同样具有较高的研发水平。

上海交通大学对 AUG 进行首次专利申请的时间最早,研究重点在于运动控制系统和"其他"中的 AUG 应用。如表 3-1-6 所示,上海交通大学于 2004 年就已对 AUG 进行首次专利申请,该专利申请也是国内 AUG 的首项专利申请。上海交通大学早期对 AUG 的研究在于能源系统和 AUG 总体,但申请量较少;在 2014 年之后运动控制系统和 AUG 应用方面的专利申请数量开始快速增长。整体而言,上海交通大学在 AUG 领域的专利申请量逐渐增加,研究力度也逐渐加大。上海交通大学的研究方向也较为全面,包括运动控制系统、导航技术、组网技术、AUG 总体、能源系统以及"其他"中的 AUG 应用,其中研究重点主要集中在运动控制系统和 AUG 应用。

表 3-1-6 上海交通大学 AUG 专利申请技术构成   单位:件

年份	运动控制系统	导航技术	组网技术	AUG 总体	能源系统	其他
2004	0	0	0	0	2	0
2005	1	0	0	0	0	0
2006	0	0	0	0	0	0
2007	0	0	0	1	1	0
2008	1	0	0	0	0	0
2009	0	0	0	0	0	0
2010	0	0	0	0	0	0
2011	0	0	0	0	0	0
2012	0	0	0	0	0	1
2013	0	1	2	2	0	0
2014	0	0	0	0	0	0
2015	2	0	0	0	0	0
2016	0	0	0	0	0	0
2017	3	0	0	0	0	2
2018	3	0	0	0	0	4
总计	10	1	2	3	3	7

3.1.1.5 专利同族分布地域分析

从 AUG 专利同族分布情况来看,各国在水下滑翔机技术领域专利申请的同族分布相对较少,而中国则未在海外进行专利申请,如图 3-1-15(见文前彩色插图第 1 页)所示。由表 3-1-7 可知,美国向其他国家和地区提出专利申请的数量最高,为 22 件;日本其次,为 12 件;全球主要国家向其他国家和地区提出同族专利申请的数量整体偏少,也进一步反映出AUG技术在各国之间存在技术壁垒。与美国相比,虽然我国专利申请总量远超美国,但却未曾向其他国家和地区提出专利申请,这可能是由于我国AUG产业化程度低、产品尚未走出国门。此外,通过对表3-1-7的分析还可以发现,美国与部分欧洲国家和日本之间互有同族申请,也印证了美国与部分欧洲国家和日本之间存在一定的军事关联和市场竞争。

表3-1-7 AUG专利同族主要分布表　　　　　　　　　　单位:件

申请国	布局国家和地区								
	欧洲	美国	日本	澳大利亚	加拿大	中国	韩国	墨西哥	总计
美国	6	0	4	2	3	3	3	1	22
法国	1	1	1	0	1	0	0	4	8
德国	2	1	1	1	1	1	1	3	11
日本	2	2	0	1	0	1	0	6	12
以色列	1	1	0	1	0	0	0	3	6
加拿大	1	2	0	1	0	0	0	4	8
荷兰	1	1	0	0	0	0	1	3	6
英国	1	1	0	0	0	0	0	2	4

3.1.2 中国专利申请态势分析

中国AUG技术的研发始于21世纪初,相对国外起步较晚,但在国家自然科学基金委员会和科学技术部等相关单位的项目支持下,经过十余年理论突破和技术攻关,目前技术水平与国外的差距正在不断缩小。我国AUG的技术水平已经进入工程化样机应用与产品定型阶段,天津大学的"海燕"AUG也已被应用于南海进行海洋观测任务,具备了一定的实用能力。随着AUG技术的不断积累以及产品化趋势的不断增强,中国专利申请量增长势头强劲,但是在海洋应用和核心技术方面,与国外先进水平相比仍有较大差距。本小节对中国AUG的专利申请数据进行分析,有利于发现国内技术的瓶颈和缺陷,为下一步的技术研发提供指导和借鉴。

中国对AUG的专利申请起步较晚,但发展迅速,直至2018年达到迄今为止的巅峰。如图3-1-16所示,2004~2008年,中国对AUG的研究处于技术孕育和摸索阶段,年专利申请量未超过10项。中国于2004年才首次出现关于AUG的专利申请(CN1618695B,海洋能驱动的联动活塞式水下滑翔运载器;CN2785976Y,利用海洋温差能驱动烷烃发动机的滑翔式潜水器——该两项专利申请的申请日相同),其为上海交通大学提出的关于能源系统的两项专利申请,主要是利用温差能使可变容积胆体积膨胀、缩小,进而实现运载器在温跃层滑翔运行。该两项专利申请的出现代表中国对

AUG 进行技术进军的开始。在此期间，天津大学于 2005 年研制完成温差能驱动 AUG 原理样机，并成功进行水域试验。同年，中科院沈自所也开发出 AUG 原理样机，并完成湖试。

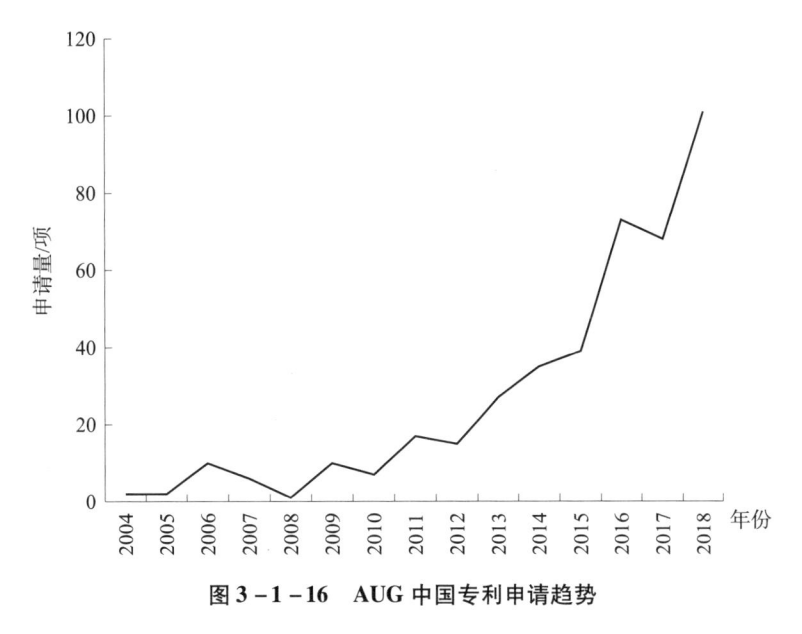

图 3-1-16　AUG 中国专利申请趋势

2009~2013 年专利申请量平稳增长，年申请量由个位数快速增长至 20 余项。增长原因与科学技术部等相关部门出台的一系列支持海洋工程装备发展的政策和重大专项有关，其明确了海洋工程装备的发展地位、战略目标、重要方向、重大行动和重大举措，使得研究力度和技术水平与日俱增。在此期间，天津大学第二代混合推进型 AUG "Petrel-I"研制成功，"海燕"混合推进 AUG 也成功完成湖试。

而自 2014 年以后，年申请量增长速度加快，进入快速增长期，2018 年年申请量已有 100 余项，达到一个巅峰。由于国家相关部门在"十二五"和"十三五"时期出台了一系列支持海洋工程装备发展的政策和重大专项，产业支持力度前所未有，在政策激励下中国各研究机构持续在下潜深度、续航里程等方面进行突破，相应专利申请量也爆发增长。其间，天津大学的"海燕"AUG 在性能指标上创造多项国内纪录，并开展了多台 AUG 的集群测试；"海翼"号 AUG 首次应用于中国北极科考，于白令海布放；中国海洋大学自主研发的声学 AUG 实现了国内 AUG 在西太平洋的首次大深度观测；中船重工七一〇所于 2017 年成功研制出了具有国际技术水平的波浪滑翔机"海鳐"，并于同年 6 月成功海试；中船重工七〇二所自主研发的"海翔"AUG 于 2016 年 7 月圆满完成海试。

总体而言，中国 AUG 技术的研究起步较晚，但是得益于我国海洋强国建设方面的政策支持和资金投入，相关技术发展迅速，专利申请数量随之陡然增加，截至 2018 年已经达到专利申请量巅峰。中国对于 AUG 技术和应用的研究贡献，拉动了全球 AUG 技术及其专利申请数量的飞速发展。

3.1.2.1 中国技术来源地分析

中国 AUG 的专利技术绝大多数源自中国国内。如图 3-1-17 所示，AUG 技术在中国的专利申请中，仅有 3 项来自美国，1 项来自日本，其余皆为中国自有。外国未针对 AUG 技术在中国进行大量技术公开。

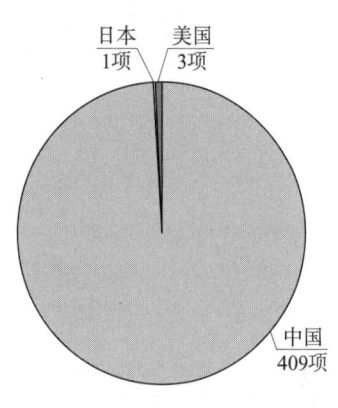

图 3-1-17 AUG 中国专利技术来源地

3.1.2.2 中国专利申请区域分布

中国 AUG 专利申请主要分布区域涉及 19 个地区。以天津、山东为首，各地区的专利申请量与主要申请人分布、各地区的相关政策以及海洋经济发展状态相关。如图 3-1-18 所示，中国 AUG 专利申请区域分布大致可分为四个梯队，第一梯队为申请量较多的天津、山东，申请量分别为 59 项和 55 项；其次为辽宁、浙江、江苏，申请量分别为 44 项、42 项、41 项；第三梯队为上海、湖北、陕西、黑龙江，申请量分别为 34 项、31 项、28 项和 25 项；第四梯队为广东、北京、海南、四川等。

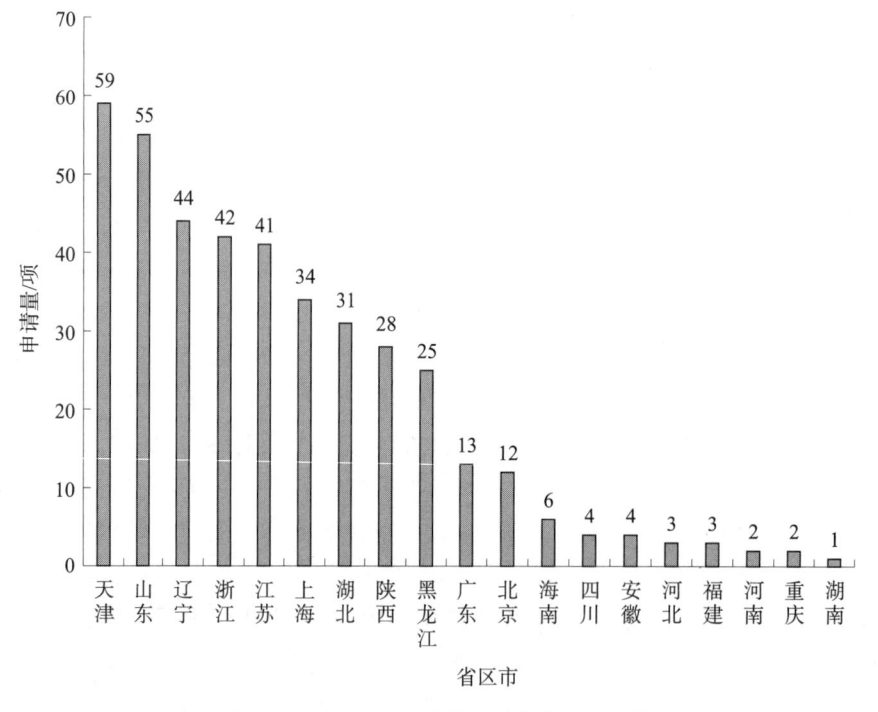

图 3-1-18 AUG 中国专利申请区域分布

天津有天津大学、国家海洋技术中心和天津深之蓝海洋设备科技有限公司三大主要申请人，山东有中国海洋大学以及青岛海洋科学与技术试点国家实验室等科研主体；而且天津和山东作为东部沿海地区，也是全国海洋经济发展的重要增长极，其海洋经济、海洋科研、海洋资源均处于全国领先地位，因此 AUG 的研究发展以及专利申请量遥遥领先于其他省市。

辽宁包括了主要申请人中科院沈自所和大连海事大学,浙江有浙江大学,江苏有中船重工七〇二所,且辽宁、浙江、江苏作为全国海洋经济发展试点地区,也相继提出了一系列海洋强省行动方案,从而促进了 AUG 的研发和专利申请量的增长。此外,上海、湖北、陕西、黑龙江也聚集着一批科研实力突出的高校和科研院所,相较于其他一些地区而言 AUG 技术研究实力较强,其 AUG 的专利申请量处于前三梯队中。

3.1.2.3 中国专利申请法律状态

(1) 中国专利申请类型

图 3-1-19 所示为中国 AUG 专利申请类型,其中,发明申请共 340 项,占比 82%;实用新型申请共 73 项,占比 18%。从专利申请的类型看,中国 AUG 专利申请主要以发明专利为主,技术水平和专利权稳定性较高;同时也说明了 AUG 的技术研发难度较大,专业性要求相对较高。

(2) 中国专利申请有效性

如表 3-1-8 所示,从 AUG 中国专利申请有效性分布统计可以看出,专利申请总量为 413 项,其中有效 158 项,失效 110 项,有效占比 38%;审查中 142 项,即 34% 的专利申请还处于审查过程中;PCT 有效期内 1 项。从专利申请的有效性看,大量专利处于有效和审查中状态,表明中国 AUG 的专利申请还处于活跃期,研究技术成果还在不断持续。

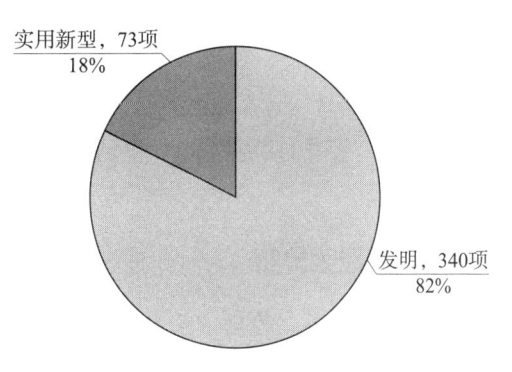

图 3-1-19 AUG 中国专利申请类型

表 3-1-8 AUG 中国专利申请有效性分布统计

专利有效性	专利申请量/项
有效	158
审查中	142
失效	110
PCT-有效期满	1
PCT-有效期内	1
部分专利失效	1

(3) 中国专利申请法律事件

如表 3-1-9 所示,AUG 中国专利法律事件包括:转让 2 项,变更 4 项,许可 1 项,复审决定 1 项,在售 1 项。从专利申请的法律事件看,中国 AUG 的专利运用占比仅为 0.22%,在一定程度上反映了 AUG 技术还未充分实现产业上的技术转化。

表 3-1-9　AUG 中国专利申请法律事件

法律事件	专利申请量/项
变更	4
转让	2
许可	1
复审决定	1
在售	1

3.2　AUG 专利扩展可行性分析

3.2.1　扩展原因分析

作为近年来新兴的自主式水下航行器，AUG 在国际上仅有少数研究机构具备生产能力，其研究和开发正处于国际海洋技术研究的前沿。我国对 AUG 的研究虽然起步较晚，但到目前为止取得了较为显著的进展。

AUG 自身也存在一些问题亟待解决：受到总体尺寸的限制，作为 AUG 唯一能量来源的电池块容量有限，因此其航程和续航能力受到限制；此外，AUG 在滑翔过程中一旦遭遇洋流速度大于前进速度的情况，便会偏离航线，变得"随波逐流"，从而无法完成预期任务。

任何一个国家的最先进技术往往被最先运用到军事领域。AUG 同样也有军事用途，比如进行海底侦查，AUG 通过平台布放在指定区域内巡航，能够及时把搜集到的敌情信息通过数据链传回到指挥平台；在水雷、反潜战中担负情报收集、侦查和监视的任务。美国是率先将 AUG 应用到军事领域的国家。一直以来，很多海洋强国对我国实施了严格的技术封锁和禁运，限制了技术在国家之间的交流和探索。

AUG 作为一种新兴的海洋观测平台，同时具有很高的民用和军用价值。基于技术发展阶段及军民两用的特点，AUG 领域呈现出专利信息不足的现状。经检索，AUG 领域专利数据仅有 531 项，专利数据量较少，部分关键技术不能从中得出趋势性分析内容。

3.2.2　扩展维度分析

结合归纳的 AUG 领域特点，可以看到 AUG 属于前沿技术，专利信息不足，产业需求旺盛。基于此，根据第 2 章的特色"扩展"专利分析方法对 AUG 部分关键技术进行扩展。

从技术领域角度，从文献分析、发明人追踪发现导航技术可以同时应用于 AUG 和水下航行器；从文献分析、发明人追踪、科研立项研究发现水下组网技术具有通用性（具体分析详见第4章、第6章扩展可行性及维度分析）。基于此，对导航技术从 AUG 扩展至水下航行器领域进行专利分析，对组网技术从 AUG 扩展至所有水下组网领域进行专利分析。

从功能效果角度看，AUG 作为海洋监测的重要工具，需要实现导航通信、自主决策等多种任务执行功能；但 AUG 的载荷小、功耗低，因此，其应用的通信技术必须要在体积、质量和能耗方面进行适应性改进，以满足 AUG 的搭载要求。水声通信技术应用在 AUG 时需要符合小型化、低功耗的要求，因此可以从功能效果的角度将领域扩展至低功耗、小型化水声通信技术领域（具体分析详见第5章具体的扩展可行性及维度分析）。

基于文献信息、创新主体、科技立项公开的信息线索，将 AUG 的导航技术、组网技术、水声通信技术进行扩展。

3.3 AUG 扩展领域专利整体态势分析

本章对 AUG 导航技术、水声通信技术以及组网技术在扩展领域的专利申请进行分析，并对 AUG 自有领域和扩展领域的专利发展状况进行对比分析。对扩展领域中以上三个技术分支的专利申请进行多角度分析，涉及全球专利申请趋势、原创国的协同创新申请量、专利活跃度等。研究数据来自 CNABS、VEN 等专利摘要数据库以及 CNTXT、USTXT 和 EPTXT 等专利全文数据库，经过检索、去噪、去重、清理、验证、标引等数据处理过程，得到全球专利申请总量为 1581 项，其中导航技术、水声通信技术以及组网技术的专利申请量分别为 325 项、849 项以及 488 项（因部分专利申请的技术内容涉及多个技术分支，因此各分支专利申请量相加大于全球专利申请总量）。该数据为本节及后续章节的基础数据。

（1）扩展领域导航技术、水声通信技术以及组网技术的全球专利申请趋势分析

如图 3-3-1 所示，在全球专利申请量中导航技术、水声通信技术以及组网技术总量为 1581 项，其中通信系统专利申请数量最大，为 849 项，导航技术以及组网技术专利申请量分别为 325 项和 488 项。就这三方面的专利申请量而言，扩展领域的专利申请量远远大于 AUG 自有领域的专利申请量。

AUG 导航技术扩展领域全球专利申请发展态势呈前期探索、中期平稳、后期快速增长但有回落的态势。如图 3-3-2 所示，AUG 水下导航扩展领域技术起步于 1991 年，至 2002 年进入平稳发展阶段，于 2008 年进入快速发展期，并于 2016 年全球专利申请量达到巅峰，申请数量为 44 项；而随着技术的逐渐成熟，

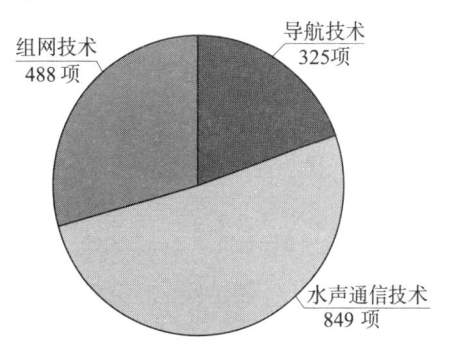

图 3-3-1 AUG 扩展领域各分支全球专利申请量

在 2016 年之后，专利申请量明显下降。扩展领域的申请量下降也导致了 AUG 自有领域导航技术的申请量较少。目前全球关于 AUG 水下导航扩展领域技术的专利申请总量达到 325 项，对 AUG 的导航技术的研究具有相当大的参考性。

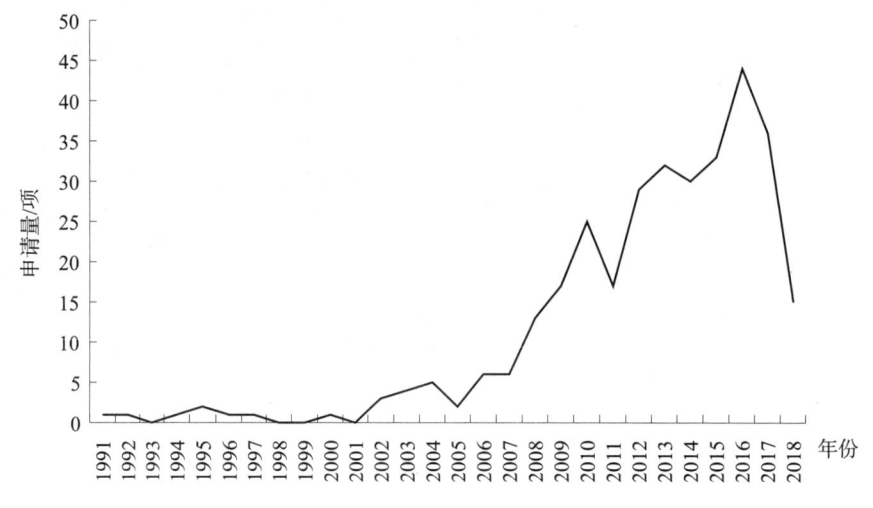

图 3-3-2　AUG 导航技术扩展领域全球专利申请趋势

AUG 水声通信技术扩展领域全球专利申请量自始至终趋于增长态势。如图 3-3-3 所示，AUG 水声通信扩展领域技术早在 1954 年就已有首项专利申请，经历 1954～1983 年近 30 年的技术萌芽后，开始平稳增长，并于 2004 年进入迅速发展阶段，扩展领域研究热度持续升温，技术水平也在不断提高。目前全球关于 AUG 水声通信扩展领域技术的专利申请总量达到 849 项，对 AUG 通信技术的研究提供了强有力的技术支撑。

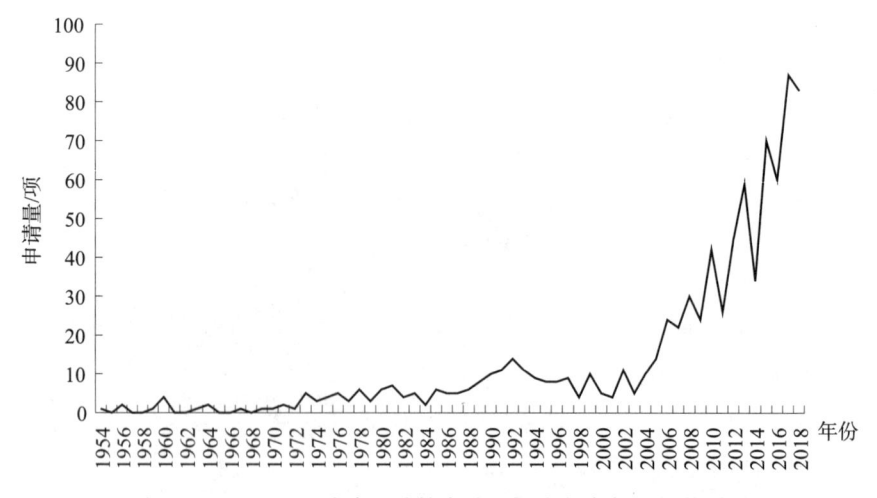

图 3-3-3　AUG 水声通信技术扩展领域全球专利申请趋势

AUG 组网技术扩展领域在全球范围的专利申请量自 2008 年起呈快速增长态势。如图 3-3-4 所示，在 2008 年以前年申请量不足 10 项，而 2008～2018 年的年申请量已由个位数快速增长至90余项。其申请量涨幅最大,增长速度最快,是全球研发机构的新晋研究方向。目前,AUG组网技术扩展领域的全球专利申请总量达到488项,同样引导着AUG组网技术的发展。

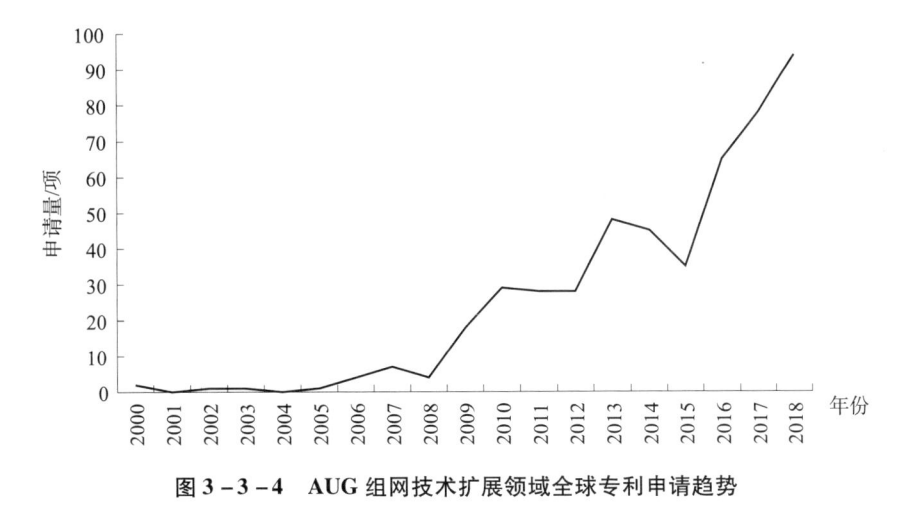

图3-3-4 AUG组网技术扩展领域全球专利申请趋势

(2) 主要国家扩展领域导航技术、水声通信技术以及组网技术申请量占比分析

如表3-3-1所示,主要国家申请量总和中占比最大的分支为水声通信技术,其次为组网技术,最后为导航技术。在各分支申请量排名靠前的中、美、日均在水声通信技术领域申请量占比最高,分别达43.00%、75.50%、58.43%,说明水声通信技术领域在主要国家的普遍关注度最高,研究更广泛。中国对组网技术的研究较美日两国更为重视,占比达到37.93%,数量为382项,远超两国。值得关注的是,韩国专利申请总量虽不大,但其对新晋组网技术的关注度最高,申请量占比最大,为81.82%。韩国在组网技术上的专利申请量虽与中国相差甚远,但也仅次于中国,相对于其他国家占有一定优势。俄罗斯仅在导航技术分支具有12项专利成果,未对水声通信技术和组网技术进行专利申请,因此导航技术申请量占比为100%。

表3-3-1 主要国家AUG扩展领域各技术分支申请量分布

来源地	专利申请总量/项	导航技术数量/项	导航技术占比	水声通信技术数量/项	水声通信技术占比	组网技术数量/项	组网技术占比
中国	1007	192	19.07%	433	43.00%	382	37.93%
美国	351	61	17.38%	265	75.50%	25	7.12%
日本	89	21	23.60%	52	58.43%	16	17.98%
韩国	44	4	9.09%	4	9.09%	36	81.82%
英国	41	8	19.51%	28	68.29%	5	12.20%
法国	29	5	17.24%	23	79.31%	1	3.45%
德国	20	10	50.00%	4	20.00%	6	30.00%

续表

来源地	专利申请总量/项	导航技术数量/项	导航技术占比	水声通信技术数量/项	水声通信技术占比	组网技术数量/项	组网技术占比
意大利	13	2	15.38%	6	46.15%	5	38.46%
俄罗斯	12	12	100.00%	0	0	0	0
加拿大	10	2	20.00%	6	60.00%	2	20.00%

（3）扩展领域导航技术、水声通信技术以及组网技术的专利活跃度分析

水声通信技术为近些年的技术研究重点，组网技术关注度逐渐增加，导航技术相对成熟。由表3-3-2可知，在扩展领域导航技术、水声通信技术以及组网技术这三个分支中，水声通信技术占比最大，近5年（至2018年）中专利活跃度最高，为2.40，但在近3年（至2018年）的活跃度略低于组网技术；组网技术占比次于水声通信技术，活跃度由近5年（至2018年）的2.28上升至近3年（至2018年）的2.84，在三个分支中近3年的活跃度最高；导航技术占比最低，活跃度也最低，而且近5年（至2018年）与近3年（至2018年）的活跃度也相对稳定。由此可知，水声通信技术作为近些年的技术研究重点，专利申请量占比最大，研究热度逐渐上升；组网技术的申请量涨幅相对更大，近几年活跃度趋于增长，关注度逐渐增加；导航技术相对成熟，活跃度最低。

表3-3-2 AUG扩展领域各分支专利活跃度

一级分支	总量/项	占比	5年活跃度（至2018年）	3年活跃度（至2018年）
导航技术	325	19.55%	1.14	1.14
水声通信技术	849	51.08%	2.40	2.76
组网技术	488	29.36%	2.28	2.84

（4）扩展领域主要国家和地区专利增长率分析

组网技术较其他两个分支而言研究前景更为广阔，导航技术和水声通信技术的专利增长率趋于下降。如表3-3-3所示，总体来看，主要国家和地区在水声通信技术的专利申请量大部分趋于降低，中国近几年更加注重组网技术的研究，中、美、欧、英对导航技术的研究热度有所下降。具体而言，中国在这三个分支不同年份间的专利申请量增长率全部为正值，即可知其各分支的专利申请数量全部趋于增长，其中组网技术增长率最大且增长速度最快，导航技术在2016~2018年增长率有所下降；美国在这三个分支的专利申请量增长率全部由2013~2015年的正值（分别为6%、64%、10%）降低为2016~2018年的负值（-79%、-83%、-9%），导航技术和水声通信技术的专利申请量增长率急剧下降，组网技术分支专利申请量增长率变化幅度最小，相对而言，美国的研究重点向组网技术有所转移。

表 3-3-3　AUG 扩展领域主要国家和地区专利申请增长率

国家或地区	导航技术 2013~2015年增长率	导航技术 2016~2018年增长率	水声通信技术 2013~2015年增长率	水声通信技术 2016~2018年增长率	组网技术 2013~2015年增长率	组网技术 2016~2018年增长率
中国	68%	19%	65%	76%	66%	111%
美国	6%	-79%	64%	-83%	10%	-9%
欧洲	0%	-88%	14%	-69%	450%	-91%
日本	-30%	-43%	-23%	-60%	-100%	—
德国	-60%	50%	—	—	400%	-80%
澳大利亚	33%	-100%	-80%	-100%	—	100%
加拿大	50%	-100%	200%	-100%	—	-33%
韩国	-50%	100%	200%	-67%	-33%	-25%
英国	100%	0%	-100%	—	200%	-67%

(5) 扩展领域中国专利申请来源分析

中国在扩展领域的这三个分支中，专利申请绝大部分来自国内申请人，国外来华的申请量占比极少，与欧美等国家或地区对中国进行技术封锁的实际情况相符。由表 3-3-4 所示，中国申请人的专利申请量达 1035 项，占绝大多数；只有美国、日本、韩国、芬兰、意大利等少量国家在中国进行布局，申请量最大的美国也仅为 18 项；其中，国外来华的专利申请主要分布于水声通信技术和组网技术，导航技术的国外来华申请数量最少。结合表 3-3-1 分析，美国在水声通信技术、导航技术和组网技术上的专利申请量并不小（分别为 265 项、61 项、25 项），而在我国进行专利申请的数量却仅为 11 项、5 项、2 项，也进一步说明了美国在与军事应用方面密切相关的领域对我国施加了技术封锁。

表 3-3-4　AUG 扩展领域中国专利申请主要来源地　　　　单位：项

国家	水声通信技术	组网技术	导航技术	总计
中国	448	391	196	1035
美国	11	5	2	18
日本	13	3	0	16
韩国	1	7	0	8
芬兰	4	0	0	4
英国	2	1	0	3
意大利	0	1	1	2
加拿大	0	1	0	1

续表

国家	水声通信技术	组网技术	导航技术	总计
荷兰	0	1	0	1
法国	1	0	0	1
瑞典	0	1	0	1

(6) 扩展领域中国主要申请人专利分布分析

哈尔滨工程大学在各分支中申请量均最多，中国科学院声学研究所、天津大学和东南大学分别在水声通信技术、组网技术、导航技术这三个技术分支的扩展领域具有较高的研究水平。如表3-3-5所示，在国内申请人中，哈尔滨工程大学、东南大学、西北工业大学、中国科学院声学研究所等科研院校在导航技术、水声通信技术、组网技术三个扩展领域均有布局，天津大学、厦门大学、华南理工大学等院校仅在水声通信技术、组网技术的扩展领域有相关专利申请。其中，哈尔滨工程大学在各分支的扩展领域的申请量均处于领先地位，显示出其深厚的研发实力；天津大学在组网技术方面的申请量仅次于哈尔滨工程大学，其在组网使用方面具有一定的优势；中国科学院声学研究所在水声通信技术领域卓有建树；东南大学更注重导航技术的研究。

表3-3-5 AUG扩展领域中国主要申请人专利分布 单位：项

申请人	水声通信技术	组网技术	导航技术	总计
哈尔滨工程大学	68	47	51	166
天津大学	18	34	0	52
东南大学	12	14	25	51
西北工业大学	15	19	11	45
河海大学	17	25	2	44
中国科学院声学研究所	30	10	2	42
浙江大学	5	16	9	30
厦门大学	17	10	0	27
中科院沈自所	0	3	18	21
华南理工大学	11	10	0	21
中国船舶重工集团公司第七一五研究所	13	1	1	15
武汉大学	7	5	1	13
南京邮电大学	2	11	0	13
哈工大	4	6	2	12
江苏科技大学	6	0	5	11

3.4 AUG 自有领域与扩展领域整体态势对比分析

为便于对三个技术分支在自有和扩展领域之间的联系进行更深层次的研究，下面对 AUG 自有与扩展领域技术进行对比分析。

（1）自有与扩展领域全球专利申请趋势以及主要申请人对比

1）导航技术

AUG 导航技术自有领域的专利申请起步于扩展领域的快速发展期，且增长快速，并未受到扩展领域 2016 年后专利数量回落的影响。如图 3-4-1（a）（见文前彩色插图第 3 页）所示，AUG 导航技术自有领域首项专利申请起于 2011 年，较扩展领域晚 20 年，而此时扩展领域的导航技术正处于快速发展的节点；导航技术在扩展领域的快速发展也带动了 AUG 自有领域专利数量的增长；2016 年之后扩展领域专利申请量有所回落，而自有领域的申请量持续增长，受扩展领域影响不大。

东南大学最注重导航技术在 AUG 中的应用，哈尔滨工程大学、中科院沈自所对导航技术在 AUG 中的应用重视程度不足。如图 3-4-1（b）（见文前彩色插图第 3 页）所示，在 AUG 自有和扩展领域均有专利申请的申请人共计 11 位，其中东南大学在这两个领域共有专利申请的数量最多，其次为浙江大学、US NAVY、中国海洋大学。由此可知，东南大学、浙江大学、US NAVY、中国海洋大学在研究扩展领域导航技术的同时也注重其在 AUG 中的应用，其中东南大学对 AUG 导航技术的研究更加深入，更易于将扩展领域的导航技术应用于 AUG。哈尔滨工程大学在扩展领域的专利申请量最大，而自有领域申请量仅为 1 项，中科院沈自所在扩展领域的专利申请量也相对较多，自有领域申请量为 0，二者对导航技术在 AUG 中的应用重视程度不足。

2）水声通信技术

水声通信技术在扩展领域的发展历史是三个分支中最久的，自有领域在扩展领域的快速发展期才开始起步，专利申请量增长幅度相对扩展领域差距较大。如图 3-4-2（a）所示，AUG 水声通信技术自有领域首项专利申请起于 2006 年，与扩展领域的起点相距最远，达 50 余年，而此时扩展领域的水声通信技术处于波浪式快速发展的起点；扩展领域的发展速度远超自有领域，专利数量也大大高于自有领域。由此可知，AUG 水声通信技术自有领域还具有广阔的发展空间，扩展领域水声通信技术为 AUG 自有领域水声通信技术提供了坚强的技术支撑。

哈尔滨工程大学、天津大学将水声通信技术在 AUG 中进行了一定的应用，中国科学院声学研究所对该技术在 AUG 中的应用的重视程度有所欠缺。如图 3-4-2（b）所示，在 AUG 自有和扩展领域均有专利申请的申请人共计 10 位，其中哈尔滨工程大学、天津大学在这两个领域共有专利申请的数量最多，更易于将扩展领域的导航技术应用于 AUG；中国科学院声学研究所在扩展领域的专利申请量最大，而自有领域申请量仅为 1 项，其对水声通信技术在 AUG 中的发展的重视度有所欠缺。此外，US NAVY 在水声通信技术的专利申请全部分布在扩展领域，并未对 AUG 的水声通信技术进行专利公开，其原因也与 AUG 的技术封锁相关。

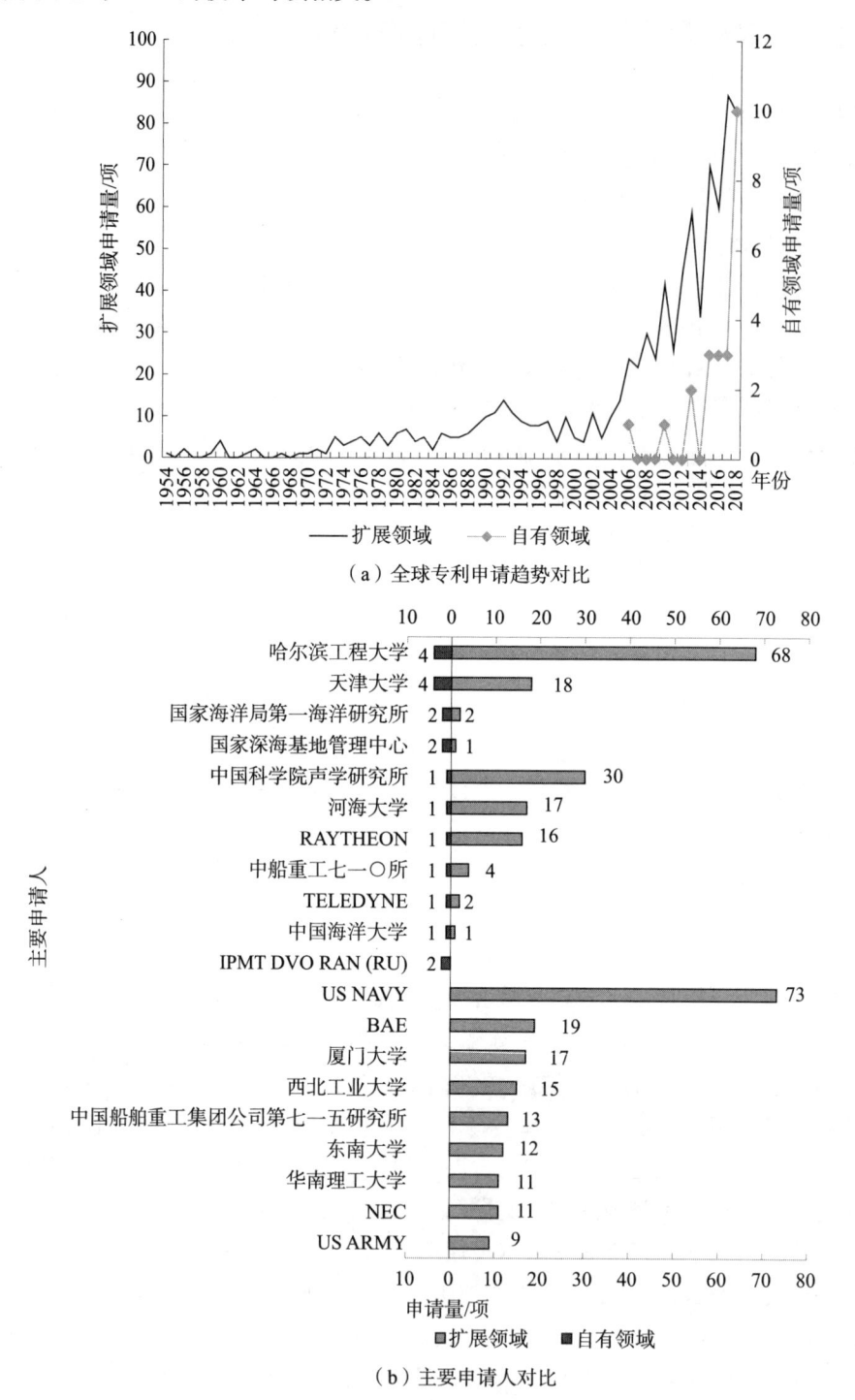

(a) 全球专利申请趋势对比

(b) 主要申请人对比

图 3-4-2 AUG 水声通信技术自有与扩展领域全球专利申请趋势以及主要申请人对比

3）组网技术

AUG组网技术自有专利申请同样是在扩展领域的快速发展期开始起步，自有专利申请量变化不大，而扩展领域申请量迅速增长。如图3-4-3（a）所示，AUG组网技术自有领域在2013年才出现首项专利申请，较扩展领域晚十余年，此时扩展领域的组网技术已经有充足的技术储备；自有领域整体申请量变化不大，各研究机构对于组网技术在AUG中应用的关注度有所欠缺。

天津大学、哈尔滨工程大学将组网技术在AUG中进行了一定的应用，河海大学、西北工业大学对该技术在AUG中的应用的重视程度有所欠缺。如图3-4-3（b）所示，在AUG自有和扩展领域均有专利申请的申请人共计5位，其中哈尔滨工程大学、天津大学在这两个领域共有专利申请的数量最多，更易于推动AUG的组网技术的发展；河海大学、西北工业大学在扩展领域的专利申请量较大，但在自有领域的专利申请量为0，在AUG组网技术的研究有所欠缺。

(2) 自有与扩展领域主要来源地对比

1）导航技术

自有和扩展领域的导航技术专利申请量主要来源于中国。如图3-4-4所示，同时在自有和扩展领域进行专利申请的申请国仅有5个，分别为中国、俄罗斯、美国、韩国和加拿大。中国在自有和扩展领域的专利申请量均最多，但二者数量差距也最大，可知导航技术的专利技术主要掌握在中国人手中，扩展领域技术可对我国AUG技术的发展提供丰富的技术来源，我国导航技术在AUG中还有很大的发展空间。此外，美国在自有和扩展领域的申请量差距也相对较大，而日本并未对自有领域的导航技术提出专利申请。整体而言，导航技术在自有领域专利数量较少，其原因可能是涉密技术未公开。

2）水声通信技术

自有和扩展领域的水声通信技术专利申请主要来源于中国。如图3-4-5所示，同时在自有领域和扩展领域进行专利申请的申请国仅有4个；中国在自有领域和扩展领域的专利申请量均最多，但二者数量差距也最大，可知水声通信技术的专利技术同样主要掌握在中国人手中，扩展领域技术对我国自有领域的发展提供强有力的技术支撑，中国AUG水声通信技术也有很大的发展潜力。此外，美国在自有领域和扩展领域的申请量差距也相对较大，俄罗斯仅在自有领域有专利申请，日本并未对自有领域的导航技术提出专利申请。

3）组网技术

自有领域和扩展领域的组网技术专利申请同样主要来源于中国。如图3-4-6所示，由于自有领域的组网技术全部集中于中国，因此同时在自有领域和扩展领域进行专利申请的国家仅有中国。韩国、美国、日本对组网技术的研究虽未涉及自有领域，但其研究成果同样对AUG的组网使用具有重要的借鉴意义。

(a) 全球专利申请趋势对比

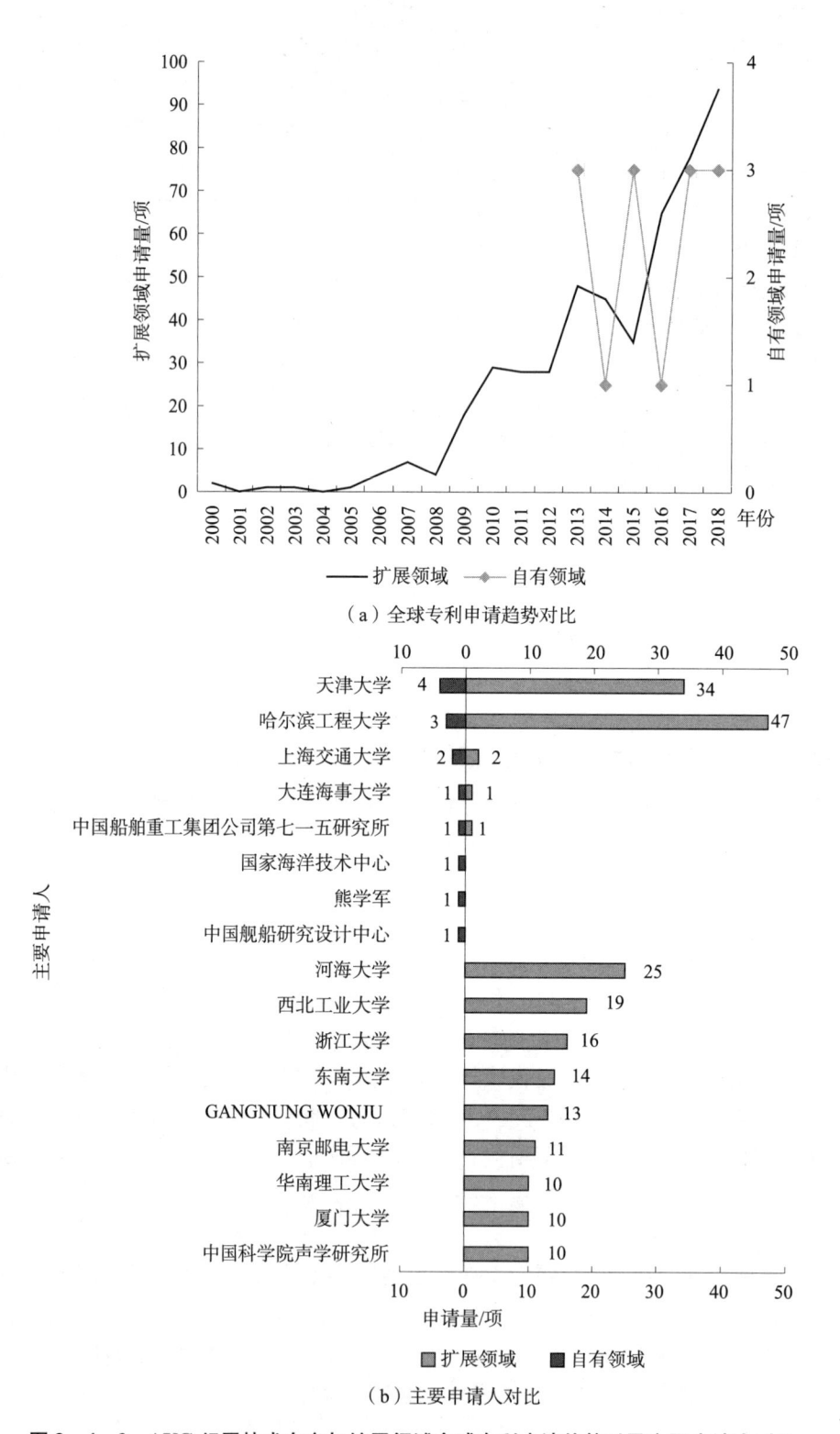

(b) 主要申请人对比

图 3-4-3 AUG 组网技术自有与扩展领域全球专利申请趋势以及主要申请人对比

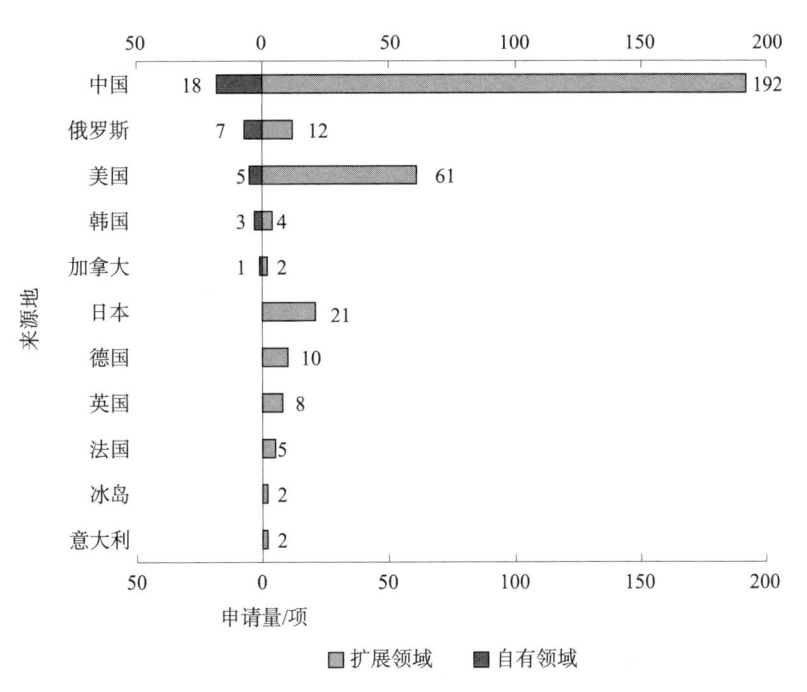

图 3-4-4 AUG 导航技术自有与扩展领域主要来源地对比

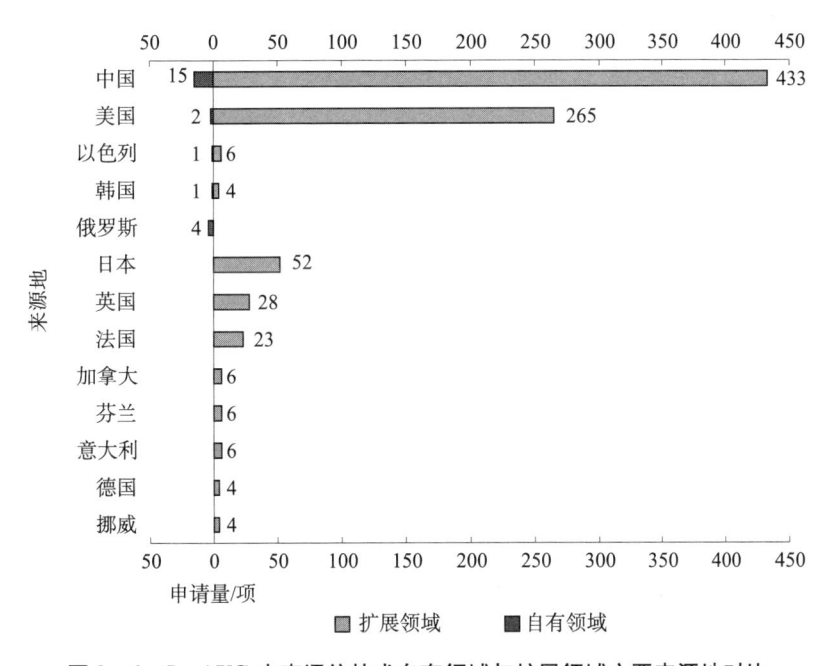

图 3-4-5 AUG 水声通信技术自有领域与扩展领域主要来源地对比

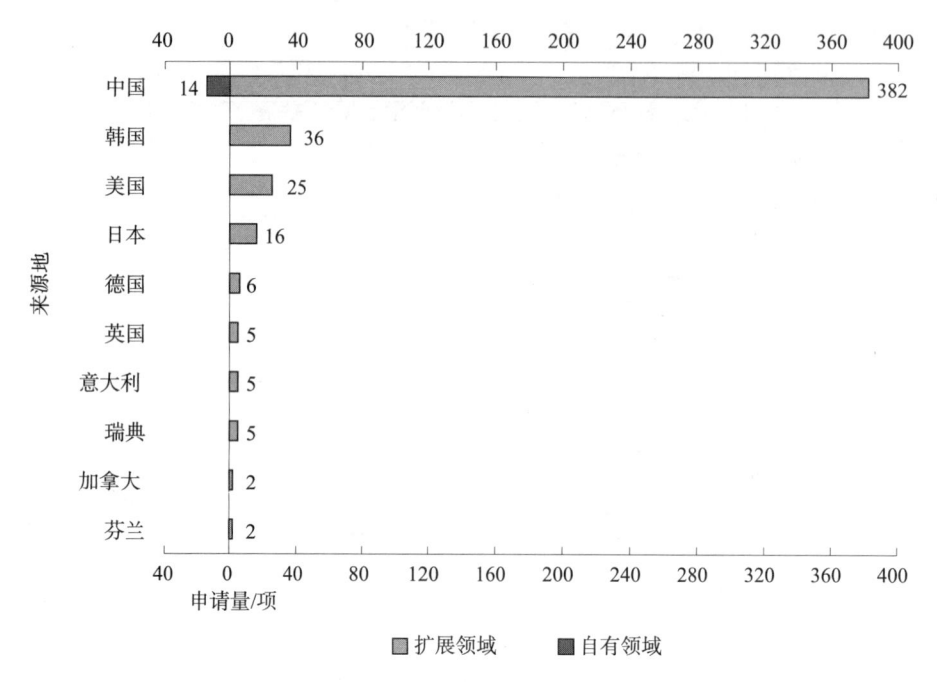

图 3-4-6　AUG 组网技术自有领域与扩展领域主要来源地对比

3.5　本章小结

本章通过对 AUG 技术的全球专利申请和中国专利申请分别进行了多角度的专利分析，发现 AUG 全球专利申请主要集中在中国。中国的申请人大部分为高校和科研院所，企业创新主体很少且排名靠后，AUG 还处于研究阶段，商业化、产业化的水平还有待提高。专利申请区域分布主要集中于天津、山东、辽宁等沿海省市。中国 AUG 的专利申请主要以发明专利为主，技术水平和专利权稳定性较高。AUG 各分支中运动控制系统的专利申请量占比最大，而导航技术、水声通信技术和组网技术这三个关键技术的专利数量仅为几十篇，并不能从中得出准确的趋势性分析结论。

针对导航技术、水声通信技术和组网技术在 AUG 领域中存在的技术瓶颈，结合 AUG 的适用场景、功能特点和技术需求，将这三个技术分支的研究范围扩展到扩展领域中，进一步在扩展领域对其技术发展和研究状态进行了初步分析。

从 AUG 导航技术、水声通信技术、组网技术扩展领域的专利分析可以看出，专利申请量占比最大的分支为水声通信技术，其次为组网技术，最后为导航技术。随着导航技术的逐渐成熟，其专利申请量处于下降趋势，而各国对水声通信技术和组网技术的研究热度持续升温，尤其是组网技术在近年的活跃度相对较高，较其他两个分支而言研究前景更为广阔；中国、美国、日本、韩国等依旧是导航技术、水声通信技术、组网技术在扩展领域的主要申请国。在扩展领域三个分支的中国专利申请几乎全部来自国内申请人，国外来华的申请总量占比极少。哈尔滨工程大学在各分支中申请量最多。通过对 AUG 自有领域与扩展领域技术的对比分析，自有领域专利申请的起步时间均处于扩展领域的快速发展期，AUG 技术在这三个分支的研发还具有广阔的发展空间。

由于导航技术、水声通信技术和组网技术是 AUG 较为关键的技术分支，我们将在第 4~6 章进行详细的扩展分析。运动控制系统作为 AUG 技术的核心，且专利数量是各分支中占比最大的分支，我们将在第 7 章对其进行着重分析。

第4章 导航技术专利分析

现代 AUG 作为一种自主式水下航行器,其与早期 UG 最大的区别就在于能否实现自主式作业,因此,导航是 AUG 技术发展中较为核心的关键技术之一。在18、19世纪,由于缺乏精确导航,海上航行是一项危险而艰难的任务。随着 GPS 的出现,导航变成了一件简单而轻松的事情。虽然 GPS 解决了绝大部分领域的导航问题,例如陆地导航、空中导航和水面导航,但是,在水下导航时 GPS 却不能够发挥其应有的作用。在复杂的海洋环境中,导航定位装置就如同 AUG 的眼睛,对于 AUG 的有效应用和安全回收至关重要。

若要实现水下导航,需要在远距离、长时间范围内精确掌握航行器的水下定位及其速度和姿态信息。与水上导航相比,水下导航的难度相当巨大。对于 AUG 而言,由于受到体积小、重量轻、信息源少、电源有限以及水介质的特殊性和使用中的隐蔽性等诸多因素的影响,实现 AUG 的精确导航更可谓难上加难。由于水下条件所限,定位导航逐渐成了制约 AUG 发展与应用的瓶颈。

本章将从探寻已有 AUG 导航技术的专利发展趋势入手,梳理各热点技术分支的技术发展路线图,追踪专利申请的技术热点。结合 AUG 导航中遇到的技术瓶颈,通过扩展专利分析方法,寻求解决 AUG 导航技术难题的新思路。

4.1 现有 AUG 导航技术专利分析

经过专利检索去噪,发现涉及 AUG 导航技术的专利文献数量较少:截至2019年10月12日,全球 AUG 导航技术的专利申请共计34项。本节以该数据样本为入口,对全球专利申请总体情况进行研究分析,具体内容包括:全球申请量趋势、技术来源地、申请人、技术构成、技术发展路线、重要专利研究,通过分析现有 AUG 导航技术专利文献数量较少的原因,以期获得线索和启示,并由此为后续分析研究提供指引。

4.1.1 专利整体情况

为了解 AUG 导航技术发展状况,本节对 AUG 导航技术全球申请量趋势、技术来源地、全球主要申请人进行分析。

4.1.1.1 全球专利申请情况

AUG 导航技术专利申请总体数量较少,且申请时间较晚。表4-1-1示出了 AUG 导航技术全球申请量。可以看出虽然最早的 AUG 导航技术专利申请出现于2011年,但是,美国海洋学家 Stommel 早在1989年就已经提出了 AUG 设计概念,天津大学研制的第一代温差能驱动 AUG 于 2005 年完成了水域测试，中科院沈自所也于 2005 年研制了"海翼" AUG 原理样机。可见，AUG 导航技术的专利申请发展相对滞后于 AUG 的发展。在 2011 年以前，之所以未出现 AUG 导航技术的专利申请，其主要原因在于最初的 AUG 对导航定位的要求不高，仅采用 GPS 水面定位，水下进行简单的航位推算即可，且无论是 GPS 定位还是简单的航位推算技术已经相对来说比较成熟。随着 AUG 的不断发展，对于 AUG 导航定位的要求也越来越高，科研人员开始不断尝试对 AUG 导航技术进行改进。在 2011 年之后 AUG 导航技术专利申请量整体呈增加的态势，各国对 AUG 的研究关注度大大增加，特别是我国提出海洋强国战略，极大地推动了对海洋装备的重点研究工作。2018 年，AUG 导航技术专利申请量达到最高。

表 4 – 1 – 1 AUG 导航技术全球申请量

年份	申请量/项	年份	申请量/项
2011	2	2015	3
2012	2	2016	6
2013	2	2017	6
2014	5	2018	8

4.1.1.2 技术来源地分析

AUG 导航技术来源地聚集于中国、美国、俄罗斯。为了研究 AUG 导航技术专利来源地分布情况，对检索到的专利数据按申请所在国家进行了统计。如图 4 – 1 – 1 所示，从 AUG 导航技术全球专利申请技术来源地分布情况可知中国、俄罗斯、美国三个国家的专利申请量占全部申请总量的 85%。由于目前 AUG 主要使用对象是政府或军队，而中国、俄罗斯以及美国在海军装备方面都具较强的科研实力，因此这三个国家是 AUG 导航技术的主要来源地。其中中国以 17 项专利申请位居技术来源地排名的首位，占据 50%。近年来 AUG 在中国发展迅速，在国家自然科学基金委员会和科学技术部等相关单位的项目支持下，经过十余年理论突破和技术攻关，我国 AUG 的技术水平已经进入工程化样机应用与产品定型阶段。

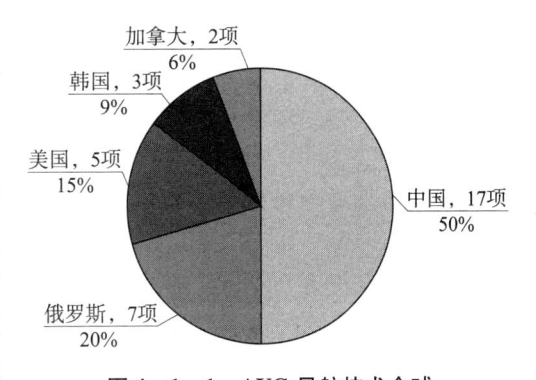

图 4 – 1 – 1 AUG 导航技术全球专利申请技术来源地分布

4.1.1.3 申请人分析

AUG 导航技术主要专利申请人集中于东南大学、浙江大学、俄罗斯联邦工业和贸易部、US NAVY 以及哈尔滨工程大学，申请总量为 14 项，占总申请量的 41.18%。其中俄罗斯联邦工业和贸易部以及 US NAVY 为国外申请人；国内申请人均为高校，在一定程度上反映出 AUG 导航技术在国内以高校研究为主。东南大学申请量排名第一，其

7项专利申请均是由东南大学的陈熙源教授团队完成的，该团队长期致力于各种载体上的惯性导航、组合导航以及多传感器融合方面的研究和应用。图4-1-2示出了AUG导航技术全球主要申请人排名。

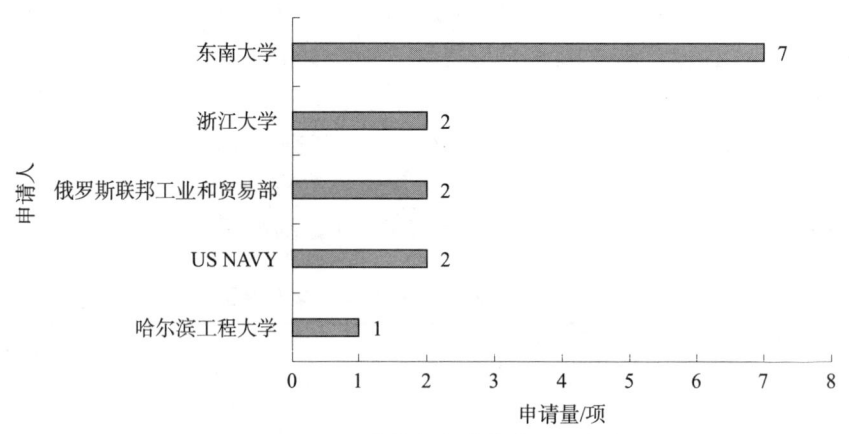

图4-1-2 AUG导航技术全球申请主要申请人排名

4.1.2 专利技术构成

对AUG导航技术的专利申请进行检索发现，AUG导航技术的技术构成主要分布在组合导航、声学导航、航位推算、惯性导航以及无线电卫星导航，其中涉及惯性导航的专利申请共2项，涉及航位推算的专利申请共2项，涉及声学导航的为8项，涉及无线电卫星导航的为5项，涉及组合导航的为10项。对AUG导航技术的技术分支分布情况进行分析，由图4-1-3可看出，组合导航和声学导航的专利申请数量均多于其他几个技术分支，可以推测组合导航和声学导航是AUG导航技术专利申请的主要方向。下面介绍组合导航、声学导航、航位推算、惯性导航以及无线电卫星导航这五种导航技术的概念。

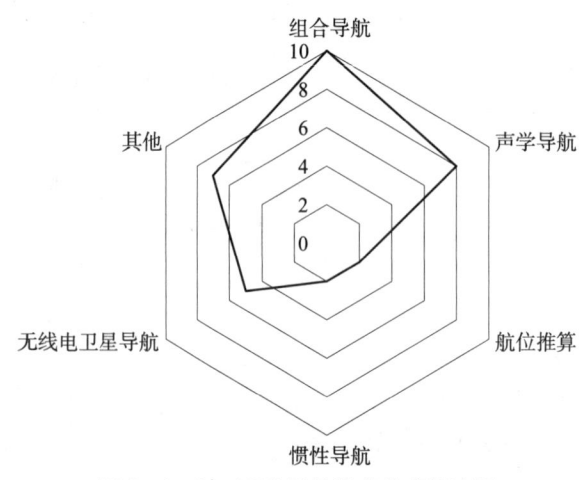

图4-1-3 AUG导航技术分布雷达图

注：图中数字表示申请量，单位为项。

(1) 无线电卫星导航

无线电卫星导航是水下航行器发展较为迅速的导航方法之一，有不可比拟的优势，也有自身的缺陷。它可以使用一些小型的、便宜的、能耗低的设备在几毫秒的时间内得到时刻与位置，能够为全球任意位置的用户提供全天候、连续的三维定位数据与时间基准，其精度远远高于同为非自主导航方式的罗兰、欧米加导航。虽然无线电卫星导航在水下航行器的水面导航中占有重要地位，但无线电卫星导航是基于无线电的导航方式，电波在水中很快衰减，这使得它在水下航行器水下导航中的应用受到很大限制。

无线电卫星导航虽有以上不足，但可以将它与其他导航方式结合来取长补短。如将水下航行器采用的航位推算和无线电卫星导航定位相结合的导航技术，当水下航行器处于水下航行状态时，利用航位推算进行导航定位，由于航位推算系统随时间的增长定位累计误差不断增大，当误差超出许可范围就需要上浮（有些水下航行器采用固定时间上浮的方式，可能上浮时还未超出许可误差），这时利用无线电卫星导航的高精度位置信息对航位推算系统进行在线校正。也可基于无线电卫星导航浮标网络的长基线水下定位系统通过卫星导航接收机获得基阵元，然后通过无线数据链路将有关数据传送到检测基站，进而在检测基站通过相应的定位算法计算出水下目标的实时位置信息等。这些方式都可以利用无线电卫星导航定位精度高且体积小的特点，避免它不能在水下传输信号的弱点，进行高精度导航。

(2) 惯性导航

惯性导航的基本原理是测量载体的加速度，利用加速度积分计算出载体的速度，由速度计算载体相对地球的位置。惯性导航技术通常由测量装置计算机、控制显示器等组成。计算机根据测得的加速度信号计算出载体的速度和位置数据。惯性导航是一种自主式导航技术，根据陀螺稳定平台相对何种参考系稳定和加速度计安装方式的不同，可分为解析式、半解析式和几何式惯性导航技术；根据选用的陀螺仪类型的不同，分为液浮陀螺、挠性陀螺、静电陀螺和激光陀螺惯性导航技术；根据惯性装置在载体上的安装方式，可分为平台式惯性导航技术和捷联式惯性导航技术。

水下航行器惯性导航发展的趋势是发展三维全监控惯性平台系统和静电陀螺监控系统；利用最新的联合技术、惯性敏感器件和电子信息技术，发展中、低精度惯性系统；扩大导航级惯性系统的应用范围；努力提高惯性敏感器的精度，借助于光电子、微电子技术和微细加工技术；发展新型惯性器件，使惯性敏感器向着集成化方向发展；发展系统优化设计技术、陀螺及平台监控技术、陀螺误差建模及系统误差补偿技术、精密加工工艺以及动态测试技术。

综上，从惯性导航技术的发展和应用情况来看，目前纯惯性导航技术虽能满足中近程导航精度的要求，但还无法满足远程、长时间航行的导航要求。为了提高系统精度，主要有两种方法：①提高器件的精度；②在现有器件的基础上，利用导航误差不随时间积累的外部参考信息源，定期对惯性导航技术进行综合校正和对惯性器件的漂移进行补偿。

（3）航位推算

航位推算的定义是从一个已知的坐标位置开始，根据航行体在该点的航向和航行时间，推算下一时刻的坐标位置的导航过程。航位推算导航技术是利用多普勒计程仪或相关速度计加上光纤罗经组成的导航技术。由于它可实时定位及给出载体平台当前和将来的位置，其在水下航行器导航中占有至关重要的地位。

航位推算存在的最严重的问题是随着航行时间的增大，其导航误差也不断增大，而且增长速率是海流、水下航行器的速度、测量传感器精度的函数。若水下航行器周期性地浮出水面，并采用GPS对其位置修正，其导航精度将会得到很大的提高。采用这样的方法进行修正的主要缺陷是对军用水下航行器的隐蔽性不利；而对于深海作业的水下航行器却存在需要额外的时间和能源的问题；当海面有冰层时，冰层的阻碍作用也使这种方法难以实现。

尽管航位推算技术存在上述的缺点，但对于执行水下航行器特定的任务来说，它仍是一种低成本的导航方法，特别是在低航速、加速度小的情况下。后来人们提出一种基于图像的航位推算方法，它是使用水下航行器装载的摄像机拍下的海底画面，经过分析得到水下航行器的运动趋势然后应用于推算系统。作为航位推算系统，主要的缺点是各个时刻累计的误差导致水下航行器长期的漂移。虽然水下航行器在通过一个黑暗的地方时图像系统不能提供足够的信息来估计水下航行器的运动，但让基于图像的小型水下航行器的导航技术和声呐装置结合，所有的传感器使用扩展的卡尔曼滤波方式，这样小型水下航行器也能在"黑暗"地带进行运动估计。

由于环境噪声影响，使用强跟踪滤波器后航位推算误差减小了50%，并且系统鲁棒性也有了较大提高。虽然传统的航位推算技术容易受到环境噪声的影响，但它和某些导航技术相结合时则会表现出更优的效果，例如通过强跟踪卡尔曼滤波器进行最优估计，GPS定位系统定期对推算导航技术进行位置重调就能够使导航精度明显改善。对于小型化的水下航行器系统，该方法具有优越的实用性和有效性。

（4）组合导航

水下航行器任务的多样性与复杂性，使得各种导航技术单独使用时都很难满足其导航性能的要求。为了满足水下航行器导航的要求，可以采用两种或两种以上的非相似导航技术对同一导航信息进行测量并解算以形成量测值，从这些量测值中计算出导航技术的误差并加以校正，这种技术就被称为组合导航。

现在，某些水下航行器的导航技术采用了基于微分时延与多普勒的跟踪技术，这些技术可以用于水下航行器的二维和三维导航。这种技术可以看成是典型的长基线与短基线导航技术的结合。也有基于惯性测量单元（IMU），辅以两个阵列声呐、一个多普勒速度计（DVL）、一个磁罗经和一个深度计的组合导航技术，特别是当多普勒速度计不能够探测到海底的回波时极其有效。阵列声呐能够为IMU–DVL提供非常有价值的信息，这种方法在某些水下航行器上应用效果很有效。

组合导航作为多种导航方法的融合，有其自身的优越性，也需要不断改进。那么还需要发展与完善以下相关技术：数据同步、滤波数据处理、信息融合、系统冗余可靠性和各个系统之间协调的技术。

(5) 声学导航

相对于电磁信号来说，声信号可以在水下传播较远的距离，因此声发射机可以作为信标来导引水下航行器的航行。目前，水下航行器采用的声学导航主要有长基线（LBL）导航、短基线（SBL）导航和超短基线（USBL）导航三种形式。这三种形式都需事先在海域布放换能器或换能器阵，借此实现声学导航。换能器声源发出的脉冲被一个或多个设在母船上的声学传感器接收，收到的脉冲信号经过处理和按预定的数学模型进行计算就可以得到声源的位置。在 LBL 声学导航技术中，需要将一个换能器阵安装在已知的位置；当潜器发出的声信号被每个信标接收后，又重新返回，这样在已知当地的声学梯度和每个信标的几何位置后，根据所发出信号传递的时间（Time-of-Flight，TOF），就可以确定潜器相对于每个信标的位置。在 LBL 导航技术中，主要采用两种技术：一是将原始的 TOF 经过适当的卡尔曼滤波，以消除测量信号中的噪声；二是计算潜器与每个信标确定的球面的交点，就可确定潜器的位置。这种方法的主要缺陷是，在复杂的声学环境下，如在浅水区或在极地，潜器就很难区分接收的是回波还是多途干扰，但是基于卡尔曼滤波的系统，可以通过设置相关检测门，将干扰信号予以剔除。

LBL 导航的另外一种形式是双曲线导航。在这种方式下，潜器不是主动发出声脉冲，而是接收来自位置已知的各个信标的信号。每个信标以其独有的频率、规定的顺序发出声脉冲。水下潜器只要知道是某个信标、某个时候发出的信号，潜器就可以确定自己的位置。这种方式的主要优点是，不仅可以节省潜器自身的能源，而且可以适用于多个潜器使用。

大多数 LBL 系统的工作频率大约在 10kHz，其作用距离大概在几千米，这时的定位精度约为几米。另一种系统的工作频率为 300kHz，这时潜器在由三个信标组成、每边长为 100m 的三角形定位区域内的定位精度为 1cm，但是转换成地理坐标时，定位精度取决于所采用的测量手段：如果使用普通 GPS，则定位精度会大幅度降低；SBL 定位系统的精度为距离的 1%~3%；USBL 定位系统的精度略低于短基线系统。

应当说从定位精度的角度来看，LBL 系统最好，它有很高的定位精度，但是要获得这样的精度必须精确地知道布放在海底的应答器阵的相互距离，为此必须花费很长的时间进行基阵间距离的测量。此外，布放和回收应答器也是一件很复杂的事情，对操作者的要求比较高，因此，许多水下航行器宁愿选择精度稍微差一点的 USBL 或 SBL 系统。

在 USBL 导航技术中，水下潜器上装有由多个阵元组成的接收器阵，每个阵元可以测量其到声学信标的距离与角度，从而可以确定潜器相对于信标的位置。这种方式特别适用于水下潜器的导引和回收。

组合导航以及声学导航也是 AUG 导航技术的研究热点。如图 4-1-4 所示，2011~2014 年、2017~2018 年，每年都有组合导航的专利申请，且 2011~2012 年最早出现的 AUG 导航技术的专利均为组合导航技术分支的。声学导航的专利申请最早出现在 2015 年，之后每年都有声学导航的专利申请。2016~2018 年，专利申请集中在组合导航以及声学导航，二者的申请量占这三年总量的 84%。

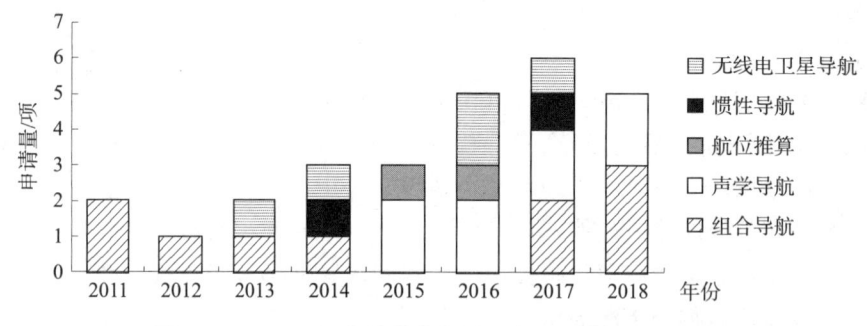

图 4-1-4 AUG 导航技术各技术分支申请量时间分布

在专利技术分布的基础上进一步分析各技术分支的技术功效,如图 4-1-5 所示,可以看出,导航技术各技术分支研究热点主要集中在提高导航精度以及降低功耗方面。其中,组合导航、声学导航是实现高精度的主要技术手段。组合导航融合不同导航技术,结合了不同导航技术的优势,因此,相比单一的导航技术,组合导航能够极大地提高导航精度。声学导航利用位置已知的信标参与,通过高分辨算法提高了导航的精度。在提高导航精度的同时,各技术分支在低功耗方面也有所涉及,通过不断地优化从而实现低功耗,满足 AUG 对于节约能耗的需求。此外,航位推算利用电子罗盘进行导航,取得的技术效果主要集中在低功耗方面。

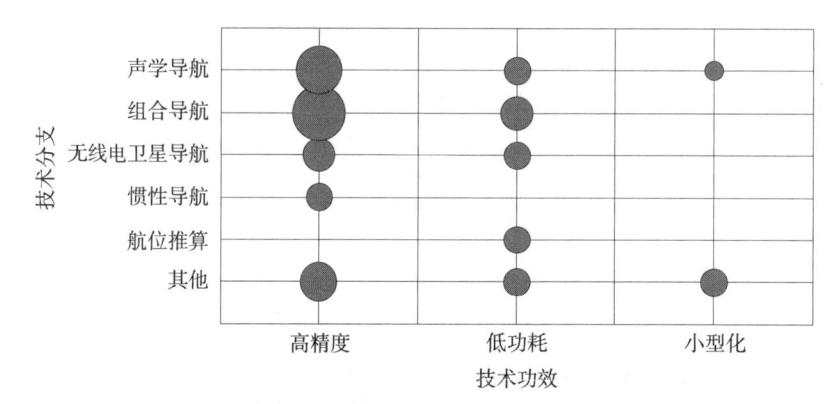

图 4-1-5 AUG 导航技术功效

注:图中气泡大小表示申请量多少。

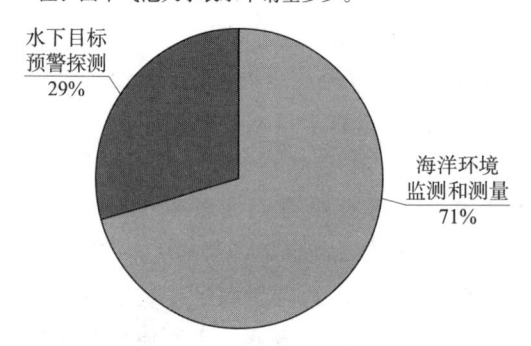

图 4-1-6 AUG 导航技术应用领域分布

图 4-1-6 示出了 AUG 导航技术应用领域分布,包括海洋环境监测和测量以及水下目标预警探测,其占比分别为 71% 和 29%。由此可见,目前 AUG 导航技术专利主要应用领域为海洋环境监测和测量。涉及军用的水下目标预警探测专利涉密,部分专利不予公开,因此关于水下目标预警探测的专利数量较少。

结合图 4-1-2 所展示的 AUG 导航技术全球申请主要申请人以高校申请人为主的现象也进一步印证了 AUG 导航技术专利申请主要用于海洋环境监测和测量。

4.1.3 专利技术发展路线

通过第 4.1.2 小节的分析可知,AUG 导航技术主要集中在组合导航和声学导航。下面对组合导航和声学导航的技术发展路线进行分析。

(1) 组合导航专利技术发展路线

针对组合导航技术进行深入分析,可以得出关于 AUG 的组合导航技术发展路线,如图 4-1-7 所示。组合导航技术从最初的 GPS、电子罗盘、捷联式惯性导航的多传感器组合定位向着减少传感器数量、提高定位精度、降低能耗的方向不断演进;在以高校为主要申请人的改进中主要是通过对各种数据融合算法的研究来实现精度的提高;对于高精度导致的高能耗这一问题,可以通过选用集成的低功耗的惯性单元以及通过应用场景的选择来平衡精度与能耗的关系。

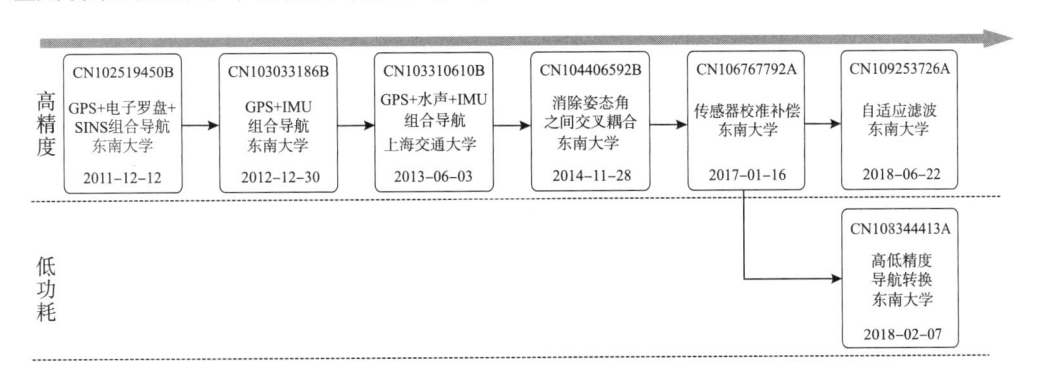

图 4-1-7 AUG 组合导航技术热点路径

在水下导航中,最常用且应用最早的导航方法是航位推算法,即将速度对时间进行积分来获得潜器的位置。现代水下航行器使用航位推算技术最早可追溯至 20 世纪初的潜艇导航。经过一个多世纪的发展,航位推算技术相当成熟,单纯针对航位推算的技术改进较少,专利申请数量少。此外,在惯性导航技术中,通过将加速度对时间两次积分来获得潜器的位置,这种导航方法的优点是自主性和隐蔽性好。目前惯性导航主要有两种形式:平台式和捷联式。现代电子技术的发展为捷联式惯性导航技术创造了条件,使其相关设备的体积不断减小。由于 AUG 受体积、能源、成本等多方面的影响,其一般都采用捷联式惯性导航。组合导航最主要的问题是随着潜器航行时间的增大,其误差也不断增大,而且其误差增长速率是海流、潜器的速度、测量传感器的精度的函数。为减小误差,需要 AUG 周期性地浮出水面,并采用 GPS、无线电导航技术(如罗兰-C)对其位置进行修正,从而保证水下潜器的导航精度。

2011 年的专利申请 CN102519450B 公开了一种用于 AUG 的组合导航装置及方法,采用 GPS、电子罗盘、捷联式惯性导航进行了组合定位,初始时刻 GPS 对罗盘、MEMS-

SINS 进行初始校正，得到初始信息；在长时间运行时，采用电子罗盘的航向角信息来对 MEMS-SINS 输出的信息进行校正；针对 AUG 的具体情况，利用航位推算原理，分析航位推算的误差源，在其基础上推导航位推算误差方程，并应用航位推算误差方程对初始误差角、刻度因子和陀螺随机常值漂移进行补偿；为了保证系统低功耗，在水上水下采取不同的算法，水下采用 AUKF 算法，水上采用联邦滤波算法。该申请克服了传统组合系统由于误差随时间累积而不能准确长时间定位的缺点。由于 AUG 的定位与导航为了达到低功耗、低成本、长航时的目的而要求导航传感器的数量尽量少，基于微型机电系统 MEMS 的惯性测量单元 IMU 以其体积小、重量轻、低功耗等优点，加之不受外界干扰，能在短期内提供较高精度，成为 AUG 的首选导航元件。

在 2012 年东南大学的专利申请 CN103033186B 中，该用于 AUG 的高精度组合导航定位方法摒弃了之前采用过的电子罗盘，仅采用惯性测量单元（IMU），减少了传感器数量；同时，对导航算法进行了改进，IMU 的输出经过粗处理和细处理后得到较高精度的数据，融合基于 Runge-Kutta 法的航位推算得到的数据，再经自适应卡尔曼 AKF 和无迹卡尔曼 UKF 二级滤波，滤波后反馈回 IMU 来校正 IMU 的累积误差。对于 AUG，虽然在一定深度下，水流比较平稳均匀，但滑翔机随水流滑翔，依靠水的浮力和调节自身的俯仰角来形成锯齿波状运动，俯仰和横滚运动是不可避免的。对于惯性测量单元，由于安装轴和相应的参考轴之间的误差会造成姿态角之间的交叉耦合，非零的俯仰角和横滚角使得姿态角的交叉耦合更加明显，从而造成姿态角及其他导航信息解算不准甚至错误。

2013 年，上海交通大学的专利申请 CN103310610B 公开了一种组合导航方法，采用 GPS、水声、惯性导航，AUG 浮上水面时接收第一卫星定位信号，潜入水下时依靠"水声-惯性导航"组合定位，即接收智能浮标系统发出的水声定位信号，计算智能浮标系统坐标下 AUG 的位置坐标，并将水声定位的数据与惯性导航的数据进行数据融合，从而提高定位精度。

2014 年，东南大学的专利申请 CN104406592B 公开了一种用于 AUG 的导航技术及姿态角校正和回溯解耦方法，基于回溯思想提出姿态角回溯解耦方法来消除姿态角之间的交叉耦合，大大提高了姿态角精度，达到了 AUG 长航时、低功耗、高精度导航定位的目的。AUG 自身的特点对导航技术的低功耗、高可靠性、高精度、实时性等有较高要求，这就需要导航传感器及中央处理单元高度集成和具有高性能。

2017 年，东南大学申请的专利 CN106767792A 公开了一种 AUG 导航技术，选用的惯性单元为系统集成和精确的多轴惯性检测提供了基础，SPI 和寄存器结构针对数据收集和配置控制提供简单的接口。

目前 AUG 的主要问题在于精度与能耗之间的权衡关系，高精度容易导致系统的高能耗，但低精度又无法满足特定的导航定位要求。为了平衡精度与能耗，2018 年东南大学又申请了一项专利 CN108344413A。其提供了一种 AUG 导航技术及其低精度与高精度转换方法，满足 AUG 在不同工作环境、不同精度要求下进行状态切换的需求，做到能耗与导航精度之间的灵活选择,最大化解决能耗与精度之间的矛盾问题,最终实现高实时性、长航时、高精度、高稳定性的综合性能。

通常情况下,滑翔机在长时间的水下工作中以及在干扰条件下,会产生较大的定位累积误差,因此需要上浮至水面,利用高精度的全球定位系统信号以及数据融合算法对其定位进行校正;但是在上浮精度校正过程中,会受到外界恶劣天气、海浪波动等因素的影响,使得多传感器数据融合算法的导航精度降低,定位发散甚至失效。为了保证在极端恶劣条件下 AUG 上浮精度校正工作的稳定性和精确性,东南大学于 2018 年又申请了专利 CN109253726A,用于 AUG 导航定位系统及上浮精度校正,建立了一种基于多重自适应渐消因子的 H∞ 卡尔曼滤波算法来保证滑翔机导航定位的鲁棒性和自适应性。

(2) 声学导航专利技术发展路线

针对声学导航进行进一步深入分析,可以得出关于 AUG 的声学导航的技术发展路线,如图 4-1-8 所示。水下声学技术的快速发展为水下声学导航技术的发展提供了很好的技术支撑。AUG 的声学导航技术经历了从水下测向导航到小型化的 USBL 水声导航,继而向着不断降低能耗、提高隐蔽性的技术方向发展。

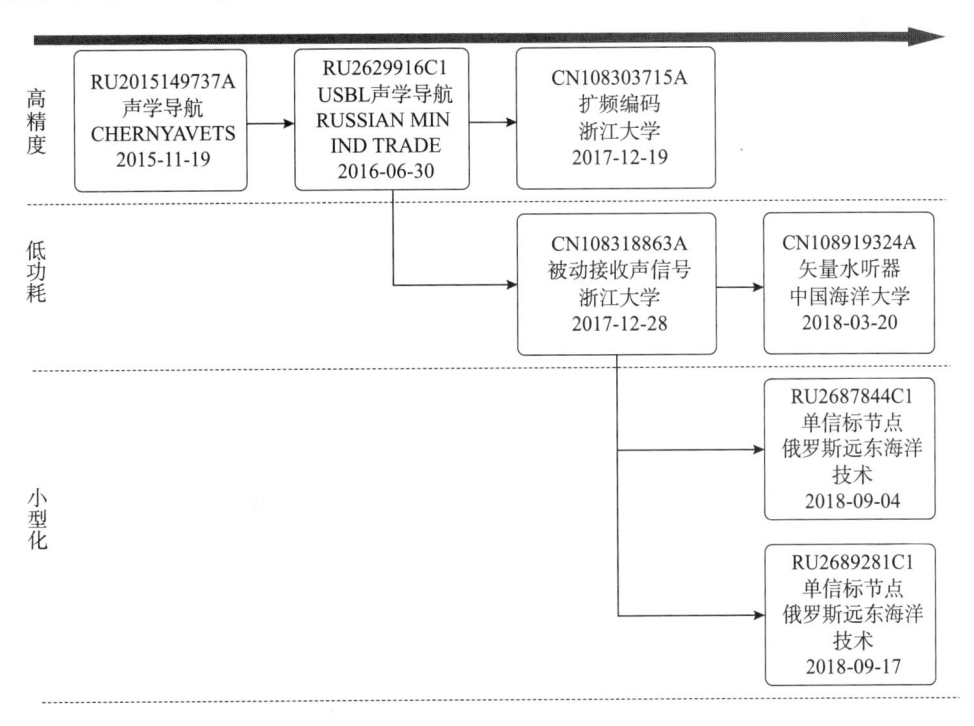

图 4-1-8 AUG 声学导航技术发展路线

2015 年美国专利 US20180224544A1 公开了一种前扫声呐系统,可用于 AUG 的导航、避障、探测等;同年,俄罗斯专利申请 RU2015149737A 公开了一种 AUG 导航方法,使用测向系统确定 AUG 相对于浮动站或基站的导航参数,从而得到 AUG 的位置。

2016年俄罗斯专利申请RU2629916C1公开了一种声学导航装置。

2017年俄罗斯专利申请RU2664973C1提出了一种超短基线声学导航方法。

国内从2017年开始才出现应用于AUG的声学导航专利申请。

2017年浙江大学专利申请CN108303715A公开了一种基于北斗信标的水下移动节点无源定位方法及其系统，海面信标节点通过北斗卫星解算自身位置，水下移动节点的综合定位/通信功能的声学接收系统处于侦听状态，一旦接收到定位信号，声学系统完成多用户信号接收。另外，在具体应用时，波浪滑翔机可充当海面信标节点，AUG可充当水下移动节点。同年，浙江大学专利申请CN108318863A公开了一种基于海底信标的AUG无源定位方法及其系统，整个过程节能、隐蔽。

2018年，中国海洋大学也对AUG的定位进行了研究。其专利申请CN108919324A中，AUG通过矢量水听器接收声源信息，并通过水声调制解调器实时传输AUG下潜深度、姿态参数至岸站上位机，上位机获得数据后，计算得出滑翔机水下三维空间位置。2018年俄罗斯的专利RU2687844C1、RU2689281C1同样对声学导航进行了研究。基于单定位信标节点的定位技术是水声定位的一个新研究方向，它是传统水声定位系统组合化和简约化的结合：组合化是因为它将声学测距定位设备与载体运动传感器组合使用，从而完成定位解算；简约化是因为它只需要布放一个信标，提高了系统的便捷性和作业效率。

4.1.4 重要专利分析

在这一节中，我们针对AUG导航技术各技术分支进一步分析研究，综合考虑专利法律状态、引证情况、技术内容等因素筛选出重要专利，并对重要专利进行研究分析。

2011年东南大学提交了一种用于AUG的组合导航装置及方法专利申请（CN102519450B），该发明专利申请已被授予专利权。该专利公开了一种用于AUG的组合导航装置及方法，装置包括电子罗盘、微机电系统惯性测量单元、全球卫星系统接收模块、数字信号处理模块。采用微机电系统（MEMS）陀螺、加速度计组成的姿态测量单元和电子罗盘集成为惯性组合导航与定位系统来与控制系统配合，使用DSP技术作为导航解算部件，经过在全温范围内对各传感器进行降噪、温度补偿、非线性校正、交叉耦合补偿及航位推算等多种算法，完成水下滑翔体的自主准确定位。优点在于体积小、集成度高、功耗低、航时长、成本低等，能迅速准确地得到AUG当前位姿信息，使它保持自有平衡，同时为其提供航迹和位置参数。

2012年东南大学提交了一种用于水下滑翔器的高精度组合导航定位方法的专利申请（CN103033186B），该发明专利申请已被授予专利权。该专利克服了传统组合导航技术由于误差随时间累积而不能高精度长航时实时导航与定位的欠缺，并采取多级数据处理、精准航位推算算法、智能自适应卡尔曼滤波、多级滤波等，实现了水下滑翔器高精度、长航时、高实时性、稳定自主导航与定位。该专利表明由于水下导航的特殊环境，无迹卡尔曼滤波成为适用于该环境较佳的选择，将数据融合做差作为状态量和观测量,再结合调整后的参数,能很好地估计误差,反馈到 IMU 来校正误差,得到精确的速度、位置、姿态等信息,达到高精度导航与定位的目的。

2013 年上海交通大学提交了智能潜水器的移动海洋观测网专利申请（CN103310610B）,该发明专利申请已被授权。该专利以多台智能浮标和智能潜水器为节点,组网作业,实现大气－海面－海水－海底的立体化海洋调查。智能浮标采取卫星－惯性导航组合定位;智能潜水器采取以智能浮标为参考点的水声－惯性导航组合定位;智能潜水器采取以智能浮标为参考点的水声－惯性导航组合定位;水下节点采取水声通信,浮上水面后采取无线通信。最终所有信息通过卫星通信回传至陆地数据终端。通过节点间通信,提高定位精度和调查效率,实时数据回传。

2014 年东南大学提交了一种用于水下滑翔器的导航技术姿态角校正方法的专利申请（CN104406592B）,该发明专利申请已被授权。该组合导航技术包括数字信号处理（DSP）模块、MEMS、IMU 等。由于俯仰或横滚运动使得姿态角（航向角、俯仰角、横滚角）之间的交叉耦合更加明显,姿态角之间的交叉耦合导致姿态角输出不准甚至错误,进而使随后的速度、位置等其他导航信息解算发生错误,基于回溯思想提出姿态角回溯解耦方法来消除姿态角之间的交叉耦合。该系统设计可以满足水下滑翔器导航技术低功耗、小体积、长航时的需求,姿态角回溯解耦方法有效地解决了姿态角之间的交叉耦合,大大提高了姿态角精度,达到了水下滑翔器长航时、低功耗、高精度导航定位的目的。

2015 年俄罗斯申请了一种水声导航方法的专利（RU2015149737A）。该专利的发射端利用三元等间距发射线阵周期性地发射三路不同的组合信号,每个水下用户端分别利用一路水听器接收信号,估计水下导航用户相对于发射阵的多普勒频移,测量三路编码信号到达接收水听器的声传播时延差,计算出导航用户相对于发射阵的方向、距离和运动速度,并绘制出水下运动轨迹,实现自主水声导航功能。

2016 年俄罗斯申请了一种水声导航方法的专利（RU2629916C1）。该专利包括十字阵 USBL 定位与导航技术和信标系统两部分。利用混沌调频调相扩频信号进行精确定位与导航,可以有效地减少多用户同时进行定位与导航时的相互干扰影响,有效地提高多用户定位与导航的准确度和成功率;与水声通信设备结合一体,通过通信反馈定位信息,能够满足多用户同时精确定位与导航的交互要求。

2017 年浙江大学提交了一种基于海底信标的水下无人设备无源定位方法的专利申请（CN108318863A）。该专利在水下无人设备的综合定位/通信功能的第二声学接收模块接收到 4 个海底信标节点的定位报文时,水下无人设备的第二主控模块解读报文中的经度、纬度、深度信息,将上述信息与定位报文的到达时刻传输给水下无人设备的第二解算模块;水下无人设备的第二解算模块将收到的信息代入测距方程,完成自身的位置解算。与现有的基于海底信标节点的水声定位方法相比,该专利在定位过程中水下无人设备不发出任何信号,只需要接收来自海底信标节点的定位报文即可实现自身的无源定位,整个过程节能、隐蔽,在实际中有着广泛应用的潜力;定位过程中,海底信标节点与水下无人设备的时钟无须同步，水下无人设备的时钟偏移不会给定位结果带来影响。

2018年中国海洋大学提交了一种AUG定位方法的专利申请（CN108919324A）。该专利的AUG通过矢量水听器接收声源信息，并通过水声实时传输AUG下潜深度、姿态参数至岸站上位机，上位机获得数据后，计算得出滑翔机水下三维空间位置；该方法具有精度高、实时性好的特点；另外，该专利中AUG水声定位采用的矢量水听器具有低能耗、成本低等优点，并且在设计内部结构时，合理安排了各个传感器间相互连接与搭载的位置。此外，由于AUG三维定位只需要获取滑翔机下潜深度、姿态角和水声传输时间信息，三个参量通过计算公式便可得出三维位置信息，技术简单，可行性高。

从上述AUG导航技术重要专利中可以得出，AUG的导航技术为AUG的控制、规划和其他作业提供位置坐标，无论是组合导航技术还是声学导航技术，体积小、集成度高、功耗低、航时长、成本低以及快速准确地得到AUG当前位置姿态信息是AUG导航技术不断改进的方向。

4.1.5 现有导航技术专利数量较少的原因分析

虽然国内外申请人在AUG导航技术方面均有所布局，但全球AUG导航技术的专利申请仅34项，数量较少。本课题组通过查阅资料，对专利申请数量较少的原因进行分析，以期为后续的研究工作提供思路。

（1）导航技术通用性强

通过第3章的AUG全球专利申请态势分析可以看出，运动控制系统在AUG所有技术分支中专利申请量最多，占比高达43%，而导航技术仅占比6%。AUG的特殊运动方式，决定了运动控制系统为AUG的专用技术。

AUG本身是一个载体，具有导航的需求，而针对导航需求只需要搭载相应的导航模块即可实现AUG的导航定位。AUG是导航技术的具体应用，导航技术也可以应用在其他水下设备，用来实现定位的功能。

现有AUG导航技术主要分布在组合导航、声学导航、航位推算、惯性导航和无线电卫星导航。这些技术分支也是水下导航技术的常见技术，因此，就其技术本身而言属于水下导航的通用技术。申请人在申请专利时为了获得较大的保护范围，对于水下导航技术并不局限于应用在AUG上，因此，AUG方面的相关专利文献数量较少。

对近几年国家重点研发计划"深海关键技术与装备"重点专项以及国家自然科学基金获批项目进行梳理，如表4-1-2所示。这些项目研究的主要还是AUG的运动控制系统以及AUG总体、外形、材料等方面，专门针对AUG导航技术的研究较少，因此针对AUG的专利申请也相对偏少。

表4-1-2 部分AUG相关的国家科学基金项目

序号	负责人	单位	金额/万元	项目编号	项目类型	所属学部	批准年份
1	张艾群	中科院沈自所	57	51179183	面上项目	工程与材料科学部	2011
		题目：混合驱动AUG实现机理与控制问题研究					
2	王延辉	天津大学	80	51475319	面上项目	工程与材料科学部	2014
		题目：可变翼混合驱动AUG动力学行为与控制方法研究					
3	张福民	中科院沈自所	63	61673370	面上项目	信息科学部	2016
		题目：基于多AUG的海洋水声信道特征参数测绘研究					
4	苏毅珊	天津大学	26	61701335	青年科学基金项目	信息科学部	2017
		题目：高动态环境下AUG大规模可靠组网机制研究					
5	王延辉	天津大学	130	51722508	优秀青年基金项目	工程与材料科学部	2017
		题目：AUG设计理论与方法					
6	魏照宇	上海交通大学	25	11702173	青年科学基金项目	数理科学部	2017
		题目：带前缘突节AUG机翼升阻力和流动分离控制特性实验研究					
7	刘玉红	天津大学	64	51675372	面上项目	工程与材料科学部	2016
		题目：具有软体柔性翼的自适应AUG动力学设计方法研究					

（2）技术受限

AUG有自身技术限制。AUG在国外许多海洋观测计划和实验中有成熟应用的先例，实现了长达数月的持续采样能力、安全可靠的近海岸巡航能力、极端天气条件下的观测能力，同时具有低成本的特点。AUG在水下工作时，搭载的各种探测设备和作业设备所需要的能源大部分都由自身所携带的电源供应，所以能耗决定了AUG的航行范围和工作时间，而AUG体积有限，限制了所能携带的电池；此外，AUG的工作环境复杂，更换电池极为不便。因此，AUG受成本、体积、重量、能耗等多方面的限制，AUG的导航技术在实现定位导航功能时除了导航精度要满足应用需要外，还需要兼顾成本、体积、重量以及功耗方面的因素。

现有导航技术可以满足AUG的部分需求。以国外Spray Glider、Sea Glider以及Slocum Glider的导航技术为例，Spray Glider的导航技术由TCM2电子罗盘以及G8 GPS天线组成；Sea Glider的导航技术采用TCM2-80电子罗盘以及Garmin25HVS GPS天线；Slocum Glider 的导航技术采用航位推算 + GPS 天线，国内天津大学研制的温差驱动 AUG 采用电子罗盘和 GPS 构成导航技术；中科院沈自所研制的 AUG 上配备罗经、多普勒速度仪和 GPS 构成导航技术；国家海洋技术中心研制的 AUG 测量系统同样选择电子罗盘和 GPS 构成导航技术。可见，目前国内外主要的 AUG 产品均选择罗经或电子罗盘 + GPS 构成导航技术。

利用罗经或电子罗盘测量 AUG 的航行方向角，结合 AUG 的运动速度，将速度对时间进行积分来获得 AUG 的位置。由于罗经或电子罗盘具有能耗低、体积小、重量轻、小型化的特点，能够满足 AUG 对功耗、体积的要求。但是依靠罗经或电子罗盘获取 AUG 的位置最主要的问题是随着 AUG 航行时间的增大，其误差也不断增大；且误差是发散的，其增长速度与海流、AUG 的速度、测量传感器的精度有关。为了尽可能地减小罗经或电子罗盘的导航误差，需要定期对 AUG 的位置进行校正。此外，GPS 在水下受水环境的影响无法使用，但是其在水面上具有导航精度高、可靠性好、低功耗、小型化、低成本等优势，因此，AUG 每隔一段时间浮出水面，利用 GPS 对自身的位置进行校正便可实现较高精度的导航。

综上所述，采用罗经或电子罗盘 + GPS 的组合导航方式兼顾了导航精度、低功耗以及低成本，是目前国内外 AUG 导航系统普遍选择的导航方式，能满足 AUG 导航系统的一般需求，因此，AUG 导航系统中采用罗经或电子罗盘 + GPS 的组合导航方式的专利申请数量并不多。

虽然现有 AUG 导航技术的 34 项专利在声学导航、航位推算、惯性导航，无线电卫星导航均有所分布，但是，各技术分支仍然有技术问题需要解决。例如，航位推算、惯性导航无法保证长时间航行所需的导航精度，且高精密的惯性导航器件价格昂贵；声学导航需要布设位置已知的基阵，发射水声信号对 AUG 的能耗要求高并且导致 AUG 的隐蔽性差；无线电卫星导航在水下环境无法使用。

可见，目前 AUG 导航技术专利数量少的主要原因为导航技术通用性强和技术受限。由于导航技术为 AUG 的航行及任务的执行提供了非常重要的技术支撑，没有可靠、精确的导航，AUG 将无法在混乱和不确定的海洋环境中按照预设路径可靠和稳健地运行；现有的导航技术还存在降低能耗和提高导航精度的问题和需求。因此，课题组将对 AUG 导航技术进行扩展研究，以寻求解决现有导航技术问题及满足需求的新思路。

4.2 扩展可行性及维度分析

本节首先分析 AUG 导航技术面临的问题及需求。由于现有的 AUG 导航技术专利文献数量少，不足以解决这些问题及需求，因此课题组从水下导航技术出发寻找可扩展的途径，以期通过扩展到相关领域进行专利技术分析，从而寻找到可以解决现有 AUG 导航问题及需求的关键技术，从而促进 AUG 导航技术的不断发展。

4.2.1 现有导航技术存在的问题及需求

通过对 AUG 导航技术仅有的 34 项专利申请进行分析，可以得到现有导航技术存在如下的问题及需求。

（1）AUG 自身的导航要求

AUG 的导航系统为 AUG 的控制、规划和其他作业提供位置坐标，因此，精确的导航能力是 AUG 实现自主巡航、完成海洋环境观测和安全回收的一个关键技术。虽然现有的 AUG 导航技术如电子罗经或罗盘与 GPS/北斗的组合可以为 AUG 长时间的水下航行提供导航和定位功能，但由于 AUG 内部和外部环境的高噪声以及海洋环境的复杂性等问题的存在，AUG 的位置估算有 30% 的漂移甚至更多，实际应用过程中常常出现滑翔机丢失和回收难的问题。因此，AUG 导航技术在考虑成本、体积、重量以及功耗的同时，其导航精度亟待提高。

（2）各国对水下导航的投入情况

虽然 AUG 导航技术专利申请量仅 34 项，但各国政府对这一方面的研究投入较大。俄罗斯新型水下导航系统由"格洛纳斯"导航系统、声呐浮标、AUG 组成，将布设在俄罗斯的北冰洋大陆架上。俄罗斯计划以上述新型水下导航系统为基础，建立水下监控和服务于油气开采的全球信息网络中心系统，该系统计划于 2018 年试运行。2016 年 3 月和 5 月，美国国防部国防高级研究计划局（DARPA）先后授予德雷珀实验室、BAE 各一份合同，分别为"深海定位导航系统"（POSYDON）项目开发水下导航方案。德雷珀实验室的方案是在海底盆地将信标组建成"星座"，使用声波发送精确定位信号，使 AUG 获得精确的位置信息，而且少量信标就能覆盖全球。德雷珀实验室计划在 2017 年 1 月对信标 GPS 系统的高精度模型进行海试，在 2018 年对原型样机进行海试。BAE 计划采用类似方案，使 AUG 能在水下通过多个分布式的远距离声源实现定位导航。由于披露信息有限，无法得知上述项目是否按计划进行。

（3）水下导航技术应用广泛

AUG 单机技术成熟后，AUG 编队、AUG 网络越来越多地应用到海洋探测实际中。国际上几乎所有重要的海洋观测系统和海洋观测计划中，都存在滑翔机编队和网络构建的研究任务和应用试验，例如美国的近海水下持续监视网络、综合海洋观测系统、欧洲滑翔观测网等。目前 AUG 观测网已经完成了多次示范，取得了显著成果，显示了 AUG 网络在海洋监测和探测方面的重要作用。多 AUG 的协同控制也依赖于 AUG 导航系统提供的精确位置，因此，高精度的导航技术为 AUG 网络协同控制提供有力支撑。

AUG 具备低功耗，续航能力强，使用范围广，可满足大深度、全海域应用，低成本、操作简单，布放灵活，可扩展功能强，用途广泛，可以携带各种大小合适的测量传感器及监测仪器，隐蔽性好，机动灵活的特点。正是这些独有的特性使得它不仅用于海洋观测与探测，也可用于大范围长时间的战场水文数据采集、水下战场监视侦察以及水下警戒预警等军事需求。而这些军事应用对 AUG 导航技术提出了更高的要求：导航精度更高，隐蔽性、可靠性、稳定性更好，通信数据传输更安全。现有的 AUG 在采用电子罗经或罗盘与 GPS/北斗组合的导航技术时需要 AUG 浮出水面进行数据发送或定位校准，有被敌方发现的风险，因此，现有的 AUG 导航技术并不能很好地适用于各种军事侦察和预警。

4.2.2 扩展可行性及维度分析

判断 AUG 导航技术是否适用于"扩展"专利分析方法需要有客观依据。本小节从文献信息、科研立项两个方面对 AUG 导航技术进行扩展专利分析的可行性进行分析和验证。

4.2.2.1 基于文献信息的扩展可行性分析

现有的 AUG 导航技术专利文献是进行扩展可行性分析的重要线索，课题组对第4.1.4 小节提到的重要专利进行分析，据此验证扩展可行性。

（1）基于重要专利的技术通用性分析

为了从 AUG 导航技术重要专利中挖掘线索，我们对相应重要专利的发明名称、重要专利中明确记载的相关技术进行了梳理。

从表 4-2-1 可以看出，大量 AUG 导航技术的专利文献均提到其导航方法适用于水下航行器。因此，我们有理由认为 AUG 导航技术与水下航行器导航技术之间的相关性——两者技术上具有一定的通用性。

表 4-2-1 AUG 导航技术重点专利分析

申请人	公开号	名称	技术分支	用途
中国海洋大学	CN108919324A	一种 AUG 的定位方法	声学导航	可用于 AUG 与水下航行器
浙江大学	CN108318863A	基于海底信标的水下无人设备无源定位方法及其系统	声学导航	可用于 AUG 与水下航行器
上海交通大学	CN103310610B	基于智能浮标和智能潜水器的移动海洋观测网	组合导航	可用于 AUG 与水下航行器
东南大学	CN103033186B	一种用于水下滑翔器的高精度组合导航定位方法	组合导航	可用于 AUG 与水下航行器
东南大学	CN102519450B	一种用于水下滑翔器的组合导航装置及方法	组合导航	可用于 AUG 与水下航行器

（2）基于非专利文献信息的技术通用性分析

Teledyne Webb Research 在设计和制造用于海洋学研究和监测的科学仪器方面处于世界领先地位。Teledyne Webb Research 专门研究海洋仪器仪表的三个领域：自主漂流仪、AUG 和水下声源。Teledyne Webb Research 研发的 Slocum Glider 是目前主流的 AUG 之一。在其网站中是这样介绍 Slocum Glider 的：Slocum Glider 是用于海洋研究和监测的多功能遥感自主式水下航行器，采用浮力驱动方式，Slocum Glider 的远距离和持续能力使其非常适合在区域规模的水中观测使用。用户可以在任务开始之前或就地对任务和数据传输下载进行编程。Slocum Glider 的运行成本相对较低，因此非常适合舰队应用。其研发团队在《IEEE Journal of Oceanic Engineering》上发表的《SLOCUM：An Underwater Glider Propelled by Environmental Energy》明确指出，Slocum Glider 的导航系统是从名为"Odyssey"的一款 AUV 的导航系统移植过来的，并且他们对 Slocum Glider 进行了湖试并取得了成功。

由此可见，通过行业龙头企业以及权威期刊文献信息，我们可以确定 AUG 导航技术与水下航行器导航技术之间具有很强的相关性。

4.2.2.2 基于科研立项的扩展可行性分析

重点研发计划、自然科学基金等是我国针对重大科技领域的主要科研立项途径，所立项目代表着我国产业的支持方向，代表着国家层面的技术需求。不同年份我国科研立项的方向变化在一定程度上能够体现技术发展的趋势和关联性。因此，本专利分析报告对 AUG 导航技术申请量排名第一的东南大学的科研立项进行了梳理，具体如表 4-2-2 所示。

表 4-2-2　东南大学 AUG 导航技术的科研立项项目

序号	负责人	单位	金额/万元	项目编号	项目类型	所属学部	批准年份
1	刘锡祥	东南大学	60	51979041	面上项目	工程与材料科学部	2019
	题目：深潜/长航 AUV 用惯性基组合导航技术信息融合方法研究							
2	程向红	东南大学	16	61773116	面上项目	信息科学部	2017
	题目：基于地形辅助的深海长航时 ARV 自主导航技术研究							
3	张涛	东南大学	75	51375088	面上项目	工程与材料科学部	2013
	题目：基于惯导及声学导航的自主水下航行器新型组合导航技术研究							
4	程向红	东南大学	76	61374215	面上项目	信息科学部	2013
	题目：基于动力学模型辅助的自主增强型深海 AUV 组合导航技术研究							
5	赵池航	东南大学	20	40804015	青年科学基金项目	地球科学部	2008
	题目：面向水下载运工具辅助导航的重力异常信息实时提取技术研究							
6	徐晓苏	东南大学	60	51175082	面上项目	工程与材料科学部	2011
	题目：水下航行器组合导航的智能数据融合技术研究							

通过表 4-2-2 我们发现，东南大学获批的水下导航技术的项目主要针对 AUV，但是经过追踪，东南大学在这些科研项目的支持下发表了多篇 AUG 导航技术的期刊文献，并申请了多件 AUG 导航技术的专利。由此可见，东南大学对于 AUG 导航技术的研

究基础来源于对 AUV 导航技术的研究，说明了 AUV 导航与 AUG 导航在技术上具有一定的通用性，将 AUV 导航技术作为扩展技术研究是可行的。

通过以上分析我们发现，AUG 导航技术重要专利文献适用于 AUG 导航；在 AUG 产业化过程中，已经存在将 AUV 导航技术移植到 AUG 导航技术并取得成功的实例。此外，主要申请人的科研立项情况也呈现出 AUV 导航与 AUG 导航的技术关联。

4.2.2.3 扩展维度分析

相同或相近的技术领域往往意味着具有相同或相似的技术需求，在技术上具有一定的通用性。课题组根据技术领域的相近程度，并结合扩展可行性分析时对文献信息、科研立项等方面分析得出的线索，对技术领域进行了扩展。

技术领域扩展可以使用相同或类似技术手段的领域扩展。根据课题组的调研了解，AUG 和 AUV 都是目前比较主流的水下机器人类型，两者在通信方式、导航以及应用环境方面均比较相似，因此认为 AUV 属于使用相同或类似技术手段的领域。根据上一小节基于文献信息的扩展可行性分析以及基于科研立项的扩展可行性分析可知，Slocum Glider 的导航系统是从 AUV 的导航系统移植过来的，再加上东南大学在 AUV 相关的项目支撑下发表多篇 AUG 导航技术的相关论文以及申请多件专利，因此经过验证确认从 AUG 导航技术扩展到 AUV 导航技术。

技术领域扩展还可以在使用功能的应用领域进行邻近或上位领域扩展。邻近领域之间往往存在很强的技术关联性。无论是 AUV 导航技术还是 AUG 导航技术，其功能都是提供准确的定位导航，是决定 AUV 和 AUG 是否能准确抵达预定地点、顺利完成任务并安全返回的关键。AUV 和 AUG 作为载体本身，通过合理配备水下导航技术及灵活选择各类水下导航技术即可实现 AUV 和 AUG 自主导航，因此两者也属于邻近领域。

课题组将所有 AUV 导航技术作为 AUG 导航技术的扩展技术。由于扩展的专利文献要与水下导航具有较强的技术关联性，因此在对扩展领域进行检索时更侧重于获得技术关联性高的文献，在检索策略上更加侧重于检索的准确性，并更多地尝试使用分类号和在摘要数据库检索以提高检索结果的技术关联性。我们通过在中英文摘要数据库中使用表示导航的分类号和关键词的精确表达与表示 AUV 的分类号和关键词的精确表达进行检索，并通过筛选得到了与 AUG 导航技术密切相关的专利文献，并在这些专利文献的基础上进行了深入分析，以期为 AUG 导航技术的研究提供指引和参考。

4.3 AUG 导航技术扩展专利分析

基于第 4.2 节介绍的 AUG 导航技术扩展的可行性分析，课题组进行了扩展检索，将 AUG 导航技术扩展到 AUV 导航技术领域，并对 AUV 导航技术进行了如下分析。

4.3.1 专利申请趋势分析

（1）全球专利申请趋势分析

AUV 导航技术专利申请最早出现在 1991 年，整体呈现上升趋势；2016 年全球专利申请量达到最大值43项；2018年申请量略有减少。图4-3-1示出了AUV导航技术全球专利申请趋势。

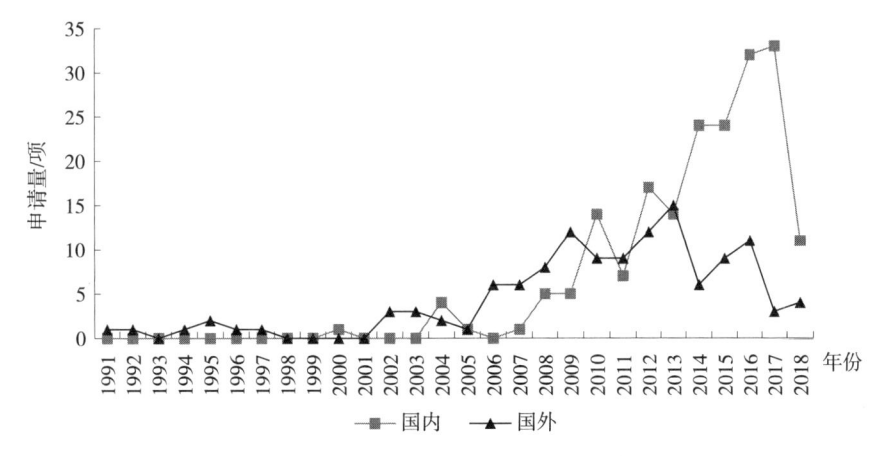

图4-3-1 AUV导航技术全球专利申请趋势

① 1991~2001年为萌芽期。AUV的研制工作起始于20世纪50年代，最初研制的是载人水下航行器，从20世纪60年代开始研制遥控水下航行器。自20世纪80年代起，AUV技术得到很大发展。进入20世纪90年代，一方面由于海洋争端日趋激烈，能源危机日益加重，各国都认识到了海洋极其重要的战略意义；另一方面由于计算机技术和通信技术以及其他相关技术的飞速发展，大大刺激了AUV的发展。国内第一台AUV的研制工作也开始于20世纪90年代，但该时期的申请量相对较少。AUV导航技术专利最早出现在1991年，中国的AUV导航技术专利申请出现在2000年。

② 2002~2007年为平稳发展期。这一时期，各国对AUG的研制还处于技术完善阶段。该时期的专利申请量相比于1991~2001年有了一定的增长，其中国外申请量增长较快；中国申请量虽有增长，但申请量总体也不是很多。

③ 2008~2018年为快速发展期。这一时期，国外已研制出各型号AUV并进行产业化生产，主要包括美国Hydroid公司的Bluefin-21、英国南安普顿国家海洋中心的Autosub 6000、加拿大ISE公司的EXPLORE、挪威Kongsberg公司的REMUS及HUGIN。国内中科院沈自所研制了多台潜龙系列AUV。该时期专利申请量呈明显的快速增长态势，其中，中国申请量急速增长，特别是在我国开始实施"海洋强国"战略之后，中国申请量明显增加。在2016年，全球专利申请量达到最高的43项。

（2）AUV导航技术全球专利申请技术来源地分析

AUV导航技术全球专利申请主要来源地为中国，中国申请的AUV导航技术专利占全球申请总量的59.08%，这与我国近年来重点支持对AUV的研制有关。美国具有AUV研发制造的传统技术优势，其申请的AUV导航技术专利具备一定的规模。表4-3-1为AUV导航技术申请来源地分布情况，排名前五位的分别是中国、美国、日本、俄罗斯、德国。

表 4-3-1 AUV 导航技术全球专利申请技术来源地

来源地	专利数量/项	占比
中国	192	59.08%
美国	61	18.77%
日本	21	6.46%
俄罗斯	12	3.69%
德国	10	3.08%
英国	8	2.46%
法国	5	1.54%
韩国	4	1.23%
其他	12	3.69%

(3) AUV 导航技术授权专利来源地分布分析

课题组进一步对全球 AUV 导航技术授权专利来源地进行统计和分析。所有授权专利中，源自中国的授权专利占比最高，为 69.92%，其次是美国（12.71%）、日本（4.66%）、俄罗斯（3.39%）、德国（2.54%）。表 4-3-2 示出了 AUV 导航技术授权专利来源地分布情况。

表 4-3-2 AUV 导航技术授权专利来源地分布

来源地	专利数量/项	占比
中国	165	69.92%
美国	30	12.71%
日本	11	4.66%
俄罗斯	8	3.39%
德国	6	2.54%
韩国	4	1.69%
加拿大	3	1.27%
欧洲专利局	3	1.27%
法国	3	1.27%
英国	3	1.27%

(4) AUV 导航技术全球专利申请主要来源地在不同时期的专利申请量变化分析

通过对 AUV 导航技术全球专利申请技术主要来源地在不同时期的专利申请量变化作分析，可见美国的专利申请起步早，数量多，这与美国最早研发出 AUV 的情况相一致。除美国外，其余国家的专利申请多集中在 2011～2018 年。表 4-3-3 示出了主要来源地在不同时期的专利申请变化：以中国为首的绝大部分国家的主要申请年份集中在2011~2018年，其中中国申请总量达166项，占中国总申请量的86.46%；美国在2001~2010年申请总量达34项，占美国总申请量的55.74%，2011~2018年22项的申请量占美国总申请量的36.07%，2011~2018年申请量占比呈下降趋势；排名第三位的日本在2011~2018年13项的申请量也占日本总申请量的61.90%。

表4-3-3 AUV导航技术主要来源地在不同时期的专利申请量变化   单位：项

导航技术来源地	2001年之前	2001~2010年	2011~2018年	总计
中国	1	25	166	192
美国	5	34	22	61
日本	0	8	13	21
俄罗斯	0	0	12	12
德国	0	2	8	10
英国	1	2	5	8
法国	1	1	3	5
韩国	0	0	4	4
意大利	0	2	0	2
加拿大	0	0	2	2

（5）AUV各国专利申请同族地域分布分析

表4-3-4为AUV导航技术各国专利申请的同族地域分析。通过分析可知，在导航技术的专利申请中，美国在其他国家和地区的同族布局最多，中国在其他国家和地区的同族布局最少。相较而言，美国更加注重在其他国家和地区的专利布局，中国在此方面意识不强。美国的布局总量达到22件，主要布局在欧洲和日本，均为6件，可见美国更加注重导航技术在欧洲和日本的市场和应用，这可能与AUV也属于出口管制产品，美国对盟国出口限制较少有关。

表4-3-4 AUV导航技术各国专利申请同族地域分布   单位：件

来源地	美国	欧洲	澳大利亚	日本	加拿大	印度	中国	英国	德国	俄罗斯	韩国	总计
美国	—	6	4	6	3	0	2	1	0	0	0	22
德国	3	3	2	1	1	2	0	0	—	0	0	12

续表

来源地	目标地											
	美国	欧洲	澳大利亚	日本	加拿大	印度	中国	英国	德国	俄罗斯	韩国	总计
意大利	2	2	1	0	1	1	1	0	0	0	0	8
法国	2	3	1	1	1	0	0	0	0	1	0	9
英国	3	2	1	0	0	0	0	—	0	0	0	6
加拿大	0	1	1	1	—	0	0	0	0	0	1	4
日本	3	2	1	—	0	0	0	0	0	0	0	6
中国	2	0	0	1	0	0	—	1	0	0	0	4
总计	15	19	11	10	6	3	3	2	0	1	1	71

(6) AUV 导航技术申请人分析

对各创新主体全球专利申请量进行了统计分析，发现中国主要申请人集中在高校，说明水下导航技术中对于很多技术难点的攻克还处于理论研究阶段，其实际应用的产业化并不理想。如图 4-3-2 所示 AUV 导航技术申请人排名，其中排名前十位的专利申请人中有 8 位来自国内，且均为高校和科研院所，分别为哈尔滨工程大学、东南大学、中科院沈自所、西北工业大学、浙江大学、南京信息工程大学、中国海洋大学、江苏科技大学，国外申请人为 ATLAS ELEKTRONIK GmbH 以及 US NAVY。

申请人	申请量/项
哈尔滨工程大学	51
东南大学	25
中科院沈自所	18
西北工业大学	11
浙江大学	9
ATLAS ELEKTRONIK GmbH	8
南京信息工程大学	8
US NAVY	6
中国海洋大学	6
江苏科技大学	5

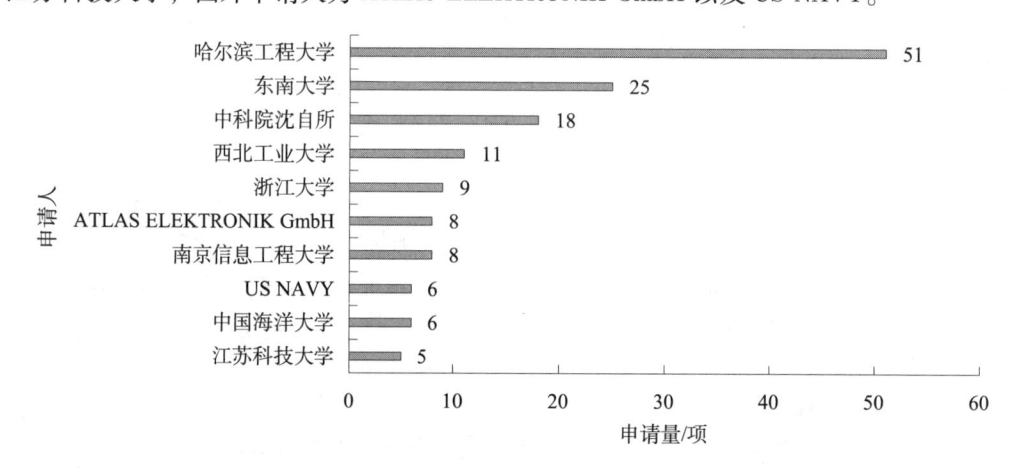

图 4-3-2 AUV 导航技术申请人排名

排名第一位的是哈尔滨工程大学，这与该高校在海洋装备领域的地位相一致，显示出该高校对于 AUV 导航技术的专利布局非常重视；排在第二位的是东南大学，这与该高校获得的多项 AUV 的国家自然科学基金相一致；排名第三位的是中科院沈自所，这与该研究所研发潜龙系列 AUV 相一致；排名第四位的是西北工业大学；第五位至第十位申请人依次为浙江大学、ATLAS ELEKTRONIK GmbH、南京信息工程大学、US NAVY、中国海洋大学以及江苏科技大学。其中，浙江大学、中国海洋大学、US

NAVY 都是重要的 AUV 研究机构；ATLAS ELEKTRONIK GmbH 是著名的水下装备高科技公司，其已成功研制的 AUV 有 SeaCat 以及 DeepC。

（7）AUV 主要申请人在不同时期的专利申请量分析

在 AUV 导航技术领域，各主要申请人专利申请量均呈增长趋势，且多数集中于 2011~2018 年。如表 4-3-5 所示，专利申请量较大的申请人为哈尔滨工程大学、东南大学、中科院沈自所。哈尔滨工程大学在导航技术领域的专利申请总量最多，为 51 项，远超排名第二位的申请人东南大学。虽然哈尔滨工程大学在 2001~2010 年才首次提出专利申请，但其专利申请量在该阶段就已经在数量上排名第一位，在 2011~2018 年提出的专利数量同样远超他人。东南大学起步于 2011~2018 年，该阶段其专利申请数量也达到了 25 项之多，位居第二。中科院沈自所为中国最早开始研究 AUV 导航技术的申请人，在 2001 年以前就已经提出了专利申请，近年来对该技术的研究也逐渐升温。此外，如表 4-3-5 所示，US NAVY 实质上是在早期对导航技术研究最多的申请人，但其在近几年并未对导航技术提出新的技术成果，也可能是基于技术保密的原因。

表 4-3-5　AUV 导航技术主要申请人在不同时期的专利申请量变化　　单位：项

导航技术申请人	2001 年之前	2001~2010 年	2011~2018 年	总计
哈尔滨工程大学	0	9	42	51
东南大学	0	0	25	25
中科院沈自所	1	2	15	18
西北工业大学	0	2	9	11
浙江大学	0	2	7	9
ATLAS ELEKTRONIK GmbH	0	1	7	8
南京信息工程大学	0	6	2	8
US NAVY	3	3	0	6
中国海洋大学	0	3	3	6
江苏科技大学	0	0	5	5
MITSUBISHI HEAVY IND LTD	0	0	3	3
北京理工大学	0	0	3	3
CGG SERVICES SAS	0	0	3	3
中船重工七一〇所	0	1	2	3

4.3.2　专利技术构成

（1）技术构成

声学导航和组合导航是 AUV 导航技术的主要技术方向。AUV 导航技术的技术分布如图 4-3-3 所示，其中占比最多的是组合导航（35%），然后依次是声学导航（29%）、惯性导航（11%）、地球物理导航（8%）、协同导航（5%）、航位推算（5%）、其他（4%）、无线电卫星导航（3%）。

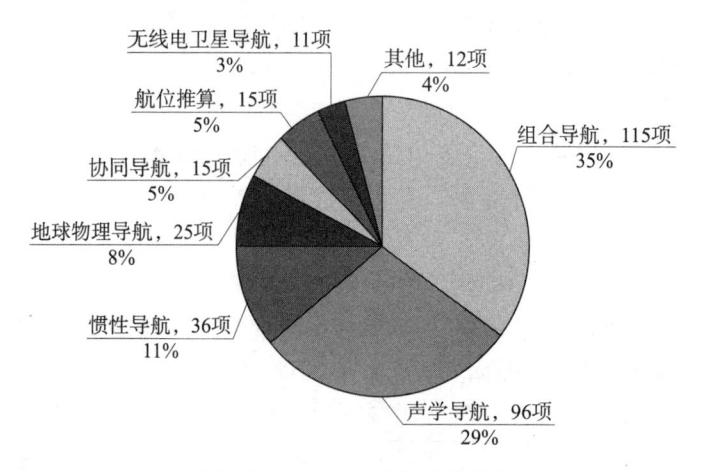

图 4-3-3 AUV 导航技术分布

（2）技术功效

在专利技术分布的基础上进一步分析 AUV 各导航技术分支的技术功效，如图 4-3-4 所示。可以看出，AUV 导航技术各技术分支研究热点与 AUG 导航技术研究特点相一致，主要集中在提高导航精度以及降低功耗方面，其中，组合导航、声学导航是实现高精度的主要技术手段。此外，声学导航的小型化研究也是热点。

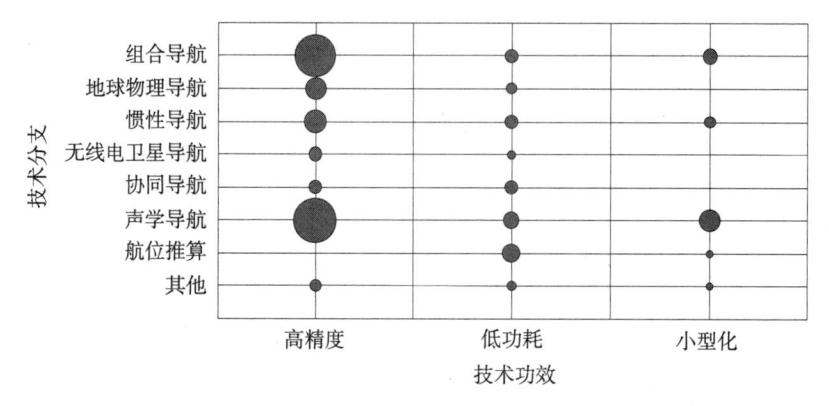

图 4-3-4 AUV 导航技术功效

注：图中气泡大小表示申请量多少。

（3）各技术分支全球申请量年度分布

从各技术分支的申请数量来看，组合导航、声学导航是 AUV 导航技术的近期研究热点。除此之外，2015~2018 年协同导航以及地球物理导航也是比较热的研究方向。图 4-3-5 示出了 AUV 导航技术各技术分支的全球申请量年度分布情况。可以看出，各技术分支处于不同的发展阶段，如组合导航的申请量最多，其从 2003 年开始申请量就明显增长，在 2015~2018 年达到最大值，显示该项技术处于快速发展期。声学导航的申请量与组合导航申请量基本相当，其同样从 2003 年开始申请量就明显增长，2011~2014 年申请量继续增加，2015~2018 年申请量达到最大值，显示这项技术处于成熟期。惯性导航在2011年开始申请量逐渐增多。地球物理导航的专利申请最早出现在1991年,之后长期未有相关专利申请,直至2007年才又开始出现该分支的专利申请,并在之后申请量逐渐增多。协同导航专利申请最早出现在2014年,2015~2018年申请量迅速增多。航位推算专利申请出现时间较早,自1996年开始,此后申请数量较少,显示该项技术处于停滞期。

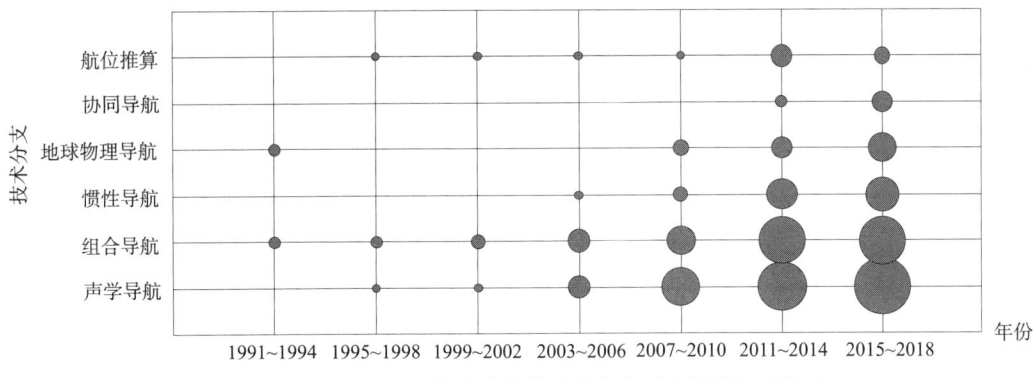

图4-3-5 AUV导航技术各技术分支全球申请量年度分布

注：图中气泡大小表示申请量多少。

(4) 各技术分支中国申请量年度分布

通过对AUV导航技术各技术分支中国申请量年度分布情况进行分析,可以看出,与全球不同,中国自1999年开始有涉及AUV航位推算的专利申请;除此之外,在组合导航、声学导航以及地球物理导航方向的专利申请起步比国外晚,但发展迅速。中国专利申请同样集中在组合导航和声学导航,具体见图4-3-6。

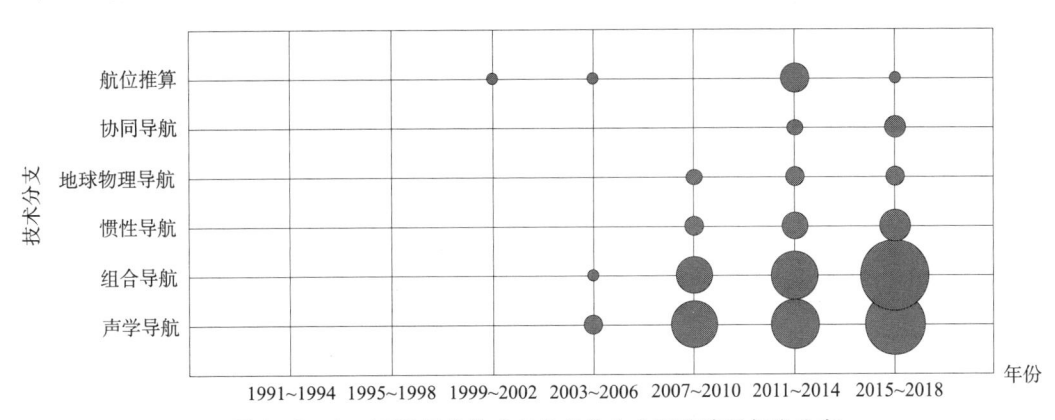

图4-3-6 AUV导航技术各技术分支中国申请量年度分布

注：图中气泡大小表示申请量多少。

对AUV导航技术专利全球主要国家技术分支分布进行分析可知,中国在所有技术分支都有专利布局;美国除协同导航之外,在其余技术分支均有专利布局;俄罗斯、日本主要在组合导航、声学导航、惯性导航布局,且专利布局主要集中在声学导航。表4-3-6示出了全球主要国家的技术分支分布情况。

表4-3-6 AUV导航技术专利全球主要国家技术分支分布 单位：项

国家	技术分支					
	声学导航	组合导航	惯性导航	地球物理导航	协同导航	航位推算
中国	73	72	17	8	6	10
美国	31	13	1	2	0	1
俄罗斯	12	3	1	0	0	0
日本	13	3	1	0	0	1

4.3.3 重要申请人专利分析

通过第4.3.1小节的主要申请人分析，我们针对申请量排名前两位的哈尔滨工程大学、东南大学以及国外申请人排名第一的 ATLAS ELEKTRONIK GmbH 的专利进行分析。

4.3.3.1 哈尔滨工程大学

（1）AUV导航技术专利申请态势

哈尔滨工程大学对于水下技术的研究在国内一直有突出的表现。哈尔滨工程大学围绕"加强水下预警能力建设"和"加强潜艇隐身技术攻关"的顶层要求，以解决水下目标"探测"与"反探测"的重大基础性问题为目标，进行关键技术攻关，在水下导航等技术领域开展了大量的研究工作。哈尔滨工程大学的水下导航技术的专利申请量遥遥领先于其他申请人。表4-3-7为哈尔滨工程大学在AUV导航技术上的申请量，可见近年来哈尔滨工程大学AUV专利数量呈现波动式增长。

表4-3-7 哈尔滨工程大学AUV导航技术申请量

年份	2004	2005	2006	2007	2008	2009	2010	2011	2012	2013	2014	2015	2016	2017	2018
申请量/件	2	1	0	0	3	3	3	5	2	13	8	5	8	12	6

（2）重要专利

经筛选，哈尔滨工程大学在AUV导航技术上的重要专利如表4-3-8所示。哈尔滨工程大学的重要专利在组合导航、惯性导航、声学导航、地球物理导航以及协同导航上均有分布，其中在组合导航方面专利分布最多，技术效果集中在提高导航的精度以及小型化方面。

表4-3-8 哈尔滨工程大学AUV导航技术重要专利

序号	名称	技术效果	公开（公告）号
1	一种AUV声隐身态势评估方法	高精度	CN108594241B
2	一种多机器人协同水下地形匹配导航技术及方法	高精度	CN106842209B

续表

序号	名称	技术效果	公开（公告）号
3	一种基于GPS信息修正惯性导航位置误差的UUV离线标图方法	高精度	CN106123926B
4	一种适用于高海况的UUV跟踪母船航迹规划方法	高精度	CN105758405B
5	一种基于水声双程测距的多AUV协同定位方法	高精度 小型化	CN105319534B
6	一种适用于水下导航技术单点估计陀螺漂移的方法	高精度	CN104776847B
7	一种基于极坐标系的AUV曲线运动状态下的协同定位方法	高精度	CN103968838B
8	一种改进的粒子滤波方法	高精度	CN103389094B
9	一种基于改进萤火虫算法的AUV三维航路规划方法	低功耗	CN103968841B
10	一种UUV抵近海底作业的定高航行系统及航行方法	高精度	CN104316932B
11	一种电磁计程仪辅助的AUV多程序并行解算导航方法	高精度	CN103940416B
12	一种基于H∞滤波的AUV操纵模型辅助捷联惯性导航组合导航方法	高精度 小型化 低功耗	CN103616026B
13	水下机器人的面地形匹配导航方法	高精度	CN103047983B
14	一种惯性测量单元的冗余配置结构	可靠性	CN103453904B
15	AUV的多线地形匹配导航方法	高精度	CN103090861B
16	一种自主水下航行器自主导航定位方法	高精度	CN102980579B
17	一种小型AUV组合导航技术及导航方法	小型化	CN102052923B
18	一种基于海流剖面的UUV辅助导航方法	可靠性	CN102323586B
19	基于网络的AUV智能容错组合导航仿真系统	高精度	CN101464935B
20	AUV智能避碰方法	高精度	CN101408772B

（3）主要团队技术发展脉络

课题组对哈尔滨工程大学AUV导航技术孙大军团队的技术发展脉络进行了梳理，如图4-3-7所示。声学导航基线定位是该团队从2009年开始就一直研究的方向；2017年开始，该团队扩展研究方向，开始对传感器网络定位以及单信标测距定位进行技术研发。

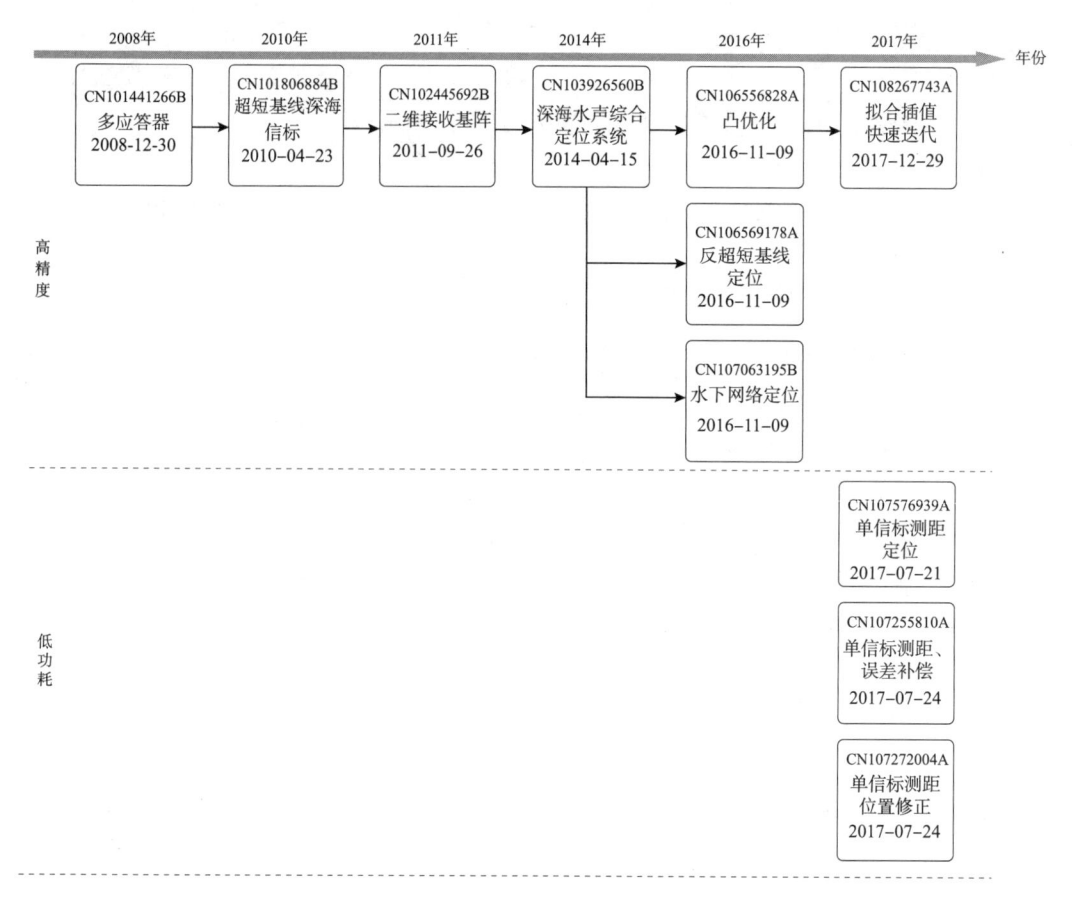

```
2008年         2010年         2011年        2014年          2016年         2017年
  │              │              │             │              │              │                      年份
┌─────────┐  ┌─────────┐  ┌─────────┐  ┌─────────┐     ┌─────────┐    ┌─────────┐
│CN101441266B│→│CN101806884B│→│CN102445692B│→│CN103926560B│──→ │CN106556828A│──→│CN108267743A│
│ 多应答器  │  │超短基线深海│  │二维接收基阵│  │深海水声综合│     │  凸优化   │    │拟合插值    │
│2008-12-30│  │   信标    │  │2011-09-26 │  │ 定位系统  │     │2016-11-09 │    │快速迭代    │
│          │  │2010-04-23 │  │           │  │2014-04-15 │     │          │    │2017-12-29 │
└─────────┘  └─────────┘  └─────────┘  └─────────┘     └─────────┘    └─────────┘
                                              │
                                              ├──→ ┌─────────┐
高                                                 │CN106569178A│
精                                                 │反超短基线 │
度                                                 │  定位    │
                                                  │2016-11-09│
                                                  └─────────┘
                                              │
                                              └──→ ┌─────────┐
                                                  │CN107063195B│
                                                  │水下网络定位│
                                                  │2016-11-09│
                                                  └─────────┘

                                                              ┌─────────┐
                                                              │CN107576939A│
                                                              │单信标测距│
                                                              │  定位    │
                                                              │2017-07-21│
                                                              └─────────┘
低                                                            ┌─────────┐
功                                                            │CN107255810A│
耗                                                            │单信标测距、│
                                                              │ 误差补偿  │
                                                              │2017-07-24│
                                                              └─────────┘
                                                              ┌─────────┐
                                                              │CN107272004A│
                                                              │单信标测距 │
                                                              │ 位置修正  │
                                                              │2017-07-24│
                                                              └─────────┘
```

图 4-3-7　哈尔滨工程大学导航技术主要团队技术发展脉络

2008 年专利申请 CN101441266B 公开了一种水下多应答器组合导航方法。其对布放在海底的应答器进行绝对位置校准；利用潜器与各应答器之间的距离信息根据 LSL 原理对潜器进行粗定位，进而选取定位导航用的应答器；对所选择的应答器，计算其组合定位导航误差的空间分布特性，确定潜器在该位置时组合定位导航的权值；根据 LSL 定位结果和 USBL 定位结果，利用选定的权值计算组合定位导航的结果。该专利提出一种将多应答器的 LSL 定位导航和单海底应答器的 USBL 定位导航方式相结合，得到一种基于多应答器的水下潜器组合声学定位导航方法，解决了 LSL 定位导航在某些位置有定位盲区的问题。

2010 年专利申请 CN101806884B 公开了一种基于 USBL 的深海信标绝对位置精确定位方法。具体包括如下步骤：①超短基线声学基阵在一测量点分别接收信标信号，测得信标方位；②利用 GPS 测得测量点的绝对位置；③根据上次所得方位和接收信号改变测点位置，得到方位差别较大的测点；④重复步骤②和步骤③得到足够多的测点数据；⑤在信标位置附近海域现场测量声速分布；⑥根据测点位置和水平方位解算出信标的水平坐标；⑦根据解算得到的信标水平坐标、声速剖面和各测点声信号俯仰方位解算出信标的深度。该专利的方法在深海条件下的黑匣子搜救和水下信标导航方面都有广泛的应用前景。

  2011 年专利申请 CN102445692B 公开了一种基于二维图像声呐的水下运动目标位置测定方法。其建立由接收基阵Ⅰ和接收基阵Ⅱ构成的二维接收基阵及目标平台坐标系之间的关系；在声呐Ⅰ和声呐Ⅱ的图像上选择目标位置相匹配的散射点；根据选定的散射点，在声呐Ⅰ和声呐Ⅱ坐标系上分别建立解的搜索集合；将声呐Ⅰ和声呐Ⅱ坐标系上解的搜索集合转换到目标平台坐标系下，寻找目标平台坐标系下两个搜索带中相距最近的两点，取这两点的中点为目标在目标平台坐标系下的位置。该专利由两幅不同观测位置和观测角度下的目标二维图像信息获得水下运动目标的三维位置坐标，虽然实现起来比较复杂，但是解算的目标的定位精度比较高。

  2014 年专利申请 CN103926560B 公开了深海水声综合定位系统及采用该系统实现对水下潜器的定位与导航的方法，属于水声定位声呐设备领域。该专利包括：声学换能器收发基阵安装在基阵升降杆末端，声学换能器收发基阵的输入/输出端连接跟踪标定处理机的输出/输入端，跟踪标定处理机连接操作显示平台，深水耐压壳体内侧腔体为测距与定位电子舱，深水耐压换能器和测距与定位电子舱通过耐压水密电缆实现电气连接，深水耐压壳体内侧为应答释放管理电子舱，电池组固定在应答释放管理电子舱内，释放机构固定在深水耐压壳体的外侧尾部，深水耐压换能器固定在深水耐压壳体外侧顶端。该专利实现水面对水下目标位置进行实时监测，在全海深下定位精度比现有设备提高了 4 倍以上。

  2016 年专利申请 CN106556828A 和 CN106569178A 主要是对基线定位精度的改进。CN106556828A 是一种水下目标定位问题中的基于凸优化的高精度定位方法。该方法通过将水下目标球面交汇定位方程的最小二乘结构进行形式变换并添加限制条件，将其转化为凸优化理论中的 DC 结构的形式，进而可以利用凸凹过程（CCP）的方法来求解，并针对直接 CCP 算法需要迭代初值在可行域内的缺点在原优化方程添加松弛变量和罚函数，扩大可行域，放宽对初值的限制；较线性最小二乘定位解算方法而言可以提高定位精度，实现高精度水下目标定位。CN106569178A 公开了一种反 USBL 定位系统，包括水面部分和水下部分，水面部分包括显控终端、通信单元、发射单元、同步器、供电单元，水下部分包括接收换能器、信号预处理单元、数字信号处理单元、供电单元，水面部分所述的通信单元包括依次相连的 GPS、姿态仪数据信息接收模块和网络通信模块。该专利具有传统 USBL 定位系统安装简单、使用方便、定位精度高的特点；该专利中水下潜器直接采集声信号并进行处理来获得自己的位置信息，提高了水下目标定位工作的效率；该专利中的信号接收端安装于水下目标上，比传统 USBL 定位系统接收端布放于水面的情况受到的噪声干扰要小得多，得到的信号质量好，降低了对信号处理的复杂度。

  2016 年专利申请 CN107063195B 是对水下传感器网络定位的改进，公开了给定待定位普通节点的初值；构造观测方程、普通节点的测距误差方程和参考节点坐标误差方程；根据参考节点的定位误差和测距误差计算权阵，将权阵添加到平差解算模型中求解，给出待定位普通节点的位置估值；将解算求得的位置估值作为计算初值，重新执行步骤二，直到两次位置估值的差值小于门限终止计算，将结果作为待定位普通节点的位置估值等。该专利采用基于误差传播理论的普通节点选取准则，有效地提高网络平均定位精度，在大规模、高节点密度下有较高的网络覆盖率，具有更好的适用性。

2017年专利申请CN107255810A、CN107272004A、CN107462865A、CN107576939A都是基于单信标测距技术进行水下定位，分别采用不同的技术手段以提高单信标测距定位系统对水下运动目标的定位精度，具体包括：①通过双精度加权融合的方式，克服了单信标测距定位中目标航向角影响的问题；②通过双程传播时延建立椭球模型，对实际布放的信标进行位置修正，解决水下目标信号位置与信标位置建立的观测方程不准确的问题；③通过双精度差值最优化的方式，克服了单信标测距定位中目标航向角影响的问题；④通过构建虚拟测距信标，建立了虚拟LBL定位的物理模型，实现对水下目标的单信标测距定位，提高了测量精度，解决了常规的基于卡尔曼滤波的解算方法受滤波参数和位置初值影响严重的问题。

2018年专利申请CN109870694A公开了基于多无人艇平台的高精度LBL定位系统，以解决现有基于潜标平台或浮标平台的LBL定位系不利于定位的问题。该专利包括指挥控制分系统和多个无人艇定位分系统；每个无人艇定位分系统配置1个水听器基阵单元，所有水听器基阵单元获得的信号都发送给指挥控制分系统进行处理，进而获取目标的位置。该专利公开的系统机动性好，方便跨海区作业，可以快速到达指定海域并根据需求灵活形成预设的定位阵型，且成本低，效率高，噪声低。

4.3.3.2 东南大学

（1）AUV导航技术专利申请态势

从第4.3.1小节的申请人分析中可以看出，东南大学在AUV导航技术专利申请中也占据了重要地位。表4-3-9为东南大学在AUV导航技术中的申请量，从2012年开始，东南大学每年都申请AUV导航技术专利。

表4-3-9 东南大学AUV导航技术申请量

年份	申请量/项	年份	申请量/项
2012	2	2015	2
2013	6	2016	10
2014	16	2017	7

通过对东南大学水下定位技术专利的发明人进行分析，发现其主要研发团队为张涛带领的团队以及陈熙源带领的团队，重点研究方向均为惯性导航技术。张涛长期从事惯性技术及应用方面的研究，承担国家自然科学基金项目1项、中国博士后基金项目1项、重点重大项目培育基金项目1项，并作为主要参与人先后参与国家重点工程、国家自然科学基金项目、国防973项目、国防预研项目、教育部博士点基金项目和有关部委的重点科研项目10多项；参与研制的国家重点国防新型号项目已通过型号项目定型鉴定试验，转入设备生产。

(2) 重要专利

东南大学在 AUV 导航技术上的重要专利如表 4-3-10 所示。东南大学的重要专利在组合导航、惯性导航、声学导航、地球物理导航上均有分布，其中在组合导航方面专利分布最多，技术效果集中在提高导航精度、低功耗方面。

表 4-3-10 东南大学 AUV 导航技术重要专利

序号	名称	技术效果	公开（公告）号
1	一种基于纯测向的被动水下声学定位方法	高精度	CN107390177B
2	一种基于周期移动时间窗的被动水声定位方法	高精度 低功耗	CN106054135B
3	基于信息预评判及补偿修正的 SINS/DVL/ES 组合导航方法	高精度	CN105783940B
4	一种基于 TDOA 的快速定位方法	高精度	CN106054134B
5	一种用于 SINS/DVL 组合导航技术的 DVL 失效处理方法	高精度	CN105547302B
6	基于 ISTSSRCKF 的惯性导航初始对准方法	高精度	CN104655131B
7	一种基于捷联惯性制导和多普勒计程仪的导航方法	高精度	CN104061930B
8	一种基于 SINS/LBL 的 AUV 水下交互辅助定位系统及定位方法	高精度 小型化	CN104316045B
9	一种水下航行器用神经网络辅助组合导航方法	高精度	CN104330084B
10	一种基于 SINS/LBL 紧组合的 AUV 水下导航定位方法	高精度	CN104457754B
11	基于模糊自适应控制技术的捷联惯性导航非线性对准方法	高精度	CN103759742B
12	基于 SINS/DVL/GPS 的 AUV 组合导航技术	高精度	CN103744098B
13	一种基于地形信息量的水下智能自适应地形匹配方法	高精度	CN103743402B
14	一种基于水下地形高程数据库的水下航行器辅助导航定位方法	高精度	CN103542851B
15	一种多模型水下航行器组合导航滤波方法	高精度	CN103776453B
16	基于 DSP 和 FPGA 的嵌入式导航信息处理器	高精度 低功耗 小型化	CN103116175B
17	一种用于 AUG 的高精度组合导航定位方法	高精度 低功耗	CN103033186B

(3) 主要团队技术发展脉络

课题组对东南大学 AUV 导航技术主要团队的技术发展脉络进行了梳理，如图 4－3－8 所示。组合导航是该团队的主要技术研究方向，从最初的提高定位可靠性逐渐向高精度、低功耗、小型化的方向发展。

```
2011年          2013年          2014年          2016年          2017年          2018年
                                                                                              → 年份
CN102221363B    CN103116175B    CN104316045B    CN105486313A    CN106767793A    CN109324330A
捷联式惯导容错   嵌入式导航信息   SINS/LBL        SINS/USBL       SINS/USBL       基于HDEKF
组合方法         处理器           交互辅助定位     低成本定位       紧组合           SINS/USBL
2011-10-19      2013-05-22      2014-11-06      2016-02-03      2017-01-19      紧组合
                                                                                2018-06-22
```

图 4－3－8　东南大学导航技术主要团队技术发展脉络

2011 年专利申请 CN102221363B 公开了一种水下潜器用捷联惯性组合导航技术容错组合方法，由捷联惯性导航技术 SINS、地形辅助导航技术 TAN、多普勒测速仪 DVL 和磁航向仪 MCP 组成，采用分散滤波结构和智能容错方法完成组合导航。SINS 作为参考导航技术与各辅助导航技术分别组成各子滤波器，从中提取出相关特征量进入由支持向量机构成的故障诊断模块，判断对应辅助导航技术是否出现故障，若出现故障则屏蔽该传感器的信息；故障诊断后进行系统重构，由主滤波器输出的误差量再反馈校正 SINS。该专利能保证水下潜器用捷联惯性组合导航技术可靠性好，容错性高，尤其是在小样本情况下训练的支持向量机具有很强推广能力，为故障诊断提供了一种新的研究方法。

2013 年专利申请 CN103116175B 公开了一种基于 DSP 和 FPGA 的嵌入式导航信息处理器，包括数据采集模块、逻辑控制管理模块、导航数据处理模块、导航数据输出模块和 FLASH 程序固化模块，所述导航数据处理模块的 DSP 通过 EMIF 与 DSP 外部的 FLASH、SDRAM 和 FPGA 连接，所述 FLASH 程序固化模块通过串口与外部开发计算机连接。数据采集模块采集 IMU 和 GNSS 输出的数据和同步信号；通过逻辑控制管理模块进行地址译码和时间同步，输入 DSP 的 SDRAM；导航数据处理模块进行捷联解算及滤波算法；导航信息数据通过导航数据输出模块以网络报文形式发送至其他应用设备。该嵌入式导航信息处理器体积小，重量轻，成本低，功耗小，适用于对于体积、成本、功耗有特殊要求的导航对象，如无人水下航行器、无人机等。

2014 年专利申请 CN104316045B 公开了一种基于 SINS/LBL 的 AUV 水下交互辅助定位系统及定位方法，其中定位系统由安装在 AUV 上的捷联惯性导航技术 SINS、布放在海底的长基线水声定位系统 LBL 和数据处理单元组成：长基线水声定位系统 LBL 由布放在海底的四个已知位置的水听器组成，数据处理单元包括广义互相关计算模块、筛选相关峰模块、位置解算模块、时延差解算模块以及卡尔曼滤波器模块；捷联惯性导航技术 SINS 包括 IMU 元件及 IMU 处理单元。该专利既解决了 SINS 系统长时误差积累问题，也补偿了由声信号在水中多路径传播所造成的定位误差，保证了 AUV 在水下长期自主的定位导航的精度，还避免了 GPS 及其他无线电定位系统的使用，解决了 AUV 水下作业需浮上水面校正误差的问题，为水下作业节约时间和能耗，提高了 AUV

水下作业效率。

在 CN104316045B 的基础上，为了实现低成本化，2016 年专利申请 CN105486313A 公开了一种基于 USBL 辅助低成本 SINS 系统的定位方法。该系统由捷联惯性导航技术 SINS 和超短基线系统 USBL 组成，利用卡尔曼滤波方法完成组合导航。超短基线系统作为辅助导航技术，由安装在 AUV 上的基阵和布放在海底的单应答器组成，超短基线基阵接收的信号进行广义加权二次相关后，再进行位置解算，USBL 的位置解算结果和 SINS 位置输出进行卡尔曼滤波，滤波器的输出再反馈校正 SINS。该专利解决了采用低成本 SINS 系统长时间误差积累的问题，USBL 采用广义加权二次相关提高了时延估计精度和抗噪声性能，避免了采用长基线系统基阵布放、校准、作业复杂的问题，同时保证了水下高精度定位与导航。

为了提高定位精度，2017 年专利申请 CN106767793A 公开了一种基于 SINS/USBL 紧组合的 AUV 水下导航定位方法，由捷联惯性导航技术 SINS 和超短基线系统 USBL 组成，超短基线系统由安装在 AUV 上的水听器接收基阵和布放在海底的声源组成，由声波到达基阵中心水听器的传播时间计算出斜距，通过频域加权互相关得到声波到达基阵坐标轴上两个水听器的时延差，从而计算出到达距离差，USBL 输出的斜距和到达距离差与 SINS 计算出的斜距和到达距离差进行滤波，滤波输出再反馈校正 SINS。该专利解决了 SINS 长时间位置误差积累的问题，USBL 采用斜距和到达距离差与 SINS 计算的斜距和到达距离差进行紧组合，避免 USBL 直接解算位置带来的坐标转换误差和基阵偏移误差，提高 AUV 的定位精度。

为了提高系统稳定性，减少计算量，2018 年专利申请 CN109324330A 公开了一种基于混合无导数扩展卡尔曼滤波 HDEKF 的 SINS/USBL 紧组合导航定位方法，特别适用于水下设备的定位。该专利由超短基线水声定位系统 USBL 和捷联惯性导航技术 SINS 组成，采用混合无导数扩展卡尔曼滤波 HDEKF 进行组合导航；超短基线系统通过计算超声波信号在应答器和水听器之间单向传播的时间，得到两者之间的斜距测量值，并通过坐标转换公式得到观测方程；再根据捷联惯性导航技术的误差传递公式建立误差状态方程；最后进行混合无导数卡尔曼滤波，使用标准线性卡尔曼滤波进行时间更新，使用无导数扩展滤波进行量测更新。该专利能有效提高 USBL/INS 组合导航技术的导航精度和稳定性，并减少实时计算量。

4.3.3.3　ATLAS ELEKTRONIK GmbH

ATLAS ELEKTRONIK GmbH 是一家高科技企业，在水声、传感器和信息技术领域成为全球众多海军和民用客户的供应商。其业务领域主要包括潜艇系统、水面作战系统、地雷作战系统、反潜作战系统、AUV、海军武器、海上保安系统、海军通信、机载系统。目前其已交付 21 套海军综合任务系统、28 套海军声呐系统，VTS/CSS 布置在 86 个港口，向 58 个当局或海军提供水文系统，在全世界拥有超过 520 个无线电和通信系统，拥有专利数量超过 5000 件。ATLAS ELEKTRONIK GmbH 研发的 SeaCat 是一款中等大小的可执行多任务的 AUV，其有效载荷可针对特定目的进行最佳挑战，特殊的有效载荷可以按需更改；其功能包括进行水文调查、实时数据传输，高频多波束回声测深仪和安装在旋转装置上的摄像头可进行详细制图,通过提供沉积物中的声波视图,高质量的地下剖面可以完成考古、地质和军事任务。表4-3-11为ATLAS ELEKTRONIK GmbH AUV导航技术申请量。从表4-3-11可以看出,从2010年开始,其对AUV导航技术进行了布局,之后几乎每年都有相关的专利申请。

表4-3-11 ATLAS ELEKTRONIK GmbH AUV导航技术申请量

年份	申请量/项	年份	申请量/项
2010	1	2015	1
2011	1	2016	2
2012	2	2017	0
2013	1	2018	0
2014	0		

ATLAS ELEKTRONIK GmbH AUV导航技术主要专利见表4-3-12。ATLAS ELEKTRONIK GmbH专利主要集中在声学导航,技术效果集中在提高导航精度。

表4-3-12 ATLAS ELEKTRONIK GmbH AUV导航技术主要专利

序号	名称	技术效果	公开（公告）号
1	Correction module and an unmanned underwater vehicle and method to navigation	高精度 低功耗	DE102016116471A1
2	Geo-information system and method for displaying geo reference information as well as sonar and watercraft	高精度	DE102016100834A1
3	Method for determining a freed multi-path propagation effects confidence sound-signal and for determining a distance from and/or a direction to a sound source and device and vehicle	高精度	DE102015103315A1
4	Method for determining an optimal underwater sound speed and device for carrying out the method	高精度	DE102013106359A1
5	Distance determination method, distance control method, and method for inspecting a flooded tunnel therewith; Distance determination device, distance control device, and underwater vehicle therewith	高精度	DE102012107727B4
6	Method for the detection of sea mines and naval mine detection system	高精度	DE102012006566A1
7	At the bottom of the sea or waterway Unmanned submarine vehicle and method for locating and inspecting an unmanned underwater vehicle of a body of water with the object and system	高精度	DE102011116613A1
8	An unmanned underwater vehicle and method for operating of an unmanned underwater vehicle	高精度	DE102010035898B3

2010 年专利申请 DE102010035898B3 公开了一种利用长基线声学导航的 AUV 装置。

2011 年专利申请 DE102011116613A1 公开了一种 AUV 声呐装置用于收集测量数据，AUV 被设计采用超短基线声学定位。

2012 年专利申请 DE102012107727B4 公开了一种距离测定方法，水下航行器通过激光进行三角测量从而进行距离测定；DE102012006566A1 公开了利用声呐装置感测水下区域的位置数据。

2013 年专利申请 DE102013106359A1 公开了一种水声速度确定方法，确定原始数据的声呐信号，利用原始数据和第一水声速度确定第一波束声呐图像。

2015 年专利申请 DE102015103315A1 公开了一种不受多径传播影响的声源距离/方向探测方法，确定与时间相关的测量回波信号，计算测量回波信号的包络，给出不受多径传播影响的置信度回波信号。

2016 年专利申请 DE102016116471A1 公开了一种自主水下航行器导航校正模块，包括水下航行器和标志检测器，用于检测标志物与水下航行器之间的相对位置，此外还包括误差计算单元，用于计算位置误差；DE102016100834A1 公开了一种显示地理参考信息的声呐探测方法，将坐标与声呐数据相关联，声呐探测数据映射于地理参考信息，从而能够显示地理参考信息的声呐数据。

4.3.4 重要专利分析

根据第 2 章扩展分析方法中关于筛选扩展文献的判断方法，课题组从专利文献引证被引证情况、法律状态、专利维持年限、专利同族数量、申请人、技术贡献等因素出发初筛出部分专利文献，继而从领域近似性（技术所应用的对象）、转用技术障碍、技术问题需求度（通用领域文献所解决的技术问题在专用领域中解决相同技术问题的需求程度）三个方面进行评价，从而筛选出适用于 AUG 定位导航的重要专利文献。

具体而言，在领域近似性方面主要是指与 AUG 使用的技术、结构和实现功能的相似度，相似度高则得分高，相似度低则得分低。由于 AUG 受成本、体积、重量、能耗多方面的限制，因此，评价转用技术障碍时需要充分考虑成本、体积、重量以及功耗方面的因素，导航技术体积大、能耗多则得分低，导航技术小型化、功耗低则得分较高——比如声学导航中的长基线和短基线，由于其基线长度过长，并不适用于 AUG。

在评价技术问题需求度方面，即是从自主水下航行器导航技术领域文献所解决的技术问题在 AUG 导航技术领域中解决相同技术问题的需求程度来评价，例如提高了系统导航定位精度、定位可靠、稳定则得分较高，反之得分较低。

课题组根据以上评分标准对自主水下航行器导航技术潜在重要专利文献进行了打分，并选取一部分具有代表性的文献展示其打分筛选情况，如表 4-3-13 所示。因数据过多，表 4-3-13 中对部分数据作了省略处理。

表 4-3-13　专利文献评分表

序号	公开（公告）号	领域近似性得分	转用技术障碍得分	技术问题需求得分	具体原因	总得分	转用可能性
1	CN101393025A	9	9	10	SINS/DVL 组合导航，提高精度	28	高
2	CN102221363A	9	10	9	自校准，提高精度	28	高
……	……	……	……	……	……	……	……
42	CN107576939A	9	8	9	被动定位，能耗低，隐蔽性强	26	高
43	CN101436074A	8	4	7	扫描成像声呐，功耗高	19	中
……	……	……	……	……	……	……	……
216	CN104833352A	7	4	5	需要视觉辅助	16	低
……	……	……	……	……	……	……	……
325	CN106441300A	6	2	4	依赖外部系统和环境	12	低

课题组通过上述方法筛选出了自主水下航行器导航技术重要专利，并后续对其进行了进一步分析，并通过对重要专利进行分析发现其主要聚焦在以下几个方面。

（1）组合导航

CN102052923A 提出一种小型化 AUV 组合导航技术及导航方法，组合导航技术的组成包括嵌入式导航处理机、耐压 GPS、微型姿态传感器、速度计、深度计及继电器元件。当 AUV 载体在水下时，组合导航技术上电后，导航技术自主运行，通过 AD 板 IO 通道控制继电器打开传感器，进行数据采集，获得导航初始位置，根据磁偏角数据库计算得出磁偏角，接收规划导航位置校正指令信息，进行导航位置推算。该系统体积小，重量轻，成本低，利于实现水下导航技术小型化，可应用于要求体积重量小的水下观测、探测及小型 AUV。

由于 AUG 的空间、体积有限，因此越小型化的导航技术越能适用在 AUG 中。上述专利申请明确提出体积小、重量轻，可应用于要求体积重量小的 AUV 中。因此，对于此类专利，AUG 可借鉴专利技术。

CN103033186A 提出一种用于水下滑翔器的高精度组合导航定位方法：惯性测量单元 IMU 的输出经过粗处理和细处理后得到较高精度的数据，融合基于 Runge-Kutta 法（RK4）的航位推算得到的数据，再经自适应卡尔曼 AKF 和无迹卡尔曼 UKF 二级滤波，滤波后反馈回 IMU 来校正 IMU 的累积误差，最终输出较准的位置速度姿态等信息。该专利用于水下滑翔器的自主导航，具有高精度、实时性、稳定性等优点，使得整体导航技术能长航时、高精度、低功耗稳定运行，能迅速、准确地得到水下航行器当前位姿信息，同时为其提供航迹和位置参数。

惯性导航是保障水下航行器隐蔽航行的核心导航装备，但惯性导航定位误差是随时间累积的。在惯性导航长时间工作中，需要定期或不定期对引起惯性导航定位误差的主要误差因素进行测量和补偿，并对惯性导航输出参数进行重调。上述专利申请介绍了惯性导航设备的校正方法，可有效提高导航精度。因此，对于此类专利，主要涉及算法，不需要增加其他元件来辅助定位，在避免增加AUG负担的情况下也能够提高定位精度。

CN101393025A提出一种AUV组合导航技术无迹切换方法。使用通用的导航设备，能够在不增加捷联惯性测量系统成本的前提下，利用推位系统机动效果好的优势，提出进入切换模式下，AUV采用罗经/DVL输出，同时SINS/DVL组合导航技术采用切换模式自适应卡尔曼滤波模型加速滤波收敛；直航情况下，AUV选用SINS/DVL组合系统的导航方法；并在AUV水下工作期间，利用综合导航技术输出的位置速度信息对捷联惯导进行闭环校正，抑制了因模式变化导致的卡尔曼滤波振荡，很好地提高了AUV导航效果。

增加简单的辅助元件多普勒计程仪来辅助惯性导航，若AUG中配置了多普勒计程仪，则可采用此类方法。

（2）声学导航

CN103823205A提出一种水下定位导航技术和方法：系统由至少四个基站和至少一个水下定位导航接收机组成；基站之间需要时间同步，基站布置在水面、水中或水底；基站的位置固定或者移动均可；基站以声波的形式向水中广播导航信号；用伪随机扩频码对导航信号进行扩频，扩频码同时起到测距码的作用；水下定位导航接收机不需要向外部发射信号，通过接收基站的导航信号，解算出自身位置并实现与基站时间同步。

基站和水下定位设备之间单向传送信号即可实现定位。水下定位设备不需要向外界发射声波信号，可降低功耗及提高隐蔽性。因此，此类专利可应用于AUG。

CN105823480A提出基于单信标的水下移动目标定位算法。该算法采用一个水上移动信标来进行水下移动目标的定位；移动信标配备有卫星定位接收器，水下移动目标配备有水平姿态传感器、航速传感器和垂直方位传感器；通过获得水下目标与信标的直线距离，同时根据水下目标自身携带的传感器获得水下目标的一些姿态、速度、深度测量值；在距离与这些测量值的基础上通过建立系统模型、求解初始状态、状态可观性分析、状态方程离散化、卡尔曼滤波等步骤最终获得水下目标的位置估计值。

该类专利申请采用单个信标，布设和回收远比多个信标方便，通过一定算法可提高航位推算的定位精度。在具体应用时，可将单个信标布放在波浪滑翔机中。

CN105486313A提出一种基于USBL辅助低成本SINS系统的定位方法，由捷联惯性导航技术SINS和超短基线系统USBL组成，利用卡尔曼滤波方法完成组合导航；超短基线系统作为辅助导航技术，由安装在AUV上的基阵和布放在海底的单应答器组成，超短基线基阵接收的信号进行广义加权二次相关后,再进行位置解算,USBL 的位置解算结果和 SINS 位置输出进行卡尔曼滤波,滤波器的输出再反馈校正 SINS。

该专利采用低成本 SINS 系统长时间误差积累的问题,USBL 采用广义加权二次相关提高了时延估计精度和抗噪声性能,避免了采用长基线系统基阵布放、校准、作业复杂的问题,同时保证了水下高精度定位与导航。

(3) 协同导航

CN105319534A 提出一种基于水声双程测距的多 AUV 协同定位方法,对各 AUV 系统进行时间同步设定;对各个 AUV 进行优先级确定,并根据优先级大小设定相应的测距响应延迟时间;未接收到主 AUV 水声信息时,从 AUV 按照自身传感器量测信息进行航位推算;从 AUV 接收主 AUV 水声信息,解码出主 AUV 的位置信息、速度信息以及信息发送时刻的时间信息后,对主 AUV 进行水声测距;当从 AUV 测得主从 AUV 间距离信息后,记录当前时刻,推算出当前时刻主 AUV 位置信息;根据主从 AUV 间距离信息,以及主 AUV 位置信息进行协同定位,通过信息融合技术对自身航位推算误差进行校正,具有实现简单、定位精度高、能量消耗少的优点。

AUV 通过相互通信共享信息进行协同导航,可以提高 AUV 的水下导航精度,可以将协同导航技术应用于 AUG。协同导航的编队构型直接影响协同导航的可观测性,进而影响协同定位精度。在 AUG 中,当采用组网进行观测时,可进行协同定位。上述专利申请的跟随 AUV 不需要装备惯性导航设备和 DVL,可降低水下航行器系统配置的复杂性,节约跟随 AUV 的内部空间,减轻重量,符合 AUG 的设计要求。

(4) 地形辅助导航

CN106871901A 提出了一种基于地形特征匹配的水下地形匹配导航方法:处理先验地图,求出高度的梯度值,利用梯度的大小筛选出实际为较为陡峭的点作为特征点,将这些特征点的梯度进行霍夫变换得到特征的长度及位置,写入实际特征信息库;处理多波束声呐发回的数据,求出对应点的高度值,对其求梯度,将梯度的模长进行霍夫变换,得到样本特征的长度和与机器人的相对位置;利用这些特征的长度、对应深度等信息与之前构建的实际特征信息库进行匹配,得到与每一块特征区域所匹配的先验地图的区域;分别利用这些区域的相对位置信息得出 AUV 的位置,对这些位置进行分析得到机器人的精确位置。该专利可相对快速地执行地形匹配定位与导航任务。

地形辅助导航是一种自主性强、隐蔽性好的水下导航方法,首先需要对任务海域的水下地形进行勘测,并依据测绘标准构建出该海域的水下三维基准数字地形图数据库。在执行任务时,将 AUV 获得的当前海域实时地形信息与数据库中的基准数字地形图进行匹配运算,从而确定出 AUV 的当前位置。在对于隐蔽性要求高的水下目标预警探测中可以借鉴 AUV 的地形辅助导航技术。

4.4 AUG 导航技术选择建议

第 4.3 节对 AUV 导航技术进行了分析,本节将对 AUV 导航技术中的一些可用于

AUG 导航技术的相关技术进行梳理，针对 AUG 导航技术研发过程中需要解决的技术问题，为 AUG 导航技术选择提供一些建议。

4.4.1 针对海洋环境监测和测量

针对海洋环境监测和测量任务的 AUG，在选择导航技术时主要考虑稳定性、可靠性以及经济性。优先推荐选择组合导航以及声学导航。组合导航利用不同导航技术的工作特性，进行优势互补，使导航技术的精度和可靠性得到提高。组合导航具备单个子系统不具备的功能和精度，利用各个子系统的优点，扩大了使用范围，增加了导航技术的可靠性。具体地，建议选择基于 SINS/DVL 的组合。DVL 是基于声呐多普勒效应的测速设备，能提供较高精度的载体速度信息，且其误差不随时间积累，抗干扰能力强，因此在 AUV 自主导航中，DVL 可作为抑制 SINS 积累误差的重要辅助手段。SINS/DVL 组合导航技术主要有松、紧两种组合方式。SINS/DVL 松组合和紧组合的原理及其特点如表 4-4-1 所示。

表 4-4-1 SINS/DVL 松组合和紧组合的原理及其特点

组合方式	组合原理	特点
松组合	利用 DVL 原始数据解算得到的速度与 SINS 输出的速度进行滤波	能将任意 SINS 与 DVL 组合
紧组合	利用 SINS 速度估计的波束方向速度与 DVL 原始数据进行滤波	使用单个波束量测值也可进行辅助导航

CN104457754B 提出一种基于 SINS/DVL 紧组合的导航方法：由安装在 AUV 上的捷联惯性导航技术 SINS、布放在海底的长基线水声定位系统 LBL 和数据处理单元三大部分组成。数据处理单元包括 SINS 两两基元与 AUV 斜距差推算模块、SINS/LBL 紧组合模块和校正模块，通过采用 SINS 与 LBL 紧组合的方法完成 AUV 水下自主导航，解决了 SINS 系统误差随时间积累的问题，保证了 AUV 在水下长期自主导航定位的精度，同时避免了 GPS 及其他无线电定位系统的使用，为水下作业节约时间和能耗，提高了水下作业效率。

尽管 SINS/DVL 的关键技术上获得了较大成果，但 DVL 只能输出速度信息，而不能输出位置信息，进而 SINS/DVL 组合导航技术的位置不可观测，从而使得位置随着时间推移仍然发散。相比于 DVL，水声导航技术可以提供 AUV 位置信息，因此，可利用水声导航技术进一步提高导航精度。水声定位系统按基线长度分类可分为 LBL、SBL 和 USBL。LBL 的基线长度可与海深相比拟，基阵由多个分布于海床上的应答器组成，定位精度高，适合在大面积作业区域内使用；但其数据更新率较低，应答器的布放、校准以及回收、维护都异常烦琐，作业成本高。SBL 的基线长度一般为几米到几十米，各基元分布在船底或船舷上。受基线长度限制，SBL 的精度介于 LBL 和 USBL 之间，且其跟踪范围较小。USBL 的基阵可以集成于一个紧凑的整体单元内，基线长度为分米级或小于等于半波长，其体积尺寸最小，且布放、回收极为便捷，因此，USBL 受到了越来越广泛的关注和应用。但 USBL 的精度低于 LBL 和 SBL，且定位精度非常依赖于深度传感器、姿态传感器等外围设备。三种声学导航性能对比如表 4-4-2 所示。

表 4-4-2 声学导航性能对比

类型	基线长度	优点	缺点	适用范围
LBL	100~6000m	定位精度高	基阵投放、回收工作量大，校准过程烦琐，数据率低	大面积作业区域
SBL	1~50m	定位精度介于 LBL 和 USBL 之间，不需要安装误差校准	基元固定	小区域作业
USBL	<1m	体积小，方便安装、回收	作用距离小，工作量大，精度低，校准过程烦琐	小区域作业

USBL 的优点是体积小巧，方便 AUG 搭载，其缺点是定位精度有限。CN106556828B 提出了一种基于最小二乘法的水下测距与定位方法，具有较高的定位精度。CN102183741B 提出的声线修正迭代法比传统方法计算速度快，可获取更高精度的深度定位结果。CN104502915B 提出了一种基于最大偏移量法的声线跟踪快速定位算法，该方法既能精简声速剖面以提升计算效率，又能避免各类误差对有效数据的掩盖。CN109765594A 提出一种基于数据融合的定位方法，将平面阵对目标独立定位的结果进行有效融合即可得到最终的定位结果，该方法可以有效地提高在低信噪比情况下 USBL 的定位精度和可靠性。CN108344426A 提出了一种基于夹角几何关系的 USBL 定位方法来提高远距离目标的定位精度。得益于声波在海水中的良好传播特性，水声导航方法已在 AUV 的自主导航中得到了成熟而广泛的应用。该方法能提供多种不同精度的位置信息，且定位误差不随时间累积，从而能够对捷联惯性导航的输出误差进行修正。但所有基于声学的定位技术都需要向外发射声波，这使得该定位方法隐蔽性较差，在军事行动中无法使用。

4.4.2 针对水下目标预警探测

针对水下目标预警探测任务的 AUG，在选择导航技术时主要考虑隐蔽性、可靠性以及稳定性。优先推荐选择地球物理导航。地球物理导航主要包括地形辅助导航、地磁导航、重力辅助导航。从理论上讲，地形辅助导航方法与 AUV 的航行时间和航行距离没有关系，可以保证 AUV 在水下长时间航行之后，能够准确地到达任务部署水域，并顺利完成任务。

CN107643082A 提出一种迭代最近等值线算法。其主要思路是，将测得的航迹水深值连接起来构成曲线，与已存在的水深等值线图进行匹配。CN106767836A 提出一种地形匹配的快速收敛滤波，缩短了收敛时间。CN106871901A 提出一种水下地形匹配算法，其定位精度明显提高，且稳健性更强。CN103530904B 提出基于不规则三角网模型的水下地形匹配定位算法，该算法可以用海图的原始水深直接构建不规则三角网模型作为匹配基准图进行匹配定位，其定位精度明显高于基于规则格网模型的经典 TERCOM 算法，并且可以有效地降低误匹配的发生。

与上述地形辅助导航类似，水下地磁导航首先需要获取任务海域的地磁场数据并提取出磁场特征值，绘制成参考图存储在导航计算机中。当 AUG 经过任务海域时，对预先存储在导航计算机中的参考地磁图进行索引，得到当前位置处的地磁参考值，并通过地磁辅助导航算法将该地磁参考值与实际地磁场数值进行匹配得到准确位置信息。精确的地磁场模型及地磁图制备技术是实现精确水下地磁导航的基础。地磁场模型可以分为全球磁场模型和区域磁场模型，前者表征地磁场长期的地磁特征，误差较大，不适用于高精度导航，而后者具有更高的精度。CN109084752A 提出了只依赖于实时磁测量数据、不需要先验信息的改进算法。该算法采用模拟退火技术计算出相应的最优目标函数，仿真结果验证了算法的有效性。针对磁干扰问题，CN105388533B 提出一种安装于 AUV 中磁力仪的磁干扰校正方法，具有良好的校正效果。在地磁导航中，导航精度不仅与匹配区域基准图精度、匹配序列长度、环境背景噪声相关，还与匹配区域地磁特征有关。地磁适配性是指正确匹配概率与匹配区域特征的关系，反映了匹配区域地磁场特征中包含的导航信息程度，以及表征地理位置的能力。

重力辅助导航是利用地球重力特征信息匹配出载体位置，从而实现自主导航的技术。它具有自主性强、隐蔽性好、不受地域和时间限制、定位精度高等特点。重力辅助导航目前已被广泛应用于水下航行器导航，但是重力仪及重力梯度仪的重量和体积都比较大，无法满足 AUG 的安装要求。随着重力测量设备仪器小型化的发展，未来可以考虑在 AUG 上应用重力辅助导航。

AUV 通过相互通信共享信息进行协同导航，可以提高 AUV 的水下导航精度，因此可以将协同导航技术应用于 AUG。协同导航的编队构型直接影响协同导航的可观测性，进而影响协同定位精度。受水下环境特殊性的影响，声波在水中的传播行为十分复杂，另外由于受到未知洋流的影响，AUV 协同导航模型不准确，因此需要进行误差建模与补偿。CN108444476A 将常规地区的协同导航拓展至极区特定的导航坐标系下。未来多 AUV 协同导航必然会朝着高精度方向发展，水下复杂环境带来的通信受限、时间延迟、洋流干扰的补偿精度还需要进一步提高。

4.5　本章小结

（1）现有 AUG 产品主要采用技术成熟且性能稳定的电子罗盘 + GPS 的组合导航，兼顾了导航精度、低功耗以及低成本。从实用性、经济性的角度来考虑，AUG 采用电子罗盘 + GPS 的组合导航方式是最佳选择。AUG 的导航技术就其技术本身而言属于水下导航的通用技术，但水下导航技术并不局限于应用在 AUG 上，因此 AUG 导航技术专利文献数量较少。

（2）AUG 导航技术从起初的航位推算、惯性导航向组合导航、声学导航的方向发展。目前 AUG 导航技术以组合导航和声学导航为主，技术效果逐渐向提高精度、小型化、低能耗发展。组合导航、声学导航以及传感器的自适应校准和补偿是提高导航精度的主要技术手段，减少传感器数量、采用捷联式惯性导航以及采用超短基线定位是实现小型化的主要技术手段，被动定位、矢量水听器以及高低精度导航转换是实现低能耗的主要技术手段。

（3）虽然 AUG 导航技术文献数量较少，但各个国家一直在持续研究，不断改进导航技术性能，以满足 AUG 执行不同任务时对导航技术的需求。通过对 AUG 相关文献的追踪以及对相关科学基金立项的分析，AUG 导航技术与 AUV 导航技术具有较强的相关性，因此，可扩展至 AUV 导航技术进行研究，为 AUG 导航技术提供参考和借鉴。

（4）哈尔滨工程大学和东南大学是国内针对 AUG 以及 AUV 导航技术研究最多的高校，其研究均集中在组合导航以及声学导航，并针对提高精度、低功耗以及隐蔽性提出了相关的技术改进。

（5）通过对 AUG 以及 AUV 导航技术的分析，为 AUG 导航技术提出具体的建议：针对执行海洋环境监测和测量任务的 AUG，优先推荐选择组合导航以及声学导航；针对执行水下目标预警探测任务的 AUG，优先推荐选择地球物理导航以及协同导航。

第5章　水声通信技术专利分析

随着网络技术不断升级换代，电子商务、智能家居、远程医疗、云计算、云存储等新型产业应运而生，万物互联更是将全球联结在一起，每时每刻都在改变着我们每一个人的生活和工作方式。而驱使时代快速发展的正是以5G为代表的无线通信技术。10Gbps带宽和低廉成本使得通信网络得以覆盖全球，但在海洋中水下通信却面临着巨大的障碍。

水下电缆和光缆由于存在布设困难、成本高昂、易被破坏等问题，因此水下有线通信的应用范围极为有限。在水下无线通信领域，电磁波在水中的衰减很快，穿透能力较强的低频率超长波也仅能穿透水面100m左右。由于光波在水中受吸收和散射的影响，只能进行短距离传输，传输最远的蓝绿激光也只能实现水下几百米的传输。就目前已知的能量辐射形式而言，声波是水下无线通信的最佳载体，其在水下有着良好的传播性能。使用声波作为水声通信的载体，设备简单，只需使用水声换能器将电、声信号进行转换即可实现。现阶段以声波为载体的水声通信是实现水下无线通信的主要形式，但由于声波在海洋中的传播过程受到海面的波浪起伏，海底的分层不均匀以及海水介质的非均匀性所产生的散射、折射效应的影响，水声通信技术在实际应用中还面临着可用带宽窄、信道复杂多变等诸多难题。

水声通信技术的发展起源于对潜艇通信的需求。1945年，US NAVY水声实验室成功研制出第一台水声电话，通过模拟频率调制技术，实现了潜艇间以及潜艇与潜水员之间的通信。随着电子技术和信息科学的发展，水声通信技术开始采用数字调制技术，如幅移键控（ASK）、频移键控（FSK）和相移键控（PSK）调制。美国Scripps海洋研究所从1999年起开展了时反水声通信技术研究，美国麻省理工学院等单位在2000年前后开展了基于空间调制的多输入多输出（MIMO）水声通信技术研究。这些技术都是利用了声波在水声通信中的多途传播特性来实现高速、可靠、多用户通信，但目前都还处于原理性研究阶段，距离实用还有较大距离。

在点对点水声通信技术发展的基础上，20世纪90年代起，美国、欧盟等国家和地区逐步开展水声通信网技术研究，目的是实现水下设备间的互联互通，用于海洋观测、水下侦察预警、潜艇协同作战等方面。20世纪90年代，美国率先提出"水声通信组网"的概念，其主要由浮标节点、海底固定传感器节点、海中移动平台传感器节点以及存在于节点间的双向连接链路组成。水声通信组网以分布式、多个节点的方式对水下目标位置进行大面积覆盖，完成信息采集、分类、处理和压缩，并通过水下通信网节点以中继方式回传至陆地或母船的信息控制中心。美国目前已实现的水声传感器实验网络FRONT（Front-Resolving Observationl Network Telemetry）被US NAVY称作

"Telesonar"（遥远声呐），它具有三种类型的节点：传感器、网关和转发器。传感器是与声调制解调器相连的海洋学仪器；网关是水面浮标，可以将数据由水面网络中继转发至岸上；转发器是能够中继转发数据的水声调制解调器。在浅海（20～60m）实验中，采用20个水下传感器单元即可实现水下二维和三维结构的信息采集及网络传感器向岸上递送数据或岸上对传感器的遥控指令。

为进一步扩大海域监测范围，将AUG或自主式水下航行器等水下移动设备作为载体，在其上安装水下通信节点，便可成为水下移动节点。现阶段美国正在部署"海网"（Seaweb）、"海鹰"（Seaeagle）以及"近海水下持续监视网络"（PLUSNet）等多个水下网络计划，对任务海域的水下目标和海洋环境进行长时间、大范围的隐蔽侦察、探测和数据收集，从而实现海洋环境监测和测量、水下目标预警探测、中继通信等。

本章将对应用于AUG的水声通信领域的专利状况进行分析，主要涉及全球和中国、明确应用于AUG的水声通信技术专利申请态势、区域分布、重要申请人、技术分布等，并重点研究适用于AUG的通用水声通信技术的主要申请人、重点技术和重点专利。需要说明的是，目前应用于AUG的水声通信技术与涉及其他水下航行器的水声通信技术存在很多交叉，此类水声通信技术的专利并不会明确区分用于AUG还是用于诸如水下航行器等其他水下移动设备，因此，本章将重点对适用于AUG特定需求的水声通信技术进行分析研究。

5.1 现有AUG水声通信技术专利分析

自1989年美国海洋学家Stommel提出AUG的发展和应用规划后，AUG技术进入高速发展期。随着动态海洋环境监测的需要，AUG组网技术应运而生。AUG凭借其优良的续航能力和数千米深的下潜能力，成为动态海洋监测的重要应用工具之一。AUG的加入提高了水下传感器网络对海洋物理现象及目标的跟踪和探测能力。因此，采用AUG组成的水下移动网络完成协同探测等复杂任务具有重要研究意义，而水声通信作为AUG组网的基础，必须满足长时间、大规模水下探测对于低功耗和小型化的各项需要，因此，低功耗和小型化的水声通信技术是AUG应用的重点研究方向。

经过对全球AUG专利申请的检索及人工标引，发现23件专利文献明确记载了应用于AUG的水声通信技术。本节将对这23件专利进行重点深入分析。

5.1.1 专利申请整体情况

AUG的水声通信技术专利申请态势如图5-1-1所示。应用于AUG的水声通信技术的专利申请首次出现于2006年，此后并未形成连续的专利申请态势，2007～2009年、2011～2012年和2014年均未出现相关技术的专利申请。自2015年开始，AUG水声通信技术专利申请数量呈逐年连续增长趋势，并在2018年达到申请量峰值10件。AUG水声通信技术研发难度大，门槛高，且受到水声通信技术本身发展和AUG能耗限制的双重制约，因此，每年申请数量较少并存在一定的波动，这表明该领域的研究尚处于起步探索阶段。

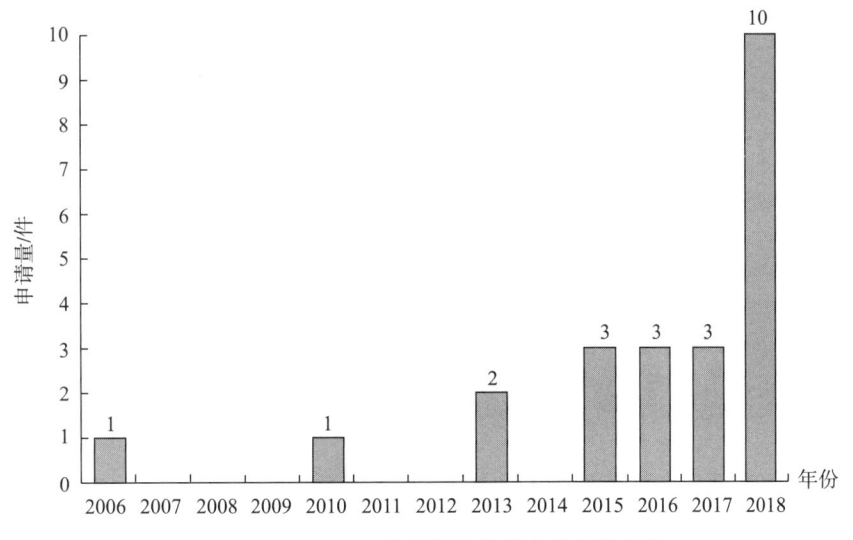

图 5－1－1　AUG 水声通信技术专利申请态势

从图 5－1－2 所示的 AUG 水声通信技术专利申请人分布可知，专利申请人分布较为分散。其中，天津大学和哈尔滨工程大学的专利申请量最多，均申请了 4 件专利，两位申请人的申请总量占 AUG 水声通信技术总申请量的 1/3 还多。我国最早涉足 AUG 水声通信领域的申请人是中船重工七一〇所，但其在 2013 年申请 1 件专利后再无相关专利申请，可见，其技术发展不具有持续性。哈尔滨工程大学从 2015 年开始涉足这一领域，并在 2015 年和 2016 年相继提出专利申请，但随后也未再提出相关专利申请。天津大学从 2017 年开始提出关于 AUG 水声通信技术的专利申请，并在 2018 年继续开展研究工作，提出了 3 件发明专利申请，体现了较大的研究投入度和创新活跃度。俄罗斯中央水文仪器研究所、俄罗斯联邦工业和贸易部在 2018 年提出了 2 件专利申请，在 AUG 水声通信领域体现了一定的活跃度。俄罗斯科学院远东分院太平洋海洋研究所、中国科学院声学研究所、美国 RAYTHEON、长沙金信诺防务技术有限公司、河海大学、中国海洋大学、国家深海基地和国家海洋局等在近几年也提出了关于 AUG 水声通信技术的专利申请。由此可见，AUG 水声通信技术领域专利申请数量较为分散并且专利申请技术方向较为单一，中国申请人已经在申请数量和创新活跃度上占据了一定优势。

虽然将水声通信技术应用于水下航行器的技术方案早已有之，但在 2006 年之前，全球范围内并没有专利申请明确提及将水声通信技术应用于 AUG 中。早在 1945 年，US NAVY 水声实验室就已经通过模拟频率调制技术，实现了潜艇间以及潜艇与潜水员之间的水声电话通信。此外，在 AUG 上搭载水声通信系统属于本领域的常规技术，在 2000 年之后发表的期刊文献以及书籍资料中多有记载。因此，将水声通信技术应用于 AUG 并不具备专利法意义上的非显而易见性，从而导致在有关 AUG 的早期专利申请中，水声通信技术的具体应用并不多见。

申请人	2006年	2007年	2008年	2009年	2010年	2011年	2012年	2013年	2014年	2015年	2016年	2017年	2018年	合计
哈尔滨工程大学										3	1			4
天津大学												1	3	4
俄罗斯科学院远东分院太平洋海洋研究所												2		2
国家海洋局国家深海基地											2			2
俄罗斯中央水文仪器研究所			1											1
俄罗斯联邦工业和贸易部					1									1
中船重工七一〇所							1							1
Teledyne Webb Research						1								1
河海大学										1				1
RAYTHEON										1				1
Elta公司											1			1
HANWHA											1			1
长沙金信诺防务技术有限公司											1			1
中国海洋大学											1			1
中国科学院声学研究所											1			1

图 5-1-2　AUG 水声通信技术的专利申请人分布

注：图中数字表示申请量，单位为件。

5.1.2　专利申请数量较少原因分析

课题组通过查阅资料，对 AUG 水声通信技术的发展瓶颈进行了分析，并结合该项技术的产业发展和技术研发状况对专利申请数量较少的原因进行了分析。

5.1.2.1　技术瓶颈限制

以声波为载体的水声通信是实现水下无线通信的主要形式，但由于声波在海洋中的传播过程受到海面的波浪起伏、海底的分层不均匀以及海水介质的非均匀性所产生的散射、折射效应的影响，实现超远距离水声通信需要依托大功率水声换能器，而大功率水声换能器必然是以高能耗和大体积作为发声基础。AUG 依靠浮力驱动及温差能实现大纵深水下滑翔前进，因而具有超远航行距离和超长续航时间的技术优势，而较低的能量消耗和较小的船体阻力是实现上述优势的基础。由此可见，大功率水声换能器的高能耗和大体积阻力与 AUG 的超远航程、超长续航之间的矛盾是阻碍 AUG 水声通信技术发展的主要因素。目前，水声换能器的电能与机械能转换器件仍以压电陶瓷材料为主，在新换能材料尚未发现之前，换能器对于能耗和体积的要求难以从根本上解决，只能通过对调制解调器主板、功率放大器、浮点运算处理器、水声换能器结构及布局等硬件进行优化和对通信协议、数据传输、通信算法、路由方法、传感器网络部署、休眠设计等软件进行优化，从而实现降低能耗和减小体积的技术效果。

5.1.2.2　产业规模尚未形成

美国在 20 世纪 90 年代率先提出了"水声通信组网"的概念，目前已经部署了"海网""海鹰"以及"近海水下持续监视网络"等多个水下网络计划。AUG 作为水下网络的一个移动通信节点,进一步扩大了海域监测范围。

我国 AUG 技术的研究虽然起步较晚,但发展迅速。2014 年 9 月,天津大学在西沙附近海域最早实现了 3 台 AUG 的编队与协作观测作业。2017 年 7 月,中科院沈自所在南海海域布放了共计 12 台"海翼"系列 AUG,开展多机协作观测测试。同期,天津大学依托青岛海洋科学与技术试点国家实验室,联合中国海洋大学、中船重工七一〇所、中山大学、复旦大学等高校和研究机构,完成了最大规模的一次面向海洋"中尺度涡"现象的立体综合观测网的构建任务,移动观测平台包括"海燕" AUG、不同类型的波浪滑翔机等 30 余套国内海洋先进观测装备。

目前,AUG 水声通信技术的研究以高校和科研院所为主,大多还停留在科研阶段,并没有形成产业化发展。虽然我国 AUG 单机的研究目前已取得一些进展,甚至有些指标(例如最大下潜深度)已处于世界领先水平,但在 AUG 水声通信技术方面仍缺乏针对性和系统性研究。AUG 在水下传感器网络应用的市场规模有限,尚未形成产业规模,未能最大限度地激发市场主体的研发活力,这也直接影响了 AUG 水声通信技术的创新,从而导致相关专利申请数量较少。

5.1.2.3 专项研究不够深入

(1)期刊论文发表情况分析

学术论文作为科学研究的重要产出成果,其发表数量能够在一定程度上反映出该技术领域的研发投入程度及其发展程度。为此,课题组分别以 CNKI 中国知识资源总库和谷歌学术作为检索工具,针对"AUG"和"水声通信"进行全文数据检索,通过分析比对国内和国外在该技术领域的学术论文发表情况,以期了解国内外 AUG 水声通信技术的研究状况。

表 5-1-1 所示为 AUG 水声通信技术非专利文献数量。从其中可知,无论是 AUG 还是水声通信技术,英文学术文献数量都远多于中文学术文献数量。这表明我国在 AUG 和水声通信技术的研究投入产出与国外存在较大的差距。此外,通过针对 AUG 水声通信技术的检索结果可以发现,无论是我国还是外国的研究成果产出均不算多,且技术成熟程度普遍较低。课题组对检索到的中文学术论文进行了详细研读,仅 5 篇中文文献涉及 AUG 水声通信技术。可见,我国对于 AUG 水声通信技术的专项研究力度不足。外国虽然对 AUG 水声通信技术有所研究,但是研发投入程度也远远不及水声通信技术本身。

表 5-1-1 AUG 水声通信技术非专利文献数量　　　　单位:篇

类型	技术		
	AUG	水声通信	AUG+水声通信
中文期刊文献	248	853	10
中文学位论文	77	466	27
英文文献	4700	69500	248
总计	5025	70819	285

图 5-1-3 所示为 AUG 水声通信技术相关学术论文发表趋势。由该图可以看出，国外从 2001 年起便开展了 AUG 水声通信技术的研究，从 2004 年开始持续投入研发，科研成果产出数量也基本呈逐年递增的趋势。而我国相关研究工作的开展起步相对较晚，从 2009 年开始才有相关论文的发表，而且直至目前无论是文献产出数量还是技术深入程度都还低于国外，对于技术缺乏宏观和整体性的理论研究。作为一项技术的新生应用，AUG 和水声通信技术的融合方面还存在很多亟待解决的问题，需要国家有关部门和专家学者投入更多的资助和研究力量。

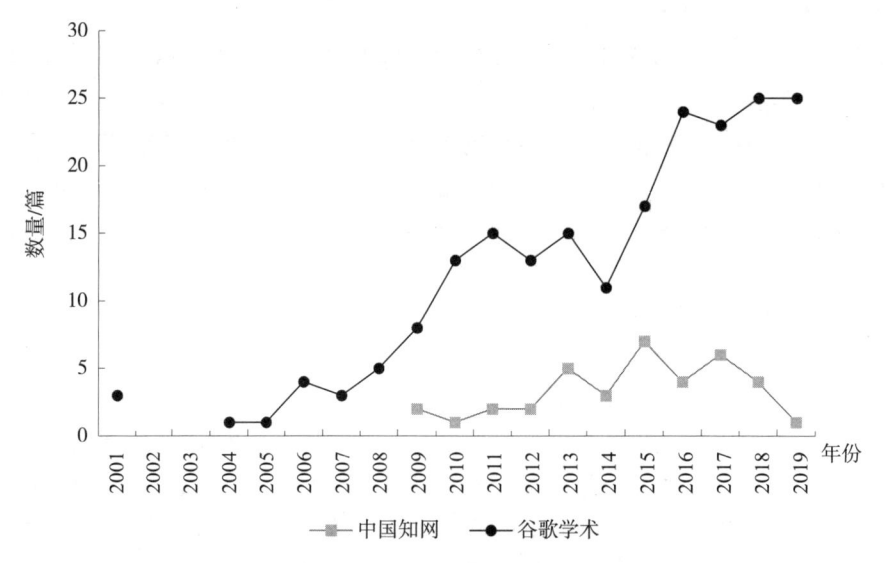

图 5-1-3 AUG 水声通信技术相关学术论文发表趋势

通过比对国内外专利申请数量和文献发表数量，可以发现两者情况极其相似，即 AUG 水声通信技术的研发产出量远远低于通用水声通信技术。在通用水声通信技术存在较多技术困难亟待解决的情况下，AUG 水声通信技术的发展还需要付出更多时间和成本。

（2）国家自然科学基金立项情况分析

水声通信技术，尤其是涉及 AUG 的水声通信技术，目前仍属于基础学科，国家自然科学基金委员会在推动我国自然科学基础研究的发展、促进基础学科建设方面具有重要意义。因此，课题组对国家自然科学基金立项情况进行了查询和分析，从立项数量、资助金额等多个维度来分析水声通信技术目前的研究状况。

通过对国家自然科学基金项目进行检索，以水声通信作为研究主题的国家自然科学基金项目共计有 188 项，包括国家重大科研仪器研制项目、重点项目、国家杰出青年科学基金、优秀青年基金项目、面上项目等，具体申报情况如图 5-1-4 所示。从图 5-1-4 中可以看出，在 2010 年及之前，申请项目及金额均处于较低水平，从 2011 年开始，国内各大科研院所开始集中申报水声通信技术研究项目。尤其在近六年间，相关基金项目申请不仅在数量方面处于高位，基金项目的资助金额也相应增长，如西北工业大学申请到金额 503.8 万元的国家重大科研仪器研制项目，研究主题为"基于高阶声场传感器理论的水声接收系统"。

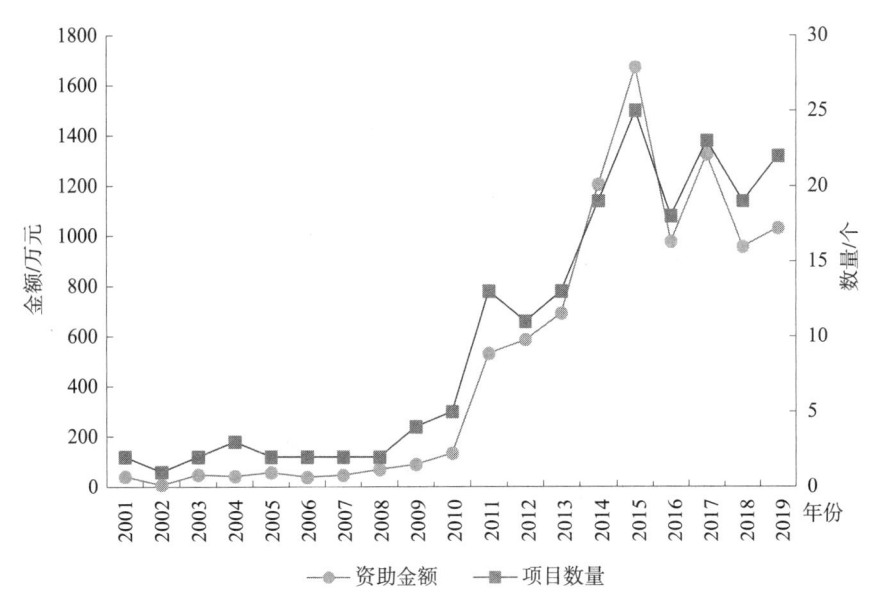

图 5－1－4　水声通信技术相关国家自然科学基金项目立项趋势

同时，通过对国家自然科学基金项目中资助金额超过 100 万元的国家重大专项进行研究也发现，共有 6 个项目。如表 5－1－2 所示，所有项目均为 2015 年之后申报，并且至 2019 年均处于执行研究阶段。由此可见，水声通信技术在国内仍处于蓬勃发展阶段，在国家各项政策支持下，各大科研院所正在投入大量精力进行相关研究和技术难题的突破；但就技术成熟度而言，通过期刊论文等科研成果的产出量比较，我国与国外仍存在一定差距。

表 5－1－2　资助金额超过 100 万元的水声通信技术相关国家自然基金项目中的国家重大专项

序号	负责人	单位	金额/万元	项目编号	项目类型	所属学部	批准年份
1	杨子江	浙江大学	290	61531017	重点项目	信息科学部	2015
		题目：基于水声传感网络的海洋环境参数获取与处理					
2	杨益新	西北工业大学	503.8	11527809	国家重大科研仪器研制项目	数理科学部	2015
		题目：基于高阶声场传感器理论的水声接收系统					
3	殷敬伟	哈尔滨工程大学	260	61631008	重点项目	信息科学部	2016
		题目：冰下水声信道特性及水声通信技术研究					
4	鄢社锋	中国科学院声学研究所	350	61725106	国家杰出青年科学基金	信息科学部	2017
		题目：水声信号处理与通信					

续表

序号	负责人	单位	金额/万元	项目编号	项目类型	所属学部	批准年份
5	瞿逢重	浙江大学	130	61722113	优秀青年基金项目	信息科学部	2017
		题目：水声通信					
6	徐文	浙江大学	273	61831020	重点项目	信息科学部	2018
		题目：基于机会声源和分布式接收的水声遥测网络理论与方法					

值得关注的是，中科院沈自所的张福民团队在2016年申请到一项金额为63万元的面上项目，涉及主题为"基于多水下滑翔机的海洋水声信道特征参数测绘研究"，具体参见表5-1-3。鉴于其为水声通信技术国家自然科学基金中唯一一项应用于AUG的基金项目，对该课题的研究具有较高的参考价值。但该基金项目于2020年12月结题，目前尚未检索到相关期刊论文文献的发表。通过国家自然科学基金项目的立项情况统计分析，验证了我国目前对AUG水声通信技术的研究尚处于起步阶段，AUG水声通信技术仍是我国科学研究的空白点。

表5-1-3　AUG水声通信技术张福民团队国家自然基金项目

负责人	单位	金额/万元	项目编号	项目类型	所属学部	批准年份
张福民	中科院沈自所	63	61673370	面上项目	信息科学部	2016
	题目：基于多水下滑翔机的海洋水声信道特征参数测绘研究						

我国在水声通信技术方面研究起步较晚。20世纪90年代初，"863"计划自动化领域智能机器人主题重点项目"探索者号1000米水下机器人"，先后在"七五"计划和"八五"计划期间支持了非相干水声通信机的研制、空间分集相关-自适应均衡-纠错编码在水声通信技术中的应用、用于作业型水下航行器高速水声通信自适应快速信号处理方法关键技术、水声相干通信技术等一系列水声通信技术相关研究工作。在国家"十五"计划期间"863"重大专项"7000米载人潜水器"的支持下，我国开展了采用相干通信技术高速传输图像和采用非相干通信技术实现中速传输传感器数据的中程高速数字化水声通信技术研究，实现在8~10km距离内以最高10kbit/s的速率传输数据、语音和图像。2012年，"蛟龙"号在7000m深海底，通过水声通信系统与太空的"天宫一号"航天员完成了国际上首次海天对话。

在水声通信网络技术方面，由于受到经费支撑和海试条件等因素的限制，国内的研究主要集中于网络协议设计、仿真分析等方面。"十一五"计划期间的"863"重点项目"水声通信网络节点及组网关键技术"是我国当时支持力度最大的水声通信网络项目。该项目通过对不同应用的水声通信网络协议仿真研究，形成了一套水声通信网络协议规范，经后期验证实现了对海区水温、压力和流场的连续实时观测，展示了水声通信网络在组网观测方面的能力。

哈尔滨工程大学、中国科学院声学研究所、中国船舶重工集团公司第七一五研究所、浙江大学、厦门大学、西北工业大学、东南大学等科研单位，在我国"863"计划、国家自然科学基金委员会以及中国人民解放军等支持下，在水声通信和组网技术方面开展了多个方面的理论研究、样机研制和湖海试验。至 2018 年的将近 15 年来，国家在水声通信和组网技术方面加大了支持力度，相关技术发展迅速，缩短了我国和国外的技术差距。但在产业化方面，我国尚未形成得到国内外用户广泛认可的水声通信产品，中国科学院声学研究所研制了 CAN 系列水声通信机产品，厦门大学研制了 AMLink 系列水声 Modem，中国船舶重工集团公司第七一五研究所也在产品化方面有所作为，其他单位的水声通信产品目前还多为科研样机。总体而言，我国在理论研究和产品开发两方面仍落后于欧美国家，需要在水声通信算法研究、网络协议研究、试验与应用研究、换能器和数字系统等硬件设备研制以及水声通信产品研发等方面继续加大投入和支持力度。

5.1.2.4　保密审查限制公开

从美国国防专利的解密机制来看，如果专利申请的公开不再"可能或者将威胁国家安全"，那么美国专利商标局将终止保密命令。据统计，美国保密发明的平均年限约为 13 年，中位数为 11.5 年，保密时间较长。由此可见，虽然美国政府每年均会定期发布解密专利，但解密专利多为保密时间已久的专利，政府对于解密国防专利的态度极为谨慎。特别是在 2001 年"9·11"事件发生以后，美国政府对于保密发明公开的态度发生了极大转变。出于国家安全考虑，从布什政府开始，美国的信息公开政策越发趋于保守，每年美国专利商标局的保密发明解密量大为减少。

从 AUG 水声通信技术的应用层面考虑，AUG 作为水下传感器网络的移动通信节点，对于构建水下通信网络具有极高的军事应用价值，可在潜艇、部署在海底的多种传感器阵列以及其他水面和空中作战平台之间提供数据交换，因此受到美国保密审查制度的影响，导致 AUG 水声通信技术处于保密状态而无法被查询和检索到。例如，美国的自主海洋采样观测网 AOSN 的建设以及 MPL 实验室的研究均受到军方资助并已经投入使用❶，然而课题组未检索到与其对应的专利文献。

据此推测，涉及 AUG 水声通信技术的美国专利申请由于受到保密审查影响而公开数量较少。

5.1.2.5　军事市场管控严格

从 AUG 水声通信技术的 23 件专利申请中可以看出，国外申请人中既有最早研制成功 Slocum Glider 的 Teledyne Webb Research，也有在水声通信技术行业内广受关注的龙头企业——美国 RAYTHEON。虽然上述公司在业界已经享有盛誉，但是在 AUG 水声通信技术领域的专利申请并不多，其专利申请情况与在行业中所处的军工核心地位和占

---

❶ 沈新蕊，王廷辉. AUG 技术发展现状与展望［J］. 水下无人系统学报，2018，26（2）：89-106.

有的市场份额大相径庭。

以美国 RAYTHEON 为例，该公司是一家独特的高技术公司，是世界军工电子技术与产品名副其实的龙头老大，客户遍布全球 70 多个国家和地区，同时也是美国主要的防务承包商之一。美国 RAYTHEON 的发展采取三项战略措施：售出非核心业务公司、通过兼并来巩固和扩大军工技术核心业务、用军工技术开发民用市场，核心业务领域包括导弹防御、侦察与情报、精确打击和国土安全。

在水声通信技术方面，美国 RAYTHEON 的探测与监视系统业务包括利用水声通信技术进行探测、跟踪、分类、评估和打击，用户主要有美军海军、美国国土安全部和盟国部队等；该公司具有领先行业的技术和产品优势。军品采购是美国 RAYTHEON 这类军工企业赖以生存的前提，美国政府必须不断进行资金投入才能维持庞大的国防基础，这决定了政府在市场经济中充当的是一种"管理者"而不是"所有者"的角色。因此，受制于政府的监督和管理，国外的军工企业虽然科技研发能力不断增强，企业的国际竞争力不断提高，国际市场的份额及占有率不断扩大，但相关技术的保密性和敏感性，直接导致披露相关技术内容的专利申请量较少。

5.1.3 专利申请技术分支

从图 5-1-5 可以看出，从 2006 年开始出现关于 AUG 水声通信技术相关专利申请，2016~2018 年专利申请集中于 AUG 水声通信系统的具体设计。此类专利申请技术单一，主要是简单介绍 AUG 所搭载的水声通信装置，其用途也多为通过水声通信技术实现 AUG 自身的导航定位。

技术分类	2006年	2007年	2008年	2009年	2010年	2011年	2012年	2013年	2014年	2015年	2016年	2017年	2018年	合计
水声通信系统			1			1			2	1		6	1	11
传感器网络部署						1					1	1		3
传感器网络路由方法								3						3
传感器网络链路修复方法												2		2
水声换能器									1	1				2
水下组网通信方法												1		1
水下组网通信算法	1													1

图 5-1-5 AUG 水声通信技术专利申请技术构成

注：图中数字表示申请量，单位为件。

AUG 最初设计思路就是作为海洋水下观测系统的重要组成部分，着眼于海洋环境要素的监测和测量。目前大部分 AUG 都是围绕这个目标进行研发，通过搭载各种类型的海洋物理传感器、环境传感器，不仅能够对海底进行测绘，制成二维或三维海底地图，还能够对海洋环境中的温度、密度、深度、潮汐、海流、海洋峰面、内波、声场、磁场和海水透明度等进行垂直剖面和水平剖面测量；采集传感器数据后，AUG 水声通信技术作为水下网络节点实现中继通信，完成 AUG 与外界的数据交互。

从图 5-1-5 还可以发现，从 2013 年开始，专利申请技术主要聚焦于水声传感器网络，每年的专利申请中均有相关的专利技术涉及水声传感器网络，针对水声传感器网络的各类专利技术呈全面布局的态势，例如实现水声传感器网络的软硬件——水声换能器、传感器网络部署、传感器网络路由方法、传感器网络链路修复方法、水下组网通信算法。由此可看出，鉴于AUG作为水声传感器网络中的一个重要的移动节点，通过技术升级和方案优化，将AUG进行梯次配置和组合使用可能是今后应用的主要方向。

5.1.4 重点专利介绍

课题组通过综合考虑法律状态、引证情况、技术内容等因素筛选出AUG水声通信的重要专利，并进行进一步分析如下。

最早涉及AUG的水声通信技术专利申请于2006年由俄罗斯中央水文仪器研究所提出（公开号RU2309872C1）。该专利通过增加检测区域的半径，并在海洋中提升抗干扰的能力，实现低噪声的系统，主要用于在军事保护的水域与未经批准的渗透低噪声的水下物体之间保持作战的时间和位置的跟踪。可见，该专利是主要用于军事方面应用的申请，并且水声通信装置在探测到水下信号被干扰的情况下可以增加检测的半径区域，从而使得在嘈杂的水下环境中独立的水下物体能够被以更大的概率正确检测到，增加噪声的抑制功能，并以最小化的能量消耗确保系统的运行。

2013年，由Teledyne Webb Research提交的发明专利申请US20140050051A1公开了一种声呐系统及其操作方法，声呐系统包括换能器阵列以及一个能够配置成多种状态的多路调制器，换能器阵列可按照Janus结构布置，双Janus束系统可用于自主式水下航行器（如AUG）进行声学测距。

中船重工七一〇所在2013年也提出了一件发明专利申请，公开了一种远距离水声遥控发射装置。该发射装置包括发射换能器，安装在主浮体上与水介质接触，将电信号转换为声信号后发射；该装置布放后不需要人为操控，能够定深悬浮并完全自主工作，通过自动选择遥控信号的发射深度在存在温跃层的较恶劣水文条件下避开温跃层发射，降低声传播的影响，减小声传播损失，从而保证在发射声功率一定时其遥控距离更远，效率更高，能够满足在布放平台条件有限、水文条件较为恶劣的情况下对AUG等进行远距离遥控的需求。

2015年，哈尔滨工程大学先后提出3件发明专利申请，均涉及传感器网络路由方法。发明专利"一种多移动汇聚节点的水下传感器网络路由方法"（CN104507135B）提供了一种数据传输率高、能量消耗少、多移动汇聚节点的水下传感器网络路由方法。该发明将分层策略使用到水下路由策略中，并采用路径损失模型进行分层判断，可以有效减少能量的消耗，避免由于传输距离过长而过高的消耗能量；分层结构可以有效地使数据向汇聚节点有向传输；分层结构的周期性刷新可以保证网络结构不会因为节点的移动变化导致数据传输率的降低；通信时选择所在层数较低的汇聚节点作为目标节点，这样不但可以降低数据传输时产生的能量消耗，同时也可以减少传输延迟，提高数据传输效率。该发明适用于在水下环境中多个水下探测仪器（如水下机器人、AUG）在移动过程中进行数据收集时采用的路由策略。

发明专利"一种多移动汇聚节点定位辅助的水下传感器网络路由方法"（CN105228212B）提供了一种网络中节点个数控制在100个以内，在提高数据传输率的同时减少能量消耗的水下传感器网络路由方法，适用于自组织的多移动汇聚节点定位辅助，将改进的边界定位使用到水下路由策略中，并采用局部方位树模型进行路由结构划分，可以有效减少能量的消耗，避免由于传输距离过长而过高的消耗能量；发送预判模型可以有效地使数据向目的节点有向传输，寻求一条树间节能路径；网络结构的周期性刷新可以保证网络结构不会因为节点的移动变化导致数据传输率的降低，这样不但可以降低数据传输时产生的能量消耗，同时也可以减少传输延迟，提高数据传输效率。

发明专利"一种异步占空比和网络编码的水下传感器网络 MAC 协议通信方法"（CN104539398B）提供了一种能够提高网络吞吐量和数据传输率、异步占空比和优化网络编码的水下传感器网络 MAC 协议通信方法。该发明在初始化 MAC 协议阶段首先采用异步占空比技术来确定网络中所有节点的数据交换时间，可以有效地避免节点因空闲监听信道产生的能量消耗，同时通过编码节点选择算法确定网络编码层中的编码节点个数以及分布，使汇聚节点的译码率达到最高；在数据传输阶段，普通节点唤醒时发送接收到的数据，而编码节点在唤醒时，使用编码算法进行编码后再传输，由于编码可以提高每次传输时所携带的数据量，因此能够提高网络吞吐量和带宽利用率；在水下传感器网络的数据采集应用中，传感器节点随机部署在某些固定的区域收集水下数据，并通过水下航行器或 AUG 移动到指定区域来获取数据并传输给水面基站。

2016 年，由哈尔滨工程大学提交的发明专利申请"一种无指向性宽带大功率 Janus 水声换能器"（CN106448644B）公开了一种兼具低频、宽带、大功率、无指向性等特点的水声换能器，用于解决远距离长航时 AUG 通信目标方位不确定的问题。同年，由美国 RAYTHEON 提交的发明专利申请 CN108884725A 公开了一种安装于 AUG 的二氧化碳循环功率产生系统，其能够为搭载于水下航行器的声学通信亥姆霍兹谐振器提供能源。

2017 年，由天津大学提交的发明专利申请 CN107277825A 公开了一种基于分层的有效传感器节点部署方法，通过将自身泰森多边形的面积与平均面积相比较，决定面积大的留在相应深度，面积小的进行下沉实现分层；而后利用狄罗妮三角法实现层间距的合理选择，保证节点间的有效连通；最后当网络中的部分节点因为能量耗尽出现早亡的现象时，通过节点的移动性或 AUG 实现对早亡节点的替代，保证通信链路的连通，延长网络的生存时间。通过以上技术手段，既能提高网络覆盖率，又能有效保证节点间的连通，同时还可以延长网络的生存时间。该发明适用于探测区域规模较大、环境条件恶劣、网络负载较大的水声传感器网络。

同在 2017 年，由国家深海基地管理中心和国家海洋局第一海洋研究所联合申请的发明专利 CN108037534A 公开了一种基于水下移动平台的水声阵列装置。该阵列装置与水下移动平台连接，并且该水下移动平台可以为 AUG，从而提高水声学调查的探测分辨率、穿透深度和工作效率。

2018 年，天津大学相继提出 3 件发明专利申请，其中的"一种适用于 AUG 组网的动态信道分配方法"（CN108541021A）基于支持向量机回归算法对已知时刻运动目标滑翔机进行定位，利用运动目标位置对未来时刻运动目标位置进行预测分析；然后根据位置信息求得 AUG 之间通信时间所受的约束条件，建立时隙的最优化模型；在解出每次通信所需的最优时隙长度后，进行动态分配时隙和预约收发，收发过程中利用团队协作的方式避免冲突。"一种利用 AUG 辅助进行失效链路修复的方法"（CN108494674A）使得滑翔机在进行数据收集工作的同时能够辅助网络的中断链路进行修复；对于关键节点之间的中断链路，该方法也能够无差别地进行链路修复，相比较其他算法来说更加具有普适性；在充分考虑滑翔机运动特性的基础上提出该方法，能够极大提高网络的数据包投递率，保证了网络的可靠性和能量有效性。发明专利"一种 AUG 辅助的链路修复方法"（CN108365999A）旨在使 AUG 能够准确及时地作为失效链路的补充节点，恢复网络的连通性和可靠性；对于实时性要求不高的网络来说，可以在 AUG 进行数据采集任务基础上，辅助网络进行失效链路的修复。

同在 2018 年，俄罗斯科学院远东分院太平洋海洋研究所相继提出 2 件发明专利申请。发明专利"一种组合矢量 - 标量接收机"RU2679931C1 公开了当进行水声研究，特别是检测海洋和海洋中的水下噪声源时，可放置在 AUG 等水下载体工具上作为天线系统的一部分；接收器为由四个相同的不透声材料组成的圆柱体，它们与中心连接结构的端部交叉连接，在它们各自的轴线上，在这些孔中，在相对于圆筒轴线正交的方向上安装圆形弯曲压电换能器。发明专利"一种三分矢量 - 标量接收机"（RU2677097C1）公开了当进行水声研究，特别是检测海洋和海洋中的水下噪声源时，可放置在 AUG 等水下载体工具上作为天线系统的一部分；接收器由两个相同的圆柱形壳体组成，两个壳体的压力梯度接收器彼此正交定向，在孔中的轴线上依次安装有弯曲压电换能器。

同在 2018 年，由长沙金信诺防务技术有限公司提交的实用新型专利申请 CN208149579U，公开了一种水下自主移动式探测器，包括 AUG 等水下自主航行器；第一端与水下自主航行器一端连接的远程数据通信舱段；设置在远程数据通信舱段的远程数据通信装置；第一端与远程数据通信舱段的另一端连接的数据处理舱段；第一端与数据处理舱段的另一端连接的探测组件；与所述数据处理舱段连接，实现对探测组件的数据进行采集和存储的宽带信号采集器。该实用新型提供的水下自主移动式探测器，可实现远距离双向通信，可自主移动，可回收重复使用。

同在 2018 年，由中国科学院声学研究所提出一种基于水声通信的无线声呐系统（CN109270541A），可应用于水下声呐的远程无线控制和数据获取，实现了岸站控制中心和水下声呐的双向通信，可远程对声呐进行控制并实时获取声呐数据，使用 AUG 等多个自主式水下航行器布放在水声通信范围之内。该系统可应用于各种水下声呐设备的远程控制和数据获取，布放后可无人值守，并且长时间工作一年至几年，对于降低出船回收及维护水下声呐设备成本、提高数据获取实时性、远程监控水下声呐设备状态等具有重要意义。

从上述公开的 AUG 水声通信技术中可以得出：AUG 是一种新型水下探测平台，具有水下作业时间长、自控能力强、自身噪声低、续航距离远、经济可靠等特点，结合其完备的平台技术、驱动技术、导航技术、水下传感器技术和信息传输技术，AUG 可作为水声传感网络的重要节点，担负海洋环境监测和水下目标预警探测等任务，应用于国防军事和科学研究等各方面。从图 5-1-5 中得出的结论中可以看出其相关专利的研究热点也都集中于以上领域。

5.2 扩展可行性及维度分析

5.2.1 扩展可行性分析

AUG 浮出水面时，采用常规地面通信定位技术、铱星通信和全球定位系统（GPS）来实现 AUG 的定位及其与岸站的长距离数据传输。AUG 常用的远距离通信方式有铱星通信、北斗通信等，近距离通信方式有无线电通信、Zigbee 技术等。例如，Spray Glider 采用商用低轨道小卫星短数据通信系统实现双向通信，速率达到 100byte/s；Sea Glider 使用无线通信（450byte/s）、铱星通讯（180byte/s）。对于 AUG 工作地点离岸很近的情况，为了降低成本，甚至可以使用民用无线电进行通信，例如 APC340 LoRa 扩频通信技术❶、FreeWave 公司的 FGR115RC/WC 终端主电台和 FGR09CSU 从电台❷、顺舟 SZ05 系无线通信模块❸等。

对于 AUG 的水声通信单元，伍兹霍尔研究所在海洋技术学会"OCEANS 2005"会议上提出了一种小型化、低能耗水声通信和导航系统——WHOI 微调制解调器；WHOI 微调制解调器能够集成于诸如水下航行器、浮标以及水下传感网络等多种水下节点。❹此后，美国罗格斯大学 Baozhi Chen 等人将 WHOI 微调制解调器用于 AUG 以解决轨迹感知通信问题。❺

由此可见，AUG 的水声通信设备和通信方法也均属于常规水声通信技术，现有水声通信技术几乎不需要进行任何特异性改造，只要能够满足能耗和体积等基本需求，便可直接应用于 AUG。AUG 的水声通信技术与目前通用的水声通信技术密切相关，水声通信通用技术的发展也从侧面促进了 AUG 水声通信技术的进步。因此，为了更加深入且全面地分析 AUG 水声通信技术，课题组以问题和目标导向为原则，将研究重点从 AUG 水声通信技术扩展到通用水声通信技术，以期为解决第 5.1.2.1 小节中所述的 AUG 水声通信技术发展中的技术瓶颈提供参考。

---

❶ 夏城城. AUG 系统设计与优化 [D]. 杭州：浙江大学, 2018.
❷ 黎开虎. AUG 航行算法及数据处理系统研究 [D]. 杭州：浙江大学, 2013.
❸ 叶效伟. AUG 设计、优化及运动模拟 [D]. 上海：上海交通大学, 2013.
❹ FREITAG L, GRUND M, SINGH S, et al. The WHOI micro-modem: an acoustic communications and navigation system for multiple platforms [C]. IEEE Oceanic Engineering Society, Oceans 2005. Washington DC: IEEE Oceanic Engineering Society, 2005: 1086-1092.
❺ CHEN B Z, HICKEY P C, POMPILI D. Trajectory-aware communication solution for underwater gliders using WHOI micro-modems [C]. IEEE. Proceedings of 2010 7th Annual IEEE Communications Society Conference on Sensor, Mesh and Ad Hoc Communications and Networks (SECON). Boston: IEEE, 2010: 1-9.

5.2.2 扩展维度分析

5.2.2.1 基于功能效果的扩展维度分析

根据第 5.1 节对于现有 AUG 水声通信技术专利文献进行的功效分析，由图 5-2-1 可以看出，目前 AUG 水声通信技术的主要研究方向包括降低功耗、减小体积、提高通信效率、优化网络配置等。其中，降低功耗和减小体积的研究热度最高，也是 AUG 水声通信技术所特有且亟待解决的技术问题。因此，根据 AUG 水声通信专利技术的研究重点并结合技术瓶颈，可以从降低功耗和减小体积的角度寻求技术突破。

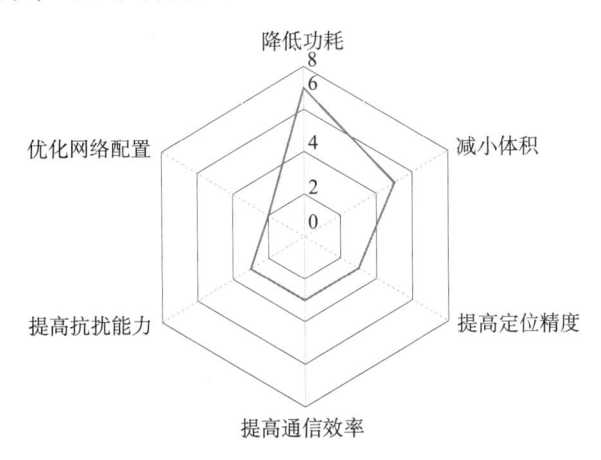

图 5-2-1　AUG 水声通信技术专利功效分布

注：图中数字表示申请量，单位为项。

5.2.2.2 基于文献信息的扩展维度分析

1989 年，Henry Stommel 首次提出了 AUG 的概念[1]，从而激发了 AUG 研究热潮。此后，Joshua Graver 等人对 AUG 的运动控制开展了系列研究，并指出 AUG 作为一种经济实用的水下平台对于海洋观测具有重要价值。[2] 经过十余年的产品化探索，Slocum Glider、Spray Glider、Sea Glider 等 AUG 于 2001 年 10 月相继问世。与此同时，有关 AUG 航路控制、最优路径规划等方面的研究也在持续开展，其最终目的均在于降低功耗和完成组网应用，从而使 AUG 成为一种快速且高效的自适应海洋观测平台。

对于最早产品化的三种 AUG 机型，Slocum Glider 在其尾部设置有一个用于重新定位和遥测的声学换能器，Spray Glider 同样是在船尾设置有声学测高仪和用于从船上进行水下追踪的声波发生器，Sea Glider 在船体前段设置有用于定位和追踪的声波换能器。根据"Seaglider"一文[3]中的相关记载"低能耗、小型化和多功能性是 Sea Glider

---

[1] STOMMEL H. The slocum mission [J]. Oceanography, 1989, 2: 22-25.
[2] GRAVER J, et al. Design and analysis of an underwater vehicle for controlled gliding [C]. Princeton University. Proc. 32nd Conf. on Information Sciences and Systems. Princeton: Princeton University, 1998: 801-806.
[3] ERIKSEN C C, OSSE T J, LIGHT R D. et al. Seaglider: a long-range autonomous underwater vehicle for oceanographic research [J]. IEEE Journal of Oceanic Engineering, 2001, 26 (4): 424-436.

电气设计的基本要求,从而能够集成当前以及未来所需的传感器""低能耗需要一个能够在亚毫安睡眠模式和多种能源之间进行切换,从而打开和关闭各种所需子系统的微控制器",可见,低能耗和小型化是实现 AUG 水声通信的关键技术。

2002 年出版的《自主式水下航行器技术及应用》❶,重点介绍了自主式浮力驱动 AUG。AUG 在全球海洋观测系统中具有重要作用,尤其是对于 Argo 阵列的空间分辨率过低或者需要全面分离时空参数的关注海域的问题,可对 Argo 浮标阵列数据进行有效补充。为此,需要大力开展对新的通信方式(包括水声联结)以及更多的滑翔机组网控制方案的研究工作。通过长使用寿命、低水动力阻力、稳定性、低能耗以及小型化等方式降低成本,将是 AUG 的研究重点。该书不仅强调了水声通信技术(如水声通信组网技术)在 AUG 中的重要作用,更指出了低能耗和小型化是将水声通信技术大规模应用于 AUG 中的关键。

2005 年 10 月,伍兹霍尔研究所在海洋技术学会"OCEANS 2005"会议上提出了一种小型化、低能耗水声通信和导航系统——WHOI 微调制解调器。将 WHOI 微调制解调器用于 AUG 可以解决轨迹感知通信问题,通过将路由协议结合实际跨层优化,从而使能量消耗最小化。与外国 AUG 水声通信技术发展相比,我国由于受限于小型水声通信设备技术的不完备,国产 AUG 个体间通信尚局限在海面通信状态,即在 AUG 天线出水时进行通信。小型化水声通信设备已经在美国等国研发完成,并成功搭载到 AUG 机体上。随着我国传感器技术的飞速提升,AUG 用水声通信模块也将成功研制。在未来,AUG 个体间的实时信息交互将会极大提高 AUG 的组网编队能力。

综上所述,从 AUG 水声通信技术专利文献的功能效果分析以及现有文献信息所公开的 AUG 水声通信技术的研究方向来看,技术瓶颈的突破口被认为是水声通信技术的低能耗和小型化。课题组在大量查阅现有资料的基础上,未发现开展过针对水声通信低能耗技术和小型化技术的专门研究和系统梳理。因此,为了解决 AUG 水声通信技术所面临的技术发展瓶颈,课题组在下面将针对通用水声通信技术的低能耗、小型化方式方法开展专利文献分析研究。

5.3　AUG 水声通信技术扩展专利分析

AUG 最显著的优点,一是超长的水下航行时间和航行里程,二是航行深度甚至可达数千米,可适用于全球绝大部分海域;不足之处在于航速较慢,普遍低于 1m/s。AUG 的优点能满足大范围、长时间的战场水文数据采集、水下战场监视侦察以及水下警戒预警等军事需求,但这对 AUG 的能源系统也提出了越来越高的要求。

AUG 的载荷小,功耗低,因此其应用的通信技术必须在体积、质量和能耗方面进行适应性改进,以满足 AUG 的搭载要求,满足水下续航力、航程和航深等军事和民用

---

❶ GRIFFITHS G. Technology and applications of autonomous underwater vehicles [M]. Boca Raton: CRC Press, 2002: 37-58.

应用需求。

为分析适用于 AUG 的扩展水声通信技术，课题组在中英文专利库中对全球范围内的水声通信技术进行了检索，通过补全和去噪后，获得 849 项专利申请（截至 2018 年 12 月 31 日）。本节将重点从适用于 AUG 的通用水声通信技术的全球专利申请趋势、申请区域分布、申请人等方面进行分析。

5.3.1 全球专利申请趋势

图 5-3-1 所示为 AUG 水声通信技术扩展专利申请趋势。从该图中可以看出，其发展可以分为三个阶段。因 1954~1966 年的数据过少，故未在图中显示。

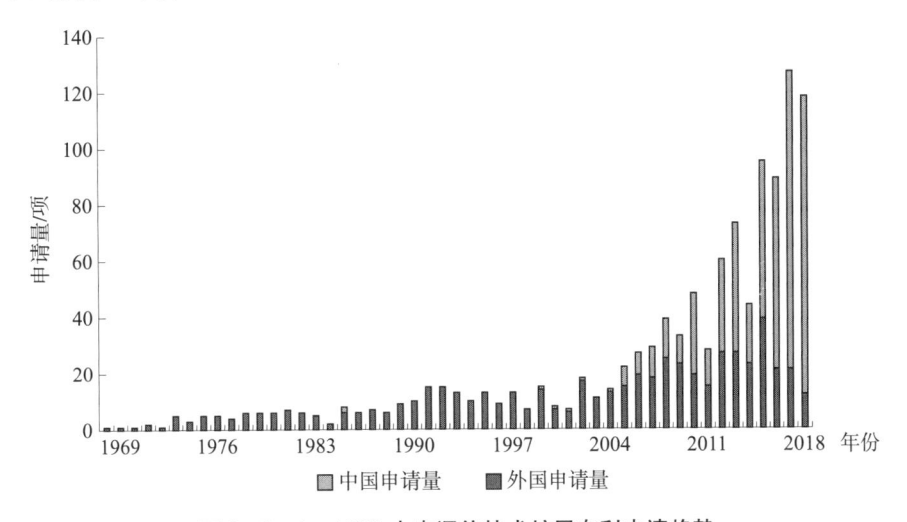

图 5-3-1 AUG 水声通信技术扩展专利申请趋势

① 缓慢发展阶段（1954~2000 年）。虽然从 20 世纪 50 年代起开始出现关于水声通信技术的专利申请，但是在 2001 年之前，专利申请量一直处于较少且整体增长不明显的水平。这表明此时水声通信技术还处于萌芽阶段，技术投入和产出效果不太明显。这主要因为水声通信技术最初主要用于军事领域，仅限于对水下武器进行指挥控制通信，实现其智能化，对水下航行器实施监测和导航，对水雷远程声遥控等，还未拓展到其他更广泛的应用领域。因此，早期水声通信技术专利申请人主要是各大科研院所和国防机构。

② 稳步增长阶段（2001~2010 年）。21 世纪是世界各国公认的海洋世纪，进入 21 世纪以后海洋已成为国际竞争的主要领域。特别是美国提出 21 世纪海洋战略，包括加强对海洋和沿岸环境的保护、维持海洋经济利益、确立海洋探查国家战略、提高海洋研究和教育水平，使得美国以及采取相似战略的发达国家保持着海洋探测、水下声通信、深海矿产资源勘探和开发方面的领先地位，促进了水声通信技术的稳定发展，因此，相关全球专利申请数量也蓬勃增长。我国在"十一五"期间发布了《国家"十一五"海洋科学和技术发展规划纲要》，我国海洋基础科学研究能力和水平开始逐渐提高，水声通信技术也逐步开始发展。

③ 快速增长阶段（2011~2018 年）。全球水声通信技术发展方向逐渐清晰；随着政策和资金的持续支持，专利申请进入迅猛发展期，申请量快速增长，并且还可以发现该领域全球专利申请量受中国专利申请量的影响愈发明显。"十二五"时期是我国海洋经济加快调整优化的关键时期，我国水声通信技术专利申请开始快速增长，总体申请量呈现增长趋势，但每年的专利申请量存在波动，其主要原因在于我国科研机构对于 AUG 水声通信技术的研究正在起步阶段，处于探索研究方向的时期。进入"十三五"以来，在国家创新驱动发展战略和科技兴海规划的指引下，海洋科技创新能力显著提升，海洋科技在深水、绿色、安全的海洋高技术领域取得突破，在海洋经济转型过程中亟须的核心技术和关键共性技术方面取得进展。

总体来讲，全球在水声通信技术方面发展日趋成熟，而中国作为后起之秀，虽然在水声通信技术上的研究仍处在初步阶段，但在技术方面已有一定积累。

5.3.2 专利申请区域分布

通过对 AUG 水声通信技术扩展专利主要申请国家或地区专利申请量进行统计，如表 5-3-1 所示，不难发现，AUG 水声通信技术领域专利申请目标地的主要申请时期一致性不高。中国在 2011~2018 年的申请总量达 371 件，占中国全部申请量的 81.5%，相对于 2001~2010 年的 81 件有大幅增长，说明中国已经逐渐发展成为应用于 AUG 的水声通信技术专利布局的主要国家之一。美国在 2001 年之前的专利申请量最大，共有 185 件，占到美国全部申请量的 56.6%，在 2001~2010 年与 2011~2018 年的申请总量保持平稳，分别为 75 件和 67 件。欧洲的专利申请主要集中在 2011 年之前，其申请量与中国、美国存在较大的差距。排名前两位的中国和美国的主要申请时期不同，两者对水声通信技术的研究存在一定的时间差距。

表 5-3-1 　AUG 水声通信技术扩展专利主要申请国家或地区专利申请量　　单位：件

目标地	2001 年以前	2001~2010 年	2011~2018 年	总计
中国	3	81	371	455
美国	185	75	67	327
欧洲	41	41	28	110
日本	22	40	23	85
德国	41	5	0	46
澳大利亚	26	15	3	44
加拿大	26	9	4	39
法国	22	1	2	25
英国	11	6	8	25
西班牙	10	4	1	15
意大利	6	2	3	11
挪威	8	2	1	11

续表

目标地	2001年以前	2001~2010年	2011~2018年	总计
韩国	3	2	5	10
奥地利	4	5	0	9
巴西	2	2	4	8
以色列	5	3	0	8

水声通信技术在国外已有多年的发展历史，开展较早且具有代表性的是US NAVY的Seaweb网络。美国的Seaweb网络经过多年的试验，实现了多固定节点的组网、自适应节点路由初始化、潜艇和水下航行器的数据接入、利用固定节点对水下航行器定位、分簇网络等多种功能，在基于卫星浮标的远海观测网、港口近岸的水下侦察网络及军用水下航行器指令传输及定位等应用中展示了很好的应用效果和技术先进性。我国目前在适用于AUG的扩展水声通信技术方面的研究者主要以高校和科研院所为主，在近几年的研究中已经取得了长足的进步，逐渐赶上了世界的步伐。

在水声通信技术的专利申请中，美国更加注重对他国和地区的布局。如表5-3-2所示，在他国和地区实施同族专利布局数量最多的国家是美国，总量达到154件，主要分布在欧洲、日本、澳大利亚和德国，共涉及16个国家和地区，申请的地域范围也最大。其次为法国，对他国和地区的申请量为95件，涉及的申请国家数量也仅次于美国。法国主要在美国、欧洲和德国进行专利申请。美国和欧洲的技术应用占据全球最大的市场。从不同国家和地区之间的专利申请量可知，美国对欧洲专利局和欧洲国家进行的同族专利申请量最多，达到87件，可见美国更加注重水下通信技术在欧洲的市场应用。

表5-3-2 AUG水声通信技术扩展专利同族地域分布　　单位：件

来源地	欧专局	美国	德国	澳大利亚	日本	加拿大	中国	西班牙	英国	挪威	韩国	奥地利	巴西	意大利	丹麦	荷兰	法国	总计
美国	36	0	16	16	19	16	8	6	5	7	7	3	1	3	4	2	5	154
法国	16	22	16	6	4	11	1	3	4	1	0	1	2	3	1	4	0	95
英国	20	16	5	6	7	3	1	5	0	0	0	1	4	0	0	0	0	68
日本	12	26	1	1	0	4	7	0	1	0	0	0	0	0	0	0	0	52
以色列	4	4	3	5	0	0	0	0	0	0	0	3	0	0	0	0	0	19
芬兰	4	4	0	3	3	0	0	0	0	0	0	0	0	0	0	0	0	17
德国	4	4	0	0	3	0	0	0	0	0	1	0	0	0	0	0	0	12
韩国	3	2	0	1	2	1	1	0	0	0	0	0	0	1	0	0	0	11
挪威	2	2	1	2	1	0	0	0	0	0	0	0	0	0	0	0	0	11
总计	101	80	42	40	39	36	21	14	11	8	8	9	8	6	5	6	5	439

5.3.3 申请人分析

全球 AUG 水声通信技术扩展专利主要申请人如表 5-3-3 所示，US NAVY、哈尔滨工程大学、中国科学院声学研究所排名前三位。US NAVY 在水声通信技术方面处于国际领先地位，在水声通信产品研发、水声通信技术的应用等方面也都非常突出。全球主要创新多来源于美国研究团队。美国早期就已对水声通信技术进行了大量的专利申请，早在 2001 年以前就已经在该领域提出了 62 件专利申请，2001 年起申请量逐渐下降，但申请总量仍排全球第一位。

表 5-3-3 AUG 水声通信技术扩展专利主要申请人申请量   单位：件

申请人	2001 年以前	2001~2010 年	2011~2018 年	总计
US NAVY	62	12	8	82
哈尔滨工程大学	0	16	52	68
中国科学院声学研究所	1	9	20	30
BAE	0	14	5	19
天津大学	0	0	18	18
河海大学	0	2	15	17
厦门大学	0	3	14	17
RAYTHEON	14	1	1	16
西北工业大学	0	1	14	15
中国船舶重工集团公司第七一五研究所	0	5	8	13
东南大学	0	1	11	12
NEC	0	7	4	11
华南理工大学	0	1	10	11

从 2001~2010 年阶段开始，哈尔滨工程大学对该领域的专利申请量迅速增多，2011~2018 年阶段的申请量达 52 件，专利申请总量仅次于 US NAVY。国内最早从事水声通信领域技术研究的是中国科学院声学研究所，其近年来也对水声通信技术进行了深入研究，专利申请量保持逐年稳定增长的趋势。国内水声通信领域的研究单位主要有哈尔滨工程大学、中国科学院声学研究所、天津大学、河海大学、厦门大学、西北工业大学、中国船舶重工集团公司第七一五研究所等，研究领域涉及水声通信技术的各个方面，在"863"计划、军方、国家自然科学基金委员会等支持下开展了理论研究、样机研制和湖海试验，部分试验结果和国外水平相当。我国的研究水平总体上仍是滞后于美国的，以跟踪国外研究为主，在一些技术点上有所创新。目前，我国对水声信道模型的理论研究不够深入，水声通信试验的开展和数据的分析也不够充分。

下面介绍 AUG 通用水声通信技术扩展专利的重要专利申请人。

(1) US NAVY

世界上第一个具有实际应用意义的水声通信系统是 US NAVY 为实现潜艇之间的通信而设计的水下电话,可以在几千米内正常使用该系统的单边带调制技术,载波频率 8.33kHz。在此之后,调频水声通信系统研制成功,使用 20kHz 作为载波频率,带宽为 500Hz,实现了从水下到水面船只的通信。

历经 12 年的海网 Seaweb 是 US NAVY 实验性远程声呐和海洋网络计划中的重要部分,是目前比较成功的水声通信系统。Seaweb 可以支持 2KB 长度的数据包和 2400bit/s 的通信速率,但是为了改善网络性能和电池续航能力,采用 350B 长度的数据包,标称速率为 800bit/s,常用带宽为 9~14kHz,另外还使用 16~21kHz 和 25~39kHz 两个频带,点对点最大通信距离 10km,部署深度小于 1000m。

(2) 哈尔滨工程大学

哈尔滨工程大学的水声工程学院源于 1953 年建立的我国第一个声呐专业——中国人民解放军军事工程学院(哈军工)海军工程系声呐专业,其水声工程学科是我国第一批国家重点学科,同时拥有第一批国家级重点实验室——水声技术国防科技重点实验室。

以杨德森院士、杨士莪院士为代表的哈尔滨工程大学水声研究团队半个多世纪以来,从建设新中国第一个水声学科,到产生颠覆性的矢量水声器技术等一批在国家战略相关领域不可替代的重要技术,其始终是坚守这一领域并代表中国水声研究水平的"国家队"。据统计,我国水声行业中的专业技术人员的 60% 以上,高级专家层面人员的接近 70% 都从这里走出,这里是国家水声发展的人才库、专家库和水声技术基础研究中心。

作为其中的典型代表,水声通信专家乔钢教授发明了水下多用户、全双工的声波通信方法,并研制了国际上首创的具有全双工通信能力和组网能力的水声通信机,解决了过去水声通信中收发不能同时工作的问题,创造了水声通信领域的重大技术进步。

(3) 中国科学院声学研究所

中国科学院声学研究所是从事声学和信息处理技术研究的综合性研究所,在"七五"期间"863"自动化领域智能机器人主题重点项目"探索者号 1000 米水下机器人"中支持了非相干水声通信机的研制。中国科学院声学研究所朱维庆团队研制了水声通信机试验装置,中心频率 17.5kHz,工作带宽 5kHz,传输速率 0.6kbps;通过进行水池和海上试验,在浅水 2.5km 距离接收信号和声像声呐的记录,试验结果良好,与当时美国伍兹霍尔海洋研究所的结果相近。在此基础上该团队于"八五"期间研制出了与美国的 ATM850 水声通信机性能相近的非相干水声通信机。

"八五"期间国家"863"计划自动化领域智能机器人主题于 1995 年支持了"空间分集相关-自适应均衡-纠错编码在水声通信技术中的应用"(863-512-26-02)课题,于 1998 年支持了"用于作业型 AUV 高速水声通信自适应快速信号处理方法关键技术"(863-512-9804-04)课题,研究水声相干通信技术。朱维庆团队提出了快速自优化最小均方算法(FOLMS)和快速自最佳最小均方相位估计算法

（FOLMSPE）联合工作的自最佳自适应判决反馈均衡器技术，样机中心频率 17.5kHz，工作带宽 5kHz，在湖试中作用距离 4km，传输速率 10kbps，位误码率较低，达到了当时国际先进水平。

在此基础上，2012 年 6 月 24 日，"蛟龙"号在 7000m 深的海底通过水声通信系统与在太空的"天宫一号"航天员实现了海天对话，这在国际上也是一次创举。在"蛟龙"号的海试与 2013 年以来的试验性应用中，"蛟龙"号成功下潜了 150 多次，水声通信系统实现了母船对潜水器的实时监控，保障了母船与潜水器之间顺畅的通信联系，传回了大量现场照片，为"蛟龙"号的成功下潜发挥了关键作用。

当前，中国科学院声学研究所正在为全海深载人潜水器研制水声通信系统，需要克服的主要问题是在通信功能和通信速率指标不变的前提下把通信距离由"蛟龙"号的 7km 延拓到 12km，根据目前 AUG 的功能特性，研究出适用于 AUG 的水声通信技术。

5.3.4 专利申请人类型

如图 5-3-2 所示，在适用于 AUG 水声通信技术扩展专利申请人中，高校占比 32%；而包括 US NAVY、日本海洋地球科学技术局、中国科学院声学研究所在内的研究机构占比达 16%。上述情况也与目前水声通信技术整体发展的现状相契合，即在研究主体中，高校和科研院所占比相对较大。

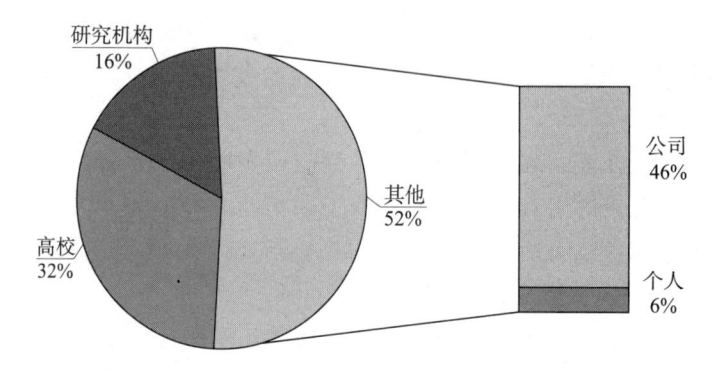

图 5-3-2 AUG 水声通信技术扩展专利申请人类型

在申请人中，公司占比 46%，其中美国、日本和欧洲有多家水声通信机的生产商，形成了系列化的水声通信产品，广泛应用于民用和军事领域。英国 BAE、美国 RAYTHEON、日本 NEC 等，均申请了多项专利，也均是世界军工电子技术与产品供应的主要创新主体，而且与所在国家和地区的军方保持良好的合作。例如 2019 年 11 月报道表示，US NAVY 选择 RAYTHEON 和 BAE 分别开发的拖曳式诱饵，可在紧急情况下通过牺牲诱饵的方式对付来袭导弹；日本 NEC 从 1979 年首次于日本的东海部分铺设海缆式实时海底地震观测系统，至今该系统铺设已覆盖日本沿海的 9 处海域，从系统设计到工程设置均由 NEC 统筹执行；NEC 还与日本防卫装备厅持续进行技术合作，并在 2015 年日本防卫装备厅技术研讨会上展示了用于小型水下无人机的水下无线供电系统。可见，国外涉及水声通信技术的相关企业与美国、日本、欧洲等国家或地区的军方持续保持良好的合作，相关技术研发得到军方大量的资金支持和政策鼓励。

我国的企业在这方面刚刚起步。以苏州桑泰海洋仪器研发有限责任公司和深圳智慧海洋科技有限公司为代表的高科技创新企业在近几年涌现出来，自主创新，自主研发；积极参加行业内的学术发展会议、论坛、展览会，将其作为重要的对外交流窗口进行自主声学仪器的研产和推广。虽然我国已经自主开发并研制了一系列高端声学探测设备，但由于目前仍处于起步发展阶段，并且缺乏与行业内其他研发主体的技术合作，还需要更多的时间和机会进行水下试验的验证，从而提高水声通信技术的稳定性和可靠性。

总体而言，美国在水声通信技术方面处于国际领先地位，在水声通信产品研发、水声通信技术的应用等方面也都非常突出；主要技术创新多源于美国的研究团队。国内水声通信领域的研究单位主要包括哈尔滨工程大学、中国科学院声学研究所、天津大学等，研究领域涉及水声通信技术的各个方面。但我国的研究水平仍是滞后于美国等国家的，以跟踪国外研究为主，仅在一些技术点上有所创新。

5.3.5 专利技术分布

结合适用于 AUG 的水声通信技术领域的行业共识和专利申请的特点，将目前适用于 AUG 的通用水声通信技术分为以下几个分支：水声换能器、水声传感网络、水声信号的调制解调以及电路与硬件模块，详见图 5-3-3。

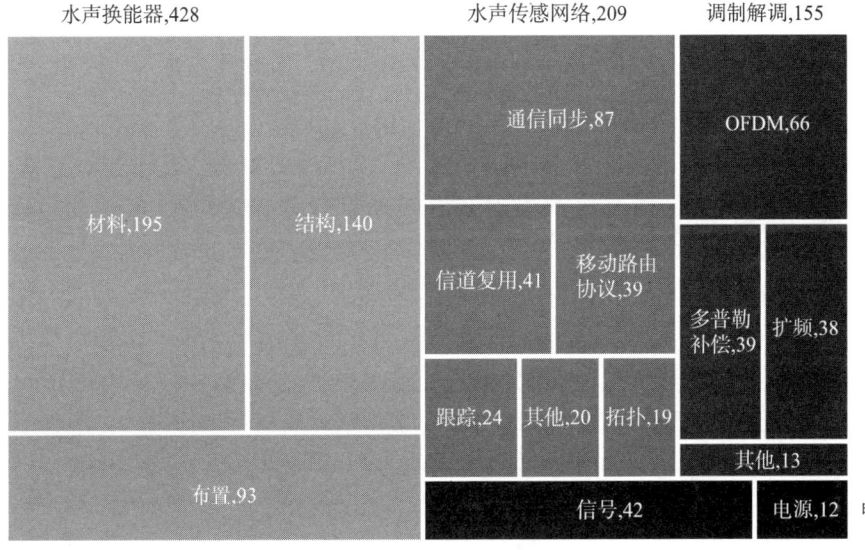

图 5-3-3　AUG 水声通信技术扩展专利技术分布

注：图中数字表示申请量，单位为项。

（1）水声换能器

水声换能器是将声能和电能进行相互转换的器件，类似于无线电设备中的天线，是在水下发射和接收声波的关键器件。水下的探测、识别、通信以及海洋环境监测和海洋资源的开发都离不开水声换能器。

针对水声换能器,目前的研究主要包括换能器的材料、结构以及布置三个方面。在材料方面,目前主要是采用磁致伸缩材料和压电单晶体对换能器的设计和性能进行改善;在结构方面,分别从改善波束特性、改善频率特性、提高发射声功率、增大耐静水压能力四个方面对换能器的结构进行调整;在布置方面,对水声换能器与其他水声部件进行合理的位置布置和硬件电路信号的处理。

从图5-3-3可以看出,水声换能器的材料和结构改进的专利申请占比相对较大。通过新材料的使用和新结构工艺,水声换能器技术创新发展的目标包括简化复杂工艺、突破技术瓶颈、改写技术极限、提高综合技术性能、提出新概念和新机理、生成与发展新的技术方向等。

由于小尺寸换能器在成阵、布设方面的便利,在使用时也便于水下探测平台的操作和运输,因此迫切需要小尺寸换能器。但是由于在实践中低频、大功率等要求对换能器尺寸的制约,这就对研究者提出了挑战。由于降低工作频率与减小尺寸是相互矛盾的,增大辐射功率与减小尺寸也是相互矛盾的,研究人员在低功耗、小尺寸水声换能器方面进行了大量的探索,提出了大量的解决方案,详见图5-3-4。

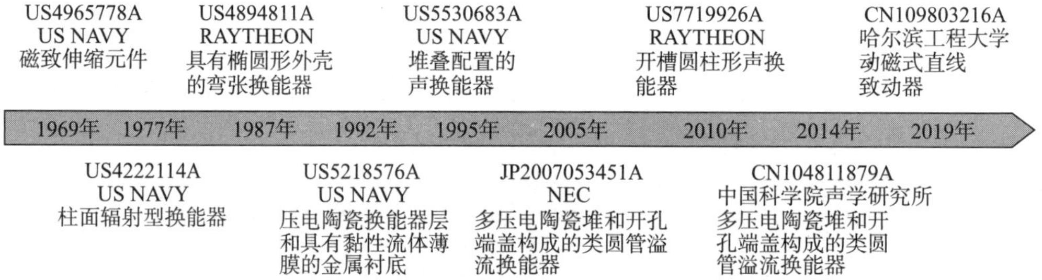

US4965778A US NAVY 磁致伸缩元件	US4894811A RAYTHEON 具有椭圆形外壳的弯张换能器	US5530683A US NAVY 堆叠配置的声换能器	US7719926A RAYTHEON 开槽圆柱形声换能器	CN109803216A 哈尔滨工程大学 动磁式直线致动器
1969年 1977年	1987年 1992年	1995年 2005年	2010年 2014年	2019年
US4222114A US NAVY 柱面辐射型换能器	US5218576A US NAVY 压电陶瓷换能器层和具有黏性流体薄膜的金属衬底	JP2007053451A NEC 多压电陶瓷堆和开端盖构成的类圆管溢流换能器	CN104811879A 中国科学院声学研究所 多压电陶瓷堆和开孔端盖构成的类圆管溢流换能器	

图5-3-4 水声换能器专利技术发展路径

目前解决以上问题的主要方法有:一是应用具有更大顺性和伸缩系数的新型材料代替传统的压电陶瓷材料,提高效率和振动位移,典型的代表是超磁致伸缩材料、弛豫铁电单晶材料和压电复合材料(CN110012401A、JP2005236582A、US20040130410A1),利用压电效应和磁致伸缩效应实现电场能或磁场能与机械能之间的相互转换,换能器技术的突破根本上决定于功能材料的技术突破;二是探索新型结构,通过合适的结构来发挥作用,其中具有代表性的结构是弯张换能器、压电陶瓷环嵌套式纵振换能器和开缝圆管换能器(US7719926B2、EP258948B1、WO8910677A1、CN105187983A、US4864548A)。

(2)水声传感网络

水声传感网络作为一个新兴的研究领域和技术分支,是水声通信技术与无线传感网络相结合所产生的。由于其具有部署容易、精度高、安全性高等优点,水声传感网络在民事应用和军事方面都具有非常广阔的应用前景。水声传感网络的组成主要可以分为两部分:第一部分是固定在水下的、数量较多的传感器节点,第二部分是作为中继节点或者基站部署在水面或者岸边、数量较少的节点。

结合AUG水声通信技术扩展专利的具体内容,现有水声传感网络针对网络质量、能量均衡、拓扑结构、安全等问题，可以将水声传感网络技术归纳分类为移动平台通信同步、链路层的信道复用接入、水声移动自组织网路由协议、水声网络拓扑、多目标协同跟踪等几个方面，通过以上技术的优化来改善水声传感网络的性能。

从图 5-3-3 可以看出，移动平台通信同步（通信同步）是目前水声传感网络技术发展中重点进行突破的技术分支。水声传感网络的水下调度、定位以及休眠机制等关键技术都是建立在实现时间同步的基础之上，因此，时间同步是水声传感网络中重要的支撑技术；其他技术分支包括链路层的信道复用接入、水声移动自组织网路由协议等，也均是水声信号实现网络架构的重要组成部分。

如图 5-3-5 所示，水声传感网络的研究起步于 20 世纪 80 年代。水下传感网络与地面传感网络之间的差异之一是通信方式。声学通信被认为是水声传感网络最实用的方法。随着水声通信技术及水声调制解调技术的不断发展，在实现点对点的实时通信之后，美国、欧盟、中国和日本等国家或地区相继开始了水声传感网络技术的研究，由此产生了一些具有代表性的研究项目，如美国的海网（Seaweb）项目和近海水下持续监视网、欧盟的研究与开发框架计划和"地平线 2020"计划（Horizon 2020）等。

将水面和水下的各种探测平台连接成水声探测网络，对获取的多源信息进行融合，是海洋声学目标探测技术发展的一个重要途径。海洋声学目标探测中，水声传感网络将多探测平台互联，为不同探测平台间目标特征信息的交互建立传输通道，同时也为各探测平台提供地理位置与时间信息，可以实现对海洋环境的持续监测和信息收集，也可以广泛应用于海洋信息采集、海洋环境监测、海洋资源调查、辅助导航以及分布式战术监视等民用和军用领域。

水声传感网络由水中的自主航行器、水下传感器节点和海面网关节点通过水声通信链路构成自组织网络，以各类型的水下固定节点和移动节点作为网络终端，同时具有无线通信和水声通信功能的浮标网关是卫星通信网络和水下传感网络的数据接口。具体而言，水声传感网络的节点包括水下传感器节点、浮标节点、水下无人航行器和AUG，以及用于网络交互的蛙人和潜艇以及水面舰艇都可被视为网络节点。由于这些节点具有不同的功能，它们的结合具有很强的互补性，大幅提升了网络性能。

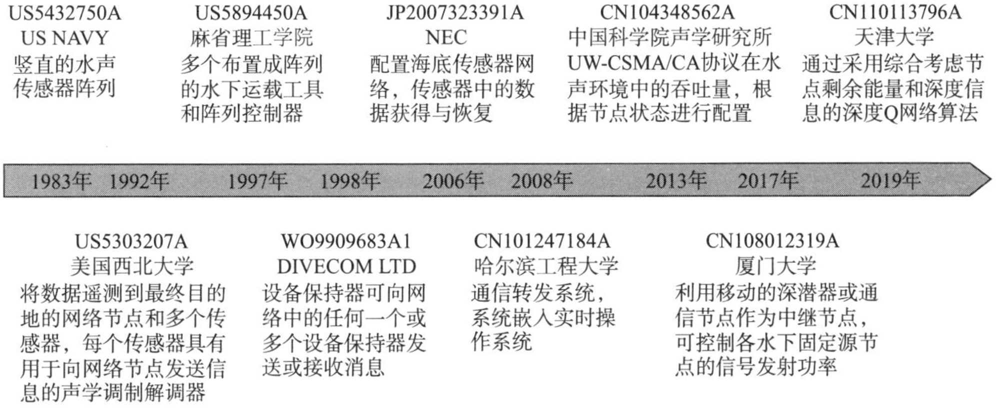

图 5-3-5 水声传感网络专利技术发展路径

水声传感网络的规模根据所覆盖的水体空间大小和所需采集数据的采样点密度而定。在水声传感网络所需布设数量很大、水体覆盖面积广、水体深度大时，对于每个水声传感网络节点的初始化、配置和位置安放，需要考虑到网络覆盖效率、覆盖冗余度、网络生存时间、节点成本、传输连通效率。针对这几个方面，相关专利技术中已经提出了解决方案（CN106060893A、JP2019096111A、US10257783B2、EP2175575B1）。当前也有许多水声传感网络的介质访问控制协议被提出，其中水下多信道介质访问控制协议引起了研究学者的关注。该类协议将信道分为若干个子信道，通过节点间控制报文的交换完成信道协商，然后进行数据传输，从而可以使更多的数据同时进行传输，极大提高了网络吞吐量（CN106604322A、CN109905182A、WO2018075984A8、US9501926B1）。

（3）水声信号的调制解调

水声信号的调制解调技术涵盖的内容更加丰富。调制就是用基带信号去控制载波信号的某个或几个参量的变化，将信息荷载在其上形成已调信号传输。而解调是调制的反过程，通过具体的方法从已调信号的参量变化中恢复原始的基带信号，主要包括有正交频分复用（OFDM）、水声扩频技术、多普勒补偿算法等。

从图5-3-3中可以看出，水声信号的调制解调技术分支较多，并且技术分支各有特点，例如正交频分复用技术是一种多载波的相干通信技术，频带利用效率高，在水声通信中得到了广泛的应用；水声扩频技术的抗干扰能力强，隐蔽性好，能够在较低的信噪比下实现信息的可靠传输，在水声信道下有着稳定而可靠的表现。

水声信号的调制解调技术出现于20世纪中叶。和其他信号处理技术的发展趋势相同，水声信号的调制解调技术经历了从最初的模拟通信阶段到现今的数字通信过程。20世纪80年代，水声通信主要以非相干的频移键控调制等技术为主；近十几年来，在高速水声通信技术上已由非相干通信向相干通信发展。目前主要的水声信号的调制解调技术包括频分复用技术、多普勒补偿技术、扩频技术、时间反转镜技术、非相干通信技术、相干通信技术、多输入多输出技术等。

频分复用技术以正交频分复用为主要分支，是在多载波调制技术基础上发展而来的，属于一种无线环境下的高速传输技术。其核心思想是采用并行传输技术降低子路上传输的信号速率，使得符号长度大于系统采样间隔进而抑制符号间干扰（ISI），同时域上保持正交，使得一子信道的频谱峰值点处为其他子信道的频谱零值点，从而避免载波间干扰（ICI）的出现。正交频分复用技术因其自身能够有效克服水声信道多途扩展带来的码间干扰，并具有高频谱利用率、大传输容量等诸多优点，已成为高速水声通信的主要传输方式。在正交频分复用通信系统中采用差分调制相干解调技术，无须信道估计，降低了系统的复杂度，避免了相干解调时的相位模糊问题，同时无须插入导频信号，节省了带宽（CN101485125B、US7859944B2、CN104135455A）。

扩频技术可以在一定程度上消除信道传输中的多途性。扩频信号的相关增益可以使在负信噪比的条件下进行信号的恢复得到实现。扩频通信的抗干扰、抗衰落能力也很强。这是对复杂多变的水声信道的一个很好的解决方案，可以解决长距离移动目标的通信问题，能够进行敌我识别、导航和定位等（US9030918B2、CN101534156B）。

多普勒频移影响水声协作通信的载波跟踪和码元同步，使得接收端检测器和相位跟踪系统不能在容限范围内正常工作，导致误码率增大，从而降低了接收机的性能。所以，要改善通信质量，特别是运动环境下的通信质量，必须对多普勒进行跟踪和补偿。目前水声通信中的多普勒估计都是基于模糊函数方法，其实现的方法有两类：一类是多普勒频移预估计方法，另一类是多普勒频移块估计方法（US8467269B2、CN109302240A）。

（4）电路与硬件模块

电路与硬件模块包括信号处理电路和电源管理电路，如图5-3-3所示。根据对水声通信专利技术的分解，该分支虽然从名称来看与水声通信技术的关联度不大，但却是实现水声通信的基础，并且在实现适用于AUG的水声通信技术的改进方面，电路与硬件模块能够非常显著地实现低能耗和小型化，尤其是在信号处理电路方面的专利申请，申请人技术改进的自由度较大，并且达到的技术效果也非常显著。

如图5-3-6所示，现有水声通信机多为船用或者舰载设备，整机规模庞大，设备构成复杂，其中供电管理单元、功率发射单元、信号处理单元、综合显控单元均由单独的信号处理机箱组成，无法适应现阶段水声信息网和诸如AUG等小型化水下无人潜水器对水声通信机小型化、低功耗、高效能的需求。

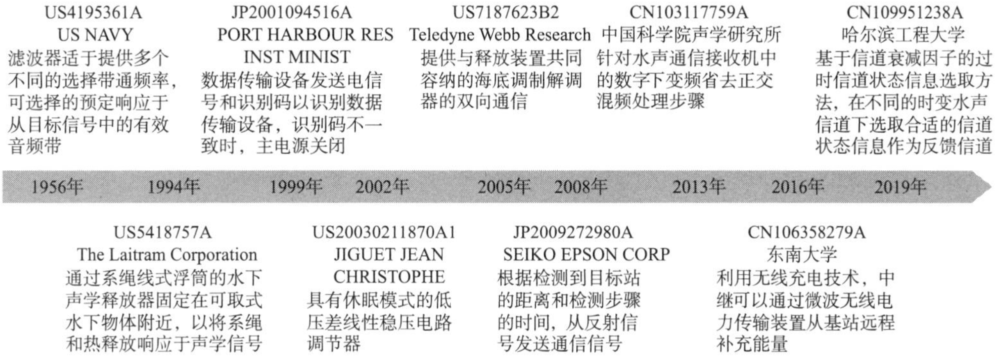

图5-3-6 电路与硬件模块专利技术发展路径

针对上述问题，相关专利提出一种新型的水声通信设备，将主控板、前级放大器、功率放大器和电源装置层叠设置组成多层电路板堆叠结构，具备体积小、重量轻、节约安装空间的优点（EP2858274A1、CN108777597A、JP2011023923A），成为新一代水声通信机的发展方向。

同时，在AUG等小型水下平台的电源总量有限的情况下，通过提高电源利用率也可以有效地延长整个水下通信设备网络的寿命。例如，休眠、唤醒机制是解决电源利用率的主要途径，可以采用集成的低功耗处理器实现低功耗唤醒功能，大大减少因环境干扰而引起的误判，提高系统可靠性（如WO2017131528A1、CN102201872A、CN106911398A）。

5.3.6 专利技术功效分析

图5-3-7给出了AUG水声通信技术扩展专利技术功效分布情况。从该图中可以看出，水声换能器在降低功耗、减小体积方面，已经积累了较多的专利申请。从技术

发展方向上看，主要在材料、结构等多方面已较为完备，而至于新材料、新结构的提出和应用于 AUG，仍需要进行较多的实验验证和水下实验测试，需要克服较多技术障碍和技术壁垒。由于 AUG 体积较小的特点，适用于 AUG 的水声通信技术改进也主要集中于水声换能器，这与水声换能器本身属于一种硬件结构有关：能够有效减小水声换能器的体积，就更加适用于 AUG 的搭载。

同时，我们还能够从图 5-3-7 中看出，电路与硬件模块方面的专利申请虽然数量较少，但具体分布却不同于其他三个技术分支：在实现降低功耗和减小体积两方面，电路与硬件模块均有相关专利申请，并且数量较为平均。从对相关专利技术的分析可以看出，该分支通过在电路硬件结构设计和电信号逻辑处理方面进行改进，能够达到一举两得的效果，并且技术复杂程度和技术转用难度也相对较低，属于未来颇具发展潜力的研究方向，有希望在今后的技术研究中实现技术突破。

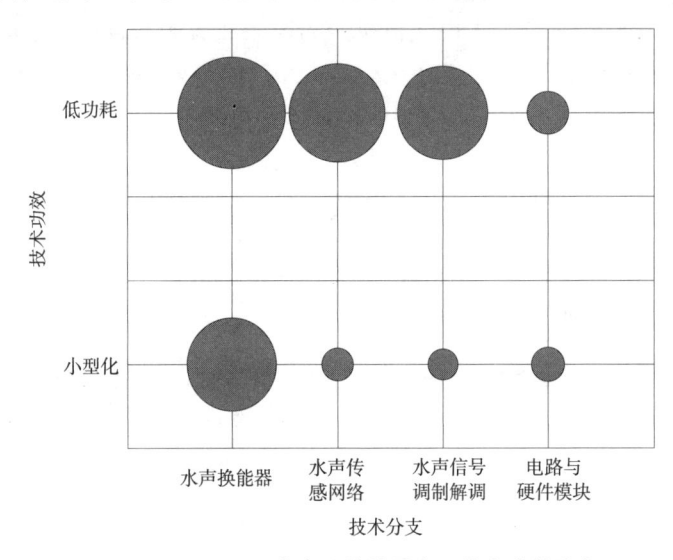

图 5-3-7　AUG 水声通信扩展专利技术功效分布

注：图中气泡大小表示申请量多少。

5.4　重要专利分析

通过对 AUG 水声通信技术扩展专利文献进行分析可以发现，以上 4 个技术分支分别在实现更好地适用于 AUG 的搭载和使用方面有所侧重，形成了各技术分支的研究热点。为了方便快速了解和分析这些技术分支，下面将对涉及各技术分支的重要专利进行筛选和介绍。

5.4.1　重要专利筛选

根据第 2 章扩展分析方法中关于筛选扩展文献的判断方法，课题组通过对专利法律状态、专利维持年限、专利同族数量、申请人情况等因素初筛出的文献进一步从领域近似性、转用技术障碍、技术问题需求度等方面进行了分析，从而筛选出水声通信技术中的重要专利。具体而言，在领域近似性方面，专利文献中明确提到水声通信技术用于水下航行器得分较高，未限定具体使用载体得分相对较低；在转用技术障碍方面，主要从水声通信频率、功耗、通信距离等方面考虑，相应参数与目前AUG的参数越接近则得分越高；在技术问题需求度方面，涉及目前AUG水声通信技术中急需解决的问题（例如降低功耗、减小体积）则得分较高，针对AUG较少涉及的问题则得分较低（例如对于保证水下航行器跟随海床运动的问题，AUG的驱动原理限制了其运动轨迹为锯齿形而不需要随海床运动）。

根据以上评分标准对适用于AUG水声通信技术扩展专利进行打分，在此选取一部分具有代表性的专利文献展示其筛选情况，如表5-4-1所示。

表5-4-1 重要专利文献筛选评分表

公开（公告）号	领域近似性得分	转用技术障碍得分	技术问题需求得分	具体原因	总得分	转用可能性
CN109803216A	4	9	10	具有小尺寸、超低频、大位移、结构简单等特点	23	高
CN109921811A	10	10	10	以较低的运算复杂度改善时间反转的实时运算量，并且提高效率，减少成本	30	高
CN108449147A	5	10	10	提供可进行水声唤醒机制设计，是延长水声通信设备使用寿命的有效手段	25	高
US5303207A	6	3	10	最大化网络吞吐量和最小化预期延迟，传感器节点放置在固定位置	19	中
CN109194715A	3	1	3	构建无线传感器网络节点进行水利工程渗流智能监测	6	低

课题组通过上述方法筛选出了适用于AUG的扩展水声通信技术重要专利文献，后续将对重要专利进行进一步分析。

5.4.2 重要专利技术分析

5.4.2.1 水声换能器

由于AUG的能源、体积有限，因此实现水声通信的水声换能器结构必须满足低功耗、小型化的需求，确保能够安排设置在AUG的机体上并在工作运行时不影响AUG机体本身的工作。目前，对于水声换能器的研究已经产生了很多能够应用于AUG的水声通信系统的技术。

（1）一种动磁式直线致动器（CN109803216A）

动磁式直线致动器改变了导磁磁路结构与永磁铁阵列的排布方式，通过改变导磁磁路的结构，提高了导磁材料的利用率，使整体结构更加紧凑，减小直线致动器的重量。因为导磁磁路的改变，传统由两极化方向相反永磁铁组成的永磁铁阵列可加上一块永磁铁，形成两个动磁式驱动区域，使动磁式直线致动器的输出电磁力翻倍，进一步提升动磁式直线致动器的大功率输出。

该专利申请中的直线致动器不仅具有小尺寸、大功率、超低频的特点，还通过结构改进，进一步加强了小尺寸和大功率的特性。同时，由于致动器具有两个驱动区域，输出电磁力的大小是普通动磁式直线致动器的两倍，这样直线致动器的位移距离也会加倍，为大功率发射埋下伏笔。导磁磁路的改进，增大了导磁材料的利用率，大大减小了动磁式直线致动器的体积与重量，有利于后续设备设计的小型化。

（2）弯张换能器及相关方法（US9919344B2）

弯张换能器是在轴向和径向上呈对称结构的陶瓷盘，向辐射声波的两个相对方向均布。弯张换能器利用有源材料的纵向振动激励壳体做弯曲振动，其具有低频、小尺寸、结构简单、便于生产等特点。弯张换能器发射声能的方法为通过弯曲压电元件与交流信号，使得该曲面压电元件膨胀和收缩的方向相对焦点限定的曲率弯曲压电元件产生机械能，将机械能从弯曲压电元件传输到与该曲面压电元件连接的端盖，响应于所传送的机械能，端盖被允许相对弯曲的曲面压电元件，具有小尺寸、低频、宽带和深水特性，可用于水声探测、测量及海洋资源勘探等领域。

（3）一种可降低功耗的节能型自容式水听器（CN208924462U）

通过设置加固杆，多个加固杆配置方式使每两个设置为一组，一组两个加固杆通过销轴转动交叉连接，可以调节加固杆的交叉尺寸大小，固定不同尺寸的自容式水听器主体；该装置适用范围广，具有结构紧凑、体积和功耗较小且环保节能等优点。此外，通过设置缓冲弹簧可以保证装置的结构连接牢固，也可以缓冲震动；通过设置保护筒和套筒及增加保护装置，保证设备的使用寿命。

该专利申请明确提出现有的自容式水听器一般都是体积比较大，功耗比较高，不环保且不节能，因此针对上述问题对水听器结构进行了改进，属于AUG水声通信技术可借鉴的专利技术。

5.4.2.2 水声传感网络

传统水下通信节点，包括水密接插件、通信机芯、电声换能器和电池供电系统。通常电池供电系统作为单独一部分，设置在通信节点的外部，其余部分作为通信机。现有技术中的通信节点会造成两方面的困难：第一，操作灵活性差，通信节点体积大，重量大，需要专门的起吊设备对通信节点进行操作；第二，可靠性低，因为各独立部分相互之间需要使用线缆连接，在操作及使用过程中容易因为拉拽磕碰等现象导致设备出现故障。由于传统的通信节点设备存在这两方面困难，因此其应用于AUG受到限制。要实现将AUG作为移动式水下通信节点，亟须解决上述问题。

（1）声学局域网（US5303207A）

一种用于海洋和数据采集的水下局域网，包括多个传感器，每个传感器具有声学调制解调器和接收器，公共接收器与多个传感器中的每一个进行通信。网络节点建立的虚拟线路通过定义用于根节点序列的特定分组，将虚拟电路可以自适应地根据当前节点配置定义、环境条件和其他网络通信进行数据传输。

网络协议自适应地建立、维持和终止虚拟电路，每个虚拟电路包括一组从源到目的地节点有序的存储和转发。虚拟源电路的启动和终止，保持了直到源断开后数据吞吐量降低，使过去某处阈值的指示过载虚拟电路，在关闭时虚拟电路可以建立新的路由表。

该专利技术具有分组传输的功率效率，并且最小化网络中的重发次数，这在实际的水声传感网络节点的应用中可以有效提高电源的使用效率。

（2）一种紧凑型水声通信节点（CN108847898A）

接收信号处理模块和电源模块由于连接信号线较多，故采用公母接插件对插的方式连接；发射机模块相对比较独立，故采用高温线连接。这样省去了传统方案中的底板，摆放更加自由，也更容易利用空间。具体而言，音频集成功放单元将PWM波形调制、驱动电路、功率放大和过温过压保护等电路全部集成在一个功放芯片之中，这就使得发射机的整体尺寸必然比普通发射机小得多；音频集成功放单元采用锂电池供电，瞬间供电电流能达到5A，仅使用470微法50V的供电电容（传统的紧凑型水声通信节点需要采用法拉级别的容值电容），且该电容尺寸已相当小；LC滤波电路电感选用工形功率电感防止电流饱和；音频集成功放单元使用单端电源电压供电；音频集成功放单元的功放功率电源引脚电压采用宽压供电方式；音频集成功放单元功放的效率能够达到80%以上，效率大大增加，使得电池能量需求大大减小，电池供电部分体积也大大减小。

该专利提出的紧凑型水声通信节点，操作灵活性强，具有体积小、重量轻的优点，可以灵活地对其进行安装维护，省去通信系统与电池之间的外部水密线缆连接。该技术可靠性强并且已经成功应用于6000m深海无线实时通信数据传输实验。

（3）一种微型无线水声通信节点电路（CN108230656A）

水声通信节点电路利用串口接收传感器获取水下信息，并将信息编码成易读的二进制数字信号。在发送模式下，信号调制电路对该数字信号进行频移键控调制，将数字信号调制在更高频率的模拟信号上，以增加信号的抗干扰性；调制信号经过功率放大后，利用水声换能器将电信号转换成声波信号，大功率的声波信号可以传输更远的距离；在接收模式下，水声换能器将声波震动转换成微弱的电信号，首先需要通过多级放大电路对电信号进行放大，然后将信号传输到多阶带通滤波电路中进行滤波，随后将滤波后的信号进行解调，最终目标是还原接收到的水下信息。

该专利提供了一种微型无线水声通信节点电路，将水声通信节点电路设置为两种工作模式：发射模式和接收模式。两种模式共同包含的电路有电源电路、主控电路、工作模式切换电路、水声换能器接口电路、对外串行接口电路；仅在发送模式中包含的电路有信号调制电路、信号驱动电路、信号功率放大电路；仅在接收模式中包含的电路有信号可控增益放大电路、信号带通滤波电路、信号解调电路。用单片机电路和信号处理电路实现了数据采集、编码、调制与传输，可作为大规模水声传感器网络中的节点电路，水声通信单节点的最大功耗仅需120mW。

（4）一种无线移动网络中的调度方法（JP2019508000A）

调度水下无线移动网络的方法包括当需要发送时，由于接收节点的每个周期往返延迟节点移动是通过最小化空闲时间来跟踪接收数据分组，通过提高信道使用效率可以显著提高网络效率。另外，通过提高信道使用效率可以提高网络的效率，不需要进行时间同步，避免了时间同步在应用程序中消耗和利用大量资源，且累积错误不是周期性的，因而不需要进行重新初始化。

该专利技术由于不需要时间同步，在单独的分组中不需要切换，为提高网络的产量可以为无线移动网络提供调度方法。

5.4.2.3 水声信号的调制解调

随着水下传感器技术和现代通信技术的发展，人类对海洋等水下空间环境的应用需求不断提高，越来越多的国家开始重视水声传感网络的研究。水声传感网络以声通信的方式进行信息交互，为保证数据稳定、实时的传输，亟须设计一种体积小、成本低、功耗低和可靠性高的水声调制解调器。

（1）一种基于正交差分相移键控调制的水声调制解调器及调制方法（CN108259092A）

该装置采用收发分置和收发一体两种调制解调模式，以微处理器为核心融合正交差分相移键控技术，实现收发一体与收发分置的切换，可以依据信息传输、功耗和寿命时间等要求配置其收发模式，不仅减少故障的产生，降低了维护和制造等成本，还充分发挥了其本身的硬件效率；利用可变编码的方法对信息进行映射，简单快速地实现信息的编码，从而完成水声信息的稳健传输。采用正交差分相移键控的调制解调方式，具有可靠性高、易于实现等优点。

相比传统的调制解调器，该专利降低了硬件的使用，如在发射端只用到了发送端信号放大电路，省去了为避免噪声干扰而设计的滤波电路。此外，该专利的数模转换模块和模数转换模块均集成在微控制器中，并且在水下弱通信环境中考虑不同通信介质，利用模块化方法设计了一种既能保证水下信息可靠获取，又能实现水面数据高效回传的低成本、低功耗的具有收发模式切换能力的水声调制解调器。

（2）一种水声通信方法、装置及系统（CN109921811A）

水声通信装置包括模数转换器、时反－均衡器组、自适应梯度迭代器和数据解码器；时反－均衡器组包括前移时反器、前移均衡器、后移时反器、后移均衡器；前移时反器和后移时反器的输入端分别与模数转换器的输出端相连，前移时反器和后移时反器的输出端分别与前移均衡器和后移均衡器的输入端连接，前移均衡器和后移均衡器的输出端分别与自适应梯度迭代模块的输入端连接，自适应梯度迭代模块的输出端与前移时反器和后移时反器的输入端连接，数据解码器用以对前移均衡器和后移均衡器的输出进行数据解码。

该专利相比于常规的时反器系数固定必须通过信道估计进行更新的模式，系对前移时反系数和后移时反系数进行时移的自适应迭代以适应不同的多普勒，在无须重采样的同时可进一步避免诸如 AUG 等微小型无人水下潜行器的变速航行造成的变化多普勒条件下频繁估计信道的需要，可大大提高变化多普勒条件下时间反转水声通信机的通信效率。另外，与传统接收机中时反、均衡是互相独立的两个处理过程不同，该专利提出结合时反、均衡处理获得梯度信息进行时反系数的时移调整，即采用前移、后移时反 – 均衡器组形成的误差梯度进行时反器系数的时移自适应迭代，从而以较低的运算复杂度实现对变化多普勒的适应。该装置具有运算复杂度低和成本低等优点。

5.4.2.4　电路与硬件模块

水声通信终端或水声网络节点等水声通信设备多数由电池供电，但通过更换电池来补充水声通信设备能量的方式代价高昂，因此，对水声通信设备进行低功耗设计是延长水声通信设备使用寿命的有效手段，其中休眠唤醒机制和集成化电路设计是实现低功耗目标的重要手段。休眠唤醒机制为水声通信设备专门配备一个唤醒电路，在空闲时水声通信设备处于低功耗的休眠状态，仅有小部分电路处于上电工作状态，一旦检测到有信号到达时，唤醒电路将开启后续相应电路模块的电源进行通信发射或接收。

（1）一种基于线性调频信号的水声通信唤醒方法（CN108449147A）

该方法包括发送端和接收端，在发送端选择线性调频信号作唤醒信号，利用线性调频信号的抗频率选择性衰落强以及有良好的分辨力的特性，有利于提高在信道多径效应严重以及接收端低信噪比低情况下的唤醒可靠性。在接收端进一步采用"5 选 3"的判决原则，有效地解决多径效应带来的幅值衰落和码间干扰问题，降低唤醒的漏报和虚警，提高唤醒的可靠性。同时，在发送端利用上/下调频的不同组合方式构造多点网络通信间的唤醒地址码，在多个网络节点下有利于降低唤醒的虚警概率，提高唤醒稳定性。

该专利针对水声传输信号接收信噪比低、多径效应和多普勒效应严重以及应用于水声网络节点时带来多址干扰等问题，提供可进行水声唤醒机制的设计，用于解决水声信道信噪比低、多径效应强以及多点网络通信的情况下水声通信唤醒的稳定性和可靠性受影响的问题。

（2）一种水声通信设备（CN209057218U）

该专利将主控板、前级放大器、功率放大器和电源装置层叠设置组成多层电路板堆叠结构，并且考虑到水声通信设备大量应用于如 AUG 等水下无人无缆潜水器，而水下无人无缆潜水器大部分都是类圆柱形状且空间有限，因此，该水声通信设备的电路板结构可以采用多层圆形电路板堆叠结构，能够大大减少设备安装体积；采用双核（DSP 和 ARM 核）处理器，集成度高，且具有很好的灵活性和组网功能。

5.5　重点申请人专利分析

5.5.1　哈尔滨工程大学

哈尔滨工程大学在杨德森院士、杨士莪院士带领下，已经发展成为我国水声通信行业的主要技术支撑单位，并且在水声传感器技术、水下定位与导航技术、水下目标探测技术、水声通信技术、多波束测深技术、高分辨图像声呐技术等领域处于国内领先和国际先进水平。

5.5.1.1 申请趋势

本小节对哈尔滨工程大学水声通信技术专利申请进行分析，以期掌握哈尔滨工程大学在水声通信技术上的整体研发和专利布局状况。

从图5-5-1中可看出，哈尔滨工程大学水声通信技术专利申请始于2005年，此后专利申请量的整体趋势是逐年增加的，经过2007~2009年的缓慢发展期后，在2010年开始大幅增长，进入整体上的快速发展期，特别是2014年之后的年专利申请量从零星几件增加到近10件。

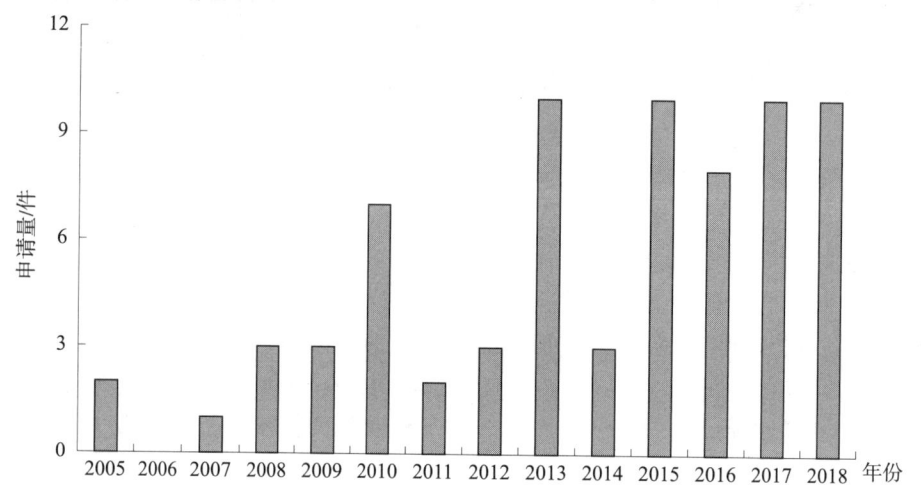

图5-5-1 哈尔滨工程大学水声通信技术专利申请趋势

如图5-5-2所示，从哈尔滨工程大学水声通信技术专利申请法律状态分布可以看出，截至2018年12月31日，哈尔滨工程大学有40%的专利申请处于实质审查阶段，并且授权案件占比为33%，说明其专利申请的技术含量和创新水平还有较大提升空间，相关研究团队可以多关注技术创新及专利的市场应用性。

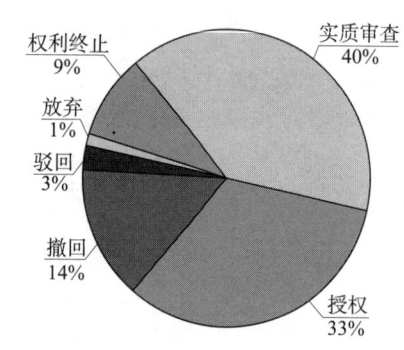

5.5.1.2 技术路线

哈尔滨工业大学水声通信专利技术发展路线如图5-5-3所示。从该图中可以看出，哈尔滨工程大学的研发重点在于水声换能器、水声传感网络和水声信号的调制解调，其在水声通信技术领域具有深厚的技术基础。

图5-5-2 哈尔滨工程大学水声通信技术专利申请法律状态

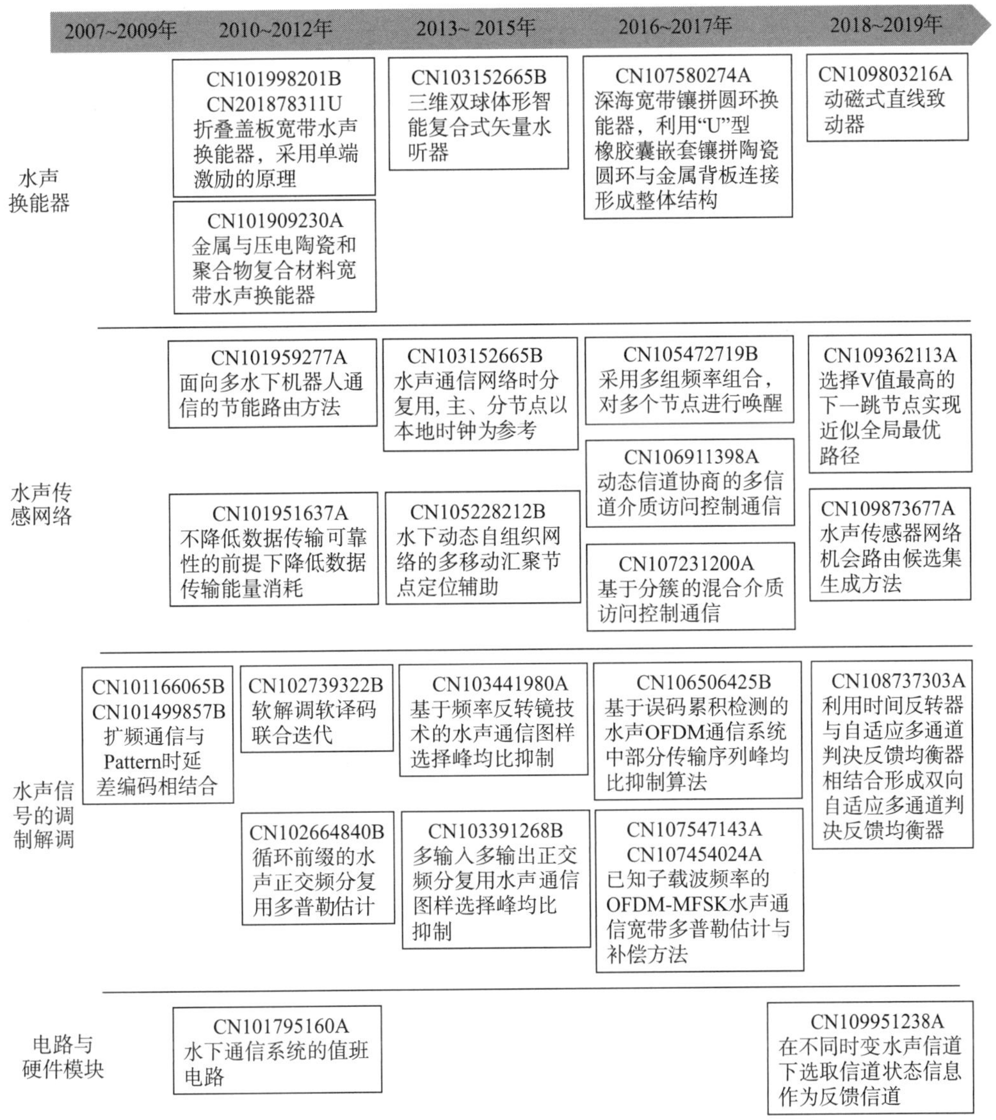

图 5-5-3 哈尔滨工程大学水声通信专利技术发展路线

5.5.1.3 重点专利申请列表

对哈尔滨工程大学水声通信技术领域的专利申请进行梳理，从技术主题、技术分支等方面列出重点专利技术，具体见表 5-5-1。

表 5-5-1 哈尔滨工程大学水声通信重要专利技术

序号	名称	技术分支	公开（公告）号
1	一种水声传感器网络机会路由候选集生成方法	水声传感网络	CN109873677A
2	一种动磁式直线致动器	水声换能器	CN109803216A

续表

序号	名称	技术分支	公开（公告）号
3	一种水声传感器网络合作探索强化学习路由方法	水声传感网络	CN109362113A
4	一种超低频弯曲圆盘换能器	水声换能器	CN109195066A
5	一种基于分布式水声网络被动定位系统中的声同步方法	水声传感网络	CN108923874A
6	一种共形驱动四边形弯张换能器	水声换能器	CN108777831A
7	一种深水弯曲圆盘换能器	水声换能器	CN108769869A
8	一种水下无人平台远程稳健通信方法	水声信号的调制解调	CN108737303A
9	一种水滴型弯张换能器	水声换能器	CN108435523A
10	一种低频镶拼椭圆环换能器	水声换能器	CN108305606A
11	一种已知子载波频率的 OFDM－MFSK 水声通信宽带多普勒估计与补偿方法	水声信号的调制解调	CN107547143A
12	一种基于虚拟时间反转镜的水声 OFDM－MFSK 信道均衡方法	水声信号的调制解调	CN107454024A
13	一种低频框架驱动式四边型弯张换能器	水声换能器	CN107403616A
14	一种基于子载波能量的 OFDM－MFSK 水声通信宽带多普勒估计与补偿方法	水声信号的调制解调	CN107231176A
15	一种基于分簇的水声传感器网络混合介质访问控制通信方法	水声传感网络	CN107231200A
16	一种共形驱动 IV 型弯张换能器	水声换能器	CN107231594B
17	一种动态信道协商的水下传感器网络多信道介质访问控制通信方法	水声传感网络	CN106911398A
18	一种空洞感知的水下传感器网络路由方法	水声传感网络	CN106879044A
19	一种深海宽带镶拼圆环换能器	水声换能器	CN106782474A
20	一种水声通信网络 OFDM 链路物理层与 MAC 层跨层通信方法	水声传感网络	CN106788782A
21	一种基于误码累积检测的水声 OFDM 通信系统中部分传输序列峰均比抑制算法	水声信号的调制解调	CN106506425B
22	一种基于正交导频序列的水声 OFDM 通信系统选择性映射峰均比抑制算法	水声信号的调制解调	CN106487738B
23	一种消除正交频分复用水声通信系统限幅噪声的方法	水声信号的调制解调	CN106302298B

续表

序号	名称	技术分支	公开（公告）号
24	一种适合于稀疏水声 OFDM 通信系统的无边信息的部分传输序列峰均比抑制算法	水声信号的调制解调	CN106254293B
25	一种水声正交频分复用异步多用户接入方法	水声信号的调制解调	CN105490978B
26	一种稳健的水下通信节点唤醒信号检测方法	水声传感网络	CN105472719B
27	一种基于时反镜循环移位能量检测的水声通信方法	水声信号的调制解调	CN105356907B
28	一种多移动汇聚节点定位辅助的水下传感器网络路由方法	水声传感网络	CN105228212B
29	一种水声 OFDMA 上行通信稀疏信道估计与导频优化方法	水声信号的调制解调	CN104780128B
30	一种基于参量阵 Pattern 时延差编码水声通信的方法	水声信号的调制解调	CN104539394B
31	一种多移动汇聚节点的水下传感器网络路由方法	水声传感网络	CN104507135B
32	一种基于时频扩展的低截获水声遥控方法	水声信号的调制解调	CN103905365B
33	一种基于判决反馈的改进选择性映射峰均功率比抑制方法	水声信号的调制解调	CN103391171B
34	一种多输入多输出正交频分复用浅海水声通信图样选择峰均比抑制方法	水声信号的调制解调	CN103391268B
35	一种水声通信网络时分复用方法	水声信号的调制解调	CN103248435B
36	一种三维双球体形智能复合式矢量水听器	水声换能器	CN103152665B
37	一种基于非固定码元宽度的 Pattern 时延差编码水声通信方法	水声信号的调制解调	CN102315883B
38	一种基于软解调软译码联合迭代的远程水声通信方法	电路与硬件模块	CN102739322B
39	一种基于循环前缀的水声正交频分复用多普勒估计方法	水声信号的调制解调	CN102664840B
40	一种非线性介质中声波相互作用后声能量的输出调节方法	水声信号的调制解调	CN102510548B

5.5.2 US NAVY

近 100 年来，美国声呐装备的发展历程充分体现了其对水声装备的重视。第二次世界大战后，美国将水声与雷达、原子弹并列为三大发展计划，不断发展水声装备技术。目前，US NAVY 声呐装备种类多，规模大，技术先进，代表着世界最高水平。

20 世纪 50 年代至 20 世纪 90 年代中期，US NAVY 在水声通信技术方面还处于理论研究和技术研究阶段，早期以建立模拟系统和开展水声相干通信技术研究为主。20 世纪 90 年代中期，浅海环境的水声通信速率和距离实现了较大发展，使水下网络的建立成为可能。20 世纪 90 年代后期至 21 世纪初期，水声通信技术和水下网络技术在同时稳步发展，经过多次组网试验，包括水声调制解调器在内的各种水下传感器网络组网技术和设备日趋完善，性能不断提高。

US NAVY 于 1997 年提出"网络中心战"概念后，在美国国防部骨干路由器网的支持下，以协同作战能力网络为主体，实现对地面、空中、太空、水面通信平台的全球点对点链接，建立起实施网络中心战的联合传感器网络，可以对陆海空实施广泛而连续的监视。水声通信技术日趋成熟是水下传感器网络发展的推动因素。水声通信技术是水下传感器网络的关键技术，它涉及水声数据的交换技术、传输技术、共用系统技术和宽带接入技术等。通过持续开展广域"海网"（Seaweb）的海底水声通信网络试验，其证实了利用声学进行水下通信组网的可行性，并衍生出一系列水声传感网络计划和应用，展现了水声通信网络应用的广阔前景。

5.5.2.1 申请趋势

US NAVY 与水声通信技术相关的申请总计 82 件。如图 5-5-4 所示，US NAVY 在该领域的申请从 1954 年开始，此后保持整体比较稳定均匀的申请态势，申请量发展趋势较为平稳。US NAVY 的相关申请全部为在美国进行的申请，没有其他国家同族。针对这一特点，可以结合美国实行的保密发明审查制度进行分析。

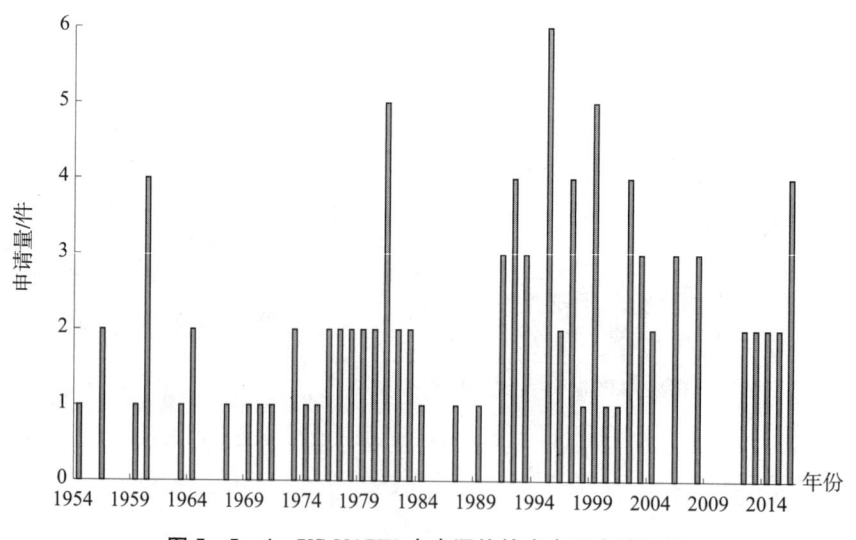

图 5-5-4 US NAVY 水声通信技术专利申请趋势

通过对 US NAVY 的 82 件专利申请进行统计，去掉其中可能因为审查程序的原因导致公开即授权的部分专利，得到 65 件 US NAVY 的专利申请。对这 65 件专利申请的申请年份和公开年份进行比较分析，发现从申请到公开的平均年限长达 7.2 年。如图 5-5-5

所示，有大量专利申请经历了非常漫长的保密阶段才得以公开（其中超过 10 年才公开的专利申请有 18 件）。经过对专利技术的分析，相关技术内容也均涉及国防军事方面。超过 20 年以上的专利技术涉及潜艇、水雷的目标定位、隐身和静音，以及水声换能器机构及材料的基础性专利；从申请到公开的时间在 10 ~ 20 年的专利技术涉及低频水声换能器结构设计和实现军事目标引爆的水声信号处理；从申请到公开的时间在 10 年以内的专利技术多涉及水声信号调制算法、水声换能器应用布置、

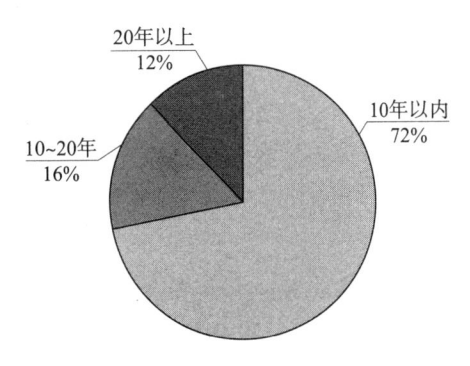

图 5 – 5 – 5　US NAVY 水声通信技术专利申请与公开年限分布

水声信号的电路设计以及水下测绘勘探等民用方面的水声探测。值得注意的是，经历保密审查时间最长的专利为 US5003515A。该专利请求保护一种用于水下潜艇的应急通信发射机，申请年份为 1964 年，公开年份为 1991 年，保密时间达到 27 年。这也反映出美国的保密发明审查制度对涉及武器装备和军事战略目的的专利所持有的谨慎态度。

因此，我们可以预测，目前，US NAVY 还有大量专利申请因属于保密专利而未被公开，无法被公众知晓。

5.5.2.2　技术分布

通过对 US NAVY 在水声通信技术方面的专利申请进行分析发现，US NAVY 的专利申请在各技术分支的分布情况如图 5 – 5 – 6 所示。从该图中可以看出，US NAVY 在水声通信技术领域的专利申请涉及的技术主要为水声换能器在结构、材料和布置方面的改进以及对水声通信的硬件模块和数据处理电路的改进。这表明 US NAVY 在这几个技术分支的研发和专利布局方面的投入较大。

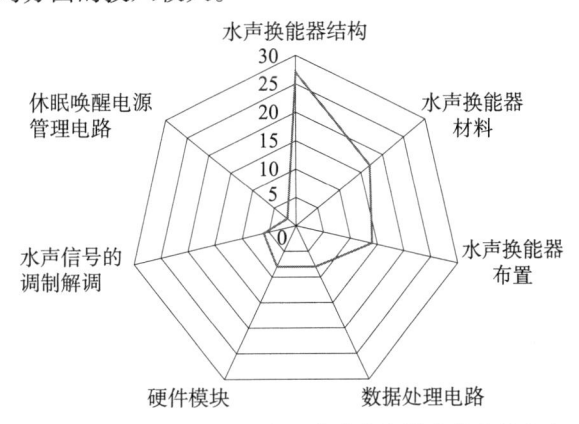

图 5 – 5 – 6　US NAVY 专利申请在各技术分支的分布

注：图中数字表示申请量，单位为件。

水声技术的发展需要各类水声换能器提供支撑。水声换能器的发展主要包括以应用新材料、采用新工艺布置、设计新结构等方式实现水声换能器综合技术性能的改善

和提升。水声技术领域的迫切需求是水声换能器发展的直接动力。US NAVY 在 1959 年开始了对水声换能器的研究,并在此之后申请了大量专利作为基础专利。经历半个多世纪的发展,US NAVY 在水声通信技术领域已具备深厚的技术积累。

5.5.2.3 技术路线

为了研究 US NAVY 在水声通信技术领域的技术发展和专利布局状况(基于第 5.5.2.2 小节的研究内容,水声换能器的专利占 US NAVY 水声通信技术全部专利的 70%以上),课题组重点对 US NAVY 在水声换能器的结构、材料、布置几个方面的技术发展路线进行分析研究,得到了如图 5-5-7(见文前彩色插图第 4 页)所示的 US NAVY 水声换能器技术发展路线。

纵观 US NAVY 在水声换能器领域的专利申请,其在水声换能器结构方面专利布局较早,从 1959 年开始一直持续深入研究,包括使用圆柱形和喇叭形壳体,以及具有球面凹形的有源面和层叠结构;其在 2008 年提出了具有模态梁的声矢量传感器,系改善波束特性的技术创新,可以利用激发方式的组合实现多振动模态的叠加驱动,从而达到改变发射波束特性的目的;其对于材料方面的改进是在 1969 年首次提出使用退火镍条构成的磁致伸缩材料制造换能器,并在后续对磁致伸缩材料进行了深入研究。不仅限于新一代磁致伸缩材料,水声换能器的材料还包括新一代压电材料。US NAVY 在 1995 年提出使用钛酸铅压电材料,使得损耗因子大幅度降低,并且提出了新型聚合物压电材料。在 2016 年,随着纳米材料的广泛应用,US NAVY 提出使用碳纳米管作为水声换能器的材料,是在水声换能器材料改进方面的大胆尝试。可见,US NAVY 经过近半个多世纪的技术积累,其水声换能器的技术创新频频涌现,在提高综合技术性能、提出新概念新机理方面进行了不断的探索,深化与完善了其在水声换能器方面的基础性专利的全面布局。

值得注意的是,US NAVY 在水声通信技术方面,特别是水声传感网络方面,并没有较多的专利技术披露相关内容,这与课题组在前期的调研和资料调查结果并不匹配。考虑到水声传感网络是目前 US NAVY 提高水下战场信息控制能力、扩大水声预警探测范围的重要手段,因此,在目前公开的 US NAVY 的相关专利中,涉及水声传感网络的专利技术披露较少。可以预见,水声传感网络是水声通信技术未来的主要发展方向,结合以 AUG 为代表的水下航行器,将有助于水声传感网络系统的逐步完善,使其呈现出大规模、自组织、动态性等特点,从而提高未来对海洋环境数据、战术数据和情报数据的获取能力,成为决胜未来海洋战场的一项重要能力。

根据 US NAVY 在水声通信技术方面的专利布局情况总结经验,可供我国的相关科研院所参考。水声通信这类存在军民融合、交叉发展的技术,既涉及军工企业又涉及非军工企业,既涉及军转民又涉及民转军,既包括进行基础研究的大学和科研机构,又包括政府的宏观调控。因此,申请人在进行专利申请布局时,要厘清哪些技术属于对国防军事的发展具有深远意义的关键技术,哪些技术属于基础性研究且不存在应用界限,即需要多方协同并依照一定要求区分涉密技术和非涉密技术,并分别进行国防专利和普通专利的申请;从而既充分发挥军用技术成果对民用技术发展的牵引作用,

5.6 AUG 水声通信技术选择建议

目前水声通信技术仍然是获取海洋信息、认识海洋、探测海洋奥秘的主要技术手段。水声通信技术的蓬勃发展，必将助力我国海洋强国目标的早日实现。

根据对水声通信技术各技术分支的研究，目前限制水声通信技术应用于 AUG 的因素包括多个方面。本节将重点从水声换能器、水声传感网络两个技术分支对 AUG 水声通信技术提出发展建议，以期突破目前 AUG 水声通信技术存在的技术瓶颈。

5.6.1 采用新材料、新结构的水声换能器

目前 AUG 以长航程和深水作业为主，并且涉及军事方面应用。对于超远程水下信息传输和超隐身水下探测发展的迫切需求来说，低频发射换能器是 AUG 水声通信技术备受关注的热点方向之一。一般谐振式换能器的工作频率与几何尺寸成反比，即换能器的频率越低则几何尺寸越大，因此，要在 AUG 中使用低频换能器，首先面对的技术问题就是几何尺寸和能耗。

随着功能材料不断更新换代，围绕各类功能材料的特性提出新工艺和新结构的方法改善和提升了水声换能器的综合技术性能，使水声换能器创新性研究成果层出不穷。在实现水声换能器的小型化和低功耗的方面提出了多种解决方案，也提出了很多值得借鉴的专利技术，主要涉及材料和结构两个方面的改进，以达到更优的工作性能。

在材料方面，具体有稀土合金材料（US6617042B2）、稀有金属合金材料等新一代磁致伸缩材料、三元系铌铟酸铅 – 铌镁酸铅 – 钛酸铅（PIN – PMN – PT）及锰掺杂铌铟酸铅 – 铌镁酸铅 – 钛酸铅（Mn：PIN – PMN – PT）等压电单晶材料（EP2798680B1）。以上新材料的提出，进一步改善了水声换能器的工作特性。

在结构方面，除了已有大量专利披露并持续发展的弯曲振动低频换能器和弯张换能器，为满足 AUG 以深海作业为主的工作特点，还有专利提出了使用溢流腔结构的弯曲圆盘换能器（CN203482380U）和采用溢流圆管换能器作为激励源的多液腔低频宽带换能器（CN103646642B）。随着 MEMS 的发展，MEMS 技术已应用于水声换能器的设计研制；利用 MEMS 技术可以将敏感单元、控制电路、低噪声匹配电路、采样预处理模块等微电子元件集成为一体，使结构更加紧凑并且抗干扰能力强（US9327967B2）。

不限于单一材料或者结构的改进，部分专利也提出了将多种技术相结合从而获得更好的技术效果。俄罗斯提出一种矢量水听器（RU2679931C1），包括圆形弯曲压电换能器，内部设置气隙，应用新型压电单晶材料，使水听器体积减小，灵敏度提高。我国提出采用两级复合弯曲梁构成换能器壳体（CN101038740B），其驱动元件的线圈轴内插入一根超磁致伸缩稀土 Terfenol – D 圆棒，并在稀土圆棒两端面各贴放一圆片状的稀土永磁体使得换能器工作时，线圈通电后产生交变磁场，稀土圆棒在交变磁场和稀

土永磁体提供的静态偏置磁场作用下,产生磁致伸缩振动,使有限尺寸的结构具有更低的谐振频率,有利于实现超低频、大功率辐射。

可见,如何将新材料和新结构进行深度融合是水声换能器未来研究的重点。以此类推,新材料的更新升级加之结构的改进优化将会在更大程度上推动水声换能器的变革,比如新兴的碳纳米管、新型压电复合薄膜、石墨烯材料等。

5.6.2 网络拓扑节点部署策略

AUG 作为水声传感网络的移动节点之一,在用于水声传感网络中时,不仅能够满足军事领域的需求,而且对工业和民用的发展都具有重要意义。水声传感网络是 AUG 水声通信技术研究的热点问题。

水声传感网络的设计目标是既要实现功率消耗最小、网络可靠性更高,又要求具有更大的吞吐量。搭载有水声通信模块的 AUG,即作为水声传感网络中一个可以自由移动的水下传感网络节点,如果要既能完成本身设定的运动路径和数据采集的工作任务,又能与水声通信网络中的其他节点实现声学通信和组网,则必须尽量降低传感器节点的功耗以延长水声传感网络持续工作的时间。

水声传感网络中的节点部署主要以传感器网络构成和布局为出发点,就如何以最少的成本实现最佳网络性能展开研究。节点部署是构建传感器网络的基础,一个好的节点部署策略对网络性能和网络生存能力有重要影响。目前已经有不少关于水声传感网络节点部署的相关专利披露,对节点部署问题从早期的静态节点部署逐渐转向以 AUG 为代表的动态节点部署,从而构建形成多参数、宽范围、实时化、立体化的水声传感网络。目前关于节点部署,相关各方所关注的不仅仅是节点物理位置和空间位置的几何关系,更大程度上是对网络拓扑结构、数据感知质量、网络连通性和生存期进行深入研究,以达到最优的节点部署。

近年来,基于物理学、人工智能和生物学的优化算法逐渐兴起,为多个领域的问题提供了有效的解决方法,例如遗传算法、群体智能算法、模拟退火算法等,在水声传感网络上应用前景广阔。群体智能算法是一类新兴优化算法,其被大量用于最优化求解。该算法模仿了社会性动物的群聚行为:单个动物体能够完成简单的任务,如果多个动物体间相互交流,相互协作,便能完成更加复杂的任务——这一系列过程的实现并不只是通过动物个体数量的增加得到的,更重要的是个体间的信息交互。比较经典的群体智能算法有粒子群算法、蚁群算法以及人工鱼群算法(AFSA)。这类智能算法能够充分优化分布传感器节点在网络中的位置,降低网络冗余,减少网络部署成本,以节省水声传感网络资源。

人工鱼群算法具有并行性、简单性、全局性、快速性等优点。该算法更多地考虑水下环境的复杂性以及节点的移动,不仅可以提高网络的覆盖度,还能增强网络连通性,降低能量消耗,从而保持网络稳定运行,有效防止网络空洞。我国提出一种将传感器节点看作人工鱼群算法中的人工鱼的方法(CN109348518A),网络覆盖度被看作食物,通过不断迭代,使节点向着覆盖度增大的方向移动,利用人工鱼群算法寻找全局最优的能力,从而得到一种使得系统总能耗最低的路由线路。

在水声传感网络这类自组网络中,网络路由的计算、网络临时结构的形成不需要外部参与,可以依据当时的情况自我组织,并随环境变化自适应地自我调整。因此,各类自适应控制方法也显得尤为重要。可以根据应用需求和环境因素,例如感知区域的动植物以及水流等,结合水下传感器节点的功能结构和目标水域的环境特点,决定目标区域中的传感器节点的位置和部署手段,实现对目标水域的覆盖。美国提出一种以自适应和接合的方式管理水声传感网络中的节点的路由策略(US2018302172A1),将中继节点的选择策略(路由功能)和重传策略组合,通过应用由每个节点执行的算法,以动态和自适应的方式作出选择,以便从传输可靠性、网络延时以及能耗等方面获得最佳性能。

5.7 军民融合建议

5.7.1 以水声传感网络作为热点技术

总体来讲,AUG水声通信技术既涉及民用产业又涉及军工产业,与国家经济发展和国防安全密切相关,既属于机密产业及敏感产业,又具有较高的经济应用价值。从专利申请的角度也可以看出,AUG水声通信技术专利中还存在较多保密专利。基于以上研究,在此为我国对AUG水声通信技术在军民融合产业发展的路径探索提出有针对性的措施和建议。

通过对AUG水声通信四个专利技术分支的深入分析和研究,可以发现水声传感网络与其他技术分支存在明显不同,更侧重于水声通信技术在实际当中的应用。相比而言,水声换能器、水声信号的调制解调以及电路与硬件模块更注重解决水声通信中的信号传输质量的问题,如降低误码率和提高通信速率等。

水声换能器作为搭建水声传感器网络最基础的硬件,US NAVY对其进行了大量深入研究,技术储备充足(参见第5.5.2小节重点申请人部分中对于US NAVY专利布局的分析)。根据已公开的信息,美国在多年前便已经将AUG应用于"海网""海鹰"以及"近海水下持续监视网络"等多个水下网络计划中,但是在美国专利文献中还未提到过水声传感网络在AUG中的应用。根据前期专利文献和期刊文献调研的情况,考虑水声传感网络作为AUG水声通信技术的唯一应用场景,课题组猜测涉及AUG水声通信的美国专利申请目前全部处于保密阶段。因此,以水声传感网络为重点进行深入分析可以为我国在AUG水声通信技术领域实现军民融合提供方向指引。

对水声传感网络的专利文献进行梳理,可以发现移动平台通信同步、链路层的信道复用接入、水声移动自组织网路由协议、水声网络拓扑、多目标协同跟踪构成了水声传感网络研究的主要研究方向,如图5-7-1所示。

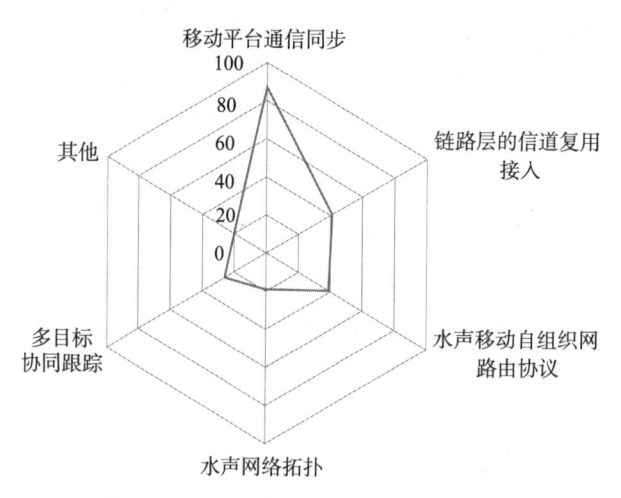

图 5-7-1 水声传感网络专利技术分布

注：图中数字表示申请量，单位为项。

水声传感网络在运行的过程中，由于其自身具有组织性和可扩展性，需要多种信息的支持。目前水声传感网络技术的发展涉及内容非常丰富，而相关专利技术的申请主要集中在 2010 年以后，且以中国申请为主，这表明该项技术的发展潜力巨大。虽然我国对水声传感网络的研究相比于发达国家或地区起步较晚，但经过十几年的发展已经取得一定成果。

由于水声传感网络的传感器数据具有多维性、异构性、非完备性、不确定性等特点，目前国内申请人均处于理论研究阶段，而将理论应用于实际尚存在一些问题需要解决。以哈尔滨工程大学、中国科学院声学研究所为代表的高校和科研院所正在加大对该项技术的研究力度，并且也在尝试联合申请国家自然科学基金等科研项目。通过增加高校和科研院所与企业和军方等之间的合作实现多方协同创新，能够有效推进技术研究的深度和实用性。

在实现军民融合中，构建完备的水声传感网络从军用转到民用后，可以催生出规模庞大的民用高技术产业，促进通信设备研发企业、传感器制造企业的快速发展，利用先进军用技术支撑国家工业转型升级，而且也能够助推传统军工企业从依赖国家"输血"向能够依靠自身技术优势"造血"转变。同时，科研创新主体的参与范围不断扩大势必也会对国家军事武器装备的科研生产与采购的公平性和竞争性提出更高的要求，从而促进相关行业部门采办、科研体系及制度规范的进一步改革，也将对现有军工企业的管理效率和内部治理水平的提升产生正面刺激作用，从而更好地满足军事装备和科研生产的需求，有助于军工企业更加集中精力进行核心能力建设。

5.7.2 加强对企业的支持、引导

根据对 AUG 水声通信专利技术的分析，可以发现在该技术领域的企业申请中，国外申请人的数量和专利申请的质量要明显高于国内申请。这反映出我国在涉及 AUG 的

水声通信技术方面鲜少有企业参与。

我国相关技术的研究者基本以中国船舶重工集团各下属研究所、中国科学院系统的研究所以及相关高校为主，它们占据了该领域的技术发展及军民市场的前端，相关研究和产品均有军事国防层面以及国家自然科学基金项目等政策、资金支持。相比而言，国内的自主创新企业，以苏州桑泰海洋仪器研发有限责任公司和深圳智慧海洋科技有限公司为例，在近几年才开始提出相关专利技术，目前尚不具备技术和规模优势，发展也较为受限。

美国、欧洲等发达国家或地区主要是对国防产业实施保护和扶持，垄断军事用品的购买和消费，对涉及军工的企业实行间接管理模式或者直接管理模式，审慎地长远规划国防工业的经济布局和结构调整，更多地运用经济杠杆和法律手段等间接方式来引导企业并购，扩大企业的规模和影响力。

目前，我国在实现军民融合的进程当中，迫切需要进一步加强市场化力度，健全相关立法，加速培育和完善产权交易市场，积极稳妥地孵化和培植战略性新兴产业的企业和创新主体，为我国国防科技工业的资源重组和潜能释放提供宏观、中观和微观等多个层面的保障和支持，有效促进技术与市场的资源整合以及提高企业的国际竞争力。

5.8 本章小结

（1）通过对专利申请的统计，可见我国在水声通信技术领域的专利技术发展相较美国在时间方面存在滞后。由于我国在水声通信技术领域的技术储备不足，因此在 AUG 水声通信技术研究方面仍处于追赶态势。我国的专利申请呈现出高校及科研院所的申请量远大于企业的态势，虽然具有较高的技术含量，但专利技术成果转化率较低，还未形成产业规模，应用也大多集中在军事领域，还未广泛应用于民用及商用领域。

（2）通过重点分析现有 AUG 水声通信技术的专利申请态势，特别是对专利数量较少的原因进行深入剖析，可见 AUG 作为水下传感器网络的一个移动节点，可以完成中继传输、链路修复、网络优化等工作。通过对期刊论文发表情况和国家自然科学基金立项情况的统计，可以看出该项技术目前还处于发展阶段，成熟程度较低。AUG 因其载荷小、功耗低的特点进一步限制了常规水声通信技术的应用，必须在体积、质量和能耗方面进行适应性改进，以满足航时、航程和航深等应用需求。低能耗和小型化是将水声通信技术大规模应用于 AUG 的技术关键。

（3）通过专利技术与国家自然科学基金项目以及非专利学术论文相关内容的相互印证，目前 AUG 水声通信技术主要发展方向为构建水声传感网络，特别是将 AUG 作为移动节点来完成水声信号的传输。在水声传感网络技术方面，由于受到经费支撑和海试条件等因素的限制，国内研究主要集中于网络协议设计、仿真分析等方面。通过 AUG 构建的水声传感网络是未来 AUG 的水声通信技术发展的主要方向，用于移动节点的水声传感网络的构建将是 AUG 的水声通信技术发展的重点。

（4）通过对哈尔滨工程大学和 US NAVY 这两个重点申请人的专利进行分析，可以看出，US NAVY 相关专利申请主要集中在 2000 年之前，主要因为美国政府关于国防政策的约束使得大量军事保密专利未公开，其目前尚未在水声传感网络方面进行显著的专利布局。哈尔滨工程大学在近十年中对水声通信技术方面进行了深入而全面的研究，也申请了大量专利，并且在部分水声信号调制解调技术方面已经处于世界先进水平；但由于受到经费支撑和海试条件等因素的限制，在相关技术的具体应用上仍缺乏经验和实际验证。

（5）水声通信网在海洋领域具有重要的民用价值与军用价值，在海洋军工、海洋生产以及海洋休闲娱乐领域目前已经具有实际应用。有鉴于美国专利对于水声传感网络的避而不谈，以及美国"海网"计划等军事部署的不断披露，该项技术的重要性和敏感性可见一斑。因此，水声传感网络是实现 AUG 的水声通信技术军民融合的突破口。在宏观调控方面，国家相关政府部门应创造机会，增加科研院所与军方、与中国海洋石油集团有限公司等企业的合作以实现多方协同创新，有效推进技术研究的深度和实用性，通过开展海试，积累经验，帮助自身技术的提升。另外，在国家政策管控中，对于涉及国家军事机密相关技术的专利要注意甄别和重视，应申请国防专利。

（6）通过对 AUG 水声通信技术专利进行分析，可以发现该技术领域的企业申请中，国外申请人的数量和专利申请的质量要明显高于国内申请。我国在此领域的研究者主要以中国船舶重工集团公司各下属研究所、中国科学院系统的研究所以及相关高校为主。建议国家加强对企业的支持和引导，充分发挥民营企业在新兴领域的技术优势，支撑战略性新兴产业的发展，形成军民融合深度发展格局。

第6章 组网技术专利分析

随着 AUG 技术的不断成熟和应用范围不断扩大，走在前列的水下滑翔机强国已经由单机技术向 AUG 网络转换。与单个 AUG 相比，多 AUG 组网后形成编队，可提高适应范围和观测能力，同时获取海洋中不同位置的信息，实现分布式感知；通过携带不同种类传感器，可开展多尺度、多任务并行的作业目标，增加了覆盖冗余度以及观测方案的鲁棒性和自适应性，有效消除了采样失效点。国际上几乎所有重要的海洋观测系统和海洋观测计划中，都存在 AUG 编队和网络构建的研究任务和应用试验，例如，美国自主海洋观测网（AOSN）、欧洲滑翔观测网（EGO）、美国综合海洋观测系统（IOOS）、澳大利亚综合海洋观测系统（IMOS）。目前 AUG 观测网已经完成了多次实验，取得了显著成果，显示了 AUG 网络在海洋监测和探测方面的重要作用。

6.1 现有 AUG 组网技术专利分析

通过实际检索，发现涉及利用 AUG 参与水下观测网络构建和进行水下滑翔机编队的专利文献数量有 14 项。本章将先以该 14 项文献为入口进行分析，了解现有 AUG 组网技术的概况，以期望能够得到线索和启示，并以此为指引进行后续研究。

6.1.1 专利整体情况

为了解现有 AUG 组网技术的专利整体情况，本节将对现有的 14 项专利文献进行申请趋势分析，并进一步研究专利数量较少的原因。

6.1.1.1 申请趋势分析

从图 6-1-1 可知，AUG 组网技术重要专利申请从 2013 年才开始出现，这是由于 AUG 单机研究是编队和组网研究的基础，只有 AUG 性能成熟和稳定后才有可能开展编队和组网研究工作。自 2013 年起，每年都有该项技术分支的专利申请。AUG 组网技术受限于水声通信技术的发展和 AUG 能耗限制的双重制约，研发难度大、门槛高，因此每年申请数量较少并存在一定的波动，说明该领域的研究尚处于起步摸索阶段。

从图 6-1-2 可以看出，几乎每年都有新的研究主体加入这一技术分支的研究中，并提出重要度较高的专利申请，说明创新主体普遍对这一领域存在研究兴趣，该领域的技术生命力较为旺盛。

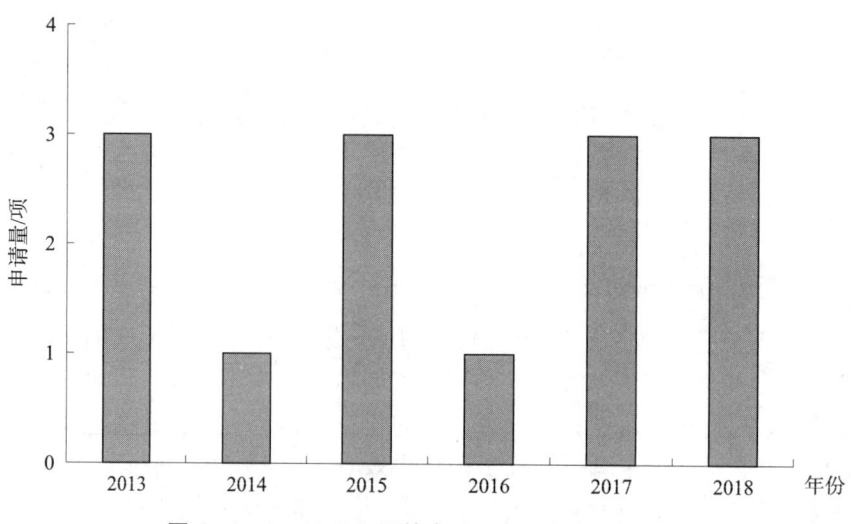

图 6-1-1　AUG 组网技术重要专利申请趋势分析

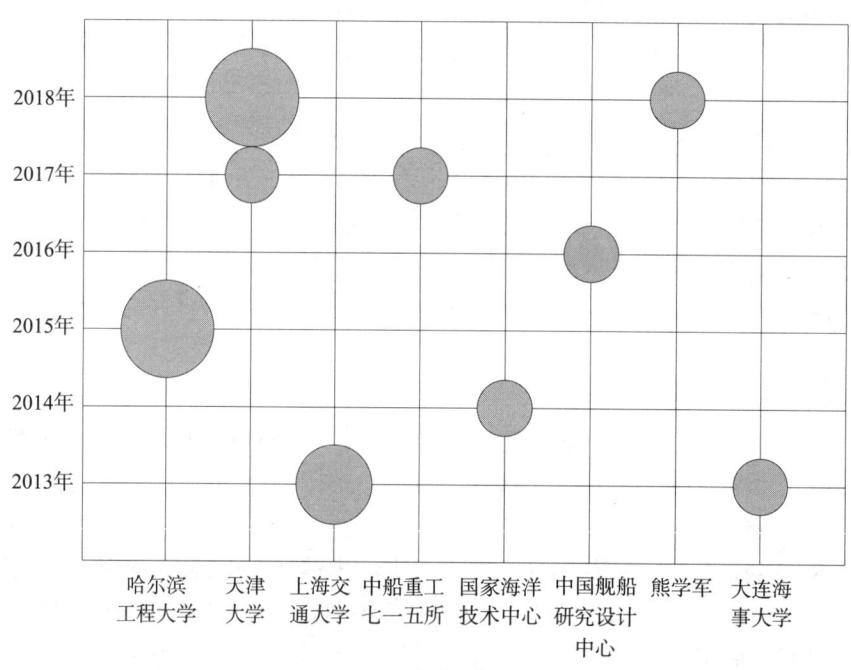

图 6-1-2　AUG 组网技术重要专利不同年份申请主体分布

注：图中气泡大小表示申请量多少。

6.1.1.2　专利数量较少原因分析

AUG 具有重要的军事和科研价值，是国家大力发展的领域之一，国内多个研究团队逐步加入到 AUG 的研究工作中。目前，AUG 在国外已经具有一定的发展和相对较为成熟的商业化应用，例如美国的 Slocum Glider，然而相关专利文献数量却不多。为了解其背后的原因，为 AUG 专利技术的进一步研究提供线索，我们对现有 AUG 组网技术专利数量较少的原因进行了深入分析，发现存在技术瓶颈限制、尚未形成产业规模、研发人员专利意识不足、新申请未公开、保密审查的影响等五方面原因。

（1）技术瓶颈限制

AUG作为一种新型自主式水下航行器，其与常规的自主式水下航行器的区别在于动力系统以及运动方式；而在多设备组网协同作业方面，两者均是依靠水声传感器网络实现多设备的控制与通信，在组网协同作业的可行性上两者互通互用。

AUG的特异性则体现在其与一般水下航行器在运动方式上的不同。水下航行器装备有常规的驱动动力，可以在动力驱动下实现不同方位的移动；而AUG则是依靠不间断的俯仰运动提供的前进趋势实现设备的运动。因此，在AUG组网协同作业过程中，由于现阶段水声传感器网络的信号传输的高延迟、不稳定等因素，使得其在纵垂面的运动方式对组网信号的传递、接收的效率与效果产生影响，这也是目前多AUG组网协同作业的技术难点。[1] 同时，由于AUG无动力驱动，移动速度低，其在复杂海洋环境中会受到海水运动的海流流速和方向的随机不确定性、模糊性和动态运动的随机性的影响，造成较难实现多AUG协同轨迹控制。

由于水声传感器网络本身信号传输的高延迟性和不稳定性、海水运动的不确定性，以及目前AUG在纵垂面的特殊俯仰运动方式和在水平面的横向-横滚运动耦合的运动特性导致对水声信号收集的难度增加，使得AUG组网、协同、编队等组网技术的实现效果并不理想，是AUG的组网控制技术的技术瓶颈。

（2）尚未形成产业规模

我国AUG技术的研究始于21世纪初，虽然起步较晚，但技术方面发展迅速。2014年9月，天津大学在我国西沙附近海域最早实现了3台AUG的编队与协作观测作业，开展了初步尝试。2017年7月，中科院沈自所在南海海域布放了共计12台"海翼"系列AUG，开始进行多机的协作观测测试。同期，天津大学依托青岛海洋科学与技术试点国家实验室，联合中国海洋大学、中船重工七一○所、中山大学、复旦大学等高校和研究机构，完成了最大规模的一次面向海洋"中尺度涡"现象的立体综合观测网的构建任务；其中，移动观测平台包括"海燕"AUG、各型波浪滑翔机等共计30余台套国产海洋先进观测装备；与以往单机、单种平台的观测不同，这次任务是综合采用多种设备，进行多参数、综合、立体、协作、异构组网同步观测，是我国首次实现多种类水面和水下移动平台、定点与固定平台相结合的协作观测，有效提高了我国海洋观测与探测及相关数据获取的能力和水平。

目前，AUG组网技术的研究以高校和科研院所为主，还停留在科研阶段，并没有进入产业化发展，虽然我国AUG单机的研究目前已取得一些进展，甚至有些指标（例如最大下潜深度）已处于世界领先水平，但在多AUG的组网技术方面才刚刚起步，研究主体类型单一且数量不多，相应研究也以高校的基础科研为主。AUG组网技术的市场规模有限，尚未形成产业规模，没有激发市场主体的研发活力，这直接影响了AUG

---

[1] 薛冬阳. 水下滑翔机编队协调控制与不确定性研究[D]. 天津：天津大学，2017.

组网技术的创新，并导致 AUG 组网技术的专利申请量较少。

（3）研发人员专利意识不足

通过在非专利库中对重点申请人和发明人的检索，我们发现部分期刊论文所记载的技术并没有与之对应的专利文献。例如，天津大学薛冬阳的博士学位论文《AUG 编队协调控制与不确定性研究》，该论文答辩时间为 2017 年 8 月，收录在 2018 年 8 月出版的《中国博士学位论文全文数据库 工程科技 II 辑》，但在专利数据库中并没有检索到相关专利申请；由于发明专利申请存在 18 个月后公开的审批流程，根据其答辩日期推测，天津大学极有可能并未提交相应的专利申请。同时，天津大学吴芝亮副教授在 2012 年成功申请了"面向海洋微结构测量的水下滑翔器协同动力学行为研究"的国家自然科学基金青年基金项目，执行时间在 2015 年 12 月结束，但是通过对吴芝亮副教授进行专利发明人检索，并没有获得相应技术的专利信息。

再如《水下滑翔机的海洋应用》，庞重光等著，刊载于《海洋科学》第 38 卷第 4 期的第 96~100 页，该文章中提到了多篇组网及编队的期刊文献，但通过追踪检索发明人及申请人也未发现对应的专利申请。

由上可知，目前仍然存在部分研发人员专利申请意识不足，部分 AUG 组网技术的研究成果没有申请专利保护的现象，也使得目前能够检索得到的 AUG 组网技术的专利文献量较少。

（4）新申请未公开

由于 AUG 组网技术半数的专利申请是在 2016 年后提出的，在不考虑提前公开的情况下，按照发明专利 18 个月后公开的审批程序，2018 年下半年及之后的专利申请将不能被检索或查阅。例如，天津大学金志刚、苏毅珊团队在 2018 年 5 月发表的学术文章《AUG 组网的动态 MAC 机制》对应于其在 2018 年 9 月公开的发明专利申请"一种适用于 AUG 组网的动态信道分配方法"（CN108541021A）；该团队在 2017 年 2 月发表的学术文章《生物友好的认知水声网络路由协议》对应于其在 2016 年 10 月公开的发明专利申请"一种生物友好的定向水下网络路由方法"（CN106060893A）；该团队在 2017 年 4 月发表的学术文章《生物友好的认知水声网络频谱分配方法》对应于其在 2016 年 11 月公开的发明专利申请"一种生物友好的认知水声网络频谱分配方法"（CN106100772A）。上述情况反映了该团队具有较强的专利转化意识。同时，从申请时间上看，上述专利申请的申请日均在文章发表前，也即申请人有意识地通过对发明专利申请时间与文章发表时间的调整以确保自己的文章不会影响发明专利的审查，这也证明了该团队非常熟悉专利保护的制度，体现了他们对自身知识产权保护的重视程度。

但是，对于该团队 2019 年 3 月发表的学术文章《AUG 间水声网络时间同步与多址融合机制》，在专利数据库中并没有检索到相应专利。根据该团队对于知识产权保护的一般性操作，上述研究成果很可能已经申请了专利，但是，由于专利尚未进入公开状态，导致本课题组暂未检索到相应的专利文献。

（5）保密审查的影响

美国、欧洲自 2009 年起就已经在 AUG 组网协同工作以及编队控制方面开展了很多研究与建设工作。然而在实际的应用层面，美国很多的 AUG 组网技术研究具有军方背景，因此，受保密审查的影响比较大，导致很多 AUG 的组网技术处于保密状态而无法被查询和检索到。例如，美国自主海洋观测网 AOSN 的建设以及 MPL 实验室的研究均是在军方资助的基础上才得以进行并已投入使用，然而课题组并没有检索到对应的专利文献。从美国的保密审查制度可知，相应专利技术的公开受保密审查的影响较大。

对于我国而言，以哈尔滨工程大学、西北工业大学为代表的一批工业和信息化部的直属高校在 AUG 的研究上占据了非常重要的位置，而工业与信息化部具有国防科研工业的重要背景，也反映了 AUG 研究可能具有的军事国防背景，相关专利受到保密审查的可能性更大。

6.1.2 技术分析

从上一节的分析我们可以看出，由于技术瓶颈限制、尚未形成产业规模、研发人员专利意识不足、技术较新部分申请未公开、保密审查等因素的影响，经检索获得的现有 AUG 组网技术的专利文献数量较少。

为了充分分析现有技术发展的趋势、挖掘现有专利文献提供的线索，我们对现有 AUG 组网技术的 14 项专利文献的技术情况进行了进一步深入研究。现有 AUG 组网技术的专利文献的标题信息具体见表 6-1-1。课题组针对上述 14 项专利文献进行了逐项分析，并统计了其技术分布和申请人的对应情况。

表 6-1-1　AUG 组网技术各申请人研究内容分布

序号	名称	公开（公告）号	申请日	申请人
1	一种适用于 AUG 组网的动态信道分配方法	CN108541021A	2018-01-27	天津大学
2	一种滑翔机辅助的失效链路修复方法	CN108494674A	2018-01-27	天津大学
3	一种滑翔机辅助的链路修复方法	CN108365999A	2018-01-27	天津大学
4	一种定域沉浮自主监测与剖面测量滑翔器	CN108344403A	2017-12-22	中国船舶重工集团公司第七一五研究所
5	一种 AUG 的中尺度涡观测方法	CN107655460A	2017-08-07	熊学军
6	一种基于分层的有效传感器节点部署方法	CN107277825A	2017-06-19	天津大学
7	一种用于舰船辐射噪声和磁信号探测的无人水下运载器	CN105947154A	2016-06-12	中国舰船研究设计中心
8	一种多移动汇聚节点定位辅助的水下传感器网络路由方法	CN105228212B	2015-09-17	哈尔滨工程大学

续表

序号	名称	公开（公告）号	申请日	申请人
9	一种异步占空比和网络编码的水下传感器网络 MAC 协议通信方法	CN104539398B	2015-01-21	哈尔滨工程大学
10	一种多移动汇聚节点的水下传感器网络路由方法	CN104507135B	2015-01-21	哈尔滨工程大学
11	一种基于波浪能推动的自主航行观测平台控制系统	CN103984348B	2014-06-10	国家海洋技术中心
12	一种水下监测网络系统及其运行方法	CN103701902A	2013-12-27	大连海事大学
13	一种水下三维立体探测滑翔机器人	CN103612728A	2013-10-30	上海交通大学
14	一种基于智能浮标和智能潜水器的移动海洋观测网	CN103310610B	2013-06-03	上海交通大学

如图 6-1-3 所示，AUG 组网技术可进一步细分为：路由与路径查找、通信协议、网络管理、网络拓扑结构、编队控制等五个部分。通过该图可以看出各个申请人的研究方向和侧重点有所不同。

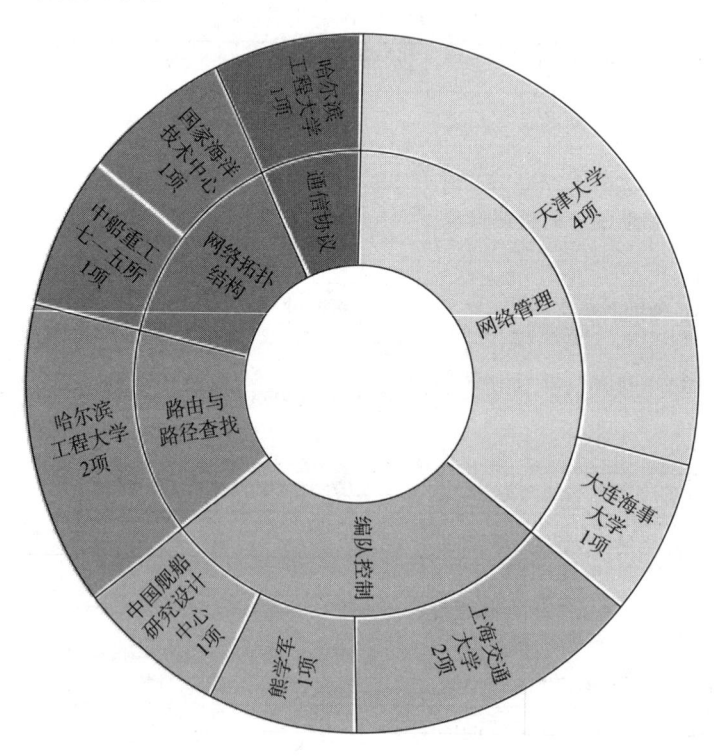

图 6-1-3 AUG 组网技术分支 - 申请人对应

天津大学在网络链路修复等网络管理方面进行了相对较多的研究，大连海事大学也对该方面有所探索。哈尔滨工程大学的研究涉及路由与路径查找方面，此外，该校还针对水下网络通信要求低功耗、延迟长的特点对通信协议进行了相应的改进。中国船舶重工集团公司第七一五研究所和国家海洋技术中心对 AUG 本身有一定的研究，其相关申请更侧重于 AUG 的应用，因此其研究主要聚焦于设备间的组网以及网络拓扑结构。由于网络节点是组网的物理基础，因此 AUG 组网技术的网络节点的具体构成是我们接下来首先研究的内容。

由图 6-1-4 可知，14 项 AUG 组网技术专利申请中涉及组网通信的 10 项里，6 项将 AUG 作为汇聚节点收集水下节点的通信信息，2 项为 AUG 与 AUG 之间组成水下通信网络并进行通信，1 项为 AUG 与浮标之间组成水下通信网络进行通信，1 项为 AUG 与波浪滑翔机之间组网通信。可见，现有技术中对于将 AUG 纳入海洋观测网

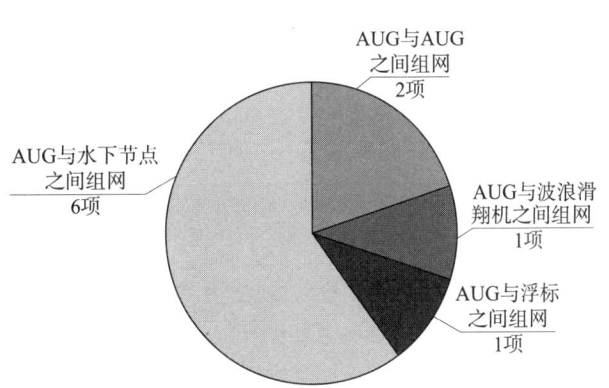

图 6-1-4　AUG 组网模式专利申请分布

中的各种组网方式都有尝试。其中，AUG 与水下节点组网通信为研究主流，而对 AUG 之间通信或与水面节点（例如波浪滑翔机或者浮标）组网通信也有所探索。

从专利申请情况来看，AUG 编队控制主要由熊学军、中国舰船研究设计中心和上海交通大学 3 家进行研究，AUG 编队的 4 项专利文献中有 3 项（CN107655460A、CN105947154A、CN103612728A）仅泛泛提到单个 AUG 可用于编队或进行编队应用，但未提到具体如何控制实现编队，这说明该领域对于 AUG 进行编队是有明确的技术需求的，但具体如何编队可能尚未形成成熟的技术方案或出于保密的考虑未进行具体公开；另外 1 项（CN103701902A）明确提到是采用指挥中心通过无线电或卫星对每个 AUG 进行单独控制，从而使其运动到指定位置形成编队的监测网络，这说明对于 AUG 的编队控制方面的研究更多地停留在初级阶段，编队内各 AUG 之间没有直接相互通信和彼此动态反馈调整。

由图 6-1-5 可知，该技术领域的技术发展脉络是与不同阶段的技术方案遇到的问题相对应的。在 2006 年美国 IROBOT 公司提出了采用浮标或 AUG 作为水面中继节点实现水下潜艇与卫星进行通信的技术方案；然而传统的 AUG 要向外传输数据只能浮出水面利用无线电向卫星通信，而 AUG 是大纵深锯齿状行进，两次浮出水面的时间间隔很长，无法实现信息的实时向外传输。为了解决这一问题，2013 年上海交通大学将浮标作为通信的水面中继站（CN103310610B），采用了 AUG→浮标→卫星的模式以期

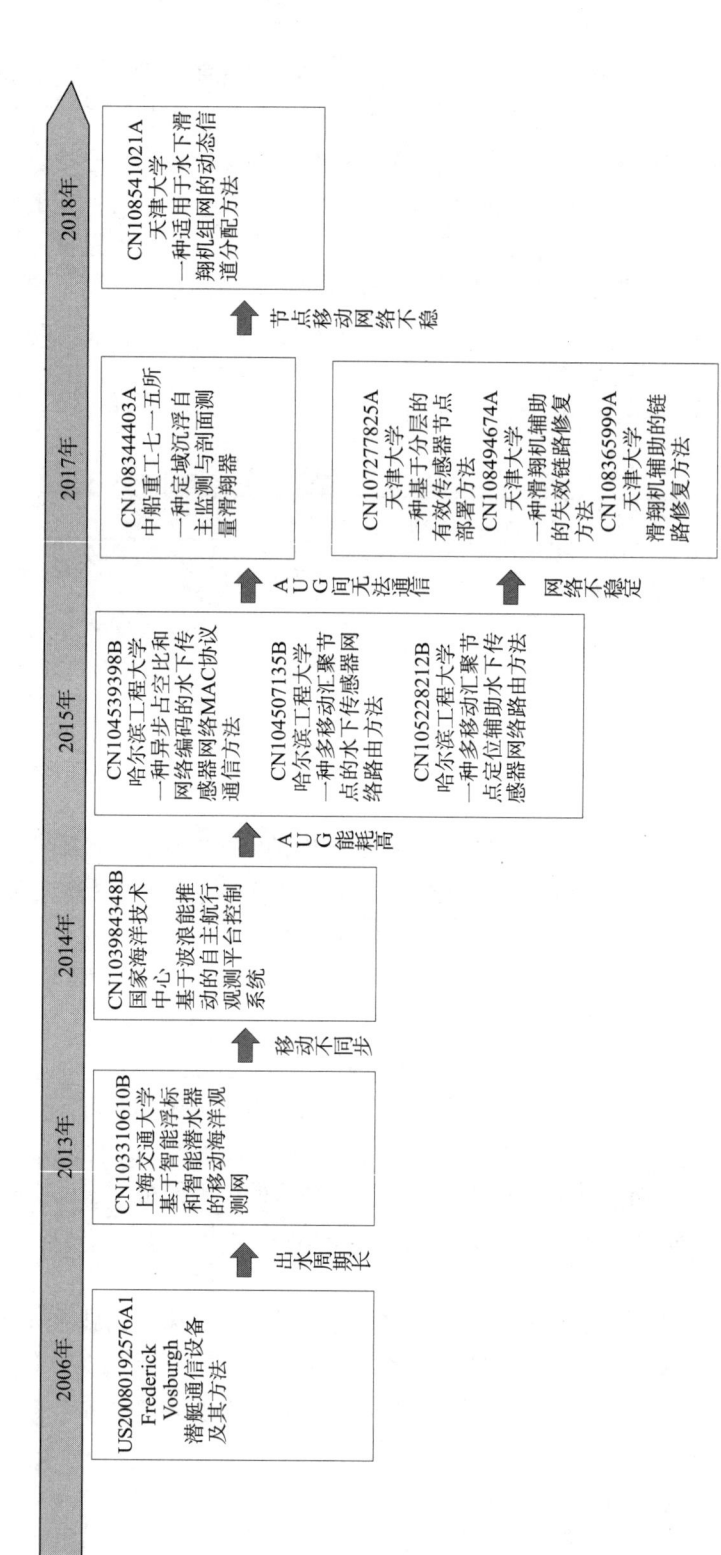

图 6-1-5 AUG 组网通信技术发展脉络

解决上述问题；然而该专利的说明书第 180 段指出智能浮标需要配合智能潜水器同步前进。浮标常用于定点使用或在小范围内运动，浮标的运动能力一般是相对较弱的。针对这一问题，2014 年国家海洋技术中心提出了以波浪滑翔机作为中继（CN103984348B），采用 AUG→波浪滑翔机→卫星的工作模式。然而 AUG 在水下进行通信时，尤其是收发信号时，能耗较高，降低 AUG 能耗一直是该领域的重要问题。为此，哈尔滨工程大学于 2015 年申请了 3 项专利申请，分别通过采用异步占空比（CN104539398B）、分层策略（CN104507135B）、局部方位树模型划分路由结构（CN105228212B）等技术避免了空闲监听，保证了就近传输能耗降低。此后，中国船舶重工集团公司第七一五研究所于 2017 年在硬件实现方面解决了 AUG 与 AUG 水下通信组网的部分问题（CN108344403A）。天津大学在 2018 年通过信道动态分配技术解决了 AUG 之间水声通信组网问题（CN108541021A）；在 2017～2018 年利用 AUG 实现水下通信网络修复（CN107277825A、CN108494674A、CN108365999A），进一步扩展了 AUG 水下组网的功能和应用。

6.1.3 重要专利分析

课题组根据专利的法律状态、引证与被引证情况、技术的创新程度等因素从该 14 项专利申请中进一步筛选出了相对比较重要的专利，并详细分析如下。

2013 年，由上海交通大学提交的 1 件中国专利申请涉及基于智能浮标和智能潜水器的移动海洋观测网（CN103310610B），包括智能浮标系统、智能潜水器系统以及陆地数据终端系统，所述智能浮标系统和智能潜水器系统分别通过由定位卫星和通信卫星组成的卫星系统与陆地数据终端系统相连接，其中，智能浮标系统用于完成海面至浅海域的自治升沉调查，智能潜水器系统用于完成海面至海底的自治潜航调查。该发明通过节点间通信，提高定位精度和调查效率，实时数据回传。该专利首次提出 AUG 作为海洋观测网的一部分与浮标协同组建通信网络。该专利提示 AUG 也有参与到通信网络中传输数据的需求，是海洋观测网的重要部分。

2014 年，由国家海洋技术中心提交的 1 件中国专利申请涉及一种基于波浪能推动的自主航行观测平台控制系统（CN103984348B），由在线监控装置、两套控制系统和三组独立的太阳能发电装置组成，两套控制系统分别拥有嵌入式控制器、导航装置、定位装置、通信装置、调向装置、平台内部状态监测装置和测量装置。正常情况下，以一套系统为主工作，另一套系统处于热备份状态；在线监控装置监控并协调两套系统的工作，定时获取两套系统的状态信息，当发现某个系统工作异常后，可对该系统实施重新上电操作，使系统恢复工作正常，如果主系统出现异常且不可恢复，在线监控装置可以切换主备系统；控制系统定时将观测平台的状态信息传到岸基监控系统，以便岸上人员进行远程控制和管理，发现问题及时处理。该专利主要涉及波浪能滑翔机作为海面观测平台的具体结构，并首次提出了 AUG 与波浪滑翔机进行组网通信的组网模式的设想。传统的 AUG 作为网络节点组建网络一般是与浮标等水面静态节点通信或与母舰等水面移动节点通信以期实现 AUG 不用浮出水面就能将数据传输出去，从而提高数据传输的实时性。然而无论是浮标还是母舰作为水面节点，都存在一个问题，那就是它们的运动与 AUG 不同步：由于 AUG 是滑翔运动且是锯齿形运动，因此其运动速度高于无法运动的浮标却又大大低于水面的船只，因此 AUG 作为水下节点与水面节点的运动不同步的问题比较突出。节点运动速度的差异会导致节点间距离的变化，从而影响网络的稳定性，而波浪滑翔机与 AUG 的移动速度相差相对较小。该专利将波浪滑翔机作为水面节点与作为水下节点的 AUG 组建网络能够在一定程度上解决上述问题，但遗憾的是该专利并未具体公开 AUG 与波浪滑翔机具体如何通信和组建网络，这可能是未来需要研究克服的技术困难之一。

2015 年，由哈尔滨工程大学提交的 1 件中国专利申请涉及一种异步占空比和网络编码的水下传感器网络 MAC 协议通信方法（CN104539398B），包括以下步骤：初始化 MAC 协议，确定每对发送节点和接收节点的数据交换时间；使用编码节点选择算法确定网络编码层内的编码节点；网络编码层内的节点唤醒后，如果为普通节点则直接将接收到的数据包发送出去；如果为编码节点，进行编码后发送出去。该专利具有能够提高网络吞吐量和数据传输率的优点。因为水下组网的目的是进行网络通信，目前水下组网通信存在的问题之一就是数据传输率低。该专利能够提高网络通信的数据传输率，有利于满足更多的水下组网通信需求，扩展水下组网通信的应用范围。

2015 年，由哈尔滨工程大学提交的 1 件中国专利申请涉及一种多移动汇聚节点的水下传感器网络路由方法（CN104507135B），包括分层阶段和传输阶段：分层阶段，每个汇聚节点形成以其为中心的分层结构；传输阶段，源节点根据汇聚节点的 n 分层结构进行数据传输到达目标汇聚节点；源节点通过两个策略将数据发送到下一跳转发节点中，下一跳转发节点采用同样的方式进行数据传输，直到数据包成功发送到汇聚节点。该发明中目标汇聚节点选择策略可以有效减少数据包成功送达路径长度，从而减少能量消耗；转发节点选择策略优化了传输路径，从而提高了数据包送达率。水下组网的专利技术与点对点的水声通信技术的差异在于涉及多节点形成特定的网络拓扑结构，网络拓扑结构不同影响了整个网络的稳定性、能耗、数据传输的速率和实时性等。该专利通过在水下组网时进行分层和设置移动汇聚节点，减少了数据传输路径长度；而由于扩散效应和衰减效应，水声通信所需的能量与传输距离正相关，因此该专利通过网络拓扑结构的变化降低了能耗，在一定程度上解决了 AUG 参与组网时最重要的能耗问题。

2015 年，由哈尔滨工程大学提交的 1 件中国专利申请涉及一种适用于水下动态自组织网络的多移动汇聚节点定位辅助的水下传感器网络路由方法（CN105228212B），包括全局定位阶段、动态数据树形成阶段、发送预判阶段。该发明将改进的边界定位使用到水下路由策略中，并采用局部方位树模型进行路由结构划分，可以有效减少能量的消耗，避免由于传输距离过长而过高的消耗能量；发送预判模型可以有效地使数据向目的节点有向传输，寻求一条树间节能路径；网络结构的周期性刷新可以保证网络结构不会因为节点的移动变化导致数据传输率的降低，这样不但可以降低数据传输时产生的能量消耗，同时也减少了传输延迟，提高了数据传输效率。该专利涉及通过网络拓扑结构的变化降低能耗，在一定程度上解决 AUG 参与组网时最重要的能耗问题；另外，移动节点和移动节点之间组建网络比移动节点和固定节点之间组建网络要更加困难和复杂，目前自组网是移动节点间组网的重要方式，该专利公开了水下自组网的方式，对于多 AUG 之间组网通信以及多 AUG 与水面移动节点组网通信提供了可能的方案，从而为多 AUG 编队执行更复杂的任务提供了基础，对未来 AUG 集群应用具有重要意义。

2017 年，由天津大学提交的 1 件中国专利申请涉及一种基于分层的有效传感器节点部署方法（CN107277825A），包括：播撒于目标水域表面的节点，有一部节点作为汇聚节点部署在水面，位于第 0 层，其他节点相对于汇聚节点下沉一定距离；沉降后的节点生成泰森图并计算泰森多边形的平均面积，大于平均面积的节点保持深度不变，小于的则继续进行沉降；沉降时判断是否存在下沉空间，如果下沉空间大于节点感知半径 r 且小于计算所得层间距，则改变下沉距离为 r；若下沉空间小于节点感知半径 r，则代表着节点沉降过程的结束；最后一层无法沉降的节点作为冗余节点进行间断性休眠；节点分簇。该专利申请通过对传感器节点分层部署实现了网络组建和通信。

2017 年，由熊学军提交的 1 件中国专利申请涉及 AUG 的中尺度涡观测方法（CN107655460A）：首先，在 AUG 上安装加速度传感器，主要用于监测 AUG 中性悬停时随水体的运动加速度和速度；其次，通过海表高度异常资料总体判断待测中尺度涡的位置、范围和移动趋势，利用两台滑翔机在中尺度涡移动方向及其法向上做正交路径的剖面观测，进行中尺度涡整体性初测；最后，用四台滑翔机分别在中尺度涡的海表面最大流速带处、中心区的不同深度处、最大跃层梯度层的最大流速带处和下均匀层最大流速带处分别中性悬停并做随流观测。该发明利用 AUG 中性悬停和原位观测特点，实现对中尺度涡结构单体运动学、动力学的系统把控。该专利申请首次提出了 AUG 可以集群应用以执行中尺度涡的观测任务以及在执行任务时多 AUG 具体如何运动，证明了 AUG 具有组网以及编队应用的需求。

2017 年，由中国船舶重工集团公司第七一五研究所提交的 1 件中国专利申请涉及一种定域沉浮自主监测与剖面测量滑翔器（CN108344403A），主要包括主体结构、坐底机构、柱塞泵及压力传感器、水平位移修正机构、主控/信号处理模块、电能供给及电源管理模块、测量传感器、卫星通信模块、水声通信模块；柱塞泵机构改变油囊体积，调节浮力；航行至海底，坐底环配合控制系统稳定坐底；多台滑翔器通过水声通信模块组网进行数据共享和协同控制。该发明设计可通过船载快速布放，可打捞回收，可进行剖面测量，可在滑翔过程中实现运动轨迹调整，可进行坐底或定点悬浮隐蔽监测，可进行水声通信组网，实现长期、连续和立体监测，可扩展搭载其他传感器，实现功能扩展。该专利申请提到了 AUG 可进行水声通信组网。

2018 年，由天津大学提交的 1 件中国专利申请涉及一种滑翔机辅助的链路修复方法（CN108365999A），包括：静态传感器节点每个时间周期内向其簇头节点发送数据包，该数据包包含节点自身位置信息；若簇头节点收到，则表示静态传感器节点到簇头之间的链路没有中断，若簇头节点在周期内未收到，但收到其下一跳节点的数据包，则判定链路失效，并设置链路中断标识；调度滑翔机修复失效链路；滑翔机根据链路中断标识位并结合自身运动特性，通过失效链路修复路径优化算法选择合适轨迹对失效链路进行修复。该专利申请提到了 AUG 可作为网络移动节点进行网络修复，是 AUG 进行水下组网应用的一种新的尝试和探索。

6.2 扩展可行性及维度分析

单个水下航行器的研究相对比较成熟后，使用水下航行器参与水下通信网络的构建并由此组成各种应用目的的观测网或监测网是国际上的主流发展趋势。目前，国外已有一些利用了 AUG 的观测网络。

（1）自主海洋采样观测网

自 20 世纪 90 年代开始，US NAVY 自主海洋采样观测网 AOSN 项目研究启动，其可用于观测大范围近海及沿海区域内各种重要海洋现象。在 US NAVY 支持下，AOSN 分别于 2000 年、2003 年和 2006 年在蒙特利海湾进行了一系列海洋观测试验；在试验中，多台 AUG 作为移动分布式的海洋参数自主采样网络节点，在海洋环境参数采样应用中显示出卓越的优势和广阔的应用前景。

（2）近海水下持续监视网络

美国近海水下持续监视网络 PLUSNet 是一种半自主控制的海底固定节点加水中机动节点的网络化设施。该网络由携带半自主任务传感器的多个无人水下航行器（移动式通信节点）组成。航行器间可以互相通信、自主决策，实现多种任务执行功能，可密切监视并预测海洋环境参数变化。其中 AUG 的主要任务为水文测量、海洋噪声和水下目标噪声侦测，并快速生成濒海环境态势变化图。

（3）综合海洋观测系统

美国国家海洋和大气管理局于 2002 年提出组建全国性的综合海洋观测系统（IOOS）计划。由于 AUG 在海洋观测网中的重要作用，该局又于 2012 年 8 月初步提出国家 AUG 组网计划（National Glider Network Plan），并成立数据中心，采用统一的 AUG 数据格式，共享其观测数据。IOOS 是美国海洋现象观测的有力工具，具有良好应对海洋突发状况的能力。

（4）欧洲滑翔观测网

为实现全球性、区域性及近海岸等不同范围内的长期海洋观测任务，英国、法国、德国、意大利、西班牙和挪威等国家组成了欧洲滑翔观测网 EGO。2005～2014 年 4 月底，EGO 陆续布放了大约 300 台次 AUG 执行各种海洋观测任务，用于实时采集大西洋海域内的海洋剖面数据信息。

（5）澳大利亚综合海洋观测系统

基于美国和欧洲商品化的 AUG 产品，澳大利亚也进行了 AUG 网络构建技术的研究，成立了澳大利亚综合海洋观测系统 IMOS。该项目于 2012~2013 年共布放了包括 Sea Glider 和 Slocum Glider 在内的数十台 AUG，共计执行调查任务超过 150 个，主要集中用于观测澳洲东部、南部和西部边界流，促进了澳大利亚在 AUG 协作组网应用技术方面的迅速发展。

从上述情况可以看出，美国、欧洲、澳大利亚等国家和地区都已使用 AUG 进行了组网。我国尚未在国家层面上开展基于 AUG 的观测网络构建和长时续的业务化运行，然而由于科研、气象、航运、国防等方面的需要以及我国在"十二五""十三五"期间持续实施的海洋强国战略，我国急需组建自己的基于 AUG 的观测网。无论国际还是国内，对 AUG 组网技术均有较强的需求。然而从上一节的分析可以看出，AUG 组网技术专利申请量较少，无法用常规的专利分析方法进一步深入分析。为了能够给 AUG 组网技术的研究提供进一步的参考，课题组将按照第 2 章介绍的"扩展"专利分析方法先对 AUG 组网技术的扩展可行性和维度进行分析。

6.2.1 扩展可行性分析

对于 AUG 组网技术是否适用于"扩展"专利分析方法这一问题需要有客观的依据。下面课题组将从文献信息、科研主体、科技立项三方面对 AUG 组网技术专利扩展的可行性进行分析和验证。

6.2.1.1 基于文献信息的扩展可行性分析

现有的 AUG 组网技术专利文献是进行扩展可行性分析的重要线索，课题组对上一节提到的 14 项 AUG 组网技术专利文献，尤其是其中的重要专利，进行了深入分析，并据此验证扩展可行性。

（1）基于重要专利的技术通用性分析

为了从 AUG 组网技术重要专利中挖掘线索，我们对相应重要专利的发明名称、重要专利中明确记载的相关技术进行了梳理，如表 6-2-1 所示。

表 6-2-1 AUG 组网技术重点专利分析

申请人	名称	公开（公告）号	相关技术	
天津大学	一种滑翔机辅助的链路修复方法	CN108365999A	水声传感器网络	
天津大学	一种基于分层的有效传感器节点部署方法	CN107277825A	水声传感器网络	可用于 AUG 与水下航行器
天津大学	一种滑翔机辅助的失效链路修复方法	CN108494674A	水声传感器网络	可用于 AUG 与水下航行器

续表

申请人	名称	公开（公告）号	相关技术	
哈尔滨工程大学	一种多移动汇聚节点定位辅助的水下传感器网络路由方法	CN105228212B	水声传感器网络	可用于AUG与水下航行器
哈尔滨工程大学	一种异步占空比和网络编码的水下传感器网络MAC协议通信方法	CN104539398B	水声传感器网络	可用于AUG与水下航行器
大连海事大学	一种水下监测网络系统	CN103701902A	水声传感器网络	

从表6-2-1可以看出，AUG组网技术主要是在水声传感器网络基础上加入自主式水下航行器发展而来。天津大学的发明专利申请"一种滑翔机辅助的链路修复方法"（CN108365999A）公开了将水声传感器网络应用到AUG的运动；其发明专利申请"一种基于分层的有效传感器节点部署方法"（CN107277825A）公开了一种水下传感器网络节点部署设计，可通过水下航行器节点或AUG的移动性实现对早亡节点的替代，保证通信链路的连通，延长网络的生存时间；其发明专利申请"一种滑翔机辅助的失效链路修复方法"（CN108494674A）提到了，UASNs中数据采集任务是由静态节点和移动节点共同完成，因此如果借用执行数据采集任务的水下航行器辅助失效链路的修复工作，就会实现灵活、高效的网络拓扑维护，而AUG作为一种具有独特驱动模式的新型监测设备，较水下航行器有着耗能低、航程远、低噪声和低成本的优点，被应用在很多的深远海中长时序、大范围、三维连续海洋环境参数收集任务。

哈尔滨工程大学的发明专利申请"一种多移动汇聚节点定位辅助的水下传感器网络路由方法"（CN105228212B）记载了将水下传感器网络的多移动汇聚节点定位路由的方式应用到海洋立体网络监测结构中常用的水下航行器、AUG、水下普通节点以及水面基站等多种设备的配合协调运作中，可以有效减少能量的消耗，避免由于传输距离过长而过高的消耗能量；并且其发明专利申请"一种异步占空比和网络编码的水下传感器网络MAC协议通信方法"（CN104539398B）提到了其通信方法中的汇聚节点为水下航行器或AUG。大连海事大学的发明专利申请"一种水下监测网络系统"（CN103701902A）也记载了以水下滑翔器为载体，克服现有移动的水下传感器网络普遍存在的能量补充的瓶颈问题。部分AUG组网技术的专利文献提到，水声传感器网络与AUG的组网技术具有直接关系；部分AUG组网技术的专利文献提到，水声传感器网络中的节点或应用对象为AUG或自主式水下航行器；不同申请人的AUG组网技术的专利文献均提到，水下航行器与AUG在组网通信技术上的相通性是业界共识。基于上述三点分析，我们认为AUG组网技术重要专利中记载了AUG组网技术与水下传感器网络技术之间的相关性，两者技术上具有部分的通用性，将水下传感器网络技术作为扩展技术研究是可行的。

(2) 基于引证、被引证专利的技术通用性分析

通过对14项AUG组网技术专利申请的专利文献进行引证、被引证追踪检索，检出该14项专利文献的引证文献和被引证文献一共71项。经过对该71项引证、被引证文献逐项阅读分析并对其进行分类后，发现其中占比最高的是AUG产品本身（24项，占比约1/3），占比第二高的是一般水下组网技术（17项，占比约1/4）。由于专利间的引证与被引证关系往往意味着两者间具有紧密的技术关联，因此引证、被引证文献中一般水下通信网络技术的占比情况也反映出了AUG组网技术与一般水下组网技术之间的相关性。两者技术上具有一定的通用性，因此将水下传感器网络技术作为扩展技术研究是可行的。

6.2.1.2 基于创新主体的扩展可行性分析

由于新兴领域的研发工作专业性较强，同一个创新主体，尤其是同一个研发团队的研究，往往聚焦于一个相对比较具体的方向，其研究领域往往是相对固定的。同一研发团队的不同研究内容之间往往在技术上是有密切关联的，因此创新主体也是进行扩展可行性分析的重要线索。

参见图6-2-1，AUG的组网技术的专利申请中，分别有3项哈尔滨工程大学的申请和4项天津大学的申请。以此为线索，我们首先以主要申请人哈尔滨工程大学为入口，得到47项有关水下航行器、无人水下潜航器等水下运动设备以及水声传感器网络的组网技术的相关专利文献，这与我们之前针对性检索AUG的组网技术所得的文献量有非常大的差异。进一步，我们以主要申请人天津大学为入口，得到了34项有关水下航行器、无人水下潜航器等水下运动设备以及水声传感器网络的组网技术的相关专利文献。

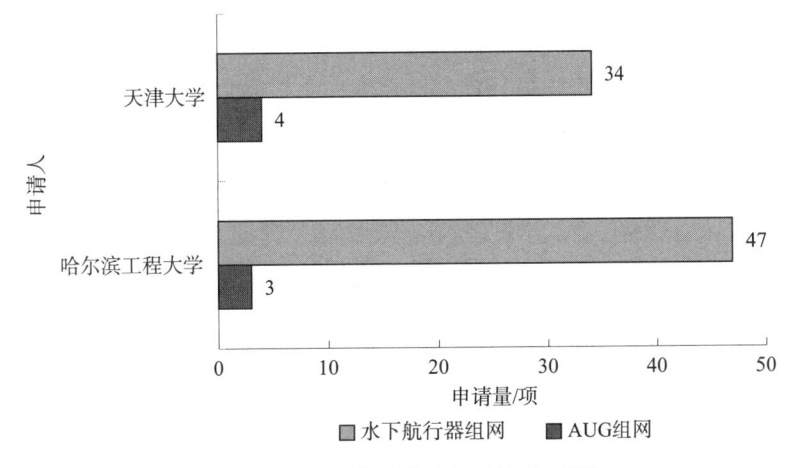

图6-2-1 重点申请人组网技术申请量

参见图6-2-2，我们通过对AUG组网技术的相关专利分析发现，AUG组网技术研究的发明人团队成员相对固定，如天津大学的金志刚团队、哈尔滨工程大学的冯晓宁团队。基于此，我们对上述主要发明人进行针对性检索，发现除了对AUG组网技术的专利申请外，金志刚团队还有13项涉及水下航行器组网技术的申请，冯晓宁团队还有12项涉及水下航行器组网技术的申请。

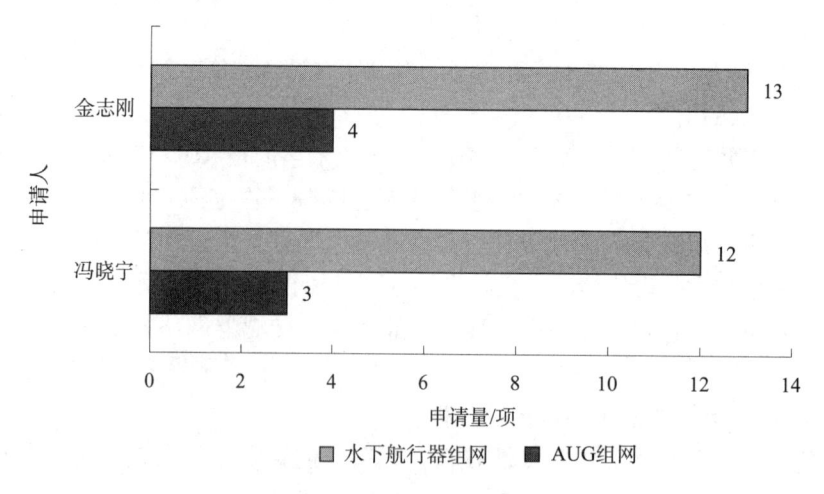

图 6-2-2 重点发明人组网技术申请量

通过整体分析我们发现：

第一，主要申请人在水下航行器组网技术方面已经开展一定数量的研究工作，证明 AUG 组网技术与水下航行器组网技术的通用性。

第二，相同的发明人团队除 AUG 外还进行了水下航行器组网的大量研究，进一步证明了 AUG 组网技术与水下航行器组网技术的通用性。

第三，相同的发明人团队在水下航行器组网技术方面的专利申请比 AUG 组网技术的专利申请更多，说明相对于 AUG 组网技术而言，水下航行器组网技术可能相对更丰富、更成熟。

通过上述分析验证了 AUG 组网技术与水下航行器组网技术之间的相关性，两者技术上具有一定的通用性，将水下航行器组网技术作为扩展技术研究是可行的。

6.2.1.3 基于科研立项的扩展可行性分析

国家重点研发计划、国家自然科学基金等是国家针对重大科技领域创新立项的支持促进，所立项目代表着国家产业的支持方向，代表着从国家层面的技术需求，不同年份国家科研立项的方向变化在一定程度上能够体现我国技术发展的趋势和关联性。从本小节对于国外已有的利用 AUG 的观测网络的介绍可知，美国、欧洲、澳大利亚都从国家和地区层面推动了 AUG 组网技术的发展，因此对于 AUG 组网技术这一主要由国家推动的技术分支而言，研究国家科研立项情况具有更大的意义。因此课题组对近年来涉及水下组网的国家自然科学基金立项进行了梳理，具体如表 6-2-2 所示。

表 6-2-2 水下组网技术国家自然科学基金立项统计

序号	负责人	单位	金额/万元	项目编号	项目类型	所属学部	批准年份
1	苏毅珊	天津大学	26	61701335	青年科学基金项目	信息科学部	2017
		题目：高动态环境下 AUG 大规模可靠组网机制研究						

续表

序号	负责人	单位	金额/万元	项目编号	项目类型	所属学部	批准年份
2	金志刚	天津大学	57	61571318	面上项目	信息科学部	2015
		题目：生物友好的认知水声网络频谱管理与路由机制研究					
3	王树新	天津大学	150	50835006	重点项目	工程与材料科学部	2008
		题目：基于环境能源的水下航行器多尺度性能驱动设计方法和动态自适应网络构建技术					

通过表6-2-2我们发现，国家关于水下组网技术的立项从2008年的水下航行器组网的重点项目，到2015年的水声网络技术管理和路由面上项目，再到2017年批准立项的AUG组网技术，体现了从水下航行器组网和水声网络组网到AUG组网的研究趋势，说明了水下航行器组网和水声网络组网与AUG组网在技术上具有一定的通用性，将水声网络以及水下航行器网络技术作为扩展技术研究是可行的。

通过以上分析我们发现，AUG组网技术虽然专利申请量较少，但各国政府对这一方面的研究投入较大，产业需求旺盛。AUG组网技术的重要专利文献也大多涉及水声传感器网络；AUG组网技术专利文献的引证、被引证文献也有相当比例涉及水声传感器网络；AUG组网技术重要专利文献的发明人团队也同时申请了水下设备的组网、水声传感器网络、水下航行器组网相关的专利；国家自然科学基金立项也提示了水下航行器组网和水声网络组网与AUG组网的技术关联。

6.2.2 技术领域扩展分析

相同或相近的技术领域往往意味着具有相同或相似的技术需求，意味着在技术上具有一定的通用性。课题组根据技术领域的相近程度，并结合扩展可行性分析给出的线索，根据扩展的优先级顺序依次对技术领域进行了扩展。

技术领域扩展首先应从相似结构的领域扩展。AUG组网与水下传感器网络在网络结构上有相似之处，两者都涉及网络拓扑结构的构建、路由、通信协议、网络管理等方面的技术，因此本课题组认为水下传感器网络属于相似结构的领域。根据上一小节基于重要专利的技术通用性分析和引证、被引证文献的技术内容分析可知，AUG组网技术与水下传感器网络技术具有紧密的技术关联性，因此经过验证确认从AUG组网扩展到水下传感器网络。

技术领域扩展其次可以在使用相同或类似技术手段的领域扩展。根据课题组的调研了解，AUG和水下航行器都是目前比较主流的自主式无人水下航行器，两者在外形结构、通信方式、导航和控制等方面均比较相似，因此认为水下航行器领域属于使用相同或类似技术手段的领域。根据上一小节基于创新主体的扩展可行性分析可知，天津大学金志刚团队、哈尔滨工程大学冯晓宁团队在申请了AUG组网技术的专利申请之外,还申请了大量的水下航行器组网技术相关的专利申请,因此本课题组经过验证确认从 AUG 组网扩展到水下航行器组网。

技术领域扩展最后还可以在使用功能的应用领域进行邻近或上位领域扩展。上位技术领域与下位技术领域之间往往存在很强的技术关联性。根据上一小节基于科研立项的扩展可行性分析可知,水声网络作为 AUG 组网技术的上位技术领域也是可以扩展的方向。

因此,可以认为 AUG 组网技术和一般的水下组网技术(包括水声网络、水声传感器网络、水下航行器组网等)具有很强的技术关联性和通用性,对 AUG 组网技术进行扩展分析是可行的。此外,课题组在进行扩展可行性分析的过程中未发现功能效果扩展和关键技术扩展的线索,因此未在功能效果和关键技术方面进行扩展研究。

课题组将所有水下组网技术作为 AUG 组网技术的扩展技术。由于扩展的专利文献要与水下组网技术具有较强的技术关联性,因此在对扩展领域进行检索时更侧重于获得技术关联性高的文献,因此在检索策略上更加侧重于检索的准确性,并更多地尝试使用第一分类号和在摘要数据库检索以提高检索结果的技术关联性。我们通过在中英文摘要数据库中使用涉及组网通信的分类号和关键词的精确表达与涉及水下航行器的分类号和关键词的精确表达进行检索,通过筛选得到了与水下组网技术密切相关的专利文献。下面将在前述专利文献的基础上进行深入分析,以期为 AUG 组网技术的研究提供指引和参考。

6.3 AUG 组网技术扩展专利分析

通过之前的分析,课题组将所有水下组网技术作为 AUG 组网技术的扩展技术,对其进行了深入分析,有利于了解水下组网技术的整体情况、主要申请人研究动向、技术发展趋势等,从而为 AUG 组网技术的研究提供指引和参考。

6.3.1 整体态势分析

6.3.1.1 全球申请量分析

从图 6-3-1 可以看出 AUG 组网技术扩展专利在全球的专利申请随时间变化的趋势。从图中看出,相关专利的申请情况主要可以分为三个阶段。

① 缓慢发展阶段(2000~2008 年)。虽然陆地无线电网络通信技术在 20 世纪就已经比较成熟,但水下组网技术由于采用声学而非无线电作为信息传播途径,受限于水声通信技术的限制,其起步比较晚,发展比较缓慢,技术还不成熟并主要处于理论研究和探索阶段,距离实际使用还相对较远,技术投入和产出效果不太明显,相关申请人也主要是各大科研院所和国防机构。直到 2000 年,各国水下组网技术才有了一些发展和实际应用,并有了一些专利申请。2005 年美国国防部资助开展的近海水下持续监视网络使得基于水声传感器网络的监控系统在水下环境中的应用成为现实,并促进了相应技术的发展。

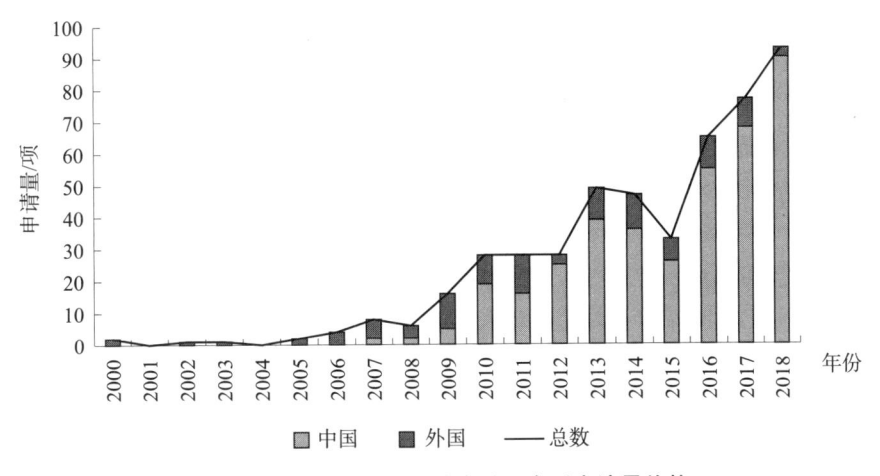

图 6-3-1　AUG 组网技术扩展专利申请量趋势

② 稳步增长阶段（2009～2015年）。我国"十二五"期间开展的海洋强国战略大大地促进了海洋装备相关技术的发展，组建水下传感器网络的相关技术作为海洋观测的重要组成部分也得到了国家的大力支持，因此可以看出 2009～2014 年我国水下组网专利申请量增长稳定。2015 年我国水下组网申请量有所下降可能是由于"十二五"末期相关项目已经结束，而作为主要申请主体的高校和科研院所的新课题项目还未启动导致的。美国近海水下持续监视网络等项目的建设推动外国水下组网专利申请量在 2008～2009 年的稳定增长。2012 年之后各国开始尝试将 AUG 应用到水下网络构建中，并进一步促进了水下组网技术的发展。例如：美国海洋和大气管理局于 2012 年 8 月初步提出国家 AUG 组网计划，并成立数据中心，采用统一的 AUG 数据格式，共享其观测数据，从而进一步完善其综合海洋观测系统 IOOS，提高应对海洋突发状况的能力。基于美国和欧洲商品化的 AUG 产品，澳大利亚也进行了 AUG 网络构建技术的研究，成立了澳大利亚综合海洋观测系统 IMOS；该项目于 2012～2013 年共布放了包括 Sea Glider 和 Slocum Glider 在内的数十台 AUG，共计执行调查任务超过 150 个，主要集中用于观测澳大利亚东部、南部和西部边界流，促进了澳大利亚在 AUG 协作组网应用技术方面的迅速发展。

③ 快速增长阶段（2016～2018年）。2016 年起，全球水下组网技术专利申请量进一步快速增长，表明在全球范围内该领域发展快速，投入加大，相关技术进入迅猛发展期。水下组网技术的研究在此阶段以高校和军方为主，受国家政策和国家项目需求的影响较为明显。我国水下组网技术专利申请量在 2016 年之后再次快速增长，这与我国"十三五"规划明确进一步推进海洋强国战略密切相关。在国家创新驱动发展战略和科技兴海战略的指引下，海洋科技创新能力显著提升。

6.3.1.2　技术来源国分析

从图 6-3-2 可以看出，在该领域的申请中，中国专利申请的占比最高，约占该领域总申请量的 3/4；其次是韩国和美国，然后是日本、德国以及瑞典、法国、加拿大等其他各国。中国专利申请量占比最高，与近些年国家大力发展海洋产业和强化知识

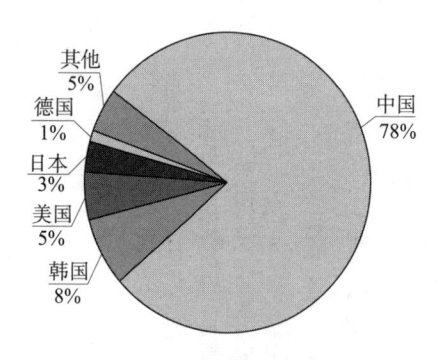

图6-3-2 AUG组网技术扩展专利全球申请技术来源国分布

饼图数据：中国78%，韩国8%，美国5%，日本3%，德国1%，其他5%

产权创造、保护、运用密切相关。"十二五"和"十三五"规划期间，我国实施海洋强国战略，提高海洋资源开发能力，发展海洋经济。虽然国外采取对中国禁运、禁售AUG等措施，对我国实施AUG的技术封锁，但我国经过近些年在AUG领域的自主研发和技术突破，虽与美国还有一定差距，但也已经处于相对较高水平，某些技术指标（例如最大潜入深度）目前已处于世界领先水平，研发的投入和知识产权意识的增强催生了大量的该领域专利申请。

美国是传统的海洋强国，在海洋观测网体系建设方面走在世界前列，目前已经组建了几套海洋观测网体系，且在海洋观测方面的投入也是世界最多的。其ARGO全球海洋观测网等传统海洋观测网处于世界领先地位，但ARGO主要聚焦于浮标本身获取数据后浮出水面进行无线电通信，传统的ARGO浮标未涉及基于水声通信进行水下组网。美国在水下组网通信领域的申请量排名靠前说明美国近些年也在大力研究水下组网通信，从而拓展其海洋观测网的监测深度区域和监测性能，这是其海洋观测领域技术实力的体现。另外，美国是AUG技术最领先、AUG产业化发展最好的国家，专利申请量却占比不高，与其行业地位并不匹配，这可能与部分技术采用技术秘密的方式保护以及部分技术进入了保密审查过程有关（例如《海洋科学》2014年第38卷第4期刊载的由庞重光、连喜虎、俞建成所著的《水下滑翔机的海洋应用》，该文章中引用的多篇国外作者关于组网及编队的期刊文献，通过检索追踪相应文献的作者及研究机构发现其均未申请专利）。

6.3.1.3 申请人类型分析

从图6-3-3可以看出组网技术专利申请人类型中科研院所占比最大（73%），可见该领域的研究者目前主要还是以科研院所为主，相应技术主要停留在实验室科研阶段。这是由于水下组网技术目前还不成熟，受限于水声通信存在多径效应、时变效应、噪声大、能耗高等问题，其某些方向还有一些世界性难题没有解决，有一些解决方案由于成本问题、系统稳定性问题而距离产业化还有一定的距离，因此目前该领域技术研发的主力仍为科研院所。另外，我国海洋观测以及海洋通信行业起步较晚，"十二五"规划期间强调海洋强国战略以来，产业环境有所好转，一批市场化的企业才刚刚培育出来，相应企业还处于早期起步阶

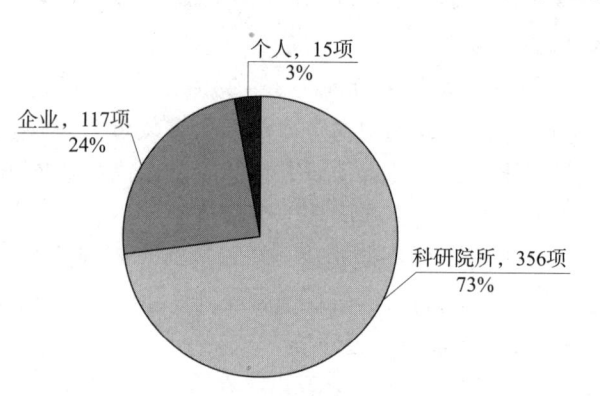

饼图数据：科研院所356项73%，企业117项24%，个人15项3%

图6-3-3 AUG水下组网技术扩展专利申请人类型分布

段,但该行业属于技术引领型行业,相应企业在创建初期就依赖于技术创新并体现在专利申请中,因此,企业在申请人类型中会占一定比例(24%)。虽然受限于企业起步阶段的规模,目前企业专利申请占比还不多,但随着时间的推移、产业的发展、产业化的进一步提升,未来企业占比将越来越大。

从图6-3-4可以看出排名前十的申请人均为科研院所,其中哈尔滨工程大学和天津大学的申请量排名明显领先,这不仅反映了这两所高校对了水下组网技术领域研究的重视,同时也与哈尔滨工程大学和天津大学的科研实力相匹配。哈尔滨工程大学和西北工业大学作为工业和信息化部的直属院校,其在国防军工方面的研究投入更多,这也体现了水下组网技术在国防军工方面的被关注度较高。天津大学和河海大学均是我国排名靠前的重点大学,也是传统的聚焦海洋技术研究的院校,它们均借助了自身临海的区位优势,使得其更具备海洋领域的科学研究能力。此外,值得注意的是,韩国的江陵大学(GANGNEUNG WONJU NATIONAL UNIVERSITY)也在水下组网方面有一定研究。鉴于韩国的半岛地形结构,海洋科技的发展对韩国显得极为重要。韩国江陵大学作为韩国科研机构的代表,在水下组网技术领域也有着较高的申请量,这也凸显了水下组网技术的重要性。为了进一步研究主要申请人进入水下组网这一技术分支研究的时间和趋势,我们进一步分析了主要申请人在不同时期的专利申请量变化。

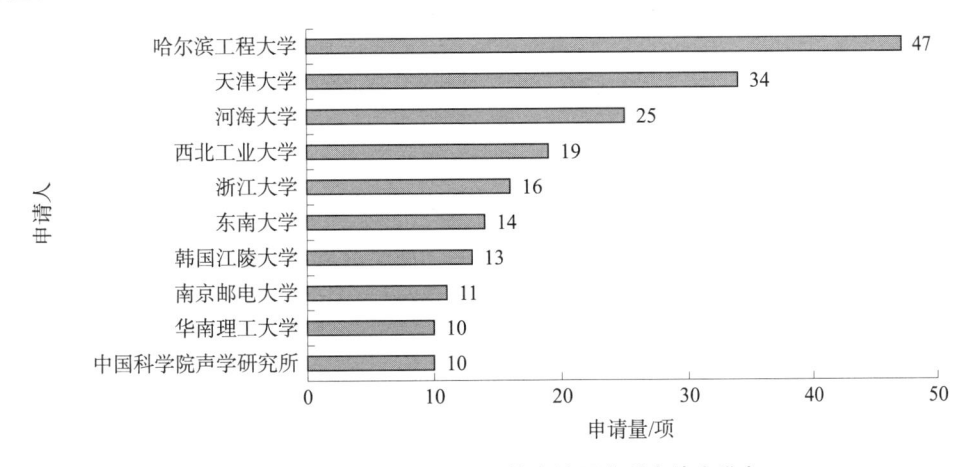

申请人	申请量/项
哈尔滨工程大学	47
天津大学	34
河海大学	25
西北工业大学	19
浙江大学	16
东南大学	14
韩国江陵大学	13
南京邮电大学	11
华南理工大学	10
中国科学院声学研究所	10

图6-3-4 AUG水下组网技术扩展专利申请人排名

从表6-3-1可以看出,各国申请人对组网技术领域的研究起步均较晚,主要申请年份集中于2011~2018年,我国在该领域的专利申请量占据绝对优势。其中,哈尔滨工程大学的专利申请量最多,其主要申请年份在2011~2018年,在此时期提出专利申请42项;其次为天津大学,专利申请全部集中于2011~2018年;河海大学的专利申请同样集中于2011~2018年,在该领域的全部专利申请总量达25项。

表6-3-1 AUG组网技术扩展专利主要申请人在不同时期的专利申请量变化　　单位：项

申请人	2001年之前	2001~2010年	2011~2018年
哈尔滨工程大学	0	5	42
天津大学	0	0	34
河海大学	0	1	24
西北工业大学	0	0	19
浙江大学	0	0	16
东南大学	0	3	11
韩国江陵大学	0	8	5
南京邮电大学	0	0	11
中国科学院声学研究所	0	2	8
华南理工大学	0	0	10
厦门大学	0	1	9
哈工大	0	0	6
爱立信	0	1	4

如表6-3-2所示，除日本外，各国在组网技术领域的主要申请年份均集中在2011~2018年；韩国在该领域的申请量位于第二位，美国居于第三位。专利申请量最大的中国的主要申请年份在2011~2018年，在该时期的申请量达354项，占其全部申请量的92.7%；韩国的主要申请年份同样处于2011~2018年，在该时期的申请量达21项，占其全部申请量的58.3%；美国在该领域的主要申请年份也在2011~2018年，申请量达17项，占其全部申请量的68.0%。各国对组网技术的研究热度均处于逐渐增加的状态。

表6-3-2 AUG组网技术扩展专利主要申请国在不同时期的专利申请变化　　单位：项

来源地	2001年之前	2001~2010年	2011~2018年
中国	0	28	354
韩国	0	15	21
美国	0	8	17

续表

来源地	年份		
	2001 年之前	2001~2010 年	2011~2018 年
日本	2	9	5
德国	0	1	5
英国	0	2	3
意大利	0	1	4
瑞典	0	1	4

在组网技术的专利申请中，美国对他国市场占有率最高，各国和地区对组网技术的应用均处于起步阶段。如表6-3-3所示，在他国实施同族布局数量最多的国家是美国，总量17项，主要布局在中国、加拿大和日本，其同族专利申请共涉及5个国家，申请的地域范围也最大；其次为韩国和日本，对他国申请量分别为10项和7项，韩国和日本涉及的申请国家主要为美国和中国；美国、韩国和日本的技术应用占据了全球最大的市场；组网技术在不同国家的同族申请量差距不大，可见各国和地区对组网技术的应用均处于起步阶段。中国在该领域也对其他国家进行了3项同族布局，其中对美国申请2项。就中美相互之间的申请布局而言，中国依旧处于劣势。

表6-3-3 AUG组网技术扩展专利各国专利申请在他国布局情况分析　　单位：项

来源地	布局地									
	美国	中国	日本	加拿大	德国	韩国	英国	以色列	印度	总计
美国	0	5	5	4	0	2	0	0	1	17
韩国	5	3	0	0	1	0	0	0	1	10
日本	4	3	0	0	0	0	0	0	0	7
荷兰	1	1	1	0	0	0	0	0	0	3
意大利	0	0	0	1	0	0	0	1	0	2
瑞典	0	0	1	0	1	0	1	0	0	3
中国内地	2	0	0	0	0	1	0	0	0	3
中国香港	1	0	0	0	1	0	1	0	0	2
德国	1	0	0	1	0	0	0	0	0	2
英国	1	0	0	0	0	0	0	0	0	1
总计	15	12	7	6	3	3	2	1	2	51

如表6-3-4所示，组网技术领域的申请人在该领域的专利申请起步普遍集中于2008年之后，2009~2013年的这五年中首次提出专利申请的申请人最多；哈尔滨工业

大学于 2016 年和 2017 年分别提出了 6 项和 9 项专利申请。

表 6-3-4　AUG 组网技术扩展专利各申请人历年专利申请量　　　　单位：项

年份	哈尔滨工程大学	天津大学	河海大学	西北工业大学	浙江大学	东南大学	韩国江陵大学	南京邮电大学	中国科学院声学研究所	华南理工大学	厦门大学	哈工大	爱立信
2008	0	0	0	0	0	0	1	0	0	0	0	0	1
2009	0	0	0	0	0	0	4	0	1	0	0	0	0
2010	5	0	1	1	0	3	3	0	1	0	1	0	0
2011	1	0	0	0	0	4	5	1	2	2	0	0	0
2012	0	2	2	1	0	1	0	2	3	1	0	0	0
2013	1	8	5	3	3	1	0	3	3	0	2	0	0
2014	2	4	2	2	1	0	0	0	0	1	0	1	2
2015	3	3	0	0	1	1	0	0	0	2	0	0	0
2016	6	5	5	5	3	4	0	1	0	4	3	3	0
2017	9	6	3	3	3	0	0	1	0	0	2	3	1
2018	20	6	7	7	5	0	0	0	0	1	2	0	1
总计	47	34	25	22	16	14	13	11	10	10	10	6	5

6.3.2　技术分析

通过分析组网技术专利主要聚焦的技术分支，可以为 AUG 组网提供研发方向参考。课题组通过对水下组网技术的全部专利文献分析，得到水下组网技术分支的专利分布图。从图 6-3-5 可以看出，水下组网技术分支专利占比最大的是网络拓扑结构，占比 42%。网络拓扑结构是网络形成的基础架构，对各方面都有较大影响，是一个重要的研发方向，但 AUG 作为移动设备，其在组网时相对于固定节点之间的组网有其特定的特点，对该分支的技术进行分析借鉴时可以考虑重点对移动节点之间组网或移动节点与固定节点之间组网的拓扑结构进行关注。其次是网络路由与路径查找（路径规划），占比 20%。由于水下组网涉及的传感器节点较多，多节点背景下的通信路径不仅数量繁多，而且不同通信路径的传输效果在能耗、稳定性、通信延迟等方面的表现千差万别，使得如何在繁杂的通信路径中进行合适的选择显得异常重要。因此，网络路由与路径查找技术也是水下组网的重点技术，对于作为网络节点的一种的 AUG 的组网技术同样具有重要的借鉴意义。再次是网络管理，占比 14%。由于 AUG 作为移动节点的运动会导致节点间的通信连接随时间的变化而发生改变，甚至部分网络节点的丢失会导致网络不稳定，需要根据实际情况对网络节点进行合理的管理与维护，且目前存在一部分专利文献涉及使用 AUG 进行网络修复，也是 AUG 的一种新兴应用领域，故网络管理技术对于 AUG 也具有相对比较普遍的借鉴意义。最后是通信协议和编队控制，两者的申请量占比均为 12%。相对于网络拓扑结构、网络路由与路径查找以及网络管理，通信协议和编队控制技术在水下组网技术专利中的占比较小。我们推测通信协议和编队控制可能因为是新兴技术而相关信息较少，或者由于技术相对成熟稳定，缺少新技术的突破与革新。

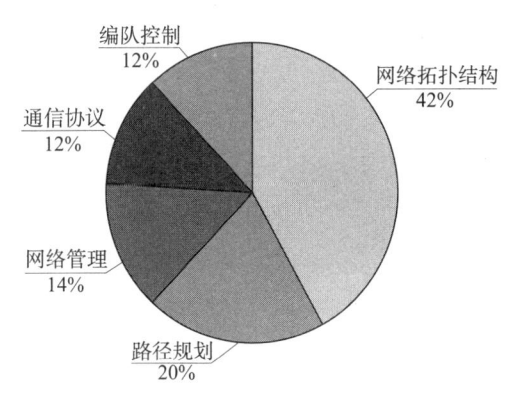

图 6-3-5　AUG 组网技术扩展专利分支分布

水下组网的通信协议的发展目前依然是依托无线网络通信以及水声传感器网络的发展而进行的，在无线网络通信以及水声传感器网络通信的通信协议技术没有大的革新的情况下，水下组网的可用通信协议的开发也并没有大的技术改进。因为编队控制是集群控制执行特定任务的技术发展方向，也是现阶段发展的热点，所以其虽然起步较晚，但是未来发展前景广阔。

根据图 6-3-6 所示的网络拓扑结构专利趋势图，我们能够发现，该技术分支在 2000～2008 年处于技术萌芽期，仅在部分年份存在 2 项左右的年专利申请量，这与当时受限于水声通信技术，水下组网技术起步比较晚、发展比较缓慢，水下组网相关技术还不成熟并主要处于理论研究和探索阶段有关。而在 2009～2011 年以及 2014～2018 年，专利申请量呈现不断上升的趋势。这反映出随着水下组网技术的起步与发展，网络拓扑结构的研究受到了广泛的关注，同时也引起了各个研究主体的研究热情。而在 2011～2013 年出现的短暂的申请量波动，也体现了随着水下组网的网络拓扑结构的逐步发展成熟，其经历了短暂的技术瓶颈突破阶段。网络拓扑结构的整体申请趋势体现了网络拓扑结构技术不仅占比高而且增长快的双突出特点，这说明了水下组网技术的发展仍然长期依托于网络拓扑结构技术的研究，并且网络拓扑结构在 2018 年出现的爆发式增长，也说明了在未来的研究中其依然是重点和热点。

根据图 6-3-7 对路径查找技术的专利趋势图，我们发现从 2009 年以来，路径查找技术在水下组网技术中的申请量波动较大，且往往在某一申请量低谷后会出现一波强烈的申请量反弹，这反映出路径查找技术在发展与进步的过程中可能出现了某些阶段性的成果，从而促使其申请量产生阶段性大量上升的情况。

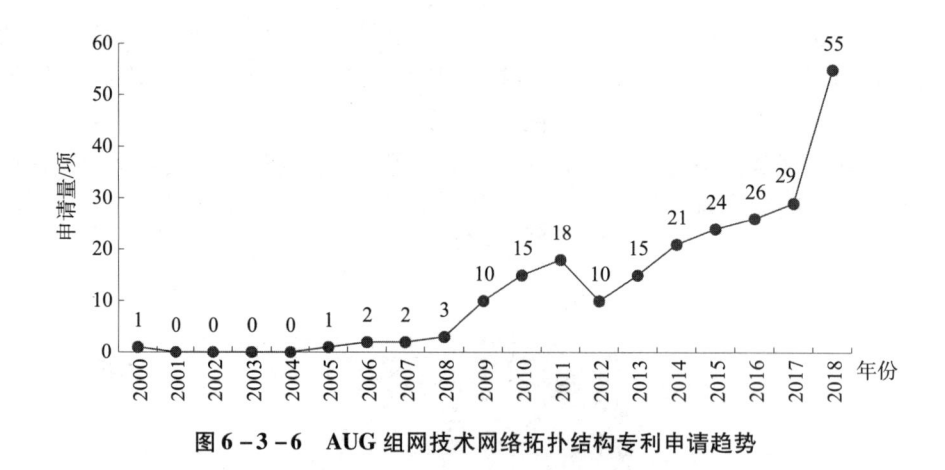

图6-3-6 AUG组网技术网络拓扑结构专利申请趋势

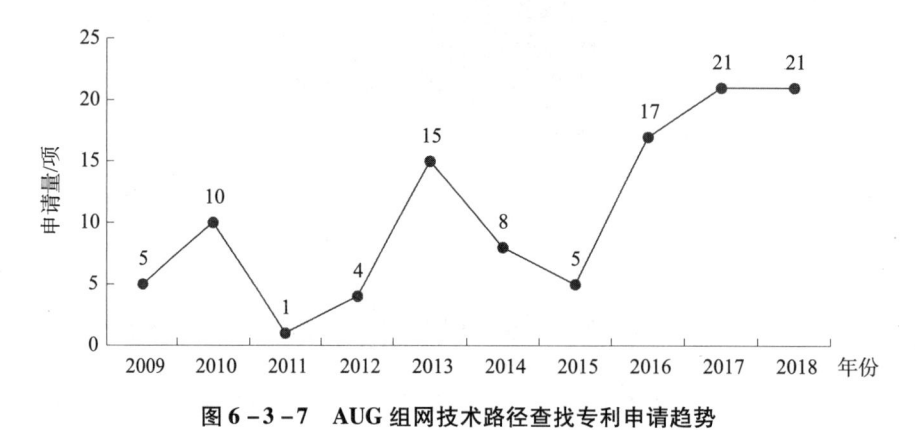

图6-3-7 AUG组网技术路径查找专利申请趋势

结合网络管理技术以及通信协议技术的专利申请趋势图6-3-8和图6-3-9，我们发现网络管理以及通信协议技术专利申请量的趋势是相似的，这反映出两者在通信网络技术领域中的相关性。网络管理以及通信协议技术申请量的变化均较为平稳，两者的申请量并没有出现一年超过10项的大变化，这也反映出上述技术目前所处的一个比较成熟且平稳的发展状态，从侧面显示了目前网络管理以及通信协议技术的发展并没有发生特异性的变化，存在一定的发展瓶颈。

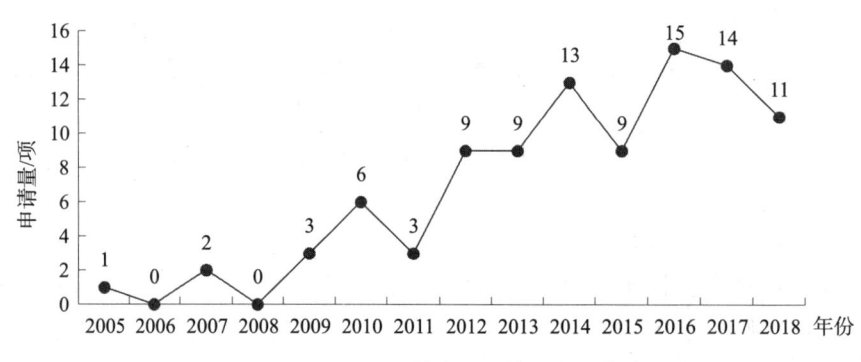

图6-3-8 AUG组网技术网络管理专利申请趋势

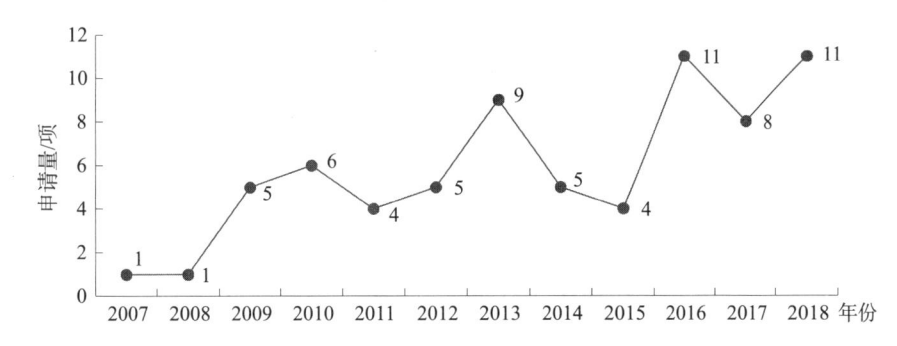

图6-3-9 AUG组网技术通信协议专利申请趋势

而对于编队控制，参见图6-3-5水下组网技术专利分支分布图，虽然其在水下航行器组网技术领域的申请量占比并不多（12%），但是我们结合图6-3-10所示的编队控制技术申请量趋势可以发现，其在2011年以前并没有受到太多关注，申请量微乎其微。这里我们结合水下航行器以及AUG在进入多机体组网以及编队协同控制阶段后的发展规律：其需要在单机技术具有一定成熟度后，才会产生一到多的量变过程。而根据水下航行器起步晚且2011年前发展较缓慢的实际情况，针对多水下航行器管理的编队控制技术并没有发展的基础与环境；而从2012年开始，编队控制技术的专利申请量开始整体上升，尤其从2017年到2018年，其申请量经历数倍的增长，这不仅反映了随着水下航行器以及AUG技术日臻完善，单机组控制已经不能满足实际的使用与需要，也从侧面显示了编队控制技术将成为水下航行器组网技术发展的一个热点与方向。

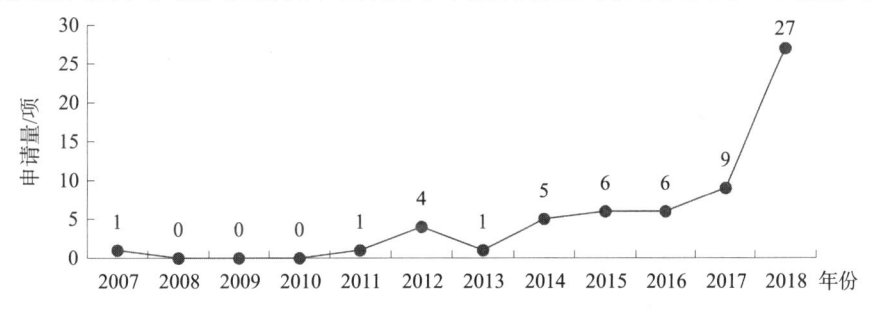

图6-3-10 AUG组网技术编队控制申请量趋势

现有技术中编队控制相关专利申请基本都是水下航行器编队。从图6-3-11可以看出编队控制技术专利中最大的申请主体为哈尔滨工程大学（16项，占比45%）。哈尔滨工程大学的水下航行器编队相关专利申请均为2015年以后开始申请的，且2018年是其申请的一个高峰。通过对哈尔滨工程大学2018年的专利申请进行研究，发现哈尔滨工程大学针对

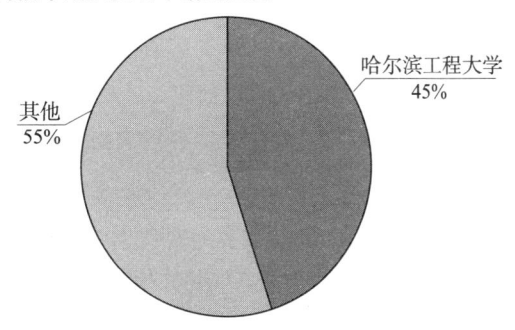

图6-3-11 AUG组网技术编队控制专利申请主体分布

海流扰动、障碍环境、通信限制条件等各种不利条件下水下航行器编队面临的问题给出了解决方案,并将分布式协同跟踪、RBF 神经网络辅助容积卡尔曼滤波、黏滞阻尼振荡模型、基于领航者和虚拟领航者、目标函数等模型和算法应用到水下航行器编队中以解决具体问题,从而实现了当年专利申请量的增长。该校是编队控制技术领域的重要申请人,后续将对其作进一步分析。

通过图 6-3-12 可以看出,利用网络拓扑结构的改进降低能耗的专利申请数量最大,是目前研究的热点。而对于编队控制,其作用功效的层次比较明确,主要体现在稳定性的提高上,鉴于其为近年来新兴的热点和方向,其如何改进提高稳定性可作为目前研究重点。网络管理技术以及通信协议技术在三个主要功效方面起到了均衡的改进效果。我们认为网络管理技术以及通信协议技术在通信网络技术中更多地从宏观上改善网络系统性能,且基于现有技术发展的成熟度以及发展瓶颈,网络管理技术以及通信协议技术短期内在改善水下组网系统性能方面并没有受到广泛的关注,也没有形成技术热点。此外,由于网络拓扑结构和路径查找是数量排名前两位的技术分支,且该两个技术分支均与 AUG 最关注的低功耗要求密切相关——改进网络拓扑结构和路径查找来降低功耗的文献分别为 110 项和 67 项,因此,后续将对网络拓扑结构和路径查找这两个技术分支进行进一步研究,梳理出其技术发展路径,以分析技术发展路径和未来研发趋势。

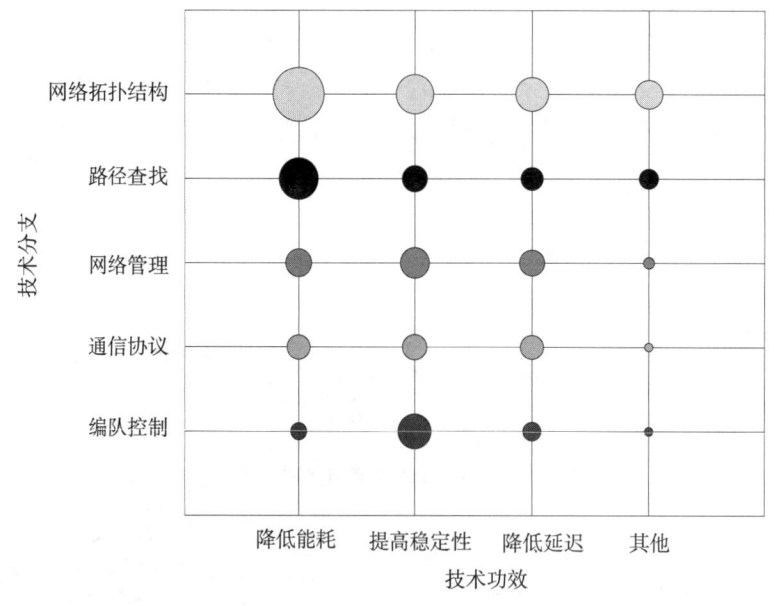

图 6-3-12 水下组网技术功效

注:图中气泡大小表示申请量多少。

我们通过筛选出的重要专利结合文献调研和实地调研了解到的产业技术发展情况,针对网络拓扑结构进行进一步分析,得出了网络拓扑结构这一技术分支的技术发展路径。从图 6-3-13 可以看出:网络拓扑结构技术发展路径经历了线性拓扑结构、分层结构、分簇结构、自适应拓扑结构、自组网等演变。预期自组网会成为未来研究的重要方向,而降低功耗也是近些年组网时最关注的因素,这也与通过网络拓扑结构降低能耗成为技术热点的现象相印证。

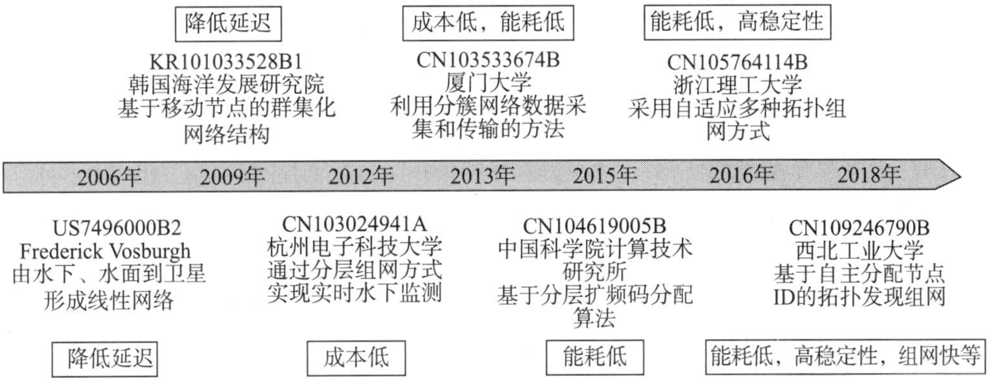

```
        降低延迟              成本低,能耗低           能耗低,高稳定性
      KR101033528B1          CN103533674B           CN105764114B
      韩国海洋发展研究院        厦门大学                浙江理工大学
      基于移动节点的群集化      利用分簇网络数据采       采用自适应多种拓扑组
        网络结构                集和传输的方法            网方式

    2006年    2009年    2012年    2013年    2015年    2016年    2018年

    US7496000B2          CN103024941A         CN104619005B          CN109246790B
    Frederick Vosburgh   杭州电子科技大学      中国科学院计算技术      西北工业大学
    由水下、水面到卫星    通过分层组网方式          研究所              基于自主分配节点
    形成线性网络          实现实时水下监测      基于分层扩频码分配      ID的拓扑发现组网
                                                    算法

      降低延迟                成本低                 能耗低         能耗低,高稳定性,组网快等
```

图 6-3-13　网络拓扑结构技术发展脉络

类似地，我们也对路径查找这一技术分支的技术发展路径进行了研究。从图 6-3-14 可以看出：通信路径查找技术发展路径经历了阈值比较法、结合粒子滤波算法、多级异构分簇、引入分层节点机制、自学习路由方法等演变，从而试图在降低能耗的基础上进一步提高传输效率和降低延迟。

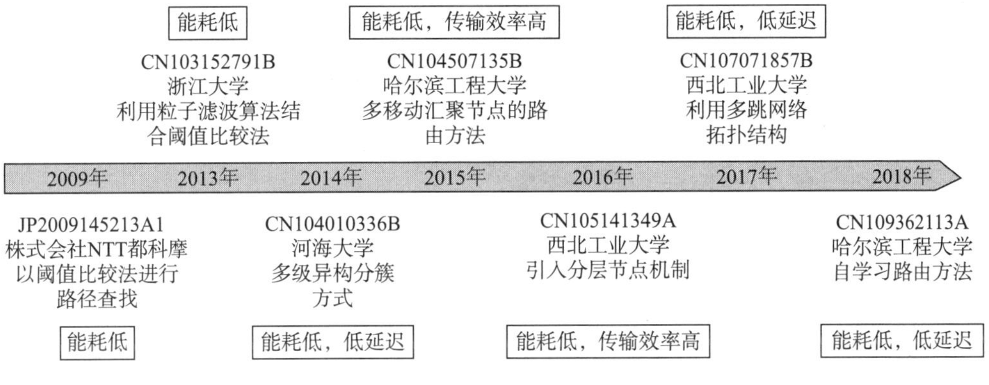

```
        能耗低              能耗低,传输效率高         能耗低,低延迟
     CN103152791B            CN104507135B           CN107071857B
     浙江大学                 哈尔滨工程大学           西北工业大学
     利用粒子滤波算法结        多移动汇聚节点的路       利用多跳网络
     合阈值比较法               由方法                  拓扑结构

    2009年    2013年    2014年    2015年    2016年    2017年    2018年

   JP2009145213A1        CN104010336B         CN105141349A          CN109362113A
   株式会社NTT都科摩      河海大学              西北工业大学           哈尔滨工程大学
   以阈值比较法进行       多级异构分簇          引入分层节点机制        自学习路由方法
      路径查找              方式

       能耗低              能耗低,低延迟        能耗低,传输效率高        能耗低,低延迟
```

图 6-3-14　路径查找技术发展脉络

通过对水下组网的网络拓扑结构和路径查找的技术发展脉络图的分析和比较，我们发现，上述技术发展的作用效果从单一的对减低延迟、降低能耗的追求开始，逐步向降低成本、降低能耗、提高组网速度等多功能效果兼顾的方向发展，实现多功能效果的同时也体现了水下组网技术的未来需求。

由图 6-3-13 可知，在网络拓扑结构的发展过程中，融入了以扩频码分配算法、自适应决策、自主分配决策为代表的算法以及网络管理技术；由图 6-3-14 可知，在通信路径技术的发展过程中，也融入了阈值比较、粒子群算法、自学习等算法，还进一步将网络拓扑结构的分层、分簇、多跳的概念引入到通信路径技术中来。综上，以网络拓扑结构以及路径查找为代表的分支技术的发展已经不再局限于本身技术的创新，多技术之间相互融合的共同作用也成为未来多功效实现的有力方式和发展方向。

由于水下难以用电磁波手段进行通信且海洋中的作业经常是大范围、大尺度的作业，因此水下航行器进行集群编队作业时存在定位精度低、通信带宽低、通信延迟大等问题。而这些问题是水下航行器编队时独有的，陆地上的无人机、自动驾驶车队、物流机器人等在编队控制时基本不会面临上述问题。因此，水下航行器进行集群编队与陆地上航行器编队差异较大，有自己独有的特点，一些陆地上的无人机、自动驾驶车队、物流机器人等的编队控制算法不一定能够用于水下航行器编队。除 AUG 外，现有技术中还存在一些其他水下航行器，虽然在运动原理和运动方式上与 AUG 不同，但都面临水下航行器编队的一些共性问题，因此应用于其他水下航行器的编队技术也具有一定的参考价值。

6.3.3 重要申请人专利分析

我们对主要申请人进行了研究，图 6-3-15（见文前彩插第 4 页）列出了组网技术申请量排名前十的申请人在不同技术分支的申请分布。从图中可以看出组网技术主要专利申请人以高校科研机构为主，哈尔滨工程大学在水下组网技术方面申请最多，且技术研究比较全面，在各个分支都有所涉猎并申请分布比较均匀；天津大学在组网方面更侧重于网络拓扑结构、路径查找和网络管理方面的改进；国外申请人韩国江陵大学的侧重方向与天津大学有类似之处。哈尔滨工程大学、西北工业大学和东南大学是为数不多的对编队控制技术展开研究的高校，其中，哈尔滨工程大学和西北工业大学作为工业与信息化部直属的高校，具备一定的军工国防科研的研究背景，从这个层面我们推断，编队控制技术在国防军工领域拥有更多的关注。而上述几个主要申请人均不约而同地对水下组网技术的网络拓扑结构进行研究，也反映出目前网络拓扑结构在水下组网技术中的重要地位。

6.3.3.1 哈尔滨工程大学

（1）学校概况

哈尔滨工程大学坐落于哈尔滨市。学校前身是创建于 1953 年的中国人民解放军军事工程学院（"哈军工"）。1970 年，以海军工程系全建制及其他系（部）部分干部教师为基础，在"哈军工"原址组建哈尔滨船舶工程学院。1994 年，更名为哈尔滨工程大学。学校先后隶属于第六机械工业部、中国船舶工业总公司、国防科学技术工业委员会，现隶属于工业和信息化部。哈尔滨工程大学是国家"三海一核"（船舶工业、海军装备、海洋开发、核能应用）领域重要的人才培养和科学研究基地，在船海核领域保持着很强的技术储备，水下航行器、减震降噪、船舶减摇、船舶动力、组合导航、水声定位、水下探测、核动力仿真、大型船舶仿真验证评估、三体船设计、水面无人艇等技术居国内领先或国际先进地位，现已成为我国舰船科学技术基础和应用研究的主力军之一，是海军先进技术装备研制的重点单位，是我国发展海洋高技术的重要依托力量。❶

---

❶ 哈尔滨工程大学. 学校简介 [EB/OL]. [2019-09-14]. http://www.hrbeu.edu.cn/xygk/xxjj.aspx.

哈尔滨工程大学的水下机器人技术国防科技重点实验室于2002年11月成立，其研究方向为：①体系结构与智能控制技术；②声与非声环境与目标感知技术；③海洋环境适配技术。水下机器人技术国防科技重点实验室建成以来承担来自国家国防科技工业局、中国人民解放军总装备部、中国人民解放军海军装备部、工业和信息化部、科学技术部、国家自然科学基金委员会和行业内的相关科研院校和生产单位下达和委托的科研项目百余项。

哈尔滨工程大学的水声技术国防重点实验室于1997年通过验收并投入正式运行。水声技术国防重点实验室围绕海军建设发展的重大需求和制约武器装备研制、使用的重大基础问题和技术瓶颈，探索水声技术的新原理、新方法，逐渐汇聚为四个方向：水声物理研究、水声目标探测与定位研究、水声换能器技术研究和水声通信技术研究。在水下目标噪声控制技术、远程目标探测技术、矢量阵水下预警技术、混响法辐射噪声测量技术、水下北斗声学定位技术、仿生伪装水声通信技术、极地声学技术等原始创新成果上均有取得重大突破。

由于哈尔滨工程大学申请量最多，且申请涉及的技术最为全面，因此我们将哈尔滨工程大学作为重要申请人代表进行了研究。从图6-3-16可以看出哈尔滨工程大学在组网技术方面进行了持续研究，且技术增长趋势稳定，创新持续加强。

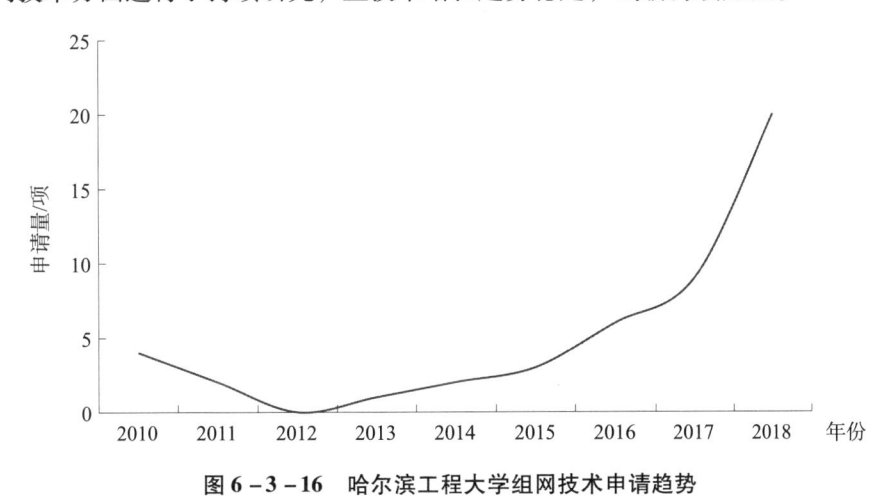

图6-3-16 哈尔滨工程大学组网技术申请趋势

（2）技术历史及专利脉络

我们梳理哈尔滨工程大学的专利申请，筛选出了重要专利，进一步分析得出了哈尔滨工程大学组网技术专利脉络。从图6-3-17可以看出：哈尔滨工程大学组网技术发展路径经历了网络构建、网络定位和时间同步等网络基本功能实现、提高网络效率等网络质量提升的演变，从而逐步组建网络、降低能耗、提高组网速度。由于水下固定基站、水下传感器网络等对低功耗的要求没有AUG那么高，因此对于组网技术整体而言，研究方向更侧重于提高通信传输效率。

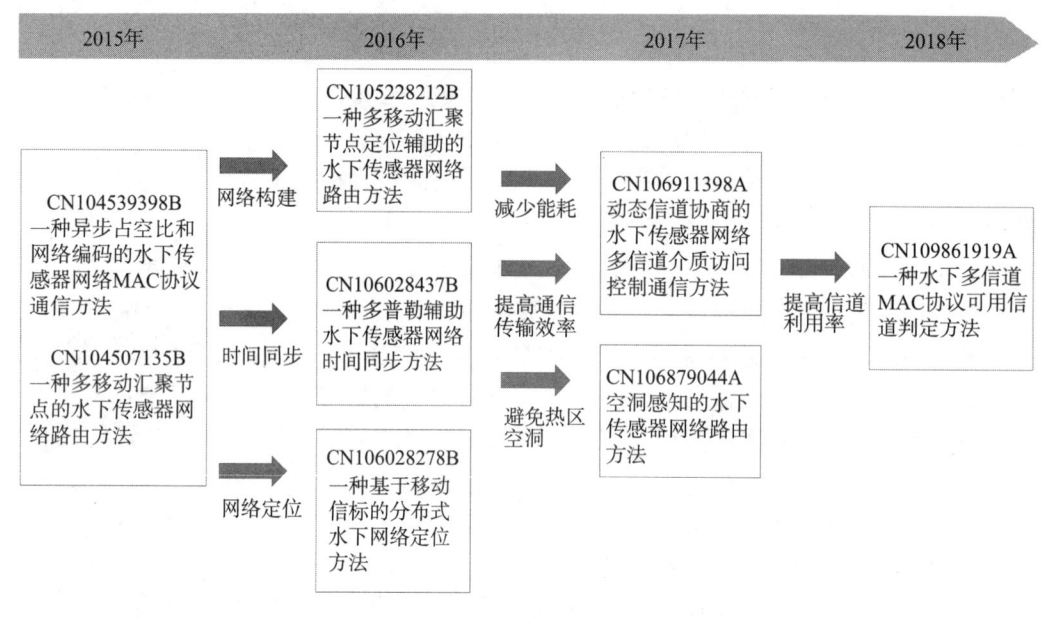

图 6 - 3 - 17　哈尔滨工程大学组网技术专利脉络

（3）研发团队及主要贡献

冯晓宁、王卓团队：2007～2018 年完成水下机器人和水面无人艇的计算机仿真实验验证，建立了水下机器人重点实验室的包括软硬件在内的仿真系统。2010 年开始进行人工智能理论方法在水下机器人领域应用的研究，致力于研究水下机器人领域对人工智能提出的新要求、新问题。自 2011 年开始从事水下无线传感器网络、水声传感器网络、水下移动组网等方面的研究，对水下传感器网络进行了深入研究，在路由协议的形式化描述与验证、路由层协议算法与策略、MAC 层协议、时间同步和定位、水下传感网网络安全等方面开展了相关研究工作。2014～2018 年成功申报了多项人工智能和水下机器人软件领域的科研项目。

徐博团队：针对海洋运载器开展智能仿生导航、惯性基组合导航、初始对准、信息融合研究，以及多运动平台协同导航、传递对准技术的理论研究、仿真验证及试验研究工作。坚持基础研究、预先研究和工程研制相结合，将多项研究成果转化为我国舰船导航系统实用化装备，提高了我国海军舰艇信息化建设水平。

李娟团队：主要从事自主水下航行器控制、船舶动力定位、系统仿真技术的研究。

张勇刚团队：主要从事导航器件及算法、信号处理、信息融合方向的研究。

（4）重要专利分析

在哈尔滨工程大学提出的多项专利申请中，筛选了 4 项涉及组网及编队的重要专利申请。其中，一种多移动汇聚节点的水下传感器网络路由方法（CN104507135B）数据传输率高、能量消耗少。另外 3 项为：一种基于水声双程测距的多水下航行器协同定位方法（CN105319534B）、一种多普勒辅助水下传感器网络时间同步方法（CN106028437B）、一种异步占空比和网络编码的水下传感器网络 MAC 协议通信方法

(CN104539398B),分别涉及协同编队、时间同步、通信协议。这4项申请均是向中国提出的,并均已获得专利授权。下面对哈尔滨工程大学的几项重要专利进行分析介绍。

一种多移动汇聚节点的水下传感器网络路由方法(CN104507135B),将分层策略使用到水下路由策略中,并采用路径损失模型进行分层判断,可以有效减少能量的消耗,避免由于传输距离过长而过高的消耗能量;分层结构可以有效地使数据向汇聚节点有向传输;分层结构的周期性刷新可以保证网络结构不会因为节点的移动变化而数据传输率降低。通信时我们选择所在层数较低的汇聚节点作为目标节点,这样不但可以降低数据传输时产生的能量消耗,同时也减少了传输延迟,提高了数据传输效率。

一种基于水声双程测距的多水下航行器协同定位方法(CN105319534B),采用水声双程测距,避免了高精度时钟同步需求,实现简单,与传统双程测距方案相比,水下航行器协同更新频率高,定位效果好,通信次数减少,能量消耗降低,利于水下航行器长时间工作。

一种多普勒辅助水下传感器网络时间同步方法(CN106028437B),通过利用基于多普勒原理的相对速度计算方法,在每次接收信息时计算出节点之间的相对速度,能减少节点移动对时间同步的负面影响,从而提高时间同步精度。针对水下传感器网络节点移动影响时间同步精度的问题,利用多普勒原理在每次接收信标信息时计算出信标节点和待同步节点之间的相对速度,进而计算出信标节点和待同步节点之间的距离变化,能比较准确地计算出信息在传播过程中所花费的时间,更好地适应复杂多变的水下环境。

一种异步占空比和网络编码的水下传感器网络 MAC 协议通信方法(CN104539398B),在初始化 MAC 协议阶段首先采用异步占空比技术来确定网络中所有节点的数据交换时间,可以有效地避免节点因空闲监听信道产生的能量消耗,同时通过编码节点选择算法确定网络编码层中的编码节点个数以及分布,使汇聚节点的译码率达到最高;在数据传输阶段,普通节点唤醒时发送接收到的数据,而编码节点在唤醒时,使用编码算法进行编码后再传输,由于编码可以提高每次传输时所携带的数据量,因此能够提高网络吞吐量和带宽利用率。

(5)时间、区域布局情况及专利布局策略分析

哈尔滨工程大学的组网及编队专利申请均为在中国的申请,并未在国外地区进行专利申请。哈尔滨工程大学组网技术申请趋势如图6-3-16所示,其从2010年就进行了相关的专利申请,在2018年专利申请迅速增长,达到了20项。

2014年申请的2项专利均涉及节点路由通信技术。

2015年申请的3项专利开始分成两类技术方向:一类技术方向是网络通信,具体涉及汇聚节点通信以及 MAC 通信协议;另一类技术方向是多水下航行器协同导航和定位。

2016年申请的6项专利进一步对水下网络通信和协同编队进行了研究。具体包括

通信节点的唤醒，网络时间同步，协同导航、编队以及定位。

2017 年申请的 9 项专利主要集中在网络路由、访问控制、网络定位。

2018 年申请的 20 项专利其中有 16 项涉及多水下航行器编队以及协同定位，其余几项涉及天线、导航定位、无线通信以及信道利用。

哈尔滨工程大学在组网技术上的重要专利如表 6-3-5 所示。

表 6-3-5　哈尔滨工程大学组网技术重要专利

序号	名　称	公开（公告）号
1	一种多移动汇聚节点的水下传感器网络路由方法	CN104507135B
2	一种基于水声双程测距的多水下航行器协同定位方法	CN105319534B
3	一种多普勒辅助水下传感器网络时间同步方法	CN106028437B
4	一种水下潜器多功能通信天线	CN108336493A
5	一种面向多水下机器人通信的节能路由方法	CN101951654B
6	一种异步占空比和网络编码的水下传感器网络 MAC 协议通信方法	CN104539398B
7	一种多移动汇聚节点定位辅助的水下传感器网络路由方法	CN105228212B
8	一种稳健的水下通信节点唤醒信号检测方法	CN105472719B
9	一种基于移动信标的分布式水下网络定位方法	CN106028278B
10	一种海上远程实时数据传输系统与数据传输方法	CN101908940A
11	一种面向多水下机器人通信的节能路由方法	CN101959277A
12	一种动态信道协商的水下传感器网络多信道介质访问控制通信方法	CN106911398A
13	一种基于分簇的水声传感器网络混合介质访问控制通信方法	CN107231200A
14	一种长基线定位系统基站及通信方法	CN108834050A
15	一种基于水声通信网络中利用信号强度的导航定位方法	CN108882167A
16	一种基于北斗导航和无线通信的海运集装箱监控方法	CN109462817A
17	一种基于蚁群与扩展卡尔曼滤波相结合的多水下航行器协同定位方法	CN106525042B
18	一种空洞感知的水下传感器网络路由方法	CN106879044A
19	一种三角距离估计的水下传感器网络定位方法	CN107623895A
20	一种通信限制下基于预测控制的多水下航行器编队方法	CN108594845A
21	一种障碍环境下多水下航行器编队队形优化控制方法	CN108594846A
22	一种基于领航者和虚拟领航者的多水下航行器直线编队控制方法	CN108549394A
23	一种基于鲁棒信息滤波的水下航行器协同导航方法	CN108827305A
24	一种考虑通信延时的水下航行器集群协调控制方法	CN108829126A
25	一种最大互相关熵自适应容积粒子滤波的水下航行器协同导航方法	CN109084767A

续表

序号	名称	公开（公告）号
26	一种基于最大互相关熵无迹粒子滤波的水下航行器协同导航方法	CN108489498A
27	一种水下多信道 MAC 协议可用信道判定方法	CN109861919A
28	一种基于声学测量网络的水下多水下航行器协同定位编队拓扑结构优化方法	CN109656136A
29	一种基于 RBF 神经网络辅助容积卡尔曼滤波的多水下航行器协同定位方法	CN109459040A
30	一种具有自适应的协同导航滤波方法	CN106441300B
31	一种多水下航行器动态圆弧编队控制方法	CN108490961A
32	一种提高水声传感器网络数据传输可靠性的方法	CN101951637A
33	一种适用于多水下航行器协同导航的动态条件下水声双程测距误差补偿方法	CN105445722A

由上述分析可以得出，哈尔滨工程大学在水下组网技术方面申请量排名第一且申请量增长迅速，其在网络拓扑结构、路径查找、网络管理、通信协议、编队控制方面都有专利布局，并在编队控制这一细分方向的专利布局上处于龙头地位。哈尔滨工程大学组网技术发展路径经历了网络构建、网络基本功能实现、提高网络通信效率方向的演变。

6.3.3.2 韩国江陵大学

根据对水下组网领域申请人排名的分析，发现进入排名前十位的申请人中仅有韩国江陵大学是国外申请人且其排名相对比较靠前。为了比较国外高校与我国高校在水下组网方面的专利技术以及研发方向的异同，我们针对韩国江陵大学进行了进一步研究，具体如下。

（1）学校概况

江陵大学又名江陵原州大学，是韩国的国立综合大学，建于 1946 年，2007 年 3 月与原州大学合并。江陵大学原州校区设有 53 个专业。江陵大学有很多韩国优秀学科，其中海洋类专业在韩国全国专业排名中名列前茅。

（2）技术脉络与趋势

江陵大学的水下组网技术的专利申请主要依托水下传感器网络的组建得以实现。江陵大学在水下传感器网络的网络拓扑结构的基础上，基于低能耗、低延迟以及高稳定性等需要，采用了多种分支技术并利用了多个分支技术的结合的方式对水下组网技术进行研究，并在 2008~2011 年相应提出了 13 件发明专利的申请，在韩国全部得到授权。结合江陵大学在自身学科建设中以海洋、环境领域为主要方向的特点，其水下组网技术的高授权率也充分反映了该校在海洋领域的优势能力，其海洋领域的科研水平可见一斑。

我们进一步根据图 6-3-18 所示的江陵大学组网技术申请量趋势，对研究成果进行分析，可以发现江陵大学在组网技术领域投入研究的时间相对于我国投入研究较早的哈尔滨工程大学来说要更早。

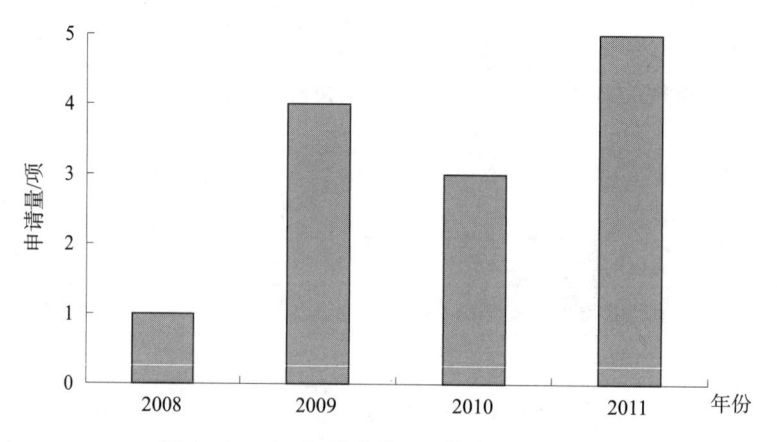

图 6-3-18　江陵大学组网技术申请量趋势

根据图 6-3-19 可知，江陵大学早在 2008 年就已经开始针对水下组网技术的专利申请与研究，申请量也在之后的三年中不断增长。根据其超高的授权率，也反映其研究成果频出，技术也更加成熟。在江陵大学的水下组网技术专利申请达到顶峰时，哈尔滨工程大学刚刚开始进入萌芽状态，这不仅说明国外科研机构在海洋领域的技术研究的专利布局要比我国更早也更敏感，也反映出我国在海洋领域的研究以及专利布局相对滞后。

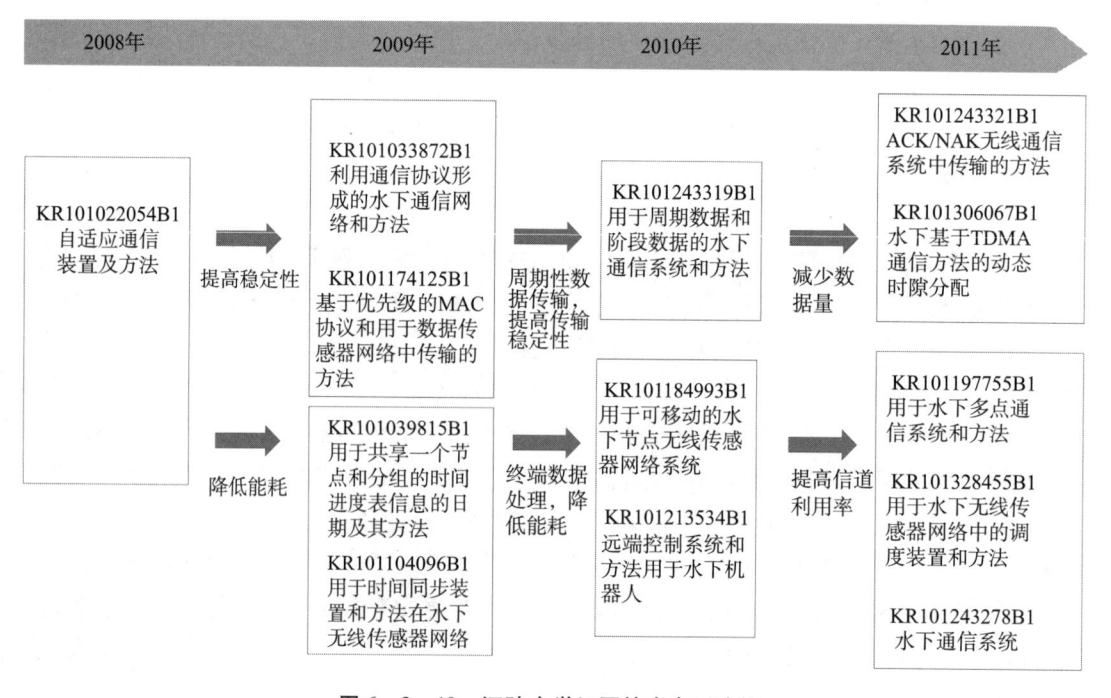

图 6-3-19　江陵大学组网技术专利脉络

江陵大学以网络拓扑结构为研究起点，基于降低能耗和提高稳定性的目的逐步开始水下组网技术的研究，之后，通过结合网络管理技术和通信协议技术各自的优点，采用了远程终端处理、数据传输的时序管理、多点分组通信以及降低数据量等多重手段实现对水下组网技术低能耗以及高稳定性的不断优化。

（3）重点专利分析

通过对表6-3-2韩国江陵大学组网技术重要专利列表的专利进行分析与梳理，我们发现：江陵大学以网络拓扑结构为切入点，对水下组网技术进行了研究。其在2008年1月提交的公告号为KR101022054B1、申请名为"自适应通信装置及方法"的专利申请给出了一种利用水下传感器网络的主从式拓扑结构，结合计算终端实现水下传感器网络的数据处理与计算，并能根据具体水下环境计算得到相应的策略。该方式层次分明，能够很好地起到降低能耗并提高系统稳定性的效果。该申请作为江陵大学的最早申请，是其后期研究的基础。

在2009年9月和10月，江陵大学紧接着提交4项发明专利的申请，均以降低能耗、提高稳定性为目标。其中，公告号为KR101033872B1的名为"利用通信协议形成的水下通信网络和方法"在水下传感器网络的基础上引入了同步通信协议，利用时间同步节点实现与传感器节点的时间同步，从而改善数据传输的稳定性；公告号为KR101174125B1的名为"基于优先级的MAC协议和用于数据传感器网络中传输的方法"在水下传感器网络的基础上引入了优先级MAC协议，通过预约时隙的选通数据传输，达到防止信息冲突的作用，并能降低电池功率损耗。上述两个申请均在拓扑结构的基础上结合通信协议以实现低功耗和高稳定性的效果。而其公告号为KR101039815B1和KR101104096B1的两个申请则是通过网络管理的方式，对节点通信的时间进行规划，对数据进行分组，从而降低能耗和提高稳定性。

江陵大学在2010年申请了3项专利，其中公告号为KR101184993B1的名为"用于可移动的水下节点的无线传感器网络系统"和公告号为KR101213534B1的名为"用于水下机器人远端控制的系统和方法"的申请均采用了远程终端的对数据进行集中处理的网络拓扑结构，从而进一步降低能耗；而公开号为KR101243319B1的名为"用于周期数据和阶段数据的水下通信系统和方法"则是通过非周期性数据周期传输的通信协议，提高数据传输的稳定性。

2011年，江陵大学申请了5项发明专利，其中公告号为KR101197755B1的名为"用于水下多点通信的系统和方法"、公告号为KR101328455B1的名为"用于水下无线传感器网络中的调度装置和方法"和公开号为KR101243278B1的名为"水下通信系统"的3项均采用了多节点按照功能和类型分组、分类通信的网络拓扑结构，以提高数据传输的效率；而公告号为KR101243321B1的名为"ACK/NAK无线通信系统中传输的方法"以及公告号为KR101306067B1的名为"水下基于TDMA通信方法的动态时隙分配"则是结合通信协议的相应特点，以减少数据量为目的，达到降能耗和提高稳定性的效果。

（4）时间、区域布局情况及专利布局策略分析

韩国江陵大学的组网技术专利申请均为在韩国的申请，并未在国外进行专利申请。

其从 2008 年开始进行相关的专利申请,在 2011 年专利申请达到高峰的 5 项。

2008 年申请的 1 项专利涉及主从式拓扑结构的远程终端数据处理机制。

2009 年申请的 4 项专利开始分成两类技术方向:一类技术方向是在拓扑结构的基础上结合通信协议以实现低功耗和高稳定性的效果,具体涉及同步通信协议以及 MAC 通信协议;另一类技术方向是通过网络管理的方式,对节点通信的时间进行规划,对数据进行分组,从而降低能耗和提高稳定性。

2010 年申请的 3 项专利延续 2009 年分成的两类技术方向:一类技术方向是采用了远程终端的、对数据进行集中处理的网络拓扑结构,从而进一步降低能耗;另一类技术方向是通过非周期性数据周期传输的通信协议,提高数据传输的稳定性。

2011 年申请的 5 项专利依然延续之前的两类技术方向:一类技术方向是采用了多节点按照功能和类型分组、分类通信的网络拓扑结构,以提高数据传输的效率;另一类技术方向是结合通信协议的相应特点,以减少数据量为目的,达到降能耗和提高稳定性的效果。

韩国江陵大学在组网技术上的重要专利如表 6-3-6 所示。

表 6-3-6 韩国江陵大学组网技术重要专利

序号	名　称	公开(公告)号
1	自适应通信装置及方法	KR101022054B1
2	利用通信协议形成的水下通信网络和方法	KR101033872B1
3	基于优先级的 MAC 协议和用于数据传感器网络中传输的方法	KR101174125B1
4	用于共享一个节点和分组的时间进度表信息的日期及其方法	KR101039815B1
5	用于时间同步装置和方法在水下无线传感器网络	KR101104096B1
6	用于可移动的水下节点的无线传感器网络系统	KR101184993B1
7	用于周期数据和阶段数据的水下通信系统和方法	KR101243319B1
8	用于水下机器人远端控制的系统和方法	KR101213534B1
9	用于水下多点通信的系统和方法	KR101197755B1
10	水下通信系统	KR101243278B1
11	用于水下无线传感器网络中的调度装置和方法	KR101328455B1
12	ACK/NAK 无线通信系统中传输的方法	KR101243321B1
13	水下基于 TDMA 通信方法的动态时隙分配	KR101306067B1

综上,韩国江陵大学的申请集中在 2008~2011 年,其技术布局涉及网络拓扑结构、网络管理以及通信协议的多技术的组合使用。其以降低能耗为出发点,逐步考虑到兼顾传输效率以及传输稳定性,在网络拓扑结构的基础上,结合了网络管理技术与通信协议技术,并在 2011 年提出了利用网络拓扑结构与通信协议的组合实现降低数据量以降低能耗、提高传输稳定性与效率的效果,也给出了水下组网技术在未来以网络

拓扑结构与通信协议结合的发展趋势。

6.3.4 重要专利分析

水下组网技术专利文献相对较多。通过趋势分析和技术功效分析，我们已经得知了不同技术分支的技术发展情况和侧重情况。为了进一步深入分析各分支具体的技术情况以及有哪些水下组网的技术对于 AUG 组网的研究具有更重要的借鉴和参考意义，我们对其中的重要专利进行了筛选并进行分析。

6.3.4.1 重要专利筛选

根据第 2 章扩展分析方法中关于筛选扩展文献的判断方法，我们对通过专利引证与被引证情况、法律状态、专利维持年限、专利同族数量、申请人、技术情况等因素初筛出的文献，进一步从领域近似性、转用技术障碍、技术问题需求度等三方面进行了分析，从而对水下组网技术中的重要专利进行了筛选。具体而言，在领域近似性方面，如果专利文献中明确提到水下组网中有水下航行器等移动节点参与则得分较高，未限定组网节点类型则得分中等，限定组网节点类型仅能是固定节点则得分较低；在转用技术障碍方面，我们主要从水声通信频率、功耗、通信距离等方面考虑，相应参数与目前 AUG 的参数越接近则得分越高；在技术问题需求度方面，目前水下航行器组网中急需解决的问题则得分较高（例如关于降低功耗），AUG 较少涉及的问题则得分较低（例如关于保证水下航行器跟随海床运动的问题，AUG 的驱动原理限制了其运动轨迹为锯齿形而不需要随海床运动）。

我们根据以上评分标准对水下组网潜在重要专利文献进行了打分，并选取一部分具有代表性的文献展示其打分筛选情况示例如表 6-3-7 所示：

表 6-3-7 水下组网潜在重要专利文献评分表

公开（公告）号	领域近似性	转用技术障碍	技术问题需求	具体原因	得分	转用可能性
CN105445722A	8	7	8	现有双程测距精度不高	23	高
CN106896817A	10	10	10	通信信息量有限如何编队	30	高
CN102636771A	7	4	3	浮标做基准，定位范围有限	14	中
CN106441300B	7	7	5	噪声协方差阵固定，影响适用范围	19	中
CN106525042B	6	4	5	复杂算法提高定位精度	15	中
CN105319534B	9	6	3	协同定位更新频率低	18	中
WO2015161892A1	6	1	1	如何跟随海床运动，AUG 无该问题	8	低

6.3.4.2 重要专利技术分析

通过对水下组网技术重要专利进行分析，发现其主要聚焦在以下几方面。

（1）面对水声通信带宽窄的问题

在组网编队控制时主要通过改进编队控制模型，通过自身运算推算得到的相对距离信息、相对位置信息、运动目标位点，从而减少信息收发次数。例如中科院沈自所申请的"一种基于粘滞阻尼振荡模型的多水下航行器编队控制方法"（CN106896817A）、"一种基于目标函数的多水下航行器编队控制方法"（CN106896824A）和哈尔滨工程大学申请的"一种通信限制下基于预测控制的多 AUV 编队方法"（CN108594845A）。采用事件触发协议确定邻居自身状态信息以降低通信量的，例如北京航空航天大学的"一种多智能体编队控制方法及系统"（CN109379125A）。水声通信带宽窄是一个长期以来的技术问题，且是由声波本身频率的限制、高频声波在水中衰减快等物理特性决定的。虽然现有的扩频技术等水声通信技术能够在一定程度上提高通信带宽，但效果是有限的。从目前的情况来看，水声通信在短时间内难以克服该瓶颈，难以具有像陆地电磁波通信那样的信息传输效率，因此从以上转用可能性较高的 4 项专利来看，目前可行的研究主要集中于在有限的带宽内如何实现编队，即降低编队所必需的通信信息量。

（2）面对水声通信组网功耗过高的问题

网络拓扑结构的改进也是重要方向。从最初的线性拓扑结构的通信方式，例如 frederick vosburgh 的"由潜水通信设备和方法"（US7496000B2），到韩国海洋发展研究院的"基于移动节点的群集化网络结构"（KR101033528B1）与杭州电子科技大学的"一种基于无线传感网络的实时水文监测传输系统及方法"（CN103024941A）的分层结构、厦门大学申请的"一种分簇水声传感器网络数据采集和传输的方法"（CN10353364B）的分簇结构、浙江理工大学申请的"一种基于能耗均衡的水下无线传感器网络拓扑控制方法"（CN105764114B）的自适应拓扑结构、西北工业大学申请的"一种水下无线多跳网络拓扑发现方法"（CN109246790B）的自组网方式等网络拓扑结构的演变，逐步实现了降低延迟、降低成本、降低能耗、提高组网速度。预期自组网会成为未来研究的重要方向，而降低功耗是近些年组网时最受关注的因素，这也与通过网络拓扑结构降低能耗这一技术热点相印证。可见，除了通过信道分配、通信协议改进等点对点的水声通信技术本身的改进外，在组建网络时通过合理的网络拓扑结构降低功耗也是重要的研发方向。

路径查找在降低水声通信组网功耗方面也具有显著的效果。日本株式会社 NTT 都科摩申请的"网络装置以及无线基站"（JPWO2009145213S）提出了将测定出的每一个公共控制信号的接收功率与预定阈值进行比较，排除了具有超过该预定阈值的接收功率的公共控制信号的频率，从而确定出无线基站的通信路径的使用频率。浙江大学申请的"一种基于水下无线传感器网络的目标跟踪方法"（CN103152791B）则在设定阈值的基础上采用改进重采样的粒子滤波算法对当前时刻的目标位置和方差进行估计。河海大学申请的"一种两级异构分簇的水下无线传感器网络及其路由方法"（CN104010336B）、哈尔滨工程大学申请的"一种多移动汇聚节点的水下传感器网络路由方法"（CN104507135B）以及西北工业大学申请的"基于并行协作空时复用的 UAN 数据传输方法"（CN105141349A）和"一种下无线多跳网络初始化方法"（CN107071857A）等多项专利在分层、分簇的网络拓扑结构的基础上,采用两级到多级的逐级传输、周期性刷新、多点同时传输的多跳传输形式,使得各节点数据的传输能耗、延迟以及传输效率方面都得到了改善。厦门大学申请的"一种分簇水声传感器网络数据采集和传输的方法"(CN103533674B)采用了平滑 L0 算法(SL0),由分簇水声传感器网络数据采集中的簇头测量值恢复原始数据,从而减少数据量以降低能耗。哈尔滨工程大学提出的"一种水声传感器网络合作探索强化学习路由方法"(CN109362113A)则进一步利用强化学习路由算法,通过选择 V 值最高的下一跳节点实现近似全局最优路径,基于强化学习的路由协议在选择路径时能够近似达到全局最优,达到降低能耗的目的。费德里科二世大学申请的"一种水下网络中节点的路由策略和重传策略的自适应联合管理方法及其实现装置"(US20180302172A1),也是利用自学习算法来确定在路由逻辑运算中,通过使每个节点能够根据已经进行的传输数量动态地学习和选择最佳操作模式的分散式自学习算法,从可用的多个通信设备中自主地、逐节点地确定要使用的特定通信设备和要进行的最大重传数量,根据特定通信网络的特点,选择最佳操作模式,从而降低能耗与延迟。

利用通信协议,以改变数据量的方式实现降低能耗。韩国江陵大学申请的"ACK/NAK 无线通信系统中传输的方法"(KR101243321B1)以及"水下基于 TDMA 通信方法的动态时隙分配"(KR101306067B1),达到了降能耗和提高稳定性的效果,还有韩国海洋发展研究院申请的"分层时间分多址(htdma)用于群集化水下声学网络的 MAC 协议"(KR101090402B1),均是采用了通信协议以降低传输的数据量,进而达到降低能耗并提高稳定性的效果。此外,除了利用降低数据量以降低能耗的方式外,哈尔滨工程大学申请的"一种异步占空比和网络编码的水下传感器网络 MAC 协议通信方法"(CN104539398B)同样采用了 MAC 协议的通信方法,使用编码算法进行编码后可以提高每次传输时所携带的数据量,因此能够提高网络吞吐量和带宽利用率,进而提高传输效率。

缩短通信距离以降低能耗。哈尔滨工程大学申请的"一种多移动汇聚节点的水下传感器网络路由方法"(CN104507135B),将分层策略使用到水下路由策略中,并采用路径损失模型进行分层判断,可以有效减少能量的消耗,避免由于传输距离过长而过高的消耗能量。"一种多普勒辅助水下传感器网络时间同步方法"(CN106028437B),利用多普勒原理在每次接收信标信息时计算出信标节点和待同步节点之间的相对速度,进而计算出信标节点和待同步节点之间的距离变化,能比较准确地计算出信息在传播过程中所花费的时间,更好地适应复杂多变的水下环境。天津大学申请的"基于跨层设计的水下无线传感器网络的生命周期延长方法"(CN107911859A)通过为距离汇聚节点较近的普通节点增加分配的时隙数量,可以降低其传输功率,从而降低能耗。

(3)AUG 编队队形难以保持的问题

哈尔滨工程大学申请的"一种障碍环境下多 AUV 编队队形优化控制方法"(CN108594846A)、"一种多水下航行器动态圆弧编队控制方法"(CN108490961A)、"一种基于领航者和虚拟领航者的多水下航行器直线编队控制方法"(CN108549394A)、

"一种考虑通信延时的水下航行器集群协调控制方法"（CN108829126A），上述专利申请从水下航行器的编队运动角度出发：由于水下航行器执行的任务不同，其所侧重的需求重点也不同，然而一般而言水下环境障碍物和水流变化等复杂不利条件和通信延迟长等不利因素都影响编队的稳定性，针对不同的问题开发针对性的算法或参数修正方法也是可以借鉴的技术点。

（4）水下组网的网络难以维护

天津大学申请的"一种滑翔机辅助的失效链路修复方法"（CN108494674A），其采用分簇节点布局，簇头节点负责收集和处理簇内所有簇成员以及滑翔机发来的数据包，当收到簇头对滑翔机发出的链路修复命令时，采用相应的滑翔机辅助失效链路修复路径优化算法以便滑翔机根据收到的失效链路的位置以及滑翔机本身的位置，结合滑翔机的运动特性计算最优目的地，进而完成链路恢复。沈阳理工大学申请的"基于集群划分的水下无线传感器网络覆盖漏洞修复算法"（CN109640333A），运用三维密集网络的拓扑模型，通过建立覆盖矩阵和分割单元之间的映射寻找失效节点及漏洞边缘节点，分析漏洞边缘节点感知半径和距离分割单元中心长度之间的关系，对漏洞进行检测，选择关键位置和补充节点位置。

本节以能耗、信道宽窄、编队队形以及网络维护等角度，对水下传感器网络的重要专利进行了归类分析，后续也将结合各技术的优点对AUG组网技术提出相关发展和选择的建议。

6.4 AUG组网技术选择的建议

6.4.1 水声通信带宽窄

解决水声通信带宽窄的问题所主要采取的解决思路除优化编队控制模型外，还有两种思路在很多领域都有应用。首先，通过增加本地运算减少通信量与目前的智慧物联有相似之处。目前的智慧物联网，例如视频安防、车联网、智能家居等领域的一个主要发展趋势就是增加终端的智能程度，在终端内部提高运算量和加速信息处理过程，实现终端间联网互相传输数据处理结果。其次，充分利用通信时的信息，提高通信信息的利用度。常见的现有通信方式都是先握手获得授权建立协议，再进行有效信息的通信，但两者间能否触发协议，即能否收到握手请求和答复信息，本身就表现了两者是否在通信距离内，以及触发协议的时间和时间间隔等也在一定程度上表现了两者距离，尤其是水下通信距离有限、声速相对光速较慢的情况下可以从上述文献中获得启发和借鉴，开发利用这一点。

6.4.2 降低组网能耗

AUG在新兴的全球海洋观测系统中发挥着重要作用。作为一种有效的新兴海洋探索平台，AUG可在深远海和大陆架等独特海洋环境中进行重复调查，其操作灵活，尤其是其多机协作观测等特性，在精细化密集型海洋环境观测中具有广阔的应用前景。而为了实现 AUG 多机协同作业，其水下网络的组建必不可少。多 AUG 间的信息采集、传递与控制导致更大的数据量和更多的信息传输，也就会导致更高的能源消耗，因此，如何实现多 AUG 的水下组网的低能耗成为 AUG 组网实现的基础。

通过前面小节对重要 AUG 组网技术专利的介绍以及对相应扩展领域的重要技术脉络的梳理，对重要申请人和重要专利的分析，我们发现，降低能耗是包括 AUG 组网技术在内的水下组网技术发展所关注的重点。我们结合水下组网技术与 AUG 组网技术的通用性，并依托水下组网技术的几个主要支撑技术——网络拓扑结构、路径查找、网络管理、通信协议以及编队控制，对降低水下组网能耗提出有效建议。

首先，如表 6-4-1 所示，目前水下组网技术降低能耗的方式主要包括：单独利用网络拓扑结构、路径查找、网络管理以及通信协议等技术以降低能耗的单独作用方式以及在网络拓扑结构的基础上，结合路径查找、网络管理以及通信协议等技术的组合作用方式。

表 6-4-1 组网技术发展方式

节能方式	实现方式	特　点
单独作用	单独利用网络拓扑结构、路径查找、网络管理以及通信协议等技术	对降低能耗的作用效果有限，可能带来负面的效果
组合作用	结合网络拓扑结构、路径查找、网络管理以及通信协议等技术	发挥各个技术的优势，多效果并举

其中，利用单独技术对降低能耗的作用效果有限，且可能带来其他负面的影响。韩国海洋发展研究院申请的"分层时间分多址（htdma）用于群集化水下声学网络的 MAC 协议"（KR101090402B1）利用了 MAC 协议，以减少传输数据量的方式，降低能耗，但是也降低了通信效率。相反地，哈尔滨工程大学申请的"一种异步占空比和网络编码的水下传感器网络 MAC 协议通信方法"（CN104539398B），同样采用了 MAC 协议的通信方法，使用编码算法进行编码后可以提高每次传输时所携带的数据量，因此能够提高网络吞吐量和带宽利用率，进而提高传输效率；但是，较大的数据量导致其运算与处理的能耗也会相应增加。

而组合作用的方式，则可以发挥各个技术的优势，不仅能够进一步降低能耗，同时还能兼顾水下组网的稳定性、低延迟等性能效果。如哈尔滨工程大学申请的"一种多移动汇聚节点的水下传感器网络路由方法"（CN104507135B），就是利用了分层的网络拓扑结构，并通过多个汇聚节点中的每个汇聚节点形成以其为中心的分层结构，源节点根据汇聚节点 s 的 n 层分层结构进行数据传输到达目标汇聚节点，以有效减少数据包成功送达路径长度，从而减少能量消耗。该申请不仅利用了网络路由寻径以获得最优路径长度，同时，还采用了分层的多汇聚节点方式进一步降低信息传递的距离，进而降低了能耗。同理，西北工业大学申请的"基于并行协作空时复用的 UAN 数据传输方法"（CN105141349A），则是利用等距离线性拓扑水声检测网络，依靠奇数源节点向偶数源节点进行数据并行路径传输的方式，降低大规模密集水声网络的时延和功耗，即其利用网络拓扑结构技术结合路径规划，不仅降低功耗，还降低了时延。此外，哈尔滨工程大学以及费德里科二世大学均于2018年提出了在节点分组的网络拓扑结构下，借助自学习智能算法配合路由选择逻辑，对路由算法进行优化，最终通过三个技术的融合实现对近似全局最优路径的查找。哈尔滨工程大学和费德里科二世大学的相关申请不止突破了两种技术相互组合作用的一般认识，同时，其还结合了目前人工智能的热点技术——自学习，将水声传感器网络的发展推向新的方向。

在多技术组合作用的背景下，一般水下组网技术主要是利用了降低通信量需求和缩短通信距离来降低能耗的形式。关于降低通信量需求，可以考虑通过网络拓扑结构与通信协议的组合，以对传输数据进行有序筛选与握手通信，从而有序减少即时通信量。如上文中对于韩国江陵大学的重要专利技术的分析，我们发现江陵大学以自适应主从式拓扑结构为起点，逐步向以拓扑结构为基础的与通信协议相结合的组合技术方向发展，能够有效减少通信量。韩国海洋发展研究院的申请也利用了通信协议在数据处理、传输中的作用以降低传输的数据量的方式，达到降低能耗的效果。进一步，我国的厦门大学在分簇网络结构的基础上结合数据采集的算法，同样以减少数据传输量的方式实现降低能耗。

另外，关于缩短通信距离来降低能耗的形式，哈尔滨工程大学将分层策略使用到水下路由策略中，并采用路径损失模型进行分层判断，可以有效减少能量的消耗，避免由于传输距离过长而过高地消耗能量。天津大学提出通过为距离汇聚节点较近的普通节点增加分配的时隙数量，可以降低其传输功率，从而通过对近距离的普通节点的时隙分配来实现降低能耗的效果，很好地利用了网络拓扑结构对节点间距离的调节作用，并结合路由策略给出的最优路径，从而实现降低能耗的作用。

综上，水下组网技术的发展已经形成了多种技术相互融合、共同作用的模式。在多技术各自优点的综合影响下，水下组网不仅使降低功耗的效果不断加强，同时，高稳定性和降低延迟等全方面、多功能的改进效果也一并实现，可以对我国下一步水下组网技术在低功耗的发展方向上进行指引，使其逐渐向兼顾多功效的方向转变。随着人工智能技术的高速发展，其给数据算法和策略决策带来的新活力也为水声传感器网络的发展提出了新的思路。下一步可以积极寻求国内外先进人工智能技术企业和科研院所（如百度、阿里巴巴、中国科学院计算技术研究所等）与AUG的研究主体间的深入合作——这将是未来AUG技术发展的新方向。后来，不论是国内还是国外科研机构，都敏感地发现了降低通信数据量以及减小通信距离在降低水下组网能耗方面的作用。其中，以韩国申请人的专利申请为代表的网络拓扑与通信协议融合以减少通信数据量从而降低能耗的方式，也给我国在水下组网设计上提供了非常宝贵的思路和方向。而鉴于国外在网络拓扑与通信协议融合技术上较成熟的情况，我国可以尝试在我国的薄弱领域与掌握世界先进技术的企业与科研院所合作，为AUG组网技术的发展提供新动力。

6.4.3 节点维护

水下环境复杂恶劣，传感器节点很容易被腐蚀或因污垢而影响其灵敏度，从而导致传感器节点感知范围及通信范围缩小，甚至出现节点失效，影响网络拓扑的连通性，造成拓扑分割及局部拓扑失效；而水下环境也不利于对传感器节点进行维护。洋流及水下生物会对水下传感器网络拓扑产生作用力，使传感器节点位置发生变化，从而导致水下传感器网络拓扑动态演化，可能出现声通信链路时断时通、局部拓扑失效等现象，严重影响网络拓扑的可靠性。

使用水下航行器作为应急节点对网络进行维护，是水下航行器应用的重要方面。关于网络链路修复，可以考虑结合定位技术并借鉴水下航行器运动到指定位置的定位和导航模式，如天津大学发明专利申请"一种滑翔机辅助的失效链路修复方法"（CN108494674A），采用分簇节点布局，簇头节点负责收集和处理簇内所有簇成员以及滑翔机发来的数据包，当收到簇头对滑翔机发出链路修复命令时，采用相应的滑翔机辅助失效链路修复路径优化算法，以便滑翔机根据收到的失效链路的位置以及滑翔机本身的位置，结合滑翔机的运动特性，计算最优目的地，进而完成链路恢复。

同时，还可以可借鉴其休眠模式以降低功耗。如沈阳理工大学发明专利申请"基于集群划分的水下无线传感器网络覆盖漏洞修复算法"（CN109640333A），运用三维密集网络的拓扑模型，通过建立覆盖矩阵和分割单元之间的映射，寻找失效节点及漏洞边缘节点，分析漏洞边缘节点感知半径和距离分割单元中心长度之间的关系，对漏洞进行检测；选择关键位置和补充节点位置。基于以上信息和集群休眠调度算法的相关定义，通过漏洞检测、确定补充节点、找寻唤醒新的补充节点直到成功、移动被唤醒节点来实现覆盖漏洞修复，从而实现网络的高覆盖、高联通和低能耗。其中，AUG可作为休眠节点，在需要时被唤醒，根据漏洞位置进行修复。

综上，由于AUG具有良好的移动性及超低的功耗，因此其能够作为水下传感器网络节点维护与修复的有力抓手。相对于目前AUG的动态组网技术发展较为薄弱且产业化应用不高的现状，水下传感器网络节点的静态区域布置的方式在水下环境监测、水下目标预警等领域发展较为成熟。因而，面对静态水下传感器网络存在的节点和链路的失效与断裂问题，AUG作为修复或备用节点，对相关节点与链路的修复是未来发展的重要方向。

6.5 本章小结

（1）由于技术瓶颈限制、尚未形成产业规模、研发人员专利意识不足、技术较新部分申请未公开、保密审查等因素的影响，AUG组网技术专利申请量较少。其技术门槛高、难度大，每年都有新的研究主体加入到AUG组网技术的研究中来，且不同研究主体的研究侧重方向差别较大，大部分研究主体仅聚焦于AUG组网技术的一个分支进行研究。

（2）AUG 组网技术以水下传感器节点与 AUG 组网通信为主，而 AUG 与 AUG 之间组网通信、AUG 与浮标或波浪滑翔机之间通信的则相对较少。AUG 组网技术的发展经历了从选择何种设备进行组网到如何保证网络的稳定性、再到提高网络的通信质量的转变。分层结构是 AUG 组网时最常采用的拓扑结构，通过拓扑结构调整和路由改进缩短通信距离、降低能耗是重要研究方向之一。

（3）AUG 组网技术虽然专利申请量较少，但各国政府对这一方面的研究投入较大。我国涉及水下航行器网络构建的国家自然科学基金项目较多，产业需求旺盛。通过对 AUG 组网技术专利文献的技术内容分析、对其引证与被引证文献的技术内容分析、对发明人团队申请的其他专利文献的技术内容分析发现，水下设备的组网、水声传感器网络、水下航行器组网等水下组网技术与 AUG 组网技术有较强的关联性，可以将之作为 AUG 组网技术的扩展技术进行研究，从而为 AUG 组网技术的发展提供参考和借鉴。

（4）哈尔滨工程大学在水下组网技术方面申请量排名第一且申请量增长迅速，其在网络拓扑结构、路径查找、网络管理、通信协议、编队控制方面都有专利布局，并在编队控制这一细分方向的专利布局上处于龙头地位。在技术方面，哈尔滨工程大学组网技术发展路径经历了网络构建、网络基本功能实现、提高网络通信效率等方向的演变。韩国江陵大学的申请集中在 2008～2011 年，其技术主要涉及网络拓扑结构、网络管理以及通信协议的多技术的组合使用，在降低能耗的基础上进一步兼顾信息传输的效率和稳定性，并在 2011 年提出利用网络拓扑结构与通信协议的组合实现降低数据量。

（5）针对 AUG 组网通信带宽窄的问题，通过增加本地运算减少通信量和充分利用通信时的信息提高通信信息的利用度来降低通信量需求是可供借鉴的研究方向。针对 AUG 组网功耗高的问题，以改进网络拓扑结构、缩短通信距离来降低能耗是可供借鉴的研究方向。针对 AUG 组网过程中 AUG 编队队形难以保持的问题，就复杂水下不利环境和通信延迟长等不利因素，开发针对性的算法或参数修正是可供借鉴的研究方向。

第7章 运动控制系统专利分析

运动控制系统是 AUG 的关键技术,其主要包括浮力驱动系统、姿态调整系统和辅助推进系统等。浮力驱动系统是指通过内部浮力驱动机构改变外部油囊体积,进而改变滑翔机整体浮力,在滑翔机重力保持不变的情况下,通过改变其净浮力实现滑翔机上浮下沉。❶ 姿态调整系统是指通过改变滑翔机内部可动质量块位置,进而改变滑翔机整体重心位置来调整其运动姿态,借助滑翔机尾部水平翼及垂直翼产生的水流推动力实现滑翔机下潜、上升过程中的航向变化。❷ 辅助推进系统是指增加螺旋桨推进装置和喷射推进装置等,在传统水下滑翔运动之外,实现动力滑翔、水平推进等功能,提高 AUG 的运动速度和机动性。本章从运动控制系统领域专利申请趋势、技术分布、主要申请人等角度,对比分析全球、中国、美国专利申请,对涉及的浮力驱动、姿态调整、辅助推进等技术分支的全球和中国专利进行总体分析,试图通过对专利数据统计以及对重要专利的整理和研究,分析 AUG 运动控制系统的发展状况。

7.1 全球运动控制系统专利申请分析

为掌握 AUG 运动控制系统领域全球专利申请的整体情况,本节重点研究全球专利申请变化趋势、专利申请主要来源地、主要申请人、技术构成、技术功效等。

7.1.1 申请趋势

截至 2018 年 12 月 31 日,全球 AUG 运动控制系统领域的相关专利申请共计 227 项,其中,中国有 188 项。如图 7-1-1 所示为中国、国外及全球 AUG 运动控制系统专利申请趋势。2004~2014 年,全球 AUG 运动控制系统的专利申请量呈现波浪式增长趋势。2005 年以后,全球 AUG 运动控制系统的专利申请量主要受到中国申请量的影响,随着中国申请量的变化而变化。

从图 7-1-1 可以看出,2014 年之前,AUG 运动控制系统全球专利申请量呈现波浪式增长趋势,在 2006 年、2009 年、2013 年分别出现了峰值;2014 年起呈现出显著增长趋势。除了 2009 年国内和国外申请都有明显增长以外,其余增长的主要原因都在于中国申请量的快速增长。纵观 AUG 运动控制系统专利申请量的变化,其发展过程可以分为以下三个阶段。

① 技术萌芽期(2005 年及之前):在这一阶段中,全球专利申请开始萌芽。2004

---

❶ 马彦青. 电驱动水下滑翔器机械系统的设计与实验研究 [D]. 天津:天津大学,2007.
❷ 诸敏. AUG 设计优化与运动分析 [D]. 杭州:浙江大学,2007.

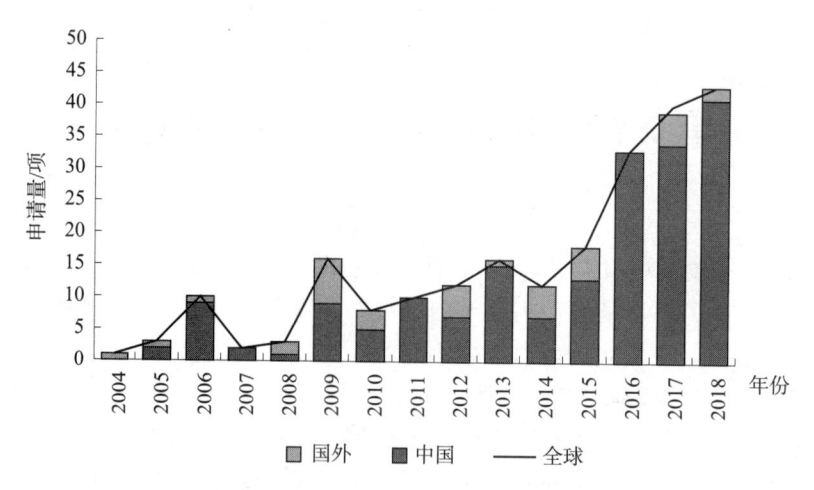

图 7-1-1　AUG 运动控制系统全球专利申请趋势

年及以前专利申请量大多集中在美国和日本等发达国家。2005 年，天津大学提出国内第一件 AUG 运动控制系统领域专利申请（CN100526155C，温差能驱动的滑翔运动水下机器人），该设备安装有可更换的水平翼，可按照预定的航向滑翔，利用海水的温度变化使石蜡类工质产生相变作为驱动能量，通过皮囊体积的变化而控制机器人的下潜与浮升，利用水动力和 GPS 定位实现水下定位，通过控制系统实现水下机器人在指定水域完成水下的观测与探测等任务，这标志着我国正式涉足 AUG 运动控制系统的研究。

② 技术探索期（2006~2014 年）：这一阶段 AUG 运动控制系统专利申请量有了较大幅度的提高，且呈现出波浪式增长趋势。2009 年全球专利申请量出现峰值达到 16 件，然而 2010 年申请量减少到 8 件，随后申请量又开始缓慢上升，在 2013 年再次达到峰值 15 件。在此阶段，国外专利申请增长量仍然呈现波浪式增长趋势，而中国的专利申请在整体上相比于前一个阶段有了较大幅度的提高，各大高校和科研院所纷纷突破国外的技术封锁，实现了 AUG 样机的研制并成功完成湖试或海试，专利申请量开始逐渐增多。

③ 快速发展期（2015~2018 年）：在此期间，国外 AUG 运动控制系统领域的专利申请量增长并不明显，而中国的专利申请迎来爆发式增长。随着国家一系列发展海洋经济、海洋科研政策的实施和研发资金的投入，并伴随着新技术、新工艺等方面不断的科技创新，国内各大高校及科研院所抓住重大历史机遇，摆脱国外对 AUG 运行控制系统的技术封锁，研发出具有自主知识产权的 AUG，其中的一些极具代表性，如天津大学的"海燕"号、中科院沈自所的"海翼"号及上海交通大学的"海鸥"号。由于 AUG 技术的蓬勃发展，运动控制系统领域的专利申请数量也与日俱增。可以预见，随着我国 AUG 技术的不断积累和发酵，下一步将迎来 AUG 技术的全面突破。

7.1.2　申请目标地

图 7-1-2 所示为全球 AUG 运动控制系统专利申请主要目标地。从图 7-1-2 中可以看出，全球运动控制系统专利申请的主要目标地是中国，占比 82.38%，达到 188

项；美国，占比5.29%，共12项；韩国，占比4.85%，共11项；世界知识产权组织（WIPO），占比2.19%，共5项；其他国家主要包括俄罗斯、日本、德国、英国等，占比5.29%，共12项。美欧发达国家主要申请人均在AUG运动控制系统领域进行专利布局，然而美国、韩国、俄罗斯、日本作为AUG领域的领先者，专利布局的规模并不显著。全球AUG运动控制系统专利主要来源地与主要目标地相同，专利技术来源地和技术实施地相匹配。

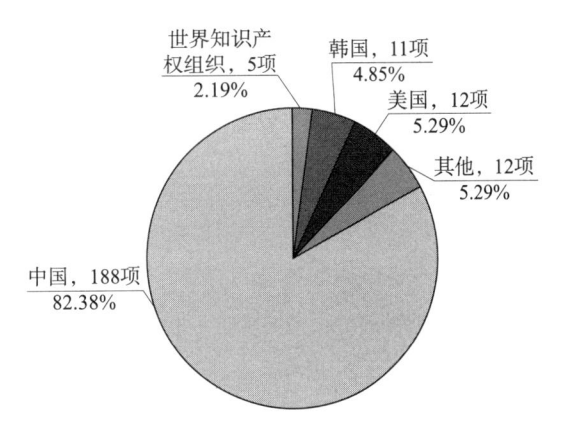

图7-1-2 全球AUG运动控制系统专利申请主要目标地

中国拥有全球最大的消费市场，也是全球AUG专利申请量增长的主要贡献国，目前已成为AUG领域最重要的创新国，也是排名前五位中唯一的发展中国家，有可能成为AUG领域最大的市场主体。

图7-1-3所示为全球运动控制系统专利申请主要来源地。从图7-1-3中可以看出，排名前十位的国家依次为：中国、美国、韩国、俄罗斯、日本、印度、西班牙、德国、英国及法国。

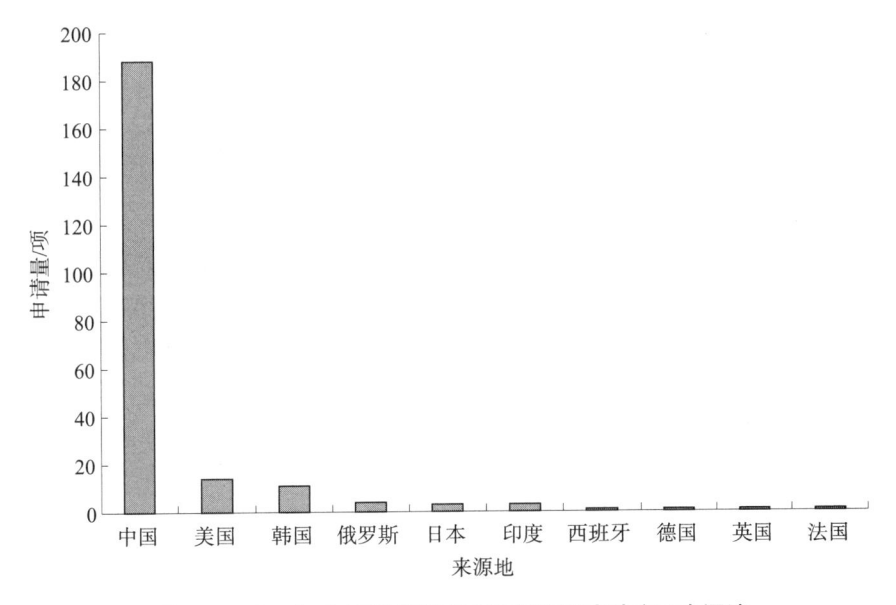

图7-1-3 全球AUG运动控制系统专利申请主要来源地

中国在运动控制系统领域的专利申请以188项排名第一，这反映出中国在AUG运动控制系统领域发展迅猛，达到了一定的技术储备，并且专利保护意识良好。美国作为最早提出AUG概念的技术强国，以14项专利申请排名全球第二。韩国虽然在AUG领域研究起步较晚，但后期技术发展较快，以11项专利申请排名全球第三。俄罗斯和日本研究起步早且技术较强，专利申请量分别为 4 项和 3 项。以上五个国家的专利申请占全球总量的 96.9%。虽然国外专利申请量少于中国，但其在运动控制系统领域的技术实力不容小觑，究其原因在于 AUG 涉及军事探测及侦察，在国外存在严密的技术封锁和保密性，且涉及国防专利的技术尚未对外公开。

7.1.3 主要申请人

图 7-1-4 所示为全球 AUG 运动控制系统专利申请主要申请人。从图 7-1-4 中可以看出，排名前十位的申请人依次为：中科院沈自所、天津大学、中国海洋大学、浙江大学、西北工业大学、上海交通大学、中船重工七一〇所、哈尔滨工程大学、中船重工七〇二所及华中科技大学。

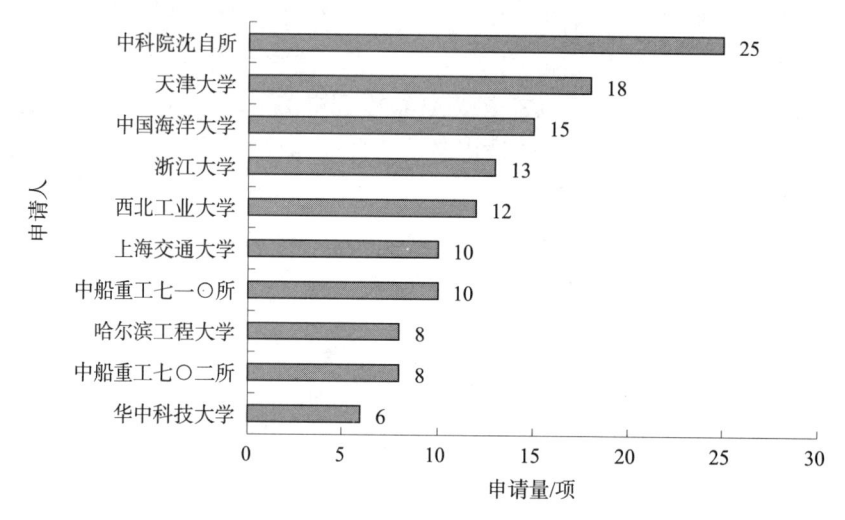

申请人	申请量/项
中科院沈自所	25
天津大学	18
中国海洋大学	15
浙江大学	13
西北工业大学	12
上海交通大学	10
中船重工七一〇所	10
哈尔滨工程大学	8
中船重工七〇二所	8
华中科技大学	6

图 7-1-4 全球 AUG 运动控制系统专利申请主要申请人

全球运动控制系统专利申请排名前十位的申请人全部来自中国，且都是高校和科研院所。国外 AUG 的主要研究机构，如美国 Woods Hole 海洋研究所、Teledyne Webb Research、US NAVY 和华盛顿大学及法国 ACSA 公司的专利申请量相对较少。中科院沈自所专利申请量排名第一，共有 25 项，代表机型为"海翼"号 AUG。排名第二的是天津大学共 18 项，代表机型为"海燕"号 AUG。排名第三的中国海洋大学共有 15 项。排名第四位至第十位的申请人依次为浙江大学、西北工业大学、上海交通大学、中船重工七一〇所、哈尔滨工程大学、中船重工七〇二所及华中科技大学。由此可见，国内各高校和科研院所已经具备较强的研发能力和创新能力，运动控制系统作为 AUG 的关键核心部件已不再是制约我国 AUG 发展的技术瓶颈。

7.1.4 技术构成

图 7-1-5 所示为全球 AUG 运动控制系统专利申请技术构成，其中，浮力驱动以 49.78% 占比最大，其次分别为姿态调整 27.31%、辅助推进 18.50% 和其他 4.41%。

从图 7-1-5 中可以看出，全球 AUG 运动控制系统专利申请主要集中在浮力驱动、姿态调整和辅助推进。浮力驱动系统主要通过改变外部油囊的体积来改变滑翔机的净浮力。作为 AUG 的关键部件,浮力驱动系统是一套集机、电、液耦合的液压驱动和体积调整系统,直接决定了整机的性能与可靠性,并影响滑翔机的航速、航程和可控性。姿态调整系统是 AUG 中另一个重要组成部分,一般可分为"仅内部姿态调节"和"尾舵结合内部姿态调节"两类。"仅内部姿态调节"通过控制舱内质量块的移动实现对整机重心位置的调节,从而达到有效的姿态控制,其设计的优劣直接影响滑翔机的性能。辅助推进系统是指在 AUG 上安装螺旋桨或喷射泵等装置,在具有传统滑翔功能的同时还可以实现 AUV 模式下的高速推进航行,具备操纵机动灵活、抗流能力强等特点。

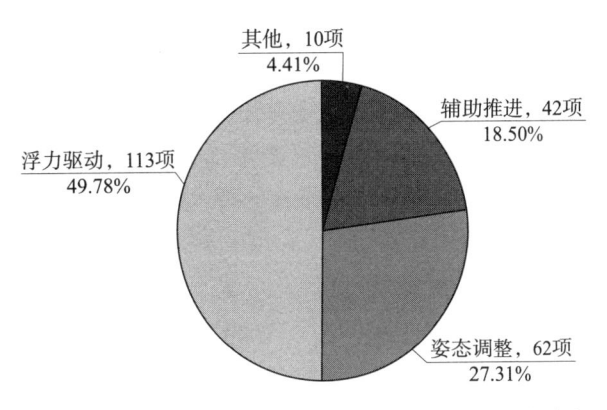

图 7-1-5 全球 AUG 运动控制系统专利申请技术构成

7.1.5 技术分布与功效

图 7-1-6 所示为全球 AUG 运动控制系统主要来源地专利申请技术分布。从图 7-1-6 中可以看出各来源地对 AUG 运动控制系统专利技术的关注各有侧重。

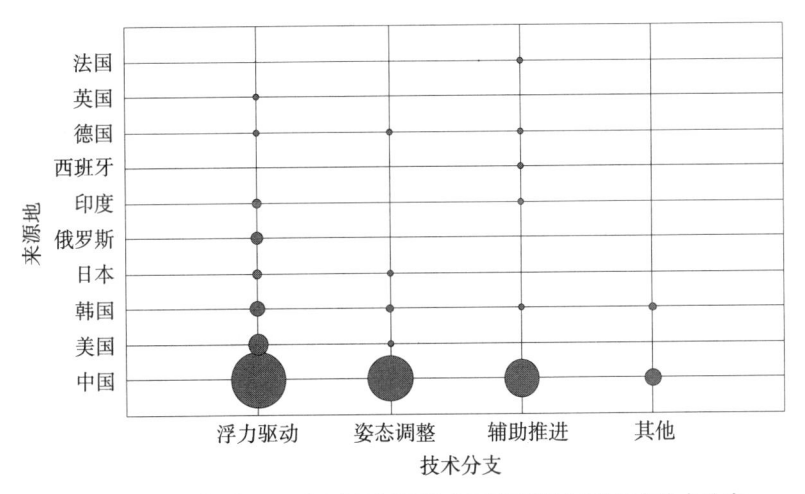

图 7-1-6 全球 AUG 运动控制系统主要来源地专利申请技术分布

注:图中气泡大小表示申请量多少。

中国作为 AUG 专利申请量最多的国家,运动控制系统领域专利技术主要集中在浮力驱动,虽然姿态调整和辅助推进领域专利申请少于浮力驱动,但其专利申请量比其他五个国家的专利申请量的总和还多。美国作为最早提出 AUG 概念的国家,其技术实力最强，更注重浮力驱动技术改进带来的技术效果。韩国以及俄罗斯更看重浮力驱动带来的效果改进，日本提出的专利申请均匀分布在浮力驱动和姿态调整领域，日本和俄罗斯均未在辅助推进领域进行相关研究。

图 7-1-7 所示为全球 AUG 运动控制系统各技术分支的技术功效。从图 7-1-7 中可以看出各技术分支所带来的技术效果各不相同。

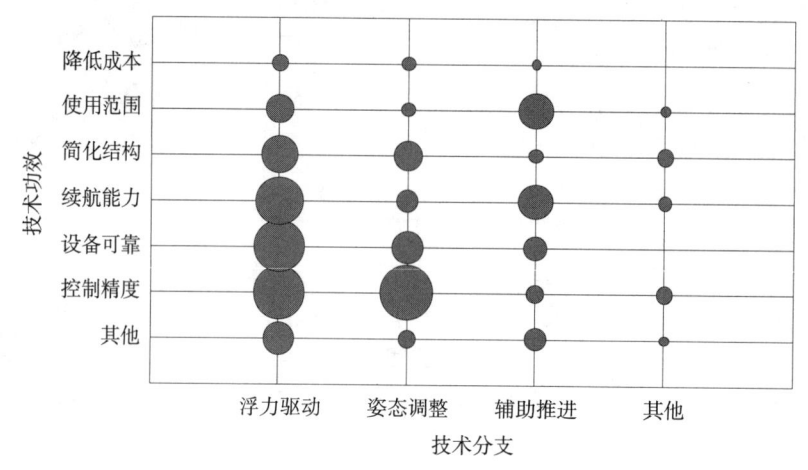

图 7-1-7　全球 AUG 运动控制系统专利技术功效

注：图中气泡大小表示申请量多少。

浮力驱动专利技术所带来的技术功效集中在提高控制精度、设备可靠性及提升续航能力等方面。姿态调整专利技术所带来的技术功效集中在提高控制精度、设备可靠性及简化结构等方面。辅助推进专利技术所带来的技术功效集中在扩大使用范围及提升续航能力等方面。通过改进姿态调整技术从而提高控制精度是运动控制领域的第一研究热点，其专利申请量达到了30项；通过改进浮力驱动技术从而提高控制精度、设备可靠性及续航能力是运动控制领域的第二研究热点，其专利申请量分别达到了28项、27项和23项；通过改进浮力驱动技术来简化结构，通过改进姿态调整装置来提高设备可靠性，通过改进辅助推进装置提高续航能力和扩大使用范围是该领域的第三研究热点。从专利申请量的角度可见浮力驱动、姿态调整和辅助推进三个技术分支的重要性，也可见提高控制精度和续航能力等是运动控制系统领域最强烈的技术需求。

7.2　中国运动控制系统专利申请分析

为掌握 AUG 运动控制系统领域的中国专利申请的整体情况，本节重点研究全球在华专利申请趋势、专利申请技术构成、主要申请人、专利申请技术构成、专利申请技术分布与功效等。

7.2.1 申请趋势

图7-2-1所示为全球AUG运动控制系统在华专利申请趋势。从图7-2-1可以看出，全球在华申请的专利全部来源于国内，国外没有在中国申请专利。美国、英国、法国及日本等技术强国尚未在我国进行大规模的专利申请和布局，这与国外AUG主要涉及军事用途，对中国实施禁运禁售的技术封锁有关。从2005年起，中国开始在AUG运动控制系统领域进行专利布局。2014年以前，中国运动控制系统专利申请呈现波动式增长趋势。2014年起，中国运动控制系统专利呈现明显增长趋势，这表明国内各大创新主体基本突破了国外的技术封锁，纷纷研究出具有自主知识产权的AUG运动控制系统。

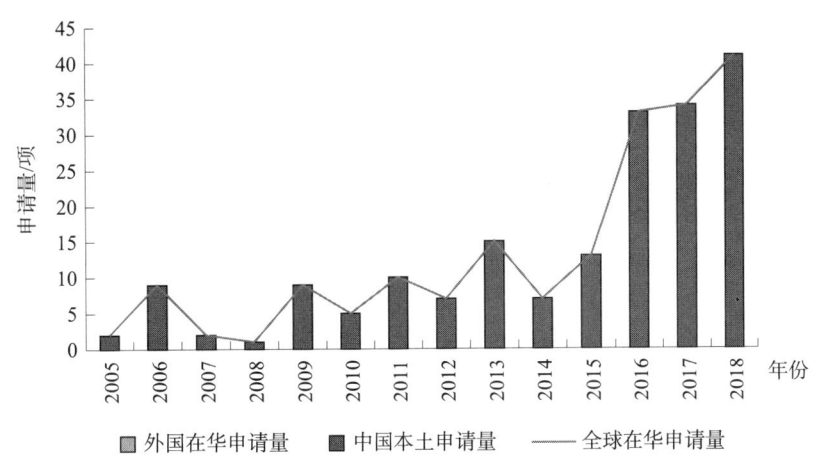

图7-2-1 全球AUG运动控制系统在华专利申请趋势

7.2.2 技术构成

图7-2-2所示为中国运动控制系统专利申请技术构成。浮力驱动以45.74%占比最大，其次分别是姿态调整30.32%、辅助推进19.68%和其他4.26%。对比全球专利申请技术构成，中国与全球技术构成基本一致，也以浮力驱动和姿态调整为主，辅助推进为辅。

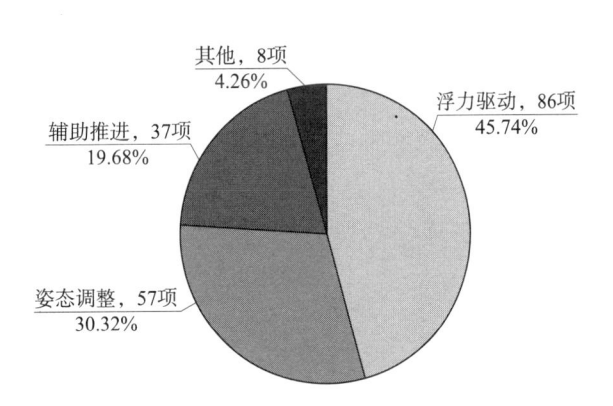

图7-2-2 中国AUG运动控制系统专利申请技术构成

7.2.3 各技术分支申请态势

图7-2-3所示为中国运动控制系统中浮力驱动系统、姿态调整系统及辅助推进

系统三个技术分支的专利申请态势。

（a）中国AUG浮力驱动专利申请态势

（b）中国AUG姿态调整专利申请态势

（c）中国AUG辅助推进专利申请态势

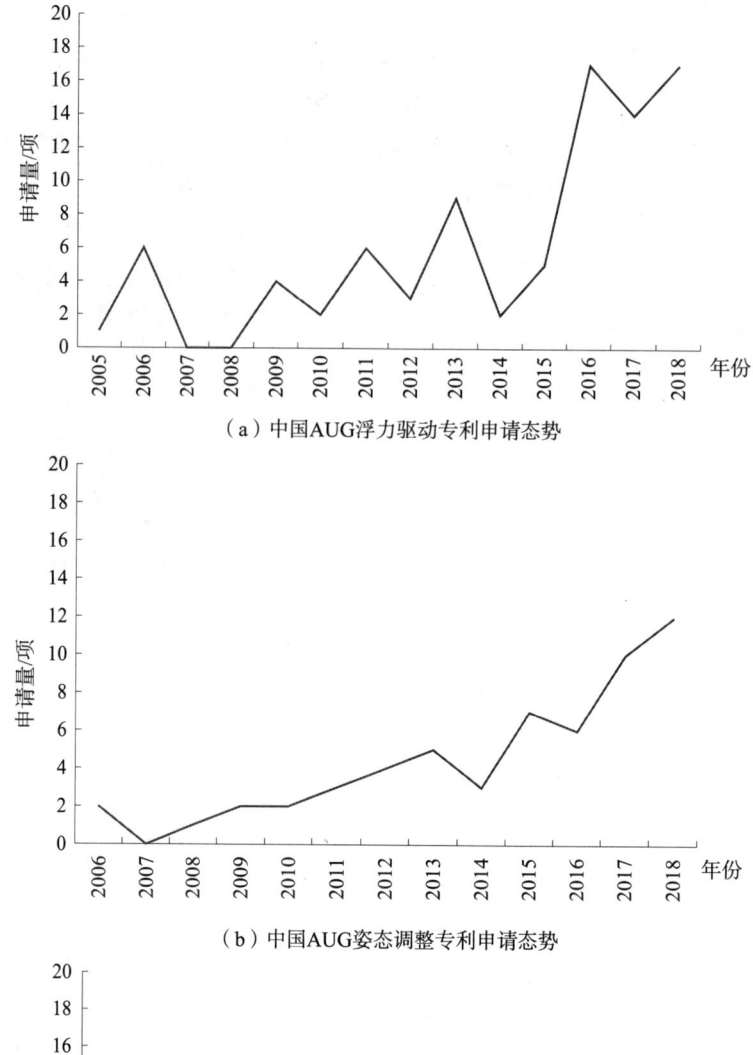

图7-2-3 中国AUG运动控制系统三个技术分支专利申请态势

从图 7-2-3 中可以看出，2005 年起才出现浮力驱动和辅助推进领域的专利申请，2006 年起出现姿态调整领域专利申请。2015 年以前三个技术分支的专利申请均呈现波浪式增长趋势，2015~2018 年呈现明显的增长趋势，可见我国 AUG 运动控制系统领域的专利布局较晚。国内第一件浮力驱动领域专利由天津大学于 2005 年 1 月提出，具体涉及一种温差能驱动的滑翔运动水下机器人（CN100526155C）；第一件辅助推进领域专利由上海交通大学于 2005 年 6 月提出，具体涉及一种浮力和推进器双驱动方式远程自治水下机器人（CN100357155C）；第一件姿态调整领域专利由中科院沈自所于 2006 年 4 月提出，具体涉及一种水下监测平台用水下机器人（CN2887748Y）。

7.2.4 技术效果

图 7-2-4 所示为中国 AUG 运动控制系统专利申请技术效果分布。从图 7-2-4 中可以看出，国内 AUG 运动控制系统领域技术研发中主要关注的技术效果有提高控制精度、提升续航能力、提高设备可靠性及简化结构等方面，其中最关注的是提高整机的控制精度。

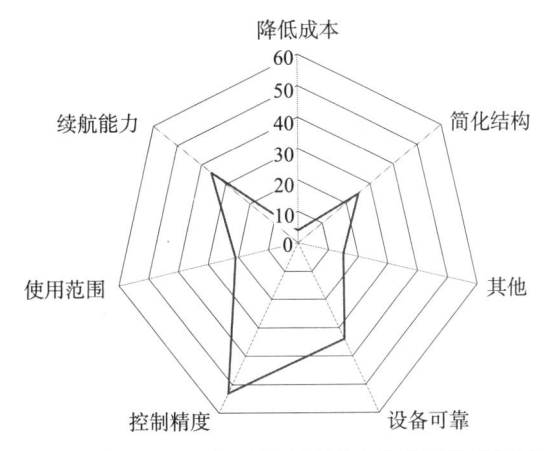

图 7-2-4 中国 AUG 运动控制系统专利申请技术效果分布

注：图中数字表示申请量，单位为项。

具体到各技术分支而言，如图 7-2-5 所示，中国 AUG 运动控制系统各技术分支技术功效基本与全球 AUG 运动控制系统各技术分支技术功效一致。浮力驱动专利技术所带来的技术功效主要集中在提高控制精度和提升续航能力，同时还关注的技术效果有提高设备可靠性和简化结构；姿态调整专利技术所带来的技术功效集中在提高控制精度，同时还关注的技术效果有提高设备可靠性和简化结构；辅助推进专利技术所带来的技术功效集中在扩大使用范围，同时还关注的技术效果有提升续航能力。至于其他而言，主要包括用于 AUG 的安全阀、齿轮泵及故障检测装置等，所带来的技术效果相对均匀地分布在简化结构、提升续航能力等方面。

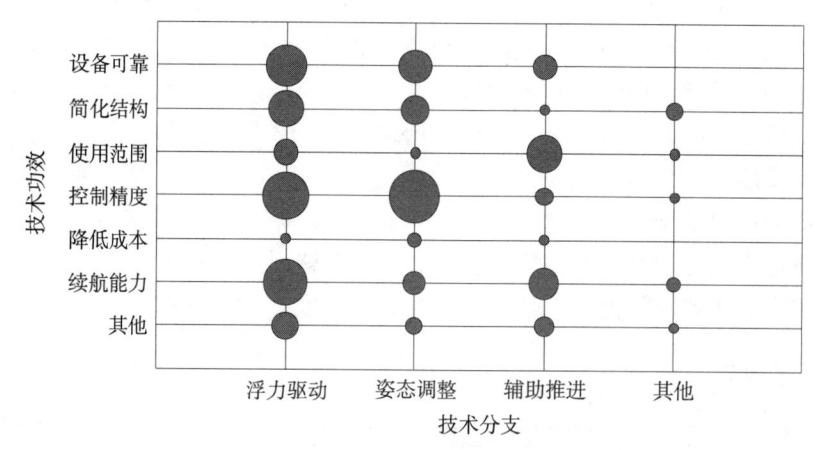

图 7-2-5 中国 AUG 运动控制系统各技术分支技术功效

注：图中气泡大小表示申请量多少。

7.2.5 主要申请人及技术分布

如图 7-2-6 所示，中国 AUG 运动控制系统专利申请排名前十位的申请人也是全球排名前十位的申请人，依次为：中科院沈自所、天津大学、中国海洋大学、浙江大学、西北工业大学、上海交通大学、中船重工七一〇所、哈尔滨工程大学、中船重工七〇二所及华中科技大学。中国排名前十位的申请人全是高校和科研院所，说明运动控制系统领域技术处于研究开发阶段的多，而进入实际商业应用阶段的较少。

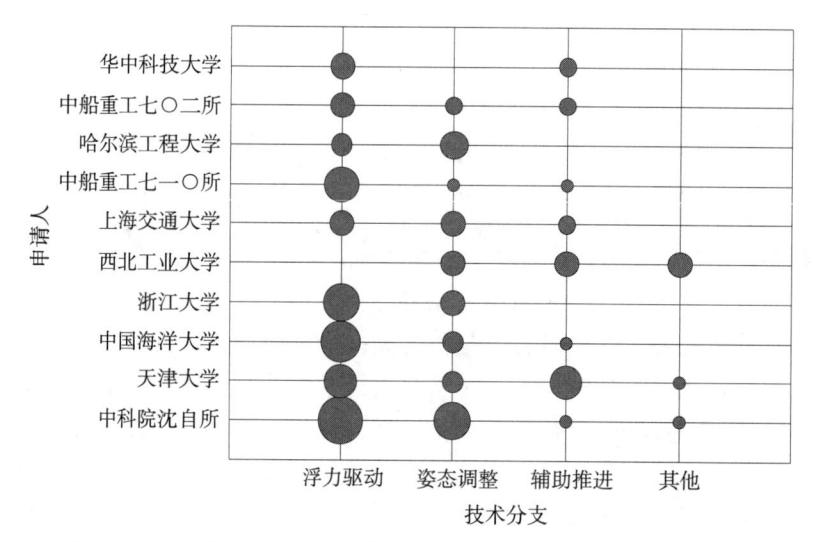

图 7-2-6 中国 AUG 运动控制系统专利申请主要申请人技术分布

注：图中气泡大小表示申请量多少。

中科院沈自所的专利申请主要集中在浮力驱动和姿态调整领域，涉及辅助推进领域的专利较少。天津大学的专利申请主要集中在浮力驱动与辅助推进领域，涉及姿态调整领域的专利较少。中国海洋大学和浙江大学的专利申请都集中在浮力驱动领域。西北工业大学的申请侧重稍有不同，其专利申请集中在姿态调整和辅助推进领域。上海交通大学的专利申请集中在浮力驱动和姿态调整领域。中船重工七一〇所的专利申请集中在浮力驱动领域，对姿态调整和辅助推进领域研究得较少。哈尔滨工业大学的专利申请集中在姿态调整领域。中船重工七〇二所和华中科技大学的专利申请都以浮力驱动为主。可见，中国大部分主要申请人的专利申请基本都以浮力驱动为主，以姿态调整和/或辅助推进为辅。不难看出，浮力驱动、姿态调整和辅助推进是我国重点研究的领域。

7.3　运动控制系统技术分支专利分析

AUG 以自身浮力作为驱动力，航行速度低于螺旋桨驱动的水下航行器。它具有成本低、能耗小、可重复利用及续航时间长等优点，能够对海洋信息进行长时间不间断的采集，适用于长时间大范围的全方位海洋信息监测。

浮力调节模块、姿态调节模块及辅助推进模块主要集中在动力主舱。浮力调节模块通过高压泵和油囊调节滑翔机浮力值，从而控制机体的上升和下降；姿态调节模块主要负责滑翔机机体滚转姿态及俯仰姿态的调整；辅助推进模块通过螺旋桨或喷射泵提供高速航行动力。头部导流罩和尾部导流罩能分割化解水流阻力，从而降低行进阻力，提升航行速度，同时还用于承载泵、油囊、传感器及应急抛载装置等。

基于上述机构、系统及控制方法构成电驱动 AUG 的运动控制系统。在运动控制系统的作用下，AUG 有两种典型的运动模式，分别是锯齿形运动和螺旋形运动。如图 7-3-1 所示，前者循环上浮下潜在垂直面内运动，后者在空间内螺旋回转运动。

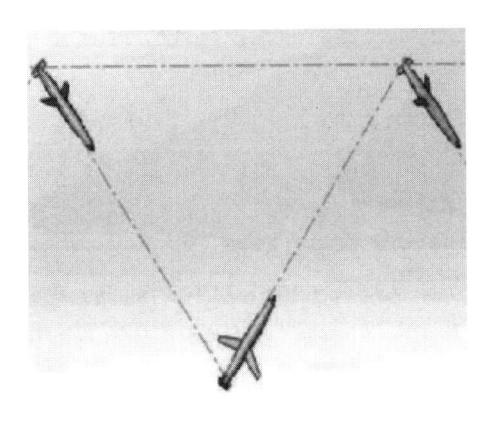

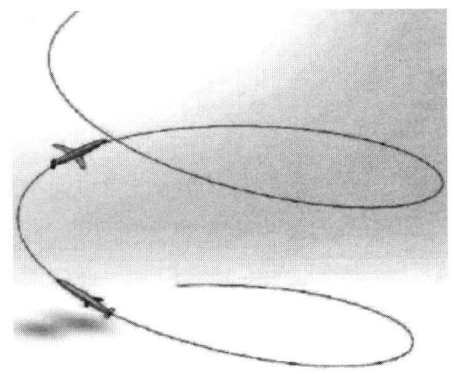

（a）AUG锯齿形运动　　　　　　　（b）AUG螺旋形运动

图 7-3-1　AUG 典型运动模式

AUG主要是通过浮力调节系统和姿态调节系统实现滑翔机的锯齿和螺旋运动,部分滑翔机的运动还与尾舵控制系统相关。浮力调节系统可以改变AUG的净浮力,姿态调节系统可以控制AUG的俯仰和横滚,尾舵控制系统则控制AUG水平面的转向,三者相互配合即可实现AUG精准运动,其运动原理如下[1]。

① 放入水中时AUG的净浮力为正,因此滑翔机在水面漂浮。

② 当浮力调节系统收到下潜信号时,其使滑翔机产生负浮力,使得滑翔机的净浮力为负;同时姿态调节系统中的俯仰机构向艏部移动,产生一个正向的纵倾角,即艏部向下艉部向上,于是滑翔机开始运动。在这段时间内,各个状态变量持续变化。

③ 滑翔机在向下运动的过程中受到水流作用产生黏性力矩,当俯仰力矩与黏性力矩平衡时,滑翔机达到稳定状态,此时状态变量速度、纵倾角、攻角保持不变,且合力为零。

④ 当滑翔机达到预设深度时,浮力调节系统开始调节产生正浮力,使得滑翔机的净浮力为正,同时姿态调节系统中的俯仰机构向艉部移动,使得滑翔机产生负纵倾角,于是滑翔机下潜速度减少直至停止,并达到最大深度。

⑤ 当姿态调整结束后,AUG进入稳定状态上浮,类似于下潜时的稳定状态,各个状态变量保持恒定。

⑥ 当AUG接近水面时,姿态调节机构中的俯仰机构调整至初始位置,纵倾角逐渐趋近于零,最终AUG出水并正浮水面,通过安装的通信设备进行数据传输及等待接受下一条指令。

⑦ 当需要滑翔机螺旋运动时,滑翔机通过姿态调节系统中的横滚机构旋转后产生一个横倾角度,在向心力的作用下产生转向,根据净浮力为正或负呈现螺旋上升或者下潜。

⑧ 但由于受到洋流的影响,滑翔机仅凭借横滚机构转向效果并不理想,因此一些滑翔机安置有尾舵控制系统。当指令传达给尾舵系统时,舵机驱动传动轴使得舵片旋转至一定角度,在水流作用下产生偏航力矩,进而改变航向,在尾舵控制系统共同作用下可较为准确地控制滑翔机转向。

根据以上原理,AUG即可实现垂直面内的锯齿运动和空间内的螺旋回转运动。在上浮下潜运动过程中,滑翔机所携带的传感器收集并存储大量海洋信息,当滑翔机浮出水面后,即可发送传输数据,完成通信后,滑翔机浮在水面,等待下一次工作指令。

在传统AUG的基础上增加辅助推进系统即形成一种混合驱动AUG。常见的辅助推进系统可分为螺旋桨式和喷射式。混合驱动AUG是结合了传统AUG功耗低、航程长、工作时间长、隐蔽性好等优点以及水下航行器速度快、机动性好等优点的新型AUG。传统AUG只能做单一锯齿形剖面运动且速度较慢、易出现随波逐流现象。混合驱动AUG增加辅助推进系统,使其速度有显著的提高,确保其能够克服相对高速的洋流的影响,进而可在世界大部分海域顺利开展相关海洋科学任务,且能够实现定深航行。

---

[1] 杨磊. "海鸥"号水下滑翔机设计及其水动力性能研究[D]. 上海:上海交通大学,2017.

同时，与水下自主航行器的短航程相比，混合驱动 AUG 增加了浮力驱动系统，利用剖面滑翔运动，使其在位时间大大增加，间接增加单出海航次的任务量，进而可以节约成本。

总而言之，AUG 运动控制系统包括浮力驱动、姿态调整、辅助推进及其他等。其他部分主要包括应用于 AUG 的安全阀、齿轮泵及故障检测装置等设施。本节将重点对 AUG 运动控制系统专利申请量前三位的技术分支进行分析研究，对其他部分不做具体介绍。

7.3.1 浮力驱动系统专利分析

浮力驱动系统作为 AUG 的关键组成，是一套机、电、液耦合的液压驱动和体积调整系统，直接决定了整机的性能与可靠性，并影响 AUG 的航速、航程和可控性。浮力驱动系统通过改变外部油囊的体积来改变 AUG 的净浮力，其根据外部油囊体积的改变方式可分为两类：一类是利用液压泵改变外部油囊体积或移动活塞来改变总排水体积的液压方法，如 Slocum Glider 电动滑翔机采用的单冲程柱塞泵方式和 Sea Glider、Spray Glider 采用的往复式活塞泵方式；另一类是通过 PCM 的热胀冷缩改变外部油囊体积的热机方法。热机方法可直接从环境中获取实现自身沉浮所需要的能量，极大减少了能量消耗，但受到不同海域温跃层深度的限制。而利用液压泵改变外部油囊体积的液压技术相对较成熟。美国 Slocum Glider、Sea Glider、Spray Glider、Littoral 以及法国 Sea-Explorer 的浮力驱动系统主要技术指标与天津大学开发的"海燕"AUG 的对比情况如表 7-3-1 所示。[1]

表 7-3-1 典型 AUG 浮力驱动系统技术指标

名称	研制国家	主要性能参数
Slocum Glider	美国	工作深度：200m/1000m 浮力调节量：0.46L 200m 　　　　　　0.52L 1000m 驱动形式：丝杠驱动活塞/高压柱塞泵 系统效率：丝杠 50%~60%
Sea Glider	美国	工作深度：1000m 浮力调节量：0.85L 驱动形式：高压柱塞泵 系统效率：40%

---

[1] 沈新蕊，王延辉，杨绍琼，等. 水下滑翔机技术发展现状与展望 [J]. 水下无人系统学报，2018，26 (2)：89-106.

续表

名称	研制国家	主要性能参数
Spray Glider	美国	设计深度：1500m 工作深度：1000m 浮力调节量：0.7L 驱动形式：增压泵/高压柱塞泵 系统效率：50%
Littoral	美国	工作深度：200m/1000m 驱动形式：高压泵/变截面活塞
Sea – Explorer	法国	设计深度：700m/850m 浮力调节量：1L 驱动形式：增压泵 系统效率：60%
海燕	中国	工作深度：1500m 浮力调节量：1.4L 驱动形式：高压柱塞泵 系统效率：1000m 34% 1500m 40%

同时，为了满足深海探测技术的需求，美国的 Deepglider 滑翔机、新西兰奥塔哥大学研制的 UnderDOG UG 以及日本海洋工程技术中心研制的大潜深 2100m 的高压浮力驱动系统均采用以微型轴向柱塞泵为核心的高压浮力驱动系统。

7.3.1.1 浮力驱动系统介绍

浮力驱动系统是 AUG 实现水下滑翔运动的关键部件，通过改变外皮囊的体积而改变 AUG 整体在海水中的浮力大小，从而实现在海水中的浮沉。现有的 AUG 采用的浮力驱动方式主要有：将液压油吸入/排出外部皮囊、将海水吸入/排出舱室、将固体机构（如杆）移入/排出舱室、将气体吸入/排出外部皮囊。目前，第二种方式需要考虑海水腐蚀的影响，可操作性不强；第三种方式已被证明可靠性较差；国内外大多数 AUG 采用第一种浮力驱动方式。[1] 第一种方式是将 AUG 内部油箱的液压油排到外皮囊中，外皮囊膨胀引起 AUG 整体浮力的变大，滑翔机上浮；将外皮囊内的液压油吸入内油箱，外皮囊缩小，AUG 整体浮力变小，滑翔机下潜。

图 7-3-2 所示为一种常见 AUG 浮力驱动装置，该装置主要由壳体、油泵、电机、电磁阀、油路、内油囊、外油囊等构成。其工作过程如下：电机通过减速器驱动柱塞泵把内油囊的油压到外油囊，在单向电磁阀的作用下油不会回流，由于外油囊装在 AUG 的机壳外面且暴露于海水中，外油囊充油量的增加加大了排水体积，使得 AUG 的浮力增加，当浮力大于重力时 AUG 开始上升；回油时只要打开回油路上的电磁阀，外油囊中的油在

---

[1] 周海亮. 水下滑翔机浮力驱动系统的可靠性研究 [D]. 天津：天津大学，2014.

外部的海水压力作用下自动流回到内油囊实现排水体积的减小，AUG浮力减小，当浮力小于其重力时AUG下沉，由此AUG完成了上升与下降的运动过程。

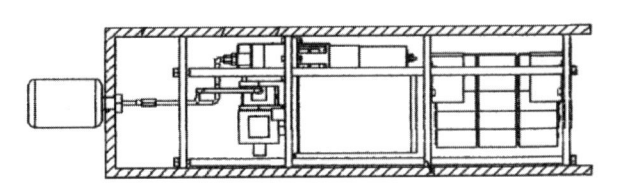

图7-3-2 一种AUG浮力驱动装置

7.3.1.2 浮力驱动系统发展路径

从专利申请的角度看，运动控制系统中浮力驱动系统的发展大致经历了排油式浮力驱动、排水式浮力驱动、排气式浮力驱动及气液混合式浮力驱动等过程。从目前AUG普遍使用的浮力驱动技术来看，浮力驱动系统普遍存在控制精度不高、续航能力不足、设备可靠性不够及结构复杂的技术问题。以下对浮力驱动的技术发展历程进行进一步分析。

如图7-3-3所示为浮力驱动系统发展路径。从图7-3-3中可以看出，美国最早于1960年提出1项AUG专利申请（US3157415A），该专利提出了可以通过控制浮力的变化产生向前运动的推力，实现滑翔机按照既定的路线在水下完成任务并在一段时间后被回收。我国最早由天津大学提出一种温差能驱动的滑翔运动水下机器人（CN100526155B），该设备利用海水的温度变化使石蜡类工质产生相变作为驱动能量，通过皮囊体积的变化而控制机器人的下潜与浮升，从而实现水下机器人在指定水域完成水下的观测与探测等任务。2006年，浙江大学提出详细记载了浮力驱动系统的专利申请，在此之前的专利文献均只提到可以利用滑翔机的浮力变化实现其水下上浮下潜的滑翔运动。纵观AUG浮力驱动系统的发展，主要包括后述的几种技术。

US3157415A Oceanic System Crop 水下滑翔机	CN102248992B 浙江大学 排油式浮力 驱动系统	CN102079374B 中科院沈自所 自回油排式 浮力驱动系统	CN102975832B 中船重工七〇二所 自调节排油式 浮力驱动系统	CN103350749B 中船重工七〇二所 节能型排油式 浮力驱动系统	CN106043635B 天津深之蓝海洋 设备科技有限公司 排气式快速浮力 驱动装置	CN207712266U 中科院沈自所 被动排气浮 力驱动系统	CN109591988A 中船重工七〇一所 气液混合式浮力 驱动系统
1960年	2005年 2006年	2009年	2012年	2013年	2016年	2017年	2018年
CN100526155B 天津大学 温差能驱动		CN102079375B 中科院沈自所 双向排油式浮力 驱动系统	CN202686728U 中船重工七〇二所 排水式浮力 驱动系统	CN103569335A 哈尔滨工程大学 排水式浮力 驱动系统	CN108216538B 中科院沈自所 可压缩液体浮 力驱动系统	CN106741765B 中科院沈自所 被动排油式浮 力驱动系统	CN109334929A 哈尔滨工程大学 气液混合式浮力 驱动系统

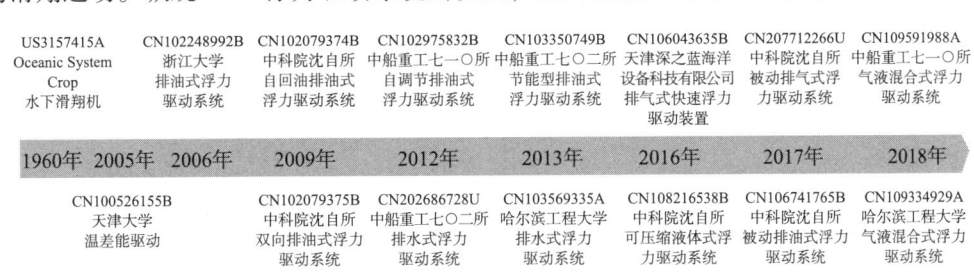

图7-3-3 AUG浮力驱动系统技术发展路径

（1）排油式浮力驱动系统

排油式浮力驱动系统是最常用到的浮力驱动系统，通过改变内外油囊体积的大小改变滑翔机的浮力，从而实现滑翔机完成上浮下潜运动。2006年，浙江大学提出一种水下滑翔探测器（CN102248992B），该设备通过可变浮力系统中的微型电磁阀和微型泵配合工作，改变外部油囊的排水体积，实现浮力的变化，从而完成在海洋中的锯齿形运动，具有体积灵巧、低成本、低功耗等优点。2009年，中科院沈自所提出一种水下机器人用双向排油式浮力调节装置（CN102079375B），该设备利用直流电机驱动一个双向齿轮泵，通过双向齿轮泵的正、反转实现排油或回油，进而调节水下机器人的浮力，具有结构简单、安全可靠及灵活性好等优点。同年，中科院沈自所还提出一种水下机器人用自回油式浮力调节装置（CN102079374B），该设备由直流电机驱动柱塞泵工作，实现排油并通过开启电磁阀实现自动回油，进而调节水下机器人的浮力，具有结构简单，安全可靠和能耗低等特点。2012年，中船重工七一〇所提出一种自调节式变浮力水下平台（CN102975832B），该设备采用电机驱动双向定量液压泵来实现对深度调节机构的注油或抽油，达到平台上升或下沉的自调节功能，在液压回路系统中设计有液压脉冲控制阀，可确保驱动电机的自锁性，防止在大深度海洋环境中出现反转，可以降低平台的整体功耗。2013年，中船重工七〇二所又提出一种利用弹簧蓄能的节能型剩余浮力驱动装置（CN103350749B），该设备采用液压模块化设计，并通过弹簧蓄能复位功能，实现剩余浮力的调节，从而实现水下滑翔器的下潜或上浮，具有高效率、低能耗、体积小、重量轻、浮力可调等特点。2017年，中科院沈自所提出一种水下机器人用被动排油式浮力调节装置（CN106741765B），该设备的抽油管路上设有由动力源驱动的单向高压柱塞泵及只能向外皮囊流动的单向阀，回油管路上设有带压力补偿的节流阀和截止式电磁阀，内皮囊中的液压油通过单向高压柱塞泵抽出，并经单向阀向外皮囊中充油，进而增加水下机器人的浮力，外皮囊中的液压油通过截止式电磁阀及带压力补偿的节流阀回流至内皮囊中，进而减小水下机器人的浮力，具有结构简单、效率高、安全可靠、功耗小等特点。

（2）排水式浮力驱动系统

排水式浮力驱动系统可以分为两种，一种自带水箱，其工作原理与排油式浮力驱动系统类似；另一种是不带水箱，通过吸水和排水改变滑翔机整机重量来改变浮力的大小，从而使得滑翔机完成锯齿形滑翔运动。2012年，中船重工七〇二所提出一种水下滑翔用浮力驱动装置（CN202686728U），该设备包括水箱，水箱内安装压力传感器及水囊，通过水囊体积的变化实现浮力大小的调节，具有结构紧凑、控制精确等优点。2013年，哈尔滨工程大学提出一种滑翔式潜水器用重量调节装置（CN103569335A），该设备包括连通管、水密外壳以及安装在水密外壳内的皮囊、步进电机、移动压块、固定压块和丝杠，通过步进电机转动推动移动压块挤压皮囊，在外力的作用下皮囊完成吸水和排水的动作，通过改变整机的重量来调节浮力的大小，具有结构设计紧凑、成本低的特点，适用于小调节量、小潜深的滑翔式潜水器。

（3）排气式浮力驱动系统

排气式浮力驱动系统是指利用气泵和气囊等结构，通过充气和排气来改变气囊体积从而调节浮力大小，以此使得滑翔机完成上浮下潜的滑翔运动。2016年，天津深之蓝海洋设备科技有限公司（以下简称"天津深之蓝"）提出一种AUG快速浮力调节装置（CN106043635B），该装置包括气囊、密封外壳及其内部由直流电机驱动的气泵等，以壳体内部的气体为介质，快速实现外部气囊的充气与排气，从而快速完成AUG的浮力和浮心位置的调整，其优点是可快速调节浮力，减少滑翔机的水面工作时间，便于后期整体滑翔机的调试、安装和保养。2017 年，中科院沈自所提出一种水下机器人用被动气动式浮力补偿装置（CN207712266U），将预先抽好真空度的水下机器人舱内作为内气囊，内外气囊之间并联有抽气管路及回气管路；抽气管路上设有由动力源驱动的隔膜泵及只能向外皮囊流动的单向阀，回气管路上设有截止式电磁阀；舱内的气体通过隔膜泵抽出，经过单向阀、菌型盖与承压外壳间的缝隙向外气囊中充气，进而增加水下机器人的浮力；外气囊中的气体通过外气囊与舱内的压力差，经过菌型盖与承压外壳间的缝隙、截止式电磁阀流回舱内，进而减小水下机器人的浮力，具有结构简单、效率高、安全可靠、功耗小等特点。

（4）气液混合式浮力驱动系统

气液混合式浮力驱动系统是指综合利用气压驱动和液压驱动装置实现浮力大小的调节，从而实现对浮力快速、精确的控制。2018 年，哈尔滨工业大学提出一种水下浮力自动调节装置及其使用方法（CN109334929A），该设备包括主控制器和液压气动蓄能系统、双向抽油泵及传感器等，通过双向抽油泵和液压气动蓄能系统控制弹性容器的体积大小，进而实现浮力的调节，使 AUG 在不同水深的位置补偿不同的浮力以及在水下浮力驱动装置本身重量发生变化时使浮力得到补偿，保证水下浮力驱动装置的稳定作业，具有自动控制调节浮力大小和显著减少能耗的优点。同年，中船重工七一〇所提出一种基于海洋环境参数调节的浮力驱动装置（CN109591988A），该设备包括液压气动组合驱动模块、海洋环境感知模块和运算控制模块等，通过感知模块中的各传感器实时测量海水的温度、盐度和深度等参数，结合运算控制模块内置程序预设的系统运动数学模型和海水密度数学模型，计算出需要调整的浮力量，运算控制模块再控制液压气动组合驱动模块中的电气设备的动作实现浮力调整，具有快速、精确、定量的控制特点。

2016 年，中科院沈自所还提出过一种水下机器人用基于可压缩液体的浮力补偿方法及系统（CN108216538B），通过可压缩液体补偿水下机器人因壳体压缩变形和海水密度变化产生的浮力改变量，使机器人在工作过程中因外部因素导致浮力变化带来的影响达到最小，并提出一套计算补偿浮力大小的方法。该系统和方法不限于在 AUG 及水下机器人上的应用，对于各种浮力驱动水下机器人都具有较好的效果，可以提高设备的运行效率和能源使用效率。由此可见，为实现对浮力大小的自动调节并节约能源消耗，可压缩液体式浮力驱动系统和带补偿装置的浮力驱动系统将是未来研究的重点。为实现对浮力快速、精确和稳定的控制及高度的集成化，气液混合式浮力驱动将会是下一步开发和研究的方向。

7.3.1.3 浮力驱动系统重要专利

本节所提到的重要专利，是指在浮力驱动系统领域关注度较高且具有代表性的基础性专利。根据重要专利的影响因素，确定以下几方面作为重要专利选取原则：

① 专利绝对被引证频次。专利绝对被引证频次通常以一件专利被其他专利所引用的频次来表示，引证频次越高，表明该专利在该领域中重要性程度越高。

② 专利相对被引证指数。由于专利绝对被引证频次受公开时间的影响，不能全面

反映申请时间晚的在后公开专利的重要性，考虑到专利相对被引证指数是指专利绝对被引证频次与当年该技术领域专利平均被引证频次的比值，在同一年中，专利相对被引证指数越大，专利重要性越高。

③ 同族专利数量。同族专利数量是指基于一项或多项相同优先权文件，在不同国家或地区或组织多次申请、多次公开或批准的，内容相同或基本相同的一族专利文献。同族数量的多少可以反映技术创新主体对该专利重要性的认可程度。

④ 专利有效性。专利有效性通常以专利或其同族的法律状态及其维持有效时间来判断，有效时间持续越长，说明该专利的重要程度越高。

⑤ 重要申请人。重要申请人在各个时期申请的专利都不相同，在特定时间节点申请的，被广泛认可的重要技术或前沿技术可以作为重要专利的代表。

基于上述的重要专利选取原则，梳理出浮力驱动领域具有代表性的专利进行分析，按技术分类及效果技术排列如下。

（1）温差能驱动

天津大学于2005年提出一种温差能驱动的滑翔运动水下机器人，如图7-3-4所示。该发明于2009年获得发明专利权并一直维持。该专利是现有温差能驱动水下滑翔机中唯一保持专利权有效的专利。该机器人主要具有外皮囊保护壳体、外皮囊、密封底盘、电池支架、控制电路板、热机工作腔、皮囊支架、内皮囊、水平滑翔翼、密封圆柱壳体、蓄能器、天线、伺服电机、姿态控制重物、流量控制器及配重等装置。该机器人可以按照预定的航向滑翔，并安装可更换的水平翼，利用海水的温度变化使石蜡类工质产生相变作为驱动能量，通过皮囊体积的变化而控制机器人的下潜与浮升，利用水动力和GPS定位实现水下定位，通过控制系统实现水下机器人在指定水域完成水下的观测与探测等任务。该机器人的驱动能源来自温差能，只使用小部分的电能为控制电路和通信提供能源，可长时间对水域进行监测。

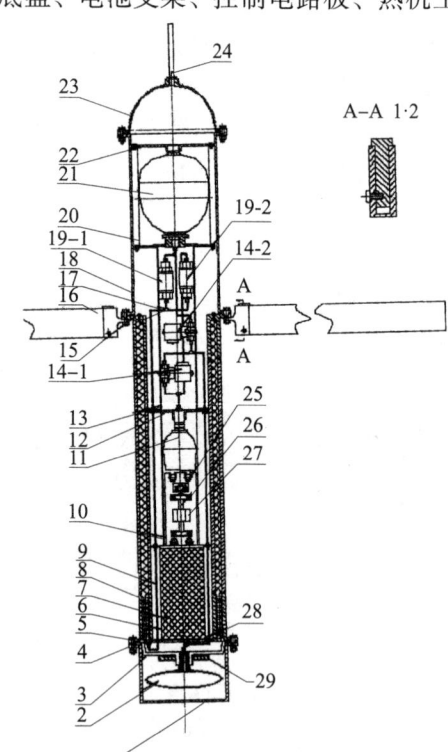

图7-3-4 一种温差能驱动的滑翔运动水下机器人

（2）排油式浮力驱动

中科院沈自所于2006年提出一种依靠浮力驱动滑行的水下机器人，如图7-3-5所示。该发明于2008年获得发明专利权并一直维持有效状态。该机器人的驱动装置完全内置于总体结构，操作时依靠浮力驱动滑行，主要由艏锥体、平行中体、水平滑翔翼、横滚角调节装置、俯仰角调节装置、艏部传感器组件、艏部、电子控制舱段、电机驱动器、浮力调节装置、无线数字传输电台、垂直稳定翼和应急处理装置等组成，其中浮力调节装置由活塞、油缸、浮力调节皮囊、浮力调节直线步进电机和浮力调节装置固定架组成。该机器人能有效提高海洋监测的空间、时间密度，可实现低成本、大范围可控的海洋监测作业。

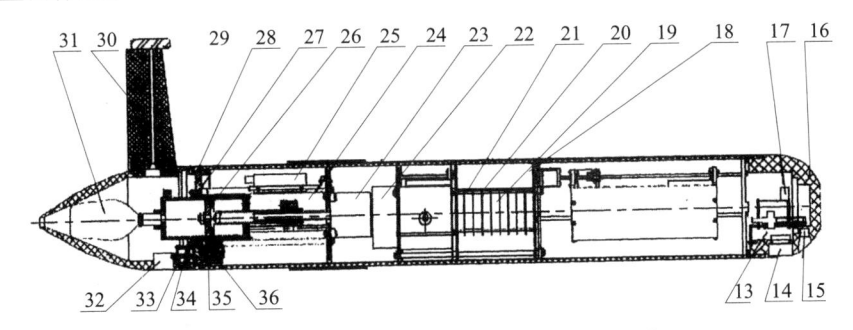

图 7-3-5 依靠浮力驱动滑行的水下机器人

2009 年，中科院沈自所提出一种水下机器人用自回油式浮力调节装置，如图 7-3-6 所示。该发明于 2013 年授权一直维持专利权有效状态。该装置包括内皮囊端盖、内皮囊套筒、直线电位计、内皮囊、内皮囊活塞、固定板、直流电机、电磁阀固定板、电磁阀、联轴器、柱塞泵、单向阀、艉部拉杆、艉部端盖、外皮囊固定件及外皮囊，艉部端盖与水下机器人筒体密封连接，外皮囊安装在艉部端盖的外侧，内皮囊、直流电机、电磁阀及柱塞泵分别安装在抽真空处理的水下机器人筒体内，由直接电机驱动的柱塞泵的一端通过管路与内皮囊相连接，另一端通过管路与外皮囊相连接，在该管路上安装有单向阀，在柱塞泵连接内皮囊的管路及单向阀连接外皮囊的管路之间并联连接有电磁阀。该装置利用直流电机驱动柱塞泵工作实现排油，通过开启电磁阀实现自动回油进而调节水下机器人的浮力，该装置具有结构简单、安全可靠及节约能耗的优点。

2017 年，中科院沈自所又提出一种水下机器人用被动排油式浮力调节装置，如图 7-3-7 所示。该发明于 2017 年获得发明专利权。该装置包括外皮囊、艉部端盖、内皮囊端盖、内皮囊套筒、液压管路、带压力补偿的节流阀、液压阀块、截止式电磁阀、单向高压柱塞泵、减速齿轮、动力源、内皮囊、单向阀及内皮囊活塞等。该装置利用液压系统对水下机器人进行浮力调节，使其在运行过程中浮力状态更加稳定，水下机器人下潜过程中随着下潜深度的增加，静水压增大，海水密度也会随之增大，由于水下机器人与海水压缩率的不匹配会使水下机器人受到的浮力逐渐增加，

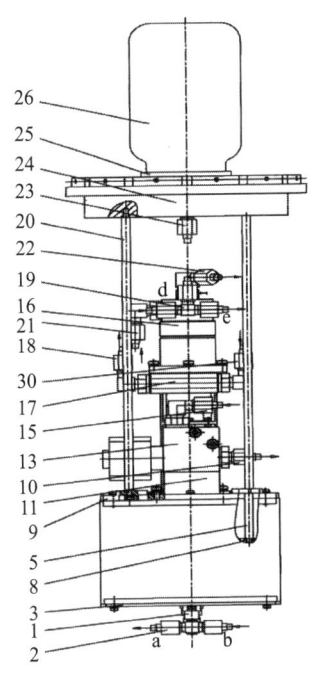

图 7-3-6 水下机器人用自回油式浮力调节装置

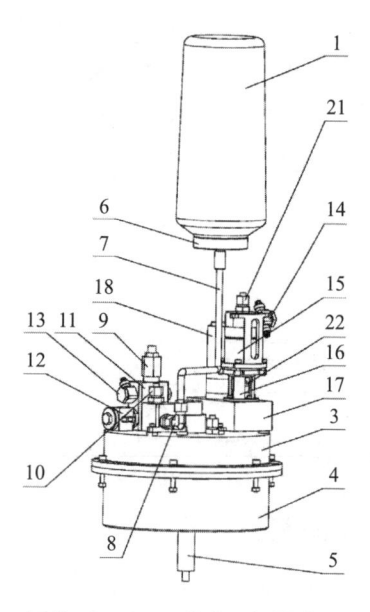

图 7-3-7 一种水下机器人用被动排油式浮力调节装置

反之上浮过程中又会随着深度的减小浮力逐渐减小。该装置通过补偿水下机器人因壳体压缩变形和海水密度变化产生的浮力改变量，使水下机器人在工作过程中净浮力的变化达到最小，从而提高运行效率及能源使用效率。

（3）排水式浮力驱动

中船重工七〇二所于 2012 年提出一种水下滑翔器用浮力驱动装置，如图 7-3-8 所示。该发明于 2013 年获得发明专利权一直保持有效状态。该装置的水箱内密闭高压气体，并安装压力传感器和水囊，压力传感器能测量在水箱内密闭高压气体的压力值，利用水泵向水囊中排水和注水，并通过量控制阀实现流量的精确动态控制，当滑翔器的重力大于浮力时进行下潜运动，当滑翔器的重力小于浮力时进行上浮运动。该装置相比排油式浮力驱动系统，设计、制造和维护成本更低，但耐腐蚀性较差。

（4）排气式浮力驱动

天津深之蓝于 2016 年提出一种 AUG 快速浮力调节装置，如图 7-3-9 所示。该发明于 2017 年获得发明专利权。该装置包括控制器、海水检测器、二位二通常闭液压电磁阀、外部气囊、可调整溢气阀、单向阀、气泵、直流电机、集成插装阀块、进气口接头、工艺孔密封螺钉、出气口接头、工艺孔转接头、耐高压出气管、进气管、气压传感器。该装置利用直流电机带动气泵运行给外部气囊充气，通过外部气囊的充气与排气过程实现 AUG 的浮力和浮心位置的快速调整。相比于排油式和排水式浮力驱动系统，该装置浮力调节速度更快，且能减少 AUG 在水面的工作时间，增加其隐蔽性。

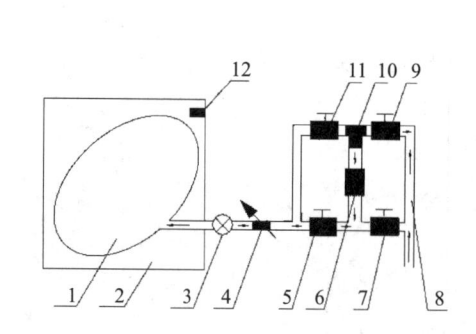

图 7-3-8 一种水下滑翔器用浮力调节装置

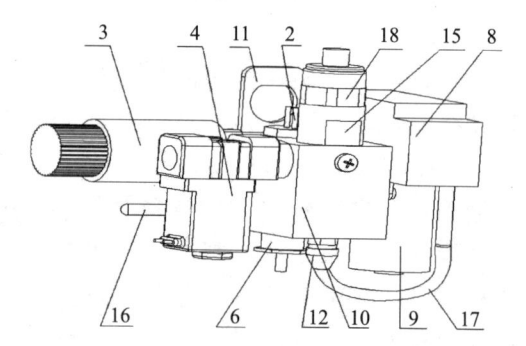

图 7-3-9 一种 AUG 快速浮力调节装置

（5）气液混合式浮力驱动

中船重工七〇二所于 2018 年提出一种基于海洋环境参数调节的浮力驱动装置，如图 7-3-10 所示。该专利申请目前仍处于审查状态中。该装置包括由外油囊、驱动电机、液压泵、内油箱和气泵组成的液压气动组合驱动模块,由温度传感器、深度传感器和盐度传感器组成的海洋环境感知模块及运算控制模块等,通过感知搭载浮力驱动装置的水下装备所在海水环境的温度、深度和盐度,精确计算出需要调整的浮力量,运算控制模块控制液压气动组合驱动模块中的电气设备的动作完成浮力的适应性调节。该装置集成化程度高、系统可靠稳定,根据环境参数的变化实现精确、定量的浮力控制。

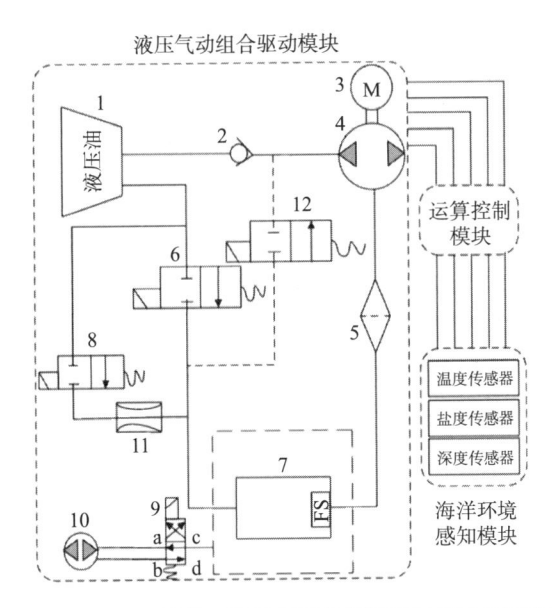

图 7-3-10 一种基于海洋环境参数调节的浮力驱动装置

7.3.2 姿态调整系统专利分析

姿态调整系统也是 AUG 的重要组成部分,一般分为"仅内部姿态调节技术"和"尾舵结合内部姿态调节技术"两类。内部姿态调节系统通过控制舱内质量块的移动实现对整机重心位置的调节,从而达到有效的姿态控制,其设计的优劣直接影响 AUG 的性能。

(1) 仅内部姿态调节

仅内部姿态调节系统由俯仰调节机构和横滚调节机构构成。其中俯仰调节机构通过控制质量块在 AUG 轴线方向上的移动,实现 AUG 按照设定的滑翔角度沉浮;横滚调节机构则通过控制偏心质量块的周向转动调节 AUG 的转向。通过控制舱内质量块轴向平移和周向转动的内部姿态控制方法,适用于深海 AUG,如 Spray Glider、Slocum Thermal Glider、Sea Glider 和 Deepglider 滑翔机等均采用直流电机驱动偏心质量块的方式进行姿态调节,AUG 机舱内的电池包可作为质量块。天津大学研制的 Petrel-II AUG 的姿态控制亦采用了这种方式,将姿态控制系统置于 AUG 壳体之内,因此不必考虑姿态调节系统的高压密封问题。

（2）尾舵结合内部姿态调节

通过舱内质量块轴向平移和附连到 AUG 尾部的方向舵尾舵调节姿态的 AUG 结构相对简单，适用于执行地形地貌相对复杂的浅海水域任务。例如电能驱动的 Slocum Glider 采用步进电机调节尾舵转向，进而控制 AUG 的转向。中科院沈自所研制的"海翼"号 AUG 的姿态控制方式与电能驱动 Slocum Glider 相似，也是通过步进电机调节尾舵实现转向，从而调节 AUG 的航向。

7.3.2.1 姿态调整系统介绍

如图 7-3-11 所示为一种 AUG 姿态调整装置。该装置包括质量块组件、俯仰调节结构、横滚调节结构、支撑结构、反馈设备和电控支撑板，其中质量块组件包括电池棒、连接杆和电池端盖，俯仰调节结构包括丝杆电机、丝杆、挡板和螺母，横滚调节结构包括横滚电机、涡轮和蜗杆，支撑结构包括支撑板和滑杆。启动丝杆电机带动丝杆旋转运动，当丝杆旋转的时候螺母将带动质量块组件等机构一起沿着丝杆做纵向平移运动，直线位移传感器记录质量块组件的移动距离并实时传输给控制模块，由于质量块的移动导致 AUG 重心位置的变化，进而改变 AUG 的俯仰角度，形成在不同的攻角下的运动；当需要 AUG 进行转弯时，控制横滚电机带动涡轮、蜗杆使质量块绕轴转动形成旋转运动，同时中轴线上的角度传感器会记录旋转角度。

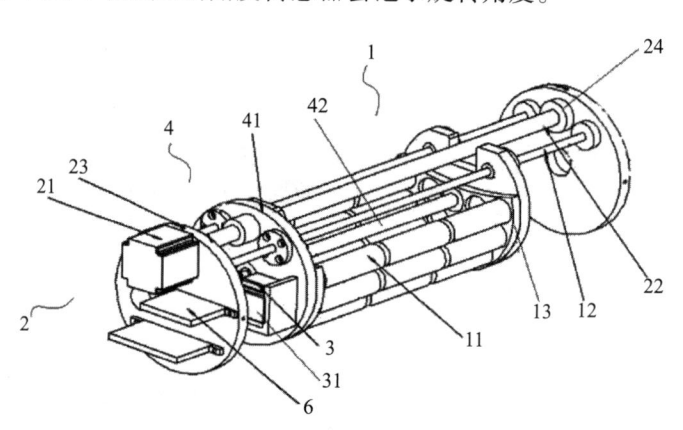

图 7-3-11 一种 AUG 姿态调整装置

7.3.2.2 姿态调整系统发展路径

从专利申请的角度看，运动控制系统中姿态调整系统的发展大致经历了独立质量块姿态调整驱动系统、电池组作质心姿态调整驱动系统、液体作质心姿态调整驱动系统等过程，在此过程中还出现如姿态调整控制方法、姿态调整控制算法等技术。从目前 AUG 普遍使用的姿态调整系统和方法来看，姿态调整系统普遍存在控制精度不高、能耗较高、设备可靠性不够及结构复杂的技术问题。以下对姿态调整系统的技术发展历程进行进一步分析。

如图 7-3-12 所示为姿态调整系统发展路径。纵观 AUG 姿态调整系统的发展，其专利技术发展并不像浮力驱动系统那么多元化，主要可分为传统的质量块作质心的姿态调整系统、电池组作质心的姿态调整系统及液体介质作质心的姿态调整系统。

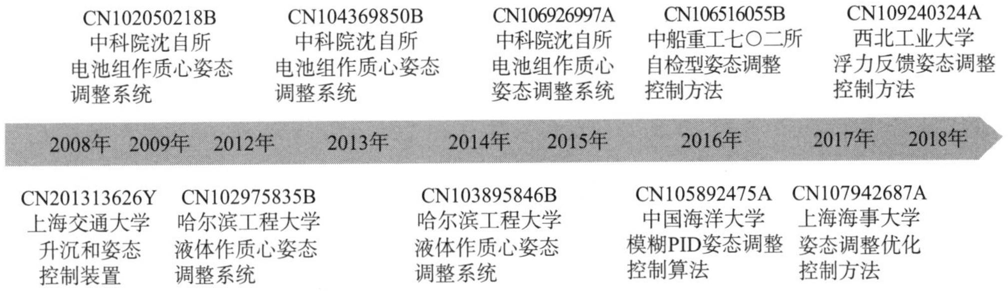

第7章 运动控制系统专利分析

```
CN102050218B      CN104369850B      CN106926997A      CN106516055B      CN109240324A
中科院沈自所      中科院沈自所      中科院沈自所      中船重工七〇二所   西北工业大学
电池组作质心姿态  电池组作质心姿态  电池组作质心        自检型姿态调整     浮力反馈姿态调整
调整系统          调整系统          姿态调整系统        控制方法           控制方法

─2008年──2009年──2012年──2013年──2014年──2015年──2016年──2017年──2018年──▶

CN201313626Y      CN102975835B      CN103895846B      CN105892475A      CN107942687A
上海交通大学      哈尔滨工程大学    哈尔滨工程大学    中国海洋大学      上海海事大学
升沉和姿态        液体作质心姿态    液体作质心姿态    模糊PID姿态调整   姿态调整优化
控制装置          调整系统          调整系统          控制算法           控制方法
```

图 7-3-12 AUG 姿态调节技术发展路径

2008 年，上海交通大学提出一种水下运载器升沉和姿态控制的执行装置（CN201313626Y），该装置采用了独立的质量块作质心进行姿态调整，利用步进电机驱动横滚调节器进行横滚控制从而保证运载器以正确的水平方向和垂直方向在水中的游弋。2009 年，中科院沈自所提出一种 AUG 用姿态调节装置（CN102050218B），该装置将电池组作为质心，通过驱动电机带动电池组沿轴线方向移动和绕轴线方向转动来调节载体的俯仰角与横滚角，从而改变 AUG 的运动状态，该装置具有结构紧凑、工作可靠、重量更轻等优点。2012 年，哈尔滨工程大学提出了一种液体作质心的姿态调整系统（CN102975835B），通过丝杠使活塞推杆向前或向后运动产生转向力矩，纵倾调节所需的力矩直接来源于活塞内部水的重力的加入所引起的重心位置的改变，无需质量块的位置调节，相比于电池组作调节质量块，具备重量小和能耗低等优点。2014 年，哈尔滨工程大学又提出一种液体作质心的姿态调整系统（CN103895846B），以液体作为重心调节的介质，通过管路将各个部分进行连接，能够使舱室的布置灵活，液体的连续性使该装置的控制精度较高。2015 年，中科院沈自所提出一种水下机器人用质心调节装置（CN106926997B），该装置将偏心电池组作为质心，当电池组沿着载体艏部方向运动时，载体的重心也将沿同一方向移动，由于重力和浮力的方向不在同一直线上，会产生一个偏转力矩推动载体发生偏转运动，该装置结构简单、工作可靠并具有自锁能力。

由此可见，为实现姿态调整系统向体积越来越小、控制精度越来越高、能耗越来越低的方向发展，利用电池组作为质心调节块将会是下一步研究的重点，同时优化控制算法和方法来提高控制精度也会是下一步开发和研究的方向。

7.3.2.3 姿态调整系统重要专利

本节所提到的重要专利，是指在姿态调整系统领域关注度较高且具有代表性的基础性专利。基于重要专利的选取原则，梳理出姿态调整系统领域具有代表性的专利进行分析，按技术分类及效果技术排列如下。

（1）电池作质心姿态调整系统

中科院沈自所于 2009 年提出一种 AUG 用姿态调节装置，如图 7-3-13 所示。该发明于 2013 年获得发明专利权。该装置包括姿态调节耐压壳体、横滚支撑前端盖、俯仰前挡板、电池组、滑块、导轨、螺母、丝杠、俯仰后挡板、锥齿轮组、俯仰电机、蜗轮、蜗杆、横滚电机及横滚支撑后端盖等。该装置以电池组为质心，通过驱动电机带动电池组沿轴线方向移动和绕轴线方向转动来调节载体的俯仰角与横滚角从而改变 AUG 的运动状态。将电池组作为姿态调节的重物可以减轻载体的重量，俯仰调节和横滚调节都具备自锁功能，具有结构紧凑、工作可靠等优点。

中科院沈自所于 2013 年提出一种浅水滑翔机用俯仰调节装置，如图 7-3-14 所示。该发明于 2017 年获得发明专利权。该装置包括艏部连接环、连接轴、电池组、姿态舱连接环、齿条及俯仰驱动装置，其中艏部连接环及姿态舱连接环分别连接于连接轴的两端，该连接轴内安装有齿条，电池组可相对移动地套设在连接轴上，俯仰驱动装置安装在电池组上，随电池组共同移动，俯仰驱动装置具有电机以及通过传动机构由电机驱动的大齿轮，大齿轮与所述齿条相啮合，驱动电池组沿连接轴的轴向往复移动，进而通过电池组的往复移动改变俯仰调节装置的重心。该装置将俯仰调节装置作为一个单独的模块进行设计，具有结构紧凑、传动效果好、工作可靠及能耗低等优点。

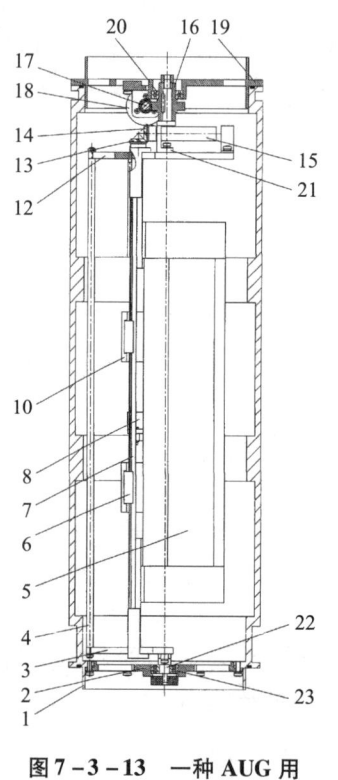

图 7-3-13　一种 AUG 用姿态调节装置 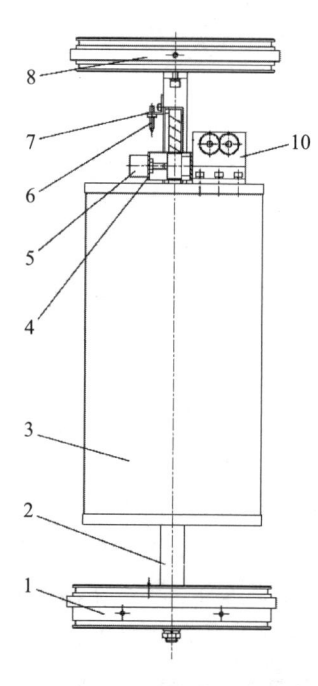　　图 7-3-14　一种浅水滑翔机俯仰调节装置

中科院沈自所于 2015 年提出一种水下机器人质心调节装置，如图 7-3-15 所示。该发明于 2018 年获得发明专利权。该装置包括耐压舱体、前支撑环、后支撑环、偏心电池组、方管轴、横倾驱动装置及俯仰驱动装置，其中耐压舱体的两端分别与前支撑环及后支撑环密封连接，方管轴、偏心电池组及俯仰驱动装置位于耐压舱体内，偏心电池组调节到某一位置时水下机器人处于水平状态，当质心调节装置的偏心电池组沿着载体艏部方向运动时整个载体的重心也将沿同一方向移动，由于重力和浮力的方向

不在同一直线上，会产生一个偏转力矩推动载体发生偏转运动。该装置结构简单、工作可靠，具有自锁能力，且俯仰角与横倾的调节范围较大。

（2）液体作质心姿态调整系统

哈尔滨工程大学于2012年提出一种海水活塞调节式滑翔式潜水器，该发明于2015年获得发明专利权。该装置包括密封桶、电池组、单片机、电池组、电机、活塞、驱动器、深度计等，当电机正转时通过丝杠使活塞推杆向后运动实现吸水，增加重量使得重心位置前移，出现埋首力矩；当电机反转时通过丝杠使活塞推杆向前运动实现排水，减少重量，使得重力小于浮力，出现抬首力矩。纵倾调节所需的力矩直接来源于活塞内部水的重力的加入所引起的重心位置的改变，无需质量块的位置调节，相比于电池组作调节质量块，该装置具备重量小和能耗低等优点。

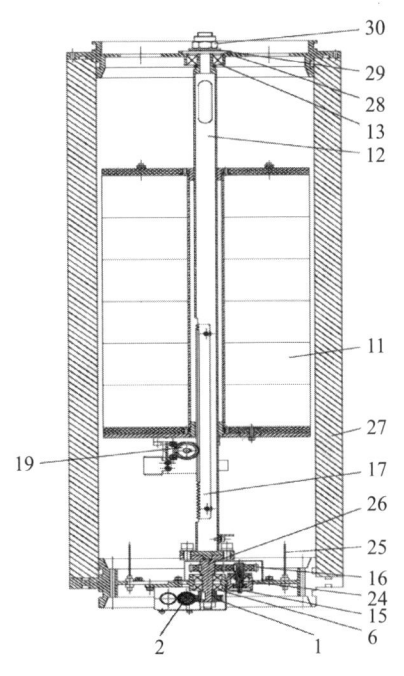

图7-3-15 一种水下机器人用质心调节装置

哈尔滨工程大学于2014年提出一种用于飞翼式AUG的姿态控制装置及控制方法，如图7-3-16所示。该发明于2016年获得发明专利权。该装置包括泵站舱、四个调节液舱，每个调节液舱的上下开有通孔，四个调节液舱呈"十"字形布置，相对的两个调节液舱上端的通孔，通过管路相连通，每个调节液舱下端的通孔通过管路与泵站相连，每个调节液舱下端与泵站舱相连的管路上均设置有电磁阀。当AUG需要调节横滚的姿态时，左右两个调节液舱上连接的电磁阀开启，直流电机和齿轮泵工作，左调节液舱中的压载液进入右调节液舱，同时右调节液舱中的空气进入左调节液舱，滑翔机的重心向右调节液舱的方向移动，当直流电机和齿轮泵反向工作时，滑翔机的重心向左调节液舱的方向移动，滑翔机向左倾斜。该装置采用液体作为重心调节的介质，通过管路将各个部分进行连接，能够使舱室的布置灵活。由于液体的连续性，该装置的控制精度较高。

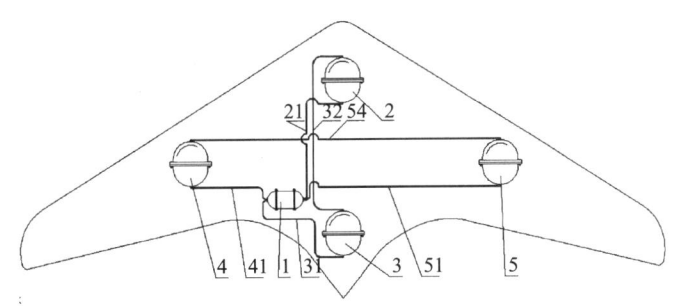

图7-3-16 一种用于飞翼式AUG的姿态控制装置及控制方法

(3) 姿态调整系统的控制方法和算法

中船重工七○二所于2016年提出一种反馈自检型水下滑翔器姿态调节装置及控制方法，该发明于2019年获得发明专利权。该装置包括主控制模块、驱动模块、姿态检测滑块、位置开关和步进电机，步进电机包括控制姿态检测滑块左右滑动的横倾步进电机和控制姿态检测滑块前后滑动的纵倾步进电机。其控制方法主要分以下几个步骤：

步骤一，调节装置处于等待状态，等待水下滑翔器主机发送命令；

步骤二，调节装置收到命令，解析该命令，如果收到未知指令时反馈解析错误则回到步骤一，收到正确命令则进入步骤三；

步骤三，调节装置监测姿态调节滑块的当前位置，确定运动方向；

步骤四，依据姿态调节滑块的当前位置，主控制器设置方向信号；

步骤五，打开驱动器电源，依据方向信号控制姿态调节滑块的运动；

步骤六，开始超时计时；

步骤七，判断是否超时，如果超时则告知主控制器超时转入步骤九，如果没有超时则进入步骤八；

步骤八，判断是否到达限位点，如果没有到达限位点则返回步骤七，继续判断是否超时，如果已经到达限位点则告知主控制器命令执行完毕，进入步骤九；

步骤九，关闭电机电源。

该控制方法具备降低功耗，提高可靠性的特点。

西北工业大学于2018年提出一种浮力反馈下的AUG俯仰角控制方法，该专利申请目前仍处于审查状态。该发明针对浮力变化会影响俯仰角且浮力响应慢等问题，提出了基于浮力反馈下的AUG俯仰角PID控制方法，具体步骤如下：

步骤一，AUG在开始滑翔前，根据实际需求预置滑翔指令参数 $x_r = (\theta_r, v_r)^T$，其中 θ_r 为期望滑翔俯仰角，v_r 为期望的滑翔速度；

步骤二，将给定的滑翔指令 $x_r = (\theta_r, v_r)^T$ 输入至AUG稳态运动控制方程中，计算出该系统的稳态输出 r_c，其中 r_c 为稳态输出的滑块位置；

步骤三，测量AUG在实际滑翔阶段的俯仰角 θ，得到预设俯仰角 θ_r 与AUG实际俯仰角 θ 之间偏差，采用PID控制器对AUG的俯仰角进行闭环控制，得到俯仰角误差反馈下的 r_i，其中 r_i 为由俯仰角误差所产生的滑块位置偏移量计算公式为 $r_i = k_p \Delta\theta(t) + k_i \int_0^t \Delta\theta(t)d\tau + k_d d(\Delta\theta)/dt$，$k_p$、$k_i$、$k_d$ 分别为PID控制中的比例、积分和微分系数，$\Delta\theta = \theta - \theta_r$；

步骤四，根据步骤二得到的稳态输出的滑块位置 r_c，步骤三得到的俯仰角误差所产生的滑块位置偏移量 r_i，通过以下公式得到修正后的滑块位置控制量 r_{ic}，$r_{ic} = r_i + r_c + k_b m_b$，其中 k_b 为设定的常数，m_b 为测量得到的AUG在实际滑翔阶段的浮力值；

步骤五，将步骤四得到的修正后的滑块位置控制量 r_{ic} 输入AUG俯仰控制系统中实现AUG俯仰角控制。

该方法利用浮力的实时反馈值来修正浮力变化引起的俯仰角误差，补偿变浮力速率与滑块移动速率不协调造成的影响,保证稳定控制滑翔机的俯仰角,具有自适应能力强和控制精度高的优点。

7.3.3 辅助推进系统专利分析

辅助推进系统是提高 AUG 性能指标的重要技术手段,主要涉及多模混合推进技术,其研究已经成为国际性研究热点之一。多模混合推进 AUG 在航速、功耗、航程、寿命及机动性和隐蔽性等方面具备优良性能,可较好补充传统 AUG 机动性差、航速低的问题,可使得 AUG 满足更为广阔的应用需求。目前,多模混合推进 AUG 以浮力驱动为主,以螺旋桨推进或喷水推进为辅,在完成传统水下滑翔运动之外还能实现动力滑翔、水平推进等功能,一定程度上提高了 AUG 的运动速度和机动性,丰富了 AUG 的运动模式,但上述功能的实现也不可避免地增加了 AUG 的能耗,降低了其续航里程。AUG 的混合推进功能更多是针对具体的任务需求,在平衡机动性和续航能力的基础上进行总体优化设计。多模混合推进的设计方案,一定程度上也会造成 AUG 运动失稳,对 AUG 运动稳定性和操控性均提出了较高要求。

7.3.3.1 辅助推进系统介绍

早在 2001 年,美国 Teledyne Webb Research 在原有 Slocum Glider 传统电能 AUG 的基础上,通过在尾部增加固定螺旋桨提高其运动速度,进而提出一款混合驱动 AUG,如图 7-3-17 所示。2004 年,美国纽芬兰纪念大学的 Bachmayer 和 Leonard 等人设计了一款混合驱动 AUG 概念样机,并对样机进行了机身水动力特性的优化,具体如图 7-3-18 所示。经过近 20 年的发展,带辅助推进系统的 AUG 平台技术已逐渐成熟,国外已达到实用水平和商品化的产品包括法国研发的 SeaExplorer、Sterne 和北约研制的 Folaga。以上几种 AUG 都通过在尾部加装螺旋桨装置实现多模式混合推进。

图 7-3-17 Teledyne Webb Research 混合驱动 AUG

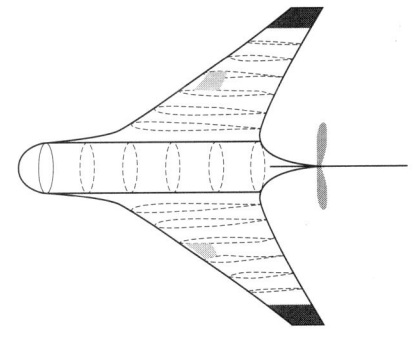

图 7-3-18 纽芬兰纪念大学混合驱动 AUG 概念样机

我国最早研究具备辅助推进系统的 AUG 的有天津大学、中科院沈自所和上海交通大学。经过多年的科学研究与实验,天津大学和中科院沈自所均在混合驱动 AUG 的部分关键技术领域获得突破。2007~2009 年,天津大学从无到有成功研制出国内首台混合驱动 AUG 工程样机"Petrel – I",该样机质量为 130Kg,直径为 0.25m,长度为

3.2m，尾部安装有螺旋桨，机身安装有可拆卸的水平机翼，翼展可达1.8m，设计最大下潜深度为500m，采用GPS定位并借助无线通信设备和卫星通信设备实现短距离和远距离的数据传输，已在我国云南抚仙湖完成了水域实验。❶ 2010年，中科院沈自所也研制出一种混合驱动AUG，该机具有三种航行模式——水平推进模式、滑翔航行模式及混合驱动模式，该机最大的特点在于螺旋桨可以折叠，在滑翔模式中桨叶处于折叠状态以减小水动力阻力，在水平推进模式和混合驱动模式下，桨叶在离心力、水动力、复位装置回复力三者共同作用下产生机器人前行所需的推力。❷

混合驱动AUG在传统滑翔模式下，可通过改变自身净浮力，借助固定于机身的机翼产生升力，从而完成"锯齿形"的剖面运动，通过内部的姿态调整单元，实现对自身俯仰、滚转和航向角度的控制。此外，因其具有螺旋桨推进装置或喷射泵装置，还可以实现AUV模式下的高速推进航行，利用改变水平和竖直舵角完成下潜和转弯动作，操纵机动灵活，抗流能力强。当滑翔机的浮力驱动和辅助推进装置同时工作时，即处于混合驱动模式，可以完成多样式的轨迹运动。目前，常见的辅助推进系统以螺旋桨推进和喷射推进为主，在传统水下滑翔运动之外，实现动力滑翔、水平推进等功能。AUG的混合推进功能更多是针对具体的任务需求，在平衡机动性和续航能力的基础上进行总体优化设计。

7.3.3.2 辅助推进系统发展路径

从专利技术的角度看，辅助推进系统的发展大致经历了螺旋桨式辅助推进、喷射式辅助推进、仿生式辅助推进、可折叠螺旋桨式辅助推进和可折叠喷射式辅助推进等过程。从目前AUG普遍使用的辅助推进系统来看，辅助推进系统的改进旨在提高续航能力、机动性能和扩大使用范围。以下对辅助推进系统发展历程进行进一步分析。

如图7-3-19所示为辅助推进系统发展路径。纵观AUG辅助推进系统的发展，主要包括以下几种技术。

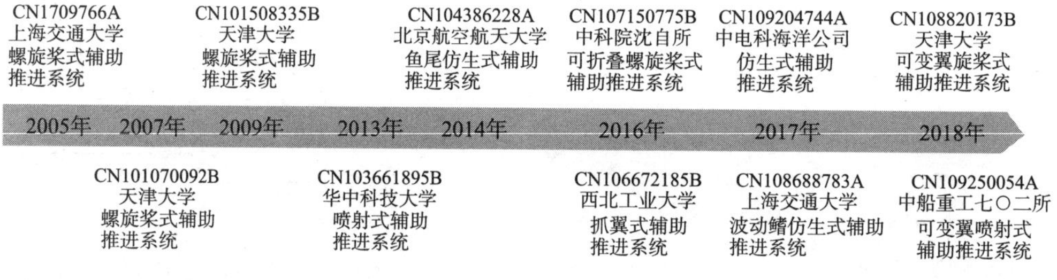

图7-3-19 辅助推进系统发展路径

（1）螺旋桨式辅助推进系统

螺旋桨式辅助推进系统是指在AUG中增加螺旋桨推进装置，依靠螺旋桨推进器产生的推力推动AUG进行高速运动。2005年，上海交通大学提出国内第一件浮力和推进

---

❶ 牛文栋. 混合驱动AUG稳定性控制与路径规划研究［D］. 天津：天津大学，2016.
❷ 陈质二，俞建成，张艾群. 面向海洋观测的长续航能力移动自主观测平台发展现状与展望［J］. 海洋技术学报，2016，35（1）：125-133.

器双驱动方式 AUG（CN1709766A），该机具有螺旋桨驱动和浮力驱动两种驱动方式，在浮力驱动模式下依靠浮力和重心的调节产生推力和控制运动方向，在螺旋桨驱动模式下依靠推进器产生推力，并通过左右推进器的推力差和重心调节控制运动方向，具有较高的续航能力和机动能力。2007 年，天津大学也提出一种混合驱动型水下航行器（CN101070092B），利用螺旋桨驱动和浮力驱动实现 AUG 的混合驱动，可长时间大范围进行水域监测和勘探。2009 年，天津大学又提出一种螺旋桨式辅助推进系统（CN101508335B），采用磁耦合技术实现动力传输，使用隔离罩将水与密封舱隔开并使用耐腐材料，解决了耐水腐蚀和绝对密封的问题。

（2）喷射式辅助推进系统

喷射式辅助推进系统是指在 AUG 中增加喷射泵推进装置，依靠喷射泵产生的推力推动 AUG 进行高速运动。2013 年，华中科技大学率先提出一种喷射式深海滑翔机（CN103661895B），该设备利用喷水推进装置提供推进力，滑翔翼固定安装在非耐压壳体外部的两侧，用于为喷水推进型 AUG 提供升力，该 AUG 具有低功耗、长航程、低噪声等优点。

（3）仿生式辅助推进系统

仿生式辅助推进系统是指模拟鱼类、鸟类等动物，通过增加尾鳍、波动鳍及滑翔翼等装置，利用驱动装置驱动尾鳍左右摆动、驱动波动鳍和滑翔翼上下摆动，为 AUG 提供升力和推力。2014 年，北京航空航天大学提出一种鱼尾式扑翼混合动力 AUG（CN104386228A），通过驱动电机带动尾鳍摆动实现 AUG 在水中快速移动，该设备相比常规 AUG 来说机动性大幅提高，相比螺旋桨式等混合动力 AUG 来说具有阻力小、噪声低等特点。2016 年，西北工业大学提出一种小型水下航行器柔性扑翼驱动装置（CN106672185B），该设备具有多个扑翼单元，扑翼单元之间通过调心块连接，柔性扑翼驱动装置可进行双向推进和转向功能，通过舵机可精确控制转向角度及灵活控制转向速度，可提高 AUG 的机动性和模块化程度。2017 年，上海交通大学提出一种带波动鳍的仿生 AUG（CN108688783A），该 AUG 一对波动鳍安装在耐压外筒尾部的相对两侧，波动鳍装置产生正弦波从而为机体提供推进力，解决了传统 AUG 机动性不够和稳定性不足的问题。同年，中电科海洋公司提出一种仿生推进 AUG（CN109204744A），利用推进系统驱动躯干部摆动模拟剑鱼躯干运动，通过尾部的摆动产生推动力使得 AUG 既能够灵活改变推进力的方向，还具备高速转弯以及零转弯半径的能力，相比其他鱼尾式辅助推进装置具有更优的灵活性和机动性。

（4）可折叠螺旋桨式辅助推进系统

可折叠螺旋桨式辅助推进系统相比传统螺旋桨式辅助推进系统，其螺旋桨可以折叠或收起，在 AUG 进行水下滑翔时收起螺旋桨，可显著减小水流阻力。2016 年，中科院沈自所提出一种混合驱动水下机器人用可折叠螺旋桨装置（CN107150775B），该装置的桨叶随桨毂由螺旋桨轴带动旋转，通过离心力展开产生推进力，利用转弹簧复位收起实现螺旋桨叶的折叠与展开，相比传统 AUG，具有滑翔阻力小、能量消耗低及航行效率高等优点。

（5）可变翼辅助推进系统

可变翼辅助推进系统相比于传统辅助推进系统，其两侧翼可以根据需要自由展开和收起，可解决运动阻力大和运动不稳定的问题，同时便于滑翔机的布放回收作业。2018年，中船重工七〇二所提出一种可变翼形双功能深海无人潜航器及其工作方法（CN109250054A），采用可变翼形和开合式推进器技术，在低速滑翔运动时滑翔翼放出、推进器收回减小滑翔阻力，高速直线运动时滑翔翼收回、推进器放出，可有效减小高航速航行阻力并提高航行稳定性，具有良好的机动性能。

纵观辅助推进系统的发展历程，其技术改进方向正向着减小航行阻力，提高航程、机动性能及航行稳定性的方向发展。由此可见，为减小航行阻力、提高水动力性，可折叠螺旋桨式辅助推进系统和可变翼式辅助推进系统将是今后研究的重点。为提高AUG的航程、机动性能及适应各种复杂水域情况的应用范围，仿生式辅助推进系统可能是下一步重点研究和发展的方向。

7.3.3.3 辅助推进系统重要专利

本节所提到的重要专利，是指在辅助推进系统领域关注度较高且具有代表性的基础性专利。基于重要专利的选取原则，梳理出辅助推进系统领域具有代表性的专利进行分析，按技术分类和技术效果排列如下。

（1）螺旋桨式辅助推进系统

上海交通大学于2005年提出一种浮力和推进器双驱动方式远程自治水下机器人，如图7-3-20所示。该发明于2007年被授予发明专利权，2011年因未交年费专利权而终止。该装置包括机器人主体、一对主翼、一对推进器和垂直尾翼，机器人主体的外部是整流用的透水壳，主翼和垂直尾翼具有低流体阻力翼型，主翼设置于透水壳后部，对称分布于透水壳左右两侧，垂直尾翼设置于透水壳尾部，在透水壳的垂直对称面内，推进器设置在主翼的外侧。该机器人具备推进器驱动和浮力驱动两种驱动模式，在浮力驱动模式下依靠浮力和重心的调节产生推力和控制运动方向，具有较高的续航能力；在推进器驱动模式下依靠推进器产生推力，依靠左右推进器的推力差和重心调节控制运动方向，具有较高机动能力。

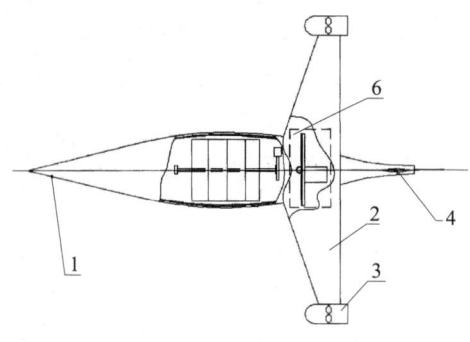

图7-3-20 一种浮力和推进器双驱动方式远程自治水下机器人

天津大学于2009年提出一种水下螺旋桨推进模块和包含该模块的水下航行器，如图7-3-21所示。该发明于2011年获得发明专利权并一直维持有效状态。该航行器包括与尾锥连接的伺服电机和减速器,减速器固接在尾锥内,通过联轴节与通过轴承支承的从动轴连接,从动轴上安装有螺旋桨,联轴节为磁性联轴节,磁性联轴节由内毂、套装在内毂外的外毂、设置在内毂和外毂之间的不锈钢隔离罩和与不锈钢隔离罩固接的压紧环组成,外毂安装在减速器的输出轴上,内毂安装在从动轴上,压紧环固定安装在尾锥内。该航行器采用磁耦合技术实现动力传输,通过采用隔离罩将水与密封舱隔开和使用耐腐材料,提高了 AUG 的抗腐蚀能力,通过采用模块化设计,提高了结构紧凑性,易于零部件的更换拆装。

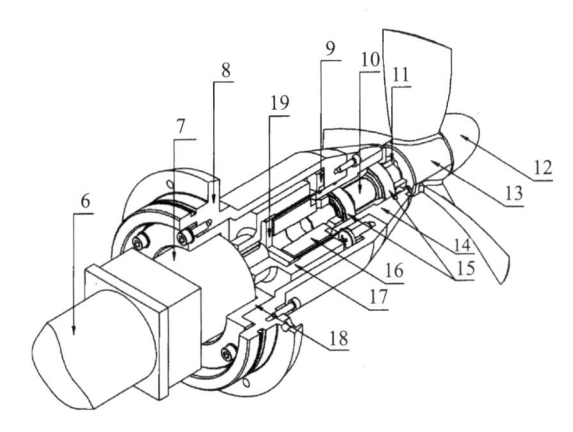

图 7-3-21　一种水下螺旋桨推进模块和包含该模块的水下航行器

(2) 喷射式辅助推进系统

华中科技大学于 2013 年提出一种喷水推进型深海滑翔机,如图 7-3-22 所示。该发明于 2016 年获得发明专利权。该滑翔机包括壳体、设置在壳体外部的滑翔翼和尾鳍以及设置在壳体内部的电池包、导航控制中心、质心调节装置、浮力调节装置、喷水推进装置、卫星通信天线、抛载装置和观测仪器等,壳体包括耐压壳体和非耐压壳体,耐压壳体分为前段和后段,非耐压壳体设置于耐压壳体的前段和后段之间,滑翔翼固定安装在非耐压壳体外部的两侧,用于为喷水推进型深海滑翔机提供升力,尾鳍固定安装在耐压壳体后段的尾部,用于稳定航向,电池包用作质心调节的质量调节块,并与质心调节装置集成为一体。该滑翔机具有低功耗、长航时、远航程、低噪声、高隐蔽性的优点。

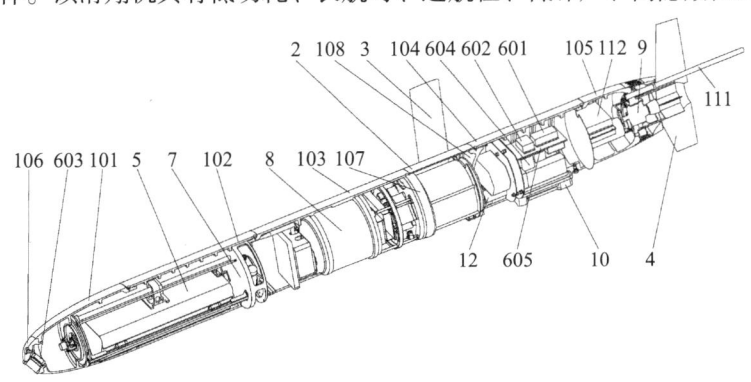

图 7-3-22　一种喷水推进型深海滑翔机

中船重工七〇二所于 2018 年提出一种可变翼形双功能深海无人潜航器及其工作方法，如图 7-3-23 所示。该专利申请仍处于审查状态中。该装置包括可变翼系统、可开合推进系统、分布式耐压系统；可开合推进系统包括位于潜航器的尾部的可开合推进器，分布式耐压系统包括耐压电池舱、主耐压电子舱、水动力轻质外壳、头尾剩余浮力装置，主翼和辐翼前后分布的可变翼系统，主翼和辐翼沿机体轴向对称分布，主翼采用大展弦比可收缩形机构设计，辐翼内设置可动舵，将潜航器大范围滑翔与高速直航双模式进行融合，解决了直航阻力大和运动不稳定性的问题。

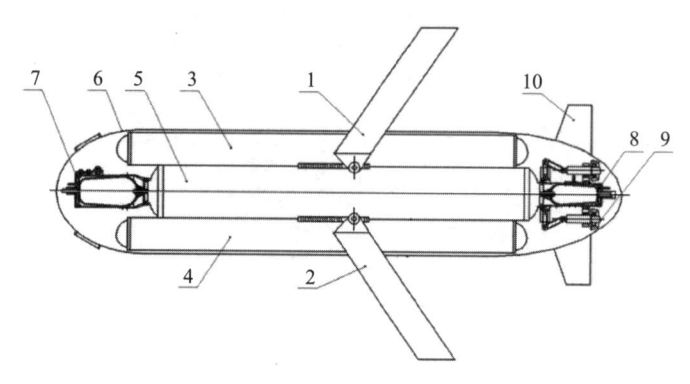

图 7-3-23　一种可变翼形双功能深海无人潜航器及其工作方法

（3）仿生式辅助推进系统

西北工业大学于 2016 年提出一种小型水下航行器柔性扑翼驱动装置，如图 7-3-24 所示。该发明于 2018 年获得发明专利权。该装置包括多个扑翼单元，扑翼单元之间通过调心块连接并通过转轴与支撑座连接分别安装在底板上的对应槽孔中，支撑座位于底板两端部上下对称安装，两舵机位于底板两端，通过舵机架和舵机安装板固定在底板上，转向柔性杆位于支撑座与舵机之间，转向柔性杆与舵机连接，底板上两端的扑翼单元通过第三转轴与支撑座连接，柔性杆与转向柔性杆之间采用硅胶皮连接以形成翼面，柔性扑翼驱动装置具有双向推进和转向功能，通过舵机控制转向舵角及灵活控制转向速度。该装置可提高水下航行器在复杂环境中的机动性和作业能力。

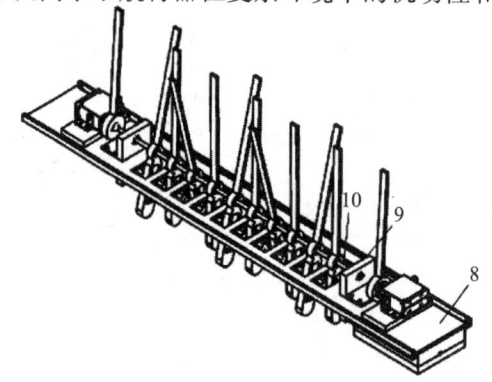

图 7-3-24　一种小型水下航行器柔性扑翼驱动装置

中电科海洋信息技术研究院有限公司于2017年提出一种仿生推进AUG，如图7-3-25所示。该专利申请仍处于审查状态中。该装置包括依次连接的头部、躯干部和尾部，头部包括与外部连通的尖端部、与尖端部固接的腔体部和用于封闭腔体部的端盖，头部具备流线型结构，腔体部内靠近尖端部处设有浮力调整系统且靠近躯干部处设有重心调整系统，腔体部外壁上对称设有滑翔翼且其内中部设有与滑动翼相连接的滑翔翼驱动系统，躯干部包括与腔体部固接的推进系统，推进系统驱动躯干部摆动实现AUG在水下的移动，尾部包括尾鳍支架和尾鳍，尾鳍支架一端与躯干部相连接且其另一端安装尾鳍。与传统AUG相比，该AUG具有更优的灵活性和机动性。

（4）可折叠螺旋桨式辅助推进系统

中科院沈自所于2016年提出一种混合驱动水下机器人用可折叠螺旋桨装置，如图7-3-26所示。该发明于2019年获得发明专利权。该装置包括艉部导流罩、电机、联轴器、螺旋桨轴、桨毂及桨叶，电机安装在艉部导流罩内，输出端通过联轴器与螺旋桨轴的一端连接，驱动螺旋桨轴旋转，螺旋桨轴的另一端由艉部导流罩穿出，与桨毂相连，桨毂上安装有多根桨叶轴，每根桨叶轴上均转动连接有桨叶，每根桨叶轴上均套设有扭转弹簧，扭转弹簧的两端分别与桨毂及桨叶相连，各桨叶随桨毂由螺旋桨轴带动旋转，通过离心力展开产生推力，展开的、停止旋转的桨叶通过扭转弹簧复位。相比于传统AUG，该AUG滑行阻力小、能量消耗低且航行效率高。

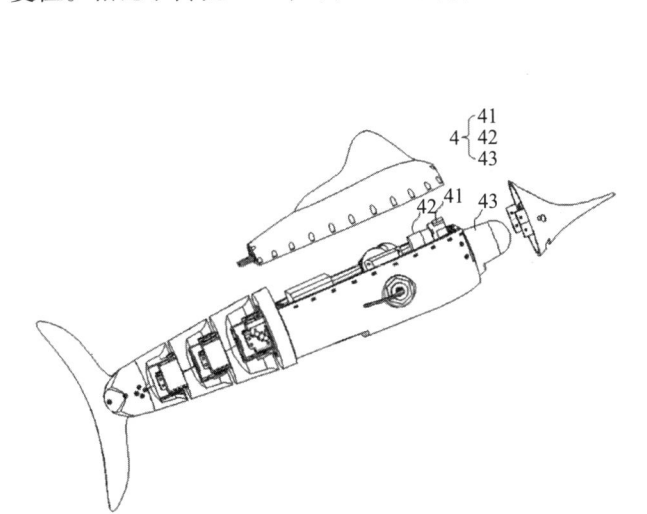

图7-3-25 一种仿生推进AUG 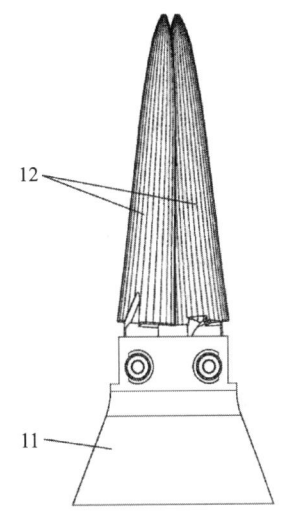　　图7-3-26 一种混合驱动水下机器人用可折叠螺旋桨装置

7.4 重要申请人专利分析

7.4.1 中科院沈自所

中科院沈自所是AUG控制系统领域专利申请量排名第一的申请人，其研制的"海

"翼"号 AUG 是国内最具有代表性的产品之一。"海翼"系列 AUG 已成功执行了多次海洋科考任务,"足迹"遍布东海、南海、印度洋、太平洋、白令海等核心海域,累计海上观测天数超过 1700 天,观测距离超过 40000km,最大观测应用深度达到 7076m,最长连续工作时间超过 170 天,创造了 AUG 最大下潜深度、最远航程、最长连续工作时间等多项国际、国内新纪录,并且已经取得显著应用效果。习近平主席 2018 年发表的新年贺词中,在述及 2017 年科技创新、重大工程建设捷报频传时特别提到"海翼"号深海滑翔机完成深海观测应用。

7.4.1.1 技术发展历史

中科院沈自所从 2003 年起开展 AUG 相关研究工作;2006 年,提出第一件 AUG 专利申请(CN101062714A,一种依靠浮力驱动滑行的水下机器人);2008 年,研制成功 AUG 实用样机并完成了湖试;2011 年,在西太平洋超过 4000m 的水深处成功完成深海观测试验,连续完成了多个滑翔观测作业,最大下潜深度 837m,该试验的成功标志着我国 AUG 技术基本成熟,西方国家对我国在 AUG 方面的技术封锁即将被彻底打破;2014 年,"海翼"号 AUG 首次下潜突破 1000m 水深,续航突破 30 天,里程达到 100km,同年首次完成区域覆盖观测;2016 年,研制成功首台深渊级 AUG - 海翼 7000,下潜深度达到 5751m,创造国内最大下潜深度纪录;2017 年,"海翼"续航突破三个月,里程 1884km,创造国内续航新纪录,同时"海翼"深渊级 AUG 下潜深度达到 6329m,刷新世界最大下潜深度纪录,同年成功实施了 12 台的最大规模 AUG 集群观测;2018 年,"海翼"AUG 下潜深度达到 7076m,创造观测应用最深世界纪录。

"海翼"AUG 是我国技术水平先进的代表产品之一,其在续航能力、下潜深度、最大航程及设备稳定性等方面均处于国内领先水平。图 7-4-1 所示为一种常见的"海翼"AUG,其性能参数、机械结构、电控结构及软件结构等如表 7-4-1 所示。该机的使用方法为使用安装在电脑上的控制软件,通过铱星通信对载体下达指令,指定俯仰、方向、最大深度、最大浮力等指标,完成水下滑翔后,通过铱星数据通信完成数据回传。

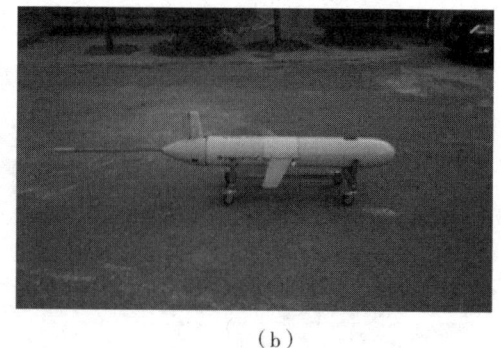

(a)　　　　　　　　　　(b)

图 7-4-1　一种常见的"海翼"AUG

表7-4-1 常见"海翼"AUG性能参数及结构

项目		参数或方法
规格	长	2m
	翼展	1.2m
	天线	0.9m
重量		64.2kg
下潜深度		1000m
航行距离		1022km
巡航速度		1节
俯仰角度		15~45°
能源		电能（105节7串15并电池组）
搭载传感器		温盐深、电子罗盘、溶解氧、浊度计、高度计等
机械结构		铝合金6061-T6外壳
		蜗轮蜗杆形式方向模块
		蜗轮蜗杆结合齿轮齿条式俯仰模块
		双向齿轮泵式浮力模块
电控结构		9522b铱星模块
		Xtend 900mh无线电模块
		Garmin 15w GPS模块
		LPC2294型号控制电路板
软件结构		指令模块、海图模块、数据模块
数据交换		铱星数据通信、无线电数据通信
使用方法		使用安装在电脑上的控制软件，通过铱星通信对载体下达指令，指定俯仰、方向、最大深度、最大浮力等指标，完成下潜后，通过铱星数据通信完成数据回传

7.4.1.2 研发团队申报项目

通过查阅相关网站梳理中科院沈自所研发团队近年来申报的国家自然科学基金项目，如表7-4-2所示，中科院沈自所作为AUG领域最重要的研究机构之一，在国家自然科学基金中成功立项的项目仅少于天津大学。2012年，张艾群作为主要负责人成功申报"混合驱动AUG实现机理与控制问题研究"项目；2016年，张福民作为主要负责人成功申报"基于多AUG的海洋水声信道特征参数测绘研究"项目；2017年，陈质二作为主要负责人成功申报"基于能耗最优的混合驱动AUG航行效率问题研究"；2019年，赵文涛作为主要负责人成功申报"基于多AUG的海洋中尺度涡实时跟踪观测方法研究"。由此可以看出，上述4个国家自然科学基金项目中涉及运动控制系统的项目有2个，其余涉及AUG的水声通信和组网应用。

表7-4-2 中科院沈自所申报国家自然科学基金项目

序号	负责人	单位	金额/万元	项目编号	项目类型	所属学部	批准年份
1	赵文涛	中科院沈自所	21	41906173	青年科学基金项目	地球科学部	2019
	题目：基于多AUG的海洋中尺度涡实时跟踪观测方法研究							
2	陈质二	中科院沈自所	25	41706112	青年科学基金项目	地球科学部	2017
	题目：基于能耗最优的混合驱动AUG航行效率问题研究							
3	张福民	中科院沈自所	63	61673370	面上项目	信息科学部	2016
	题目：基于多AUG的海洋水声信道特征参数测绘研究							
4	张艾群	中科院沈自所	57	51179183	面上项目	工程与材料科学部	2012
	题目：混合驱动AUG实现机理与控制问题研究							

7.4.1.3 研发团队及主要贡献

中科院沈自所的AUG研究团队共有11人，课题负责人俞建成为工学博士、研究员、海洋技术装备研究室副主任，2006年毕业于中科院沈自所机械电子工程专业，获工学博士学位，主要研究方向：①新概念海洋技术装备系统研究，包括AUG、水陆两栖机器人、混合驱动潜水器；②移动自主海洋环境观测理论与技术；③深海原位探测、采样与分析技术；④海洋装备智能控制方法与技术。俞建成2005年起在中科院沈自所工作，主要从事新概念海洋技术装备系统研究、自主海洋环境观测理论与技术研究、水下机器人控制方法研究，作为项目负责人（或执行人）主持完成了国家863计划项目2项、国家自然科学基金项目1项、中国科学院国防科技创新项目1项、国家机器人学重点实验室项目1项、国防基础科研项目1项，累计发表学术论文40余篇。

同时团队中还有10位研究人员，如表7-4-3所示，金文明、李春阳、王旭、陈质二主要负责结构设计，黄琰、郭涛、罗业腾主要负责电控系统设计和监控软件设计，赵文涛、刘世杰和周耀鉴主要负责控制系统设计和路径规划算法设计。

表7-4-3 中科院沈自所的AUG研究团队及任务分工

序号	姓名	任务分工
1	俞建成	总体负责人
2	金文明	结构机构负责人

续表

序号	姓名	任务分工
3	李春阳	结构设计
4	王旭	
5	陈质二	
6	黄琰	电控系统负责人
7	郭涛	电控系统设计
8	罗业腾	监控软件设计
9	赵文涛	控制系统设计
10	刘世杰	路径规划算法设计
11	周耀鉴	

目前，该研究团队有两项技术成果得到成功转化。表7-4-4为两种AUG的主要技术指标对比。其中，"海翼1000"AUG是一种无外挂推进装置、依靠自身浮力驱动的新型水下移动观测平台，具有低噪声、大范围、长续航时间、投放回收方便等特点，已成为一种通用的海洋观测设备，采用模块化设计技术，设计了独立的科学测量载荷单元，其应用领域包括海洋环境要素连续观测，主要用户包括海洋科学研究科研院校、海洋环境业务监测单位等；"海翼7000"AUG是主要针对深渊海域的垂直剖面连续观测需求研制的深海滑翔机，其设计最大工作深度可到达7000m，是目前国际上设计工作深度最深的深海滑翔机之一，应用领域为海洋环境要素连续观测，主要用户包括海洋科学研究科研院校、海洋环境业务监测单位等。

表7-4-4 "海翼1000"与"海翼7000"主要技术指标对比

成果名称	主要技术指标
"海翼1000"AUG	• 外形尺寸：长2m，主体直径0.22m • 重　　量：<70kg • 工作深度：1000m（深海型） • 航行速度：0.5kn • 最大速度：1kn • 续航范围：3000km • 续航时间：90天 • 通信定位：铱星通信、无线通信、GPS定位（或北斗） • 测量传感器：可配置温盐深、溶解氧、浊度计、叶绿素、ADCP、水听器等传感器

续表

成果名称	主要技术指标
"海翼7000" AUG	• 外形尺寸：长3.29m，主体直径0.3m，翼展1.5m • 重　　量：140kg • 工作深度：7000m • 主体材料：碳纤维、钛合金 • 巡航速度：0.5~1kn • 作业时间：30天 • 避　　碰：高度计 • 推进能力：推进器，水面推进速度约2kn • 通信定位：无线电、铱星通信、GPS定位 • 测量传感器：温盐深，可定制扩展其他传感器

7.4.1.4 专利发展脉络

表7-4-5所示为中科院沈自所AUG运动控制系统历年专利申请量。中科院沈自所截止到2018年年底共申请专利25项。从表7-4-5中可以看出，中科院沈自所从2006年开始在AUG运动控制系统领域申请专利，且年专利申请量的变化趋势波动较大，通过两年的技术储备在2009年申请量达到一个峰值——也正是在2009年，中科院沈自所研制的AUG工程样机在南海试验成功，在海上环境中完成了AUG的基本功能测试。2014年，中科院沈自所提出的专利申请量为零，这是因为他们在实验室的研究时间较少，更多地把时间集中在海上试验中；5月，研制的深海滑翔机完成海上试验，下潜深度首次突破1000m，累计工作16天，完成了102个1000m潜深的滑翔剖面观测，航行了500km；6月，在南海完成区域覆盖观测性应用，连续工作21天，完成了123个1000m剖面观测，航行距离520km；10月，在南海试验，航程突破1000km，续航时间超过1个月，深度1000m的潜浮周期完成了229个。在经历2014年一系列的成功试验后，中科院沈自所在AUG领域实现了技术突破，专利申请量也开始增加。

表7-4-5　中科院沈自所AUG运动控制系统历年专利申请量　　　　单位：项

年份	申请量	年份	申请量
2006	2	2013	3
2007	0	2014	0
2008	0	2015	4
2009	5	2016	2
2010	3	2017	5
2011	0	2018	1
2012	0		

如图7-4-2所示,中科院沈自所AUG运动控制系统专利申请类型中,发明占比68%,实用新型占比32%,发明的申请比例远高于实用新型申请量,表明中科院沈自所注重专利申请的质量,其专利技术水平高且专利权更加稳定。

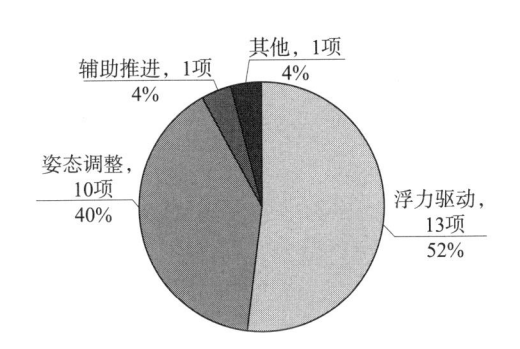

如图7-4-3所示,中科院沈自所AUG运动控制系统专利申请技术构成中浮力驱动占比52%,姿态调整占40%,辅助推进和其他均占4%。从以上数据可以看出,中科院沈自所的专利技术主要集中在浮力驱动和姿态调整领域,在辅助推进技术领域专利布局有待加强。

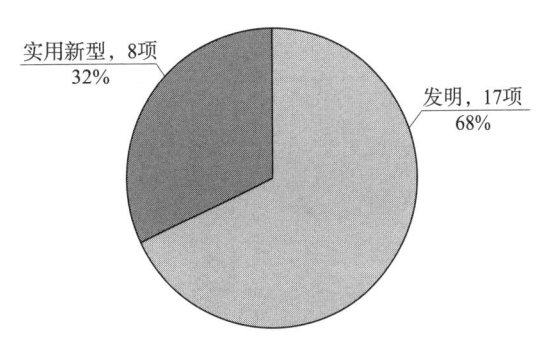

图7-4-2　中科院沈自所AUG运动控制系统专利申请类型

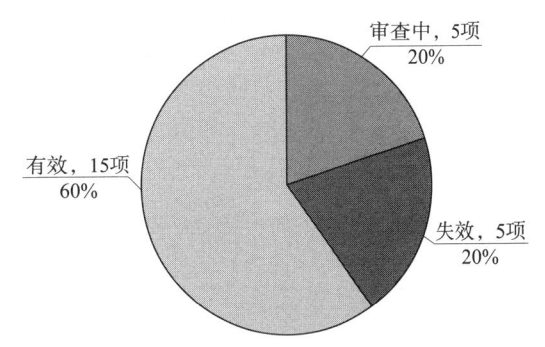

如图7-4-4所示,中科院沈自所AUG运动控制系统专利申请有效性情况中,有效专利占比60%,审查中专利占20%,失效专利为20%;失效专利中有2项实用新型专利因专利权期限到期而权利终止,另有3项专利因发明专利授权而放弃相应实用新型专利权;没有专利申请被驳回。可见,中科院沈自所的专利申请质量较高且有效性较好。

图7-4-3　中科院沈自所AUG运动控制专利申请技术构成

图7-4-4　中科院沈自所AUG运动控制系统专利申请有效性

图7-4-5所示为中科院沈自所AUG运动控制专利申请主要发明人。从图7-4-5可以看出,俞建成作为中科院沈自所AUG团队负责人,运动控制系统领域有22项专利与其相关;金文明、谭智铎和张艾群的专利申请量分别达到17项、7项和6项;此外,李春阳、王旭和黄琰都有4项专利申请。可见,中科院沈自所AUG运动控制系统领域专利主要集中在以俞建成教授为负责人的研究团队之中。

7.4.1.5　重要专利技术

本节所提到的重要专利是指中科院沈自所在运动控制系统领域具有代表性的基础性专利。以专利有效性、专利申请类型及关键核心技术作为选择标准,筛选出中科院沈自所运动控制系统领域重要专利,具体信息参见表7-4-6。

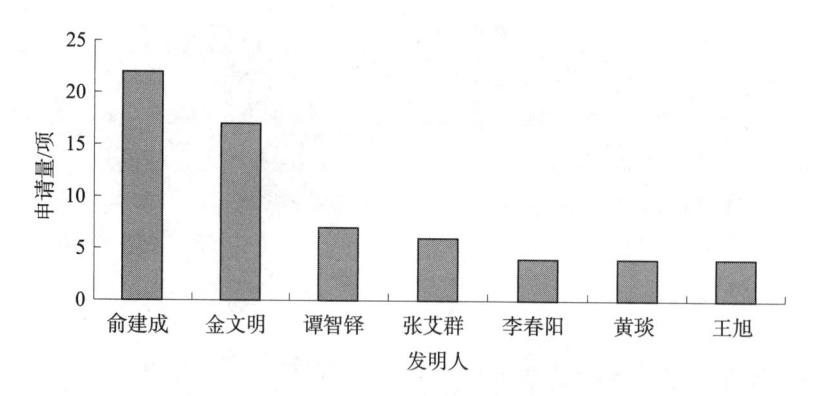

图 7-4-5 中科院沈自所 AUG 运动控制系统专利申请主要发明人

表 7-4-6 中科院沈自所 AUG 运动控制系统领域重要专利

序号	公开（公告）号	名称	技术领域	技术效果	是否有效
1	CN106741765A	一种水下机器人用被动排油式浮力调节装置	浮力驱动	提高控制精度	有效
2	CN108216538A	一种水下机器人用基于可压缩液体的浮力补偿方法及系统	浮力驱动		有效
3	CN106926998A	一种水下机器人用滚动膜片式浮力调节装置	浮力驱动		有效
4	CN102079375A	一种水下机器人用双向排油式浮力调节装置	浮力驱动		有效
5	CN102476706A	一种 AUG 用转向装置	姿态调整		有效
6	CN102050218A	一种 AUG 用姿态调节装置	姿态调整		有效
7	CN102486633A	一种 AUG 能耗最优的运动参数优化方法	浮力驱动	提升续航能力	有效
8	CN102079374A	一种水下机器人用自回油式浮力调节装置	浮力驱动		有效
9	CN207712266U	一种水下机器人用被动气动式浮力补偿装置	浮力驱动		有效
10	CN101062714A	一种依靠浮力驱动滑行的水下机器人	浮力驱动		有效

7.4.2 天津大学

天津大学是 AUG 运动控制系统领域专利申请量排名第二位的申请人，其研制的"海燕"号 AUG 也是我国最成熟且最先进的产品之一，打破了国外对我国技术封锁的壁垒，目前已经具备工作深度 100m、200m、4000m 和 10000m 的谱系化"海燕"研发、生产和技术服务能力。2018 年"海燕-X"万米级 AUG 在马里亚纳海沟附近海域通过测试并安全回收，最大下潜深度至 8213m，创造了 AUG 下潜深度的世界纪录，并成功入选"伟大的变革——庆祝改革开放 40 周年大型展览"；同年，"海燕"团队面向全国 12 家用户单位提供相关技术服务共 50 台次，完成剖面 7801 个，为我国 AUG 海上常态化观测能力的提升提供了重要支撑。

7.4.2.1 技术发展历史

天津大学是国内最早开始研究 AUG 的研究机构之一。天津大学 2005 年研制出第一代温差能驱动 AUG 并完成水域测试；2007 年研制出"海燕"混合推进 AUG，并成功完成湖试。2009 年，天津大学第二代混合推进型 AUG "Petrel-I"研制成功，工作深度 500m；2014 年，突破 600km 航程，完成连续的剖面观测；2015 年，突破 1100km 的连续剖面观测，设计航程达到 1500km；2017 年，组网协作在面对"天鸽"和"帕卡"两场飓风时都未受丝毫损坏，收集到完整的相关数据。2018 年 4 月，"海燕"万米级 AUG 在马里亚纳海沟附近海域深潜至 8213m，创造了 AUG 工作深度的世界纪录。2018 年 5 月，"海燕"长航程 AUG 进行了连续 119 天、862 个剖面、2272.4km 航程、最大 1040m 潜深的安全滑翔试验，创国产 AUG 新纪录。2018 年 11 月，"海燕" AUG 无故障运行 141 天，最大工作深度 1010m，连续剖面数达 734 个，续航里程 3619.6km，再次刷新此前由其保持的国产 AUG 连续工作时间最长和续航里程最远等纪录。

7.4.2.2 研发团队申报项目

通过查阅资料梳理天津大学研发团队近年来申报的国家自然科学基金项目，如表 7-4-7 所示。天津大学在国家自然科学基金中成功立项的项目有 8 项：杨绍琼作为主要负责人成功申报"超长航程 AUG 仿生表面功能特性实验研究"项目；苏毅珊作为主要负责人成功申报"高动态环境下 AUG 大规模可靠组网机制研究"项目；王延辉作为主要负责人成功申报"AUG 设计理论与方法""可变翼混合驱动 AUG 动力学行为与控制方法研究""面向海洋剪切流测量的水下滑翔器设计方法与鲁棒控制研究"等项目；刘玉红作为主要负责人成功申报"具有软体柔性翼的自适应 AUG 动力学设计方法研究"项目；吴芝亮作为主要负责人成功申报"面向海洋微结构测量的水下滑翔器协同动力学行为研究"项目；张宏伟作为主要负责人成功申报"基于海洋环境能源的水下滑翔器运动机理与动力学行为研究"项目。由此可以看出，以上成功申报的国家自然科学基金项目中有 4 个项目与 AUG 运动控制系统有关，2 个项目涉及 AUG 的组网协同技术、2 个项目涉及 AUG 的水动力外形。

表 7-4-7 天津大学申报国家自然科学基金项目

序号	负责人	单位	金额/万元	项目编号	项目类型	所属学部	批准年份
1	杨绍琼	天津大学	22	11902219	青年科学基金项目	数理科学部	2019
		题目：超长航程 AUG 仿生表面功能特性实验研究					
2	苏毅珊	天津大学	26	61701335	青年科学基金项目	信息科学部	2017
		题目：高动态环境下 AUG 大规模可靠组网机制研究					
3	王延辉	天津大学	130	51722508	优秀青年基金项目	工程与材料科学部	2017
		题目：AUG 设计理论与方法					
4	刘玉红	天津大学	64	51675372	面上项目	工程与材料科学部	2016
		题目：具有软体柔性翼的自适应 AUG 动力学设计方法研究					
5	王延辉	天津大学	80	51475319	面上项目	工程与材料科学部	2014
		题目：可变翼混合驱动 AUG 动力学行为与控制方法研究					
6	吴芝亮	天津大学	25	51205277	青年科学基金项目	工程与材料科学部	2012
		题目：面向海洋微结构测量的水下滑翔器协同动力学行为研究					
7	王延辉	天津大学	20	51005161	青年科学基金项目	工程与材料科学部	2010
		题目：面向海洋剪切流测量的水下滑翔器设计方法与鲁棒控制研究					
8	张宏伟	天津大学	20	50705063	青年科学基金项目	工程与材料科学部	2007
		题目：基于海洋环境能源的水下滑翔器运动机理与动力学行为研究					

7.4.2.3 研发团队及主要贡献

天津大学 AUG 研究团队主要由王树新、王延辉、张连洪、杨绍琼、张宏伟、刘玉红等组成，主要从事水下机器人设计理论与方法方面的研究，具体研究方向包括水下机器人设计方法、水动力性能分析、优化方法、导航控制、传感集成、路径规划、新概念水下机器人、仿生软体水下机器人。目前，该团队已获得国家自然科学基金、国家重点研发计划、国家科技重大专项等 20 余项科研项目的立项，科研经费非常充足，团队累计发表高水平论文 40 余篇，申报国家发明专利 10 余项，研究成果获得 2012 年度天津市技术发明三等奖、2013年度国家科学技术进步奖二等奖、2015年度天津市技术发明一等奖、2016年度中国专利优秀奖、2016年度国家技术发明二等奖；研究成果还被评为2014年度中国海洋十大科技进展，并被列为国家"十二五"科技创新成就展潜水器标志性成果。该团队面向海洋探测与监测以及国防建设需求，成功研制适用于海洋水文、生态及动力参数观测的"海燕"AUG系列产品、面向海底地形地貌测量的3000m深水AUV和国内首台面向海洋环境动力参数测量的1000m海洋微结构湍流剖面测量系统工程样机。该团队成功研制的产品应用于南海海域环境观测、海域探测等国家重大工程和海洋国防建设，有力推进了我国的海洋观测与探测能力，为维护国家海洋权益和提升海洋安全能力做出了重大贡献。

7.4.2.4 专利发展脉络

表7-4-8所示为天津大学专利申请趋势，截止到2018年底共申请专利18项。从表7-4-8中可以看出，天津大学从2005年开始在AUG运动控制系统领域申请专利，是我国在该领域最早提出专利申请的申请人。天津大学专利申请量的变化趋势与中科院沈自所一致，呈现出明显的波动趋势，在2009年和2011年达到峰值。也正是在2009年，天津大学完成第二代"海燕"号AUG的研究试制，并提出多种混合驱动型AUG，完成了基本功能测试。2011年以后，天津大学提出的专利申请量较少，一方面与AUG的研究试验周期较长有关，另一方面与我国已经基本突破国外的技术封锁，在关键基础技术中取得突破，正逐步开始在水声通信、导航系统及协同组网等领域进行科学研究有关。

表7-4-8 天津大学AUG运动控制系统专利申请量　　　　单位：项

年份	申请量	年份	申请量
2005	1	2012	0
2006	1	2013	1
2007	2	2014	0
2008	0	2015	3
2009	4	2016	0
2010	1	2017	0
2011	4	2018	1

天津大学在运动控制系统领域申请的18项专利全部属于发明专利，说明天津大学技术创新能力较强、专利申请质量较高且授权专利权更加稳定。

如图7-4-6所示为天津大学AUG运动控制系统专利申请技术构成，其中辅助推进占比44.44%，浮力驱动占33.33%，姿态调整占16.67%，其他技术占5.56%。相比于中科院沈自所，天津大学更偏重辅助推进技术的研究，在浮力驱动领域进行专利布局较少。

图7-4-7所示为天津大学AUG运动控制系统专利有效性状态，其中有效专利占

50.00%，失效专利占44.44%，审查中专利占5.56%。相比于中科院沈自所，在运动控制领域天津大学的专利有效性较低，失效占比较高且处于审查状态的专利较少，这与天津大学正转向导航系统、协同组网及水声通信等领域研究有关。

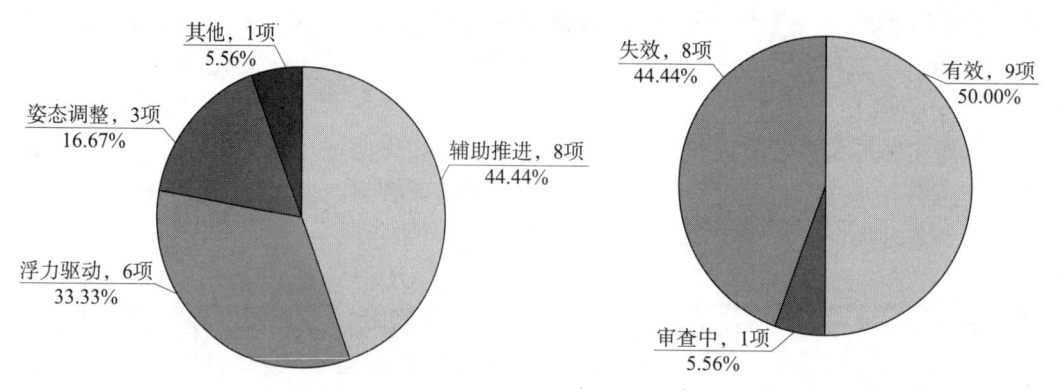

图7-4-6 天津大学AUG运动控制系统专利申请技术构成

图7-4-7 天津大学AUG运动控制系统专利申请有效性状态

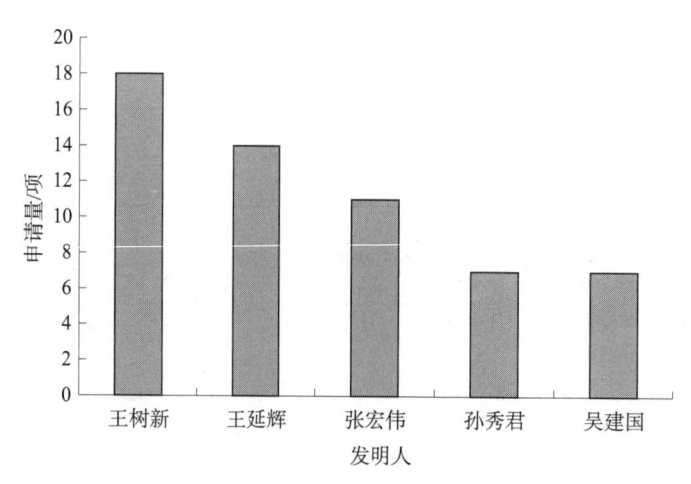

如图7-4-8所示为天津大学AUG运动控制系统专利申请主要发明人。从图7-4-8中可以看出，王树新作为天津大学AUG团队负责人，在运动控制系统领域有18项专利与其相关；王延辉和张宏伟教授作为团队核心骨干，专利申请量分别有14项和11项；此外孙秀君和吴建国两位研究人员均有7项专利申请。可见，天津大学AUG运动控制系统领域的核心研究人员以王树新、王延辉、张宏伟、孙秀君及吴建国等为主。

图7-4-8 天津大学AUG运动控制系统专利申请主要发明人

7.4.2.5 重要专利技术

本节所提到的重要专利是指天津大学在运动控制系统领域具有代表性的基础性专利。以专利有效性、专利申请类型及关键核心技术作为选择标准，筛选出天津大学运动控制系统领域重要专利，具体信息参见表7-4-9。

表7-4-9　天津大学运动控制系统领域重要专利

序号	公开（公告）号	名称	技术领域	技术效果	是否有效
1	CN102295065B	水下自主航行平台螺旋桨推进装置	辅助推进	提高控制精度	有效
2	CN101508336B	水下尾舵转向模块和包含该模块的水下航行器	姿态调整	提高控制精度	有效
3	CN101070092B	混合驱动水下自航行器	辅助推进	提升续航能力	有效
4	CN100526155C	温差能驱动的滑翔运动水下机器人	浮力驱动	提升续航能力	有效
5	CN101549744B	混合型多功能海洋监测自主平台	辅助推进	提高使用范围	有效
6	CN101007566B	混合型水下航行器	辅助推进	提高使用范围	有效

7.5　本章小结

（1）从全球范围看，2003年以后AUG运动控制系统领域的专利申请量才开始缓慢增长。据对外网文献的分析，国外发展比我国早约15年，专利申请主要集中在2015年以前，且年专利申请量呈现波浪式增长趋势。从中国范围看，国内在运动控制系统领域的专利申请后来居上，年申请量总体呈增长趋势，2015年后进入快速发展期，各大高校和科研院所纷纷突技术瓶颈，申请量占据全球首位并且创新活跃度不断提高。

（2）全球运动控制系统在华申请的专利全部来源于国内，美国、俄罗斯、日本及韩国等技术强国尚未在我国进行专利申请和布局，我国各大创新主体可以抓住时机进一步加强专利申请和布局。全球运动控制系统专利主要来源国与主要目标国相同，专利技术来源地和技术实施地相匹配。中国、美国、韩国、俄罗斯和日本是专利申请量排名前五位的国家，以上五个国家的专利申请占全球总量的96.9%。

（3）全球运动控制系统专利申请排名前十位的申请人全部来自中国，且都是高校和科研院所，国外主要研究机构，如美国Woods Hole海洋研究所、Teledyne Webb Research、US NAVY和华盛顿大学等的专利申请量较少。运动控制系统专利技术以浮力驱动和姿态调整为主，以辅助推进为辅，通过改进姿态调整技术从而提高控制精度是该领域的第一研究热点，通过改进浮力驱动技术来提高控制精度、续航能力和设备可靠性是该领域的第二研究热点，通过改进辅助推进装置来提高续航能力和扩大使用范围是该领域的第三研究热点。

（4）运动控制系统中浮力驱动系统的发展大致经历了排油式浮力驱动、排水式浮力驱动、排气式浮力驱动及气液混合式浮力驱动等过程，其改进旨在提高控制精度、续航能力、设备可靠性及简化结构。为实现对浮力大小的自动调节并节约能源消耗，可压缩液体式浮力驱动系统和带补偿装置的浮力驱动系统将是未来研究的重点。为实现对浮力快速、精确和稳定的控制及高度的集成化，气液混合式浮力驱动将会是下一步开发和研究的方向。

（5）姿态调整系统先后经历了传统的独立质量块姿态调整驱动系统、电池组作质心姿态调整驱动系统、液体作质心姿态调整驱动系统等过程，其改进旨在提高控制精度和设备可靠性、简化结构及降低能耗。为实现姿态调整系统向体积越来越小、控制精度越来越高、能耗越来越低的方向发展，利用电池组作为质心调节块将会是下一步研究的重点，同时优化控制算法和方法来提高控制精度也会是下一步开发和研究的方向。

（6）辅助推进系统大致经历了螺旋桨式辅助推进、喷射式辅助推进、仿生式辅助推进、可折叠螺旋桨式辅助推进和可折叠喷射式辅助推进等发展过程，改进方向正向减小航行阻力，提高航程、机动性能及航行稳定性的方向发展，确保AUG能够克服相对高速洋流的影响和适应在更多海域的海洋科学任务。为减小航行阻力、提高水动力性，可折叠螺旋桨式辅助推进系统和可变翼式辅助推进系统将是今后研究的重点。为提高AUG的航程、机动性能及适应各种复杂水域情况的应用范围，仿生式辅助推进系统可能是下一步重点研究和发展的方向。

（7）中科院沈自所是国内较早开始研究AUG的科研机构，从2003年开始进行AUG相关研究工作，2006年提出第一件AUG运动控制系统领域专利申请，截止到2018年年底共申请专利25项，专利申请量的变化趋势波动较大，到2009年达到一个峰值，而后开始波浪式增长。中科院沈自所运动控制系统领域专利主要集中在以俞建成教授为带头人的研究团队之中。中科院沈自所专利申请均在国内，发明专利占比68%、实用新型占比32%，有效专利占比60%、审查中专利占20%、失效专利为20%，其专利申请质量较高、专利权较稳定且有效性较好。中科院沈自所专利申请中浮力驱动占比52%、姿态调整占40%、辅助推进和其他均占4%，其专利技术主要集中在浮力驱动和姿态调整领域。中科院沈自所的重要专利技术更多通过改进浮力驱动系统和姿态调整系统来提升AUG的控制精度和续航能力。

（8）天津大学是国内最早开始研究AUG的科研机构，从2002年起开展AUG相关研究工作，2005年提出第一项温差能驱动AUG专利申请，截止到2018年年底共申请专利18项，在2009年和2011年申请量达到峰值，专利申请量趋势整体呈现较大波动，后期专利申请量明显减少。天津大学运动控制系统领域专利主要集中在以王树新教授为带头人的研究团队之中，其专利布局以中国为主，申请的专利全部为发明专利，有效专利占比50.00%、失效专利占比44.44%、审查中专利占比5.56%，其专利申请有效率不如中科院沈自所。天津大学专利申请中辅助推进占比44.44%、浮力驱动占33.33%、姿态调整占16.67%、其他技术占5.56%，其专利申请偏重对辅助推进的研究，在浮力驱动和姿态调整方面专利布局相对较少。天津大学重要专利技术更多通过改进辅助推进系统来提升AUG的续航能力和控制精度以及提高使用范围。

第 8 章 结论及建议

8.1 结 论

(1) AUG 技术发展迅猛、技术封锁严重，我国专利申请数量虽多但技术并未领先

全球 AUG 专利申请起步于 1992 年，早期数量增长缓慢，2011 年后呈爆发式增长，截至 2018 年 12 月 31 日已达到 531 项。全球专利申请主要集中于中国、美国、俄罗斯等国家，各国 AUG 技术专利申请的同族分布相对较少，主要原因在于 AUG 涉及军事应用领域，存在技术封锁。

我国 AUG 研究起步较晚，于 2004 年开始有相关专利申请，2011 年后申请量快速增长，2018 年专利申请量占全球总量的 77%，在数量上已占据绝对优势。但从实际产业情况来看，美国在 AUG 技术方面处于领先地位，业内知名机型 Spray Glider、Sea Glider、Slocum Glider 均由美国公司或高校研发问世。与国产 AUG 相比，国外机型续航更长、可靠性更高、水声通信和组网技术更强。目前，美国、欧盟以及澳大利亚等国家和地区已将 AUG 应用到海洋观测网的组建中；我国虽已实现 AUG 单机使用和水下导航，但在水声通信和组网技术方面仍落后于国外。

(2) AUG 运动控制系统研发活跃，创新主体研发重点各有不同

在 AUG 所有技术分支中，运动控制系统的专利申请最多，数量达到 227 项，占比 42%。直至 2003 年，AUG 运动控制系统的专利申请量才开始放缓增长。全球运动控制系统专利申请技术构成中，浮力驱动占比接近一半，姿态调整占比略超四分之一。放眼全球技术，美国注重浮力驱动技术的创新，日本则在浮力驱动和姿态调整两方面均衡发展。对于国内申请人，中科院沈自所和天津大学技术优势明显，但技术特点各有不同。中科院沈自所侧重于通过浮力驱动系统和姿态调整系统的改进以提升 AUG 控制精度和续航能力，天津大学则侧重于辅助推进系统的改进。通过分析发现，运动控制系统的最新技术研究热点为通过浮力驱动和姿态调整的改进提高控制精度。

(3) 部分关键技术申请量较少，未来研究方向初现端倪

AUG 中关于导航技术、水声通信技术以及组网技术的研究起步较晚。AUG 导航技术以组合导航和声学导航为主，技术效果逐渐向高精度、小型化、低能耗发展。AUG 水声通信专利申请特别集中于 AUG 的水声通信系统的具体设计，主要涉及 AUG 所搭载的水声通信装置，其用途以通过水声通信技术实现 AUG 自身的导航定位为主。AUG 组网技术以水下传感器节点与 AUG 组网通信为主。

AUG 领域属于前沿技术领域，通过对 AUG 专利文献本身、引证被引证文献、重要研究团队的其他专利、国家自然科学基金以及非专利学术论文的分析研究和相互印证，

可以发现，AUG 的导航、水声通信、组网技术三个技术分支与相近领域在技术上有一定的相似性、相通性和发展延续性。其中，AUG 导航技术与自主式水下航行器导航技术具有较强的通用性；低功耗和小型化两方面的水声通信细分技术在不同的水下设备之间具有一定的通用性；水下设备的组网、水声传感器网络、水下航行器组网等水下组网技术与 AUG 组网技术有较强的通用性。因此，可以考虑将水下航行器导航技术、低功耗和小型化的水声通信技术、水下组网技术作为 AUG 扩展技术进行研究，并通过对扩展技术专利、非专利文献的查阅和分析，为 AUG 组网技术的发展提供参考和借鉴。

（4）我国申请人以高校院所为主，产业化水平有待提高

全球 AUG 技术的专利申请人以我国申请人为主，排名前 15 位的申请人中有 14 位来自中国，仅有 1 位美国申请人，列第 14 位。其中，天津大学和中科院沈自所是国内 AUG 方面的最重要的申请人，它们分别在 2005 年和 2006 年提出自己的第一件 AUG 专利申请；两者的研究均主要聚焦在运动控制系统，其中天津大学对辅助推进关注得相对较多，中科院沈自所对浮力驱动和姿态调整关注得相对较多。国外 AUG 已初具产业化规模，以美国 Slocum Glider 为例，目前其已具备批量生产能力并售出了约 500 台用于学术和军事用途，2011 年 US NAVY 单项订单就达到了 5260 万美元。而我国的申请人中除排名第 15 位的天津深之蓝外，其余均为高校和科研院所。天津深之蓝 2018 年才与中科院沈自所签署授权生产协议，开展"海翼"号 AUG 的产业化生产；"海翼"号首条量产生产线刚刚落户天津滨海新区，尚未实现批量化生产。此外，天津大学的"海燕"号也仅具有小批量生产能力。其余国产产品均大多处于研发测试阶段，这表明我国 AUG 商业化、产业化的水平还有待提高。

8.2　建　议

8.2.1　依据海洋强国战略，制定产业发展规划

加快推进海洋强国战略已经被写入十九大报告中，我国经济发展对海洋资源、空间的依赖程度大幅提高，在管辖海域外的海洋权益也需要不断加以维护和拓展。

（1）提高重视程度，明确发展规划，加强宏观指引

海洋强国战略的实现需要以海洋工程装备来作为基础。AUG 具有隐蔽性高、能源消耗少、续航里程长、持续观察时间长等优点，可以到达海洋中许多以前难以触及的位置，有效提高海洋环境的空间和时间测量密度。因此，在我国在加快推进海洋强国战略的进程中，亟须利用 AUG 作为载体，充分采集海洋信息。

AUG 产业是典型的政府主导型产业，政府的支持力度决定了 AUG 产业发展的程度。课题研究表明，虽然国家相关部门出台了一系列支持海洋工程装备发展的政策和重大专项，提出推动海洋高端装备等重点产业创新，但目前尚无政策文件明确提及 AUG，也无针对 AUG 这一具体海洋装备的发展规划。鉴于 AUG 在海洋数据监测和目标

探测领域具有不可替代的重要作用，建议在现有政策基础上，进一步明确AUG的发展规划，纳入海洋科技创新总体规划，为AUG产业的创新和发展提供宏观指引。

（2）多方资源协同整合，融通创新攻坚克难

AUG涉及专用技术和通用技术相互交织，军事场景应用较多，部分技术存在保密需求，因此，在不同研发主体之间、不同技术领域之间、不同应用场景之间，既存在着技术空白点，又可能存在重复研发、浪费资源的可能性。因此，应当从国家层面整合多方资源，实现重点技术攻坚克难。

1）整合资金资源，加强基础研发投入

根据国家自然科学基金委2008~2018年的科研立项得知，涉及水下航行器的科研立项共73项，总金额为3558万元，其中AUG的科研立项仅13项，占比18%，总金额仅为677万元，占比19%，由此，我国对于AUG的科研立项相对较少，导致前端基础研发能力不足。建议国家层面整合资金资源，开展自然科学专项计划研究，设立海洋装备关键技术专项基金，加大对AUG研究的投入，加强创新前端基础性研发的扶持力度，引导关键技术突破。

2）整合技术资源，研发主体技术互补

AUG涉及机械、材料、计算机、通信等不同学科技术，其中专用技术和通用技术相互交织，各个研发主体研发方向差异较大，仅依靠单一研究主体难以实现我国AUG技术的跨越式发展。建议发挥关键核心技术攻关上的举国体制优势，强化国家战略科技力量，健全国家实验室体系，整合技术资源，引导国内相关科研机构开展联合研究，促进具有不同技术优势的科研主体通过联合申请科研项目，广泛开展技术合作，进行技术优势互补，协同创新，集中研究力量共同攻克制约AUG发展的核心技术和关键环节。

3）整合军民资源，信息共享扩大应用

AUG既可用于目标探测等军用领域，也可用于海洋环境监测等民用领域，但无论军用还是民用，在硬件结构上基本相同，因此，AUG产业化发展可以借鉴"北斗"的军民融合模式，一套硬件系统军用、民用分开管理，这样既可以统筹各方资源、避免重复建设和投入，又可以通过民用的资金收益进一步促进技术创新。通过建立军民融合的科技创新体系，发展军民两用技术，促进军民两个领域的双向技术交流，使军用技术和民用技术有机融合、双向调整、同步创新，实现军民双赢。实际应用中，可考虑建设AUG应用公共平台，统筹协调相关主体使用AUG进行海洋科考、水文数据监测等，提高现有AUG的利用率，逐渐扩大AUG应用领域。

（3）加大政策扶持力度，增强市场需求激励

由于AUG研发难度大、耗费成本高，产业核心技术大多数掌握在高校、科研院所手中，一般企业很难进入该领域。全球专利申请排名前15位的申请人中，只有天津深之蓝一家企业。鉴于AUG在侦查勘探、环境监测、浮潜陪伴等多种场景均可应用，天津深之蓝与中科院沈自所合作，采取的是军工/民用双线发展的道路。有鉴于此，政府可以用制定相应扶持政策、设立专项基金、精准对接培育等措施，来促进、引导、挖

掘更多潜在企业介入产业发展。通过融资力度支持、税收减免、人才引进等优惠政策，扶持培育优势企业。

放眼全球，政府"买单"激发 AUG 的使用需求是促进产业发展的强大动力。以美国为例，AUG 参与组网的自主海洋采样观测网和近海水下持续监视网络均由美国政府主导建设，龙头企业 Teledyne Webb Research 最大的客户是美国军方。而我国目前还尚未在国家层面开展基于 AUG 的观测网络构建，每年政府采购的 AUG 数量十分有限。由于缺乏后端市场需求的激励，导致企业参与度严重不足，产品可靠性低、重复性差、后期维护难。建议从国家层面推动 AUG 广泛应用，加速推动 AUG 参与的移动式海洋观测网的建立，增加对 AUG 的采购和使用，根据需求投放 AUG 以监测海洋数据和构建移动式海洋观测网络，激励民营企业加入到 AUG 的研究中来，解决 AUG 产业化的问题，并利用市场竞争机制进一步促进技术创新和产业发展。

8.2.2 借鉴相近技术领域，重点突破关键技术

导航技术、水声通信技术和组网技术作为 AUG 中的关键技术，其与相近领域在技术上均具有一定的相似性、相通性和发展延续性。

（1）对于导航技术，根据军民适用场景的不同分别进行突破

对于 AUG 导航技术，可以借鉴水下航行器导航技术，根据军用和民用场景的不同，以及工作特性要求的不同，未来研发趋势也有所不同。

针对民用 AUG 导航技术研发时，应主要考虑系统稳定性、可靠性以及经济性，可借鉴水下航行器组合导航技术作为未来研发和技术突破的重点，充分利用不同导航技术的工作特性进行优势互补，并将不同导航技术合理搭配、有机结合，例如可以考虑基于 SINS/DVL 的组合导航方式。

针对军用 AUG 导航技术研发时，主要考虑隐蔽性、可靠性以及稳定性，可借鉴水下航行器地球物理导航作为未来研发和技术突破的重点，充分利用地球物理导航受水下运行累积时长影响小的特性，保障 AUG 可以长时间执行水下任务。另外，通过水下航行器的相互通信、共享信息进行协同导航也是新兴的导航方法，可以考虑将协同导航技术应用于 AUG 中，并重点关注误差建模与补偿方面的研究，以提高协同导航的精度和可靠性。

（2）对于水声通信技术，从换能器材料和结构入手突破低能耗、小型化技术难点

对于 AUG 水声通信技术，可以借鉴通用水声通信技术，通过对水声换能器的材料和结构进行改进来解决低功耗和小型化问题，从而实现水声通信技术在 AUG 的大规模应用。

换能材料的性能决定了水声换能器的能量转化率和体积，建议随时关注换能材料方面的新进展、新动态，将新的高性能材料引入水声换能器的研究中来，以实现技术突破。例如通过使用稀土合金材料及稀有金属合金材料等新一代磁致伸缩材料、三元系铌铟酸铅－铌镁酸铅－钛酸铅（PIN－PMN－PT）和锰掺杂铌铟酸铅－铌镁酸铅－钛酸铅（Mn：PIN－PMN－PT）等压电单晶材料来进一步改善水声换能器的工作特性。

水声换能器的结构也对其功耗和体积有重要影响，建议除了关注弯曲振动低频换能器和弯张换能器两种结构类型外，还可以考虑使用溢流腔结构的弯曲圆盘换能器和采用溢流圆管换能器作为激励源的多液腔低频宽带换能器。此外，根据材料特性将新材料和新结构结合来提高水声换能器性能将是未来研究的重点。

（3）对于组网技术，从数据传输和拓扑路由入手突破窄带宽、低能耗技术难点

对于 AUG 组网技术，可以借鉴通用水下组网技术，通过对传输数据的精简和充分利用、对网络拓扑结构和路由的优化，解决带宽窄、能耗高的技术难题，促进 AUG 广泛组网使用。

针对带宽窄的问题，可以通过增加本地运算并仅传输最终的数据处理结果以减少通信量，并且可以通过充分利用握手信息减少信息量，从而在带宽窄的情况下也能保证基本的组网功能。

针对能耗高的问题，可以考虑对网络拓扑结构、路由等技术单独或组合使用来降低整体能耗。在网络拓扑结构方面，可以考虑将分层策略使用到水下路由策略中，并采用路径损失模型进行分层判断，可以有效避免由于传输距离过长而过高的消耗能量；在拓扑结构和路由策略组合方面，可以考虑通过为距离汇聚节点较近的普通节点增加分配的时隙数量，可以降低其传输功率，从而通过对近距离的普通节点的时隙分配来实现降低能耗的效果。

8.2.3 加强知识产权保护，助力行业创新发展

AUG 行业属于知识产权密集型行业，加强知识产权保护，强化知识产权的创造、保护和运用对于未来发展具有重要意义。

（1）根据应用场景差异，制定不同的布局策略

AUG 是一种水下移动平台，根据其搭载的设备和使用方式的不同，可以应用到目标探测等军用场景以及科考观测等民用场景。由于 AUG 的军用相关技术属于涉密技术，因此针对 AUG 军用相关技术和 AUG 民用相关技术应当采取不同的专利布局策略。

以美国 AUG 相关技术为例，美国虽然 AUG 技术领先且产业化较好，拥有 Slocum Glider 和 Sea Glider 两大国际知名品牌，但美国已公开的 AUG 相关技术专利数量较少，且满 18 个月公开的专利文献主要以 AUG 运动控制系统硬件结构以及海底地震探测和海洋环境监测等民用技术为主；从仅有的少数已解密的 AUG 相关的军用技术（尤其是涉及水声信号调制算法、低频水声换能器结构设计、潜艇目标定位等技术的）来看，相应技术因保密审查而延缓公开的情况十分普遍，根据相应技术涉密的程度可能延缓公开几年至几十年，甚至可能还有大量相关技术一直处于保密状态。由此可见，美国根据 AUG 军用和民用的应用场景的不同，采取了不同的专利布局策略：涉及民用的技术进行相应专利布局，涉及军用的技术进行保密。

我国已公开的 AUG 相关技术专利申请数量远多于美国，且我国部分正常公开的专利文献涉及的水下组网通信协议、水听器阵列等相关技术国外均未公开或延缓多年公开（例如 SU1840475A1 涉及基于水听器阵列和水声信号处理以增大目标探测范围，

1987年申请，2007年公开）。这体现了我国部分高校和科研院所的保密意识有待加强、专利布局策略有待调整。我国相应研究主体应针对军用和民用技术采取不同的专利布局策略：针对军用相关技术应当严格落实保密审查机制，通过申请国防专利进行保护；针对民用相关技术应当结合产品和市场情况进行针对性的布局，并优先就民用核心技术创新成果以及应用提供充分的专利保护屏障。

（2）培育高价值核心专利，布局标准必要专利

AUG涉及的技术众多，各创新主体应当把握技术未来的发展方向，做好前沿技术的研究。未来技术发展的方向是产生核心技术、培育高价值核心专利的重点，各创新主体对于在重点方向上取得的技术突破应当深入挖掘、精心布局，把最新的研究成果及时转化为专利权。

当前AUG领域还未建立标准体系，各创新主体应当未雨绸缪，提前做好高价值核心专利的培育与挖掘，为布局标准必要专利做好准备。以美国为例，美国海洋和大气管理局已于2018年成立数据中心，采用统一的AUG数据格式，共享观测数据。AUG涉及众多零部件制造，目前尚无统一规范。除此之外，由于通信领域是涉及标准较多的领域，因此AUG的水声通信和组网涉及的各种数据传输格式、通信协议等更是布局标准必要专利的重点，技术领先的创新主体可以积极参与标准的起草与制定，并根据标准演进规律，选用有发展潜力的技术方向进行持续的专利布局工作，采用核心技术布局策略，在核心技术上不断横向和纵向扩展，利用研发支撑预设标准专利布局，并且利用布局引导研发方向。

后期可尽快通过行业协会、产业技术联盟，积极推动国内行业标准的制定，并联合开展定向化、系统化的专利前瞻布局，推动我国水声通信、水下组网技术的核心专利纳入标准体系，提高产品零部件的规范化和提高可靠性，促进产业健康发展。

（3）探索专利运营，加快技术成果转化

从AUG专利申请量排名来看，我国申请人以高校和科研院所为主，例如天津大学、中科院沈自所等。高校和科研院所等研究机构在承担国家科研项目时产生了大量的专利权，专利运营是实现现有专利价值、促进技术转化、助力创新发展的重要方式。我国高校和科研院所也可以通过专利许可的方式实现技术转化，促进产学研深度融合，逐步培育高校和科研院所引领带动技术、企业应用转化技术的良性发展的产业生态体系，例如中科院沈自所和天津深之蓝合作进行了"海翼"AUG相关技术的转化。

此外，创新主体之间进行交叉许可也有利于破除技术壁垒、促进行业发展。企业可以通过开展专利权许可、转让和专利质押融资等方式获得急需的资金，进行快速发展。通过专利运营有利于加快知识产权成果转化，促进产学研深度融合，逐步培育高校和科研院所引领带动技术、企业应用转化技术的良性发展的产业生态体系，从而逐步形成产业集群。

图 索 引

图 1-1-1　水下航行器分类　(2)
图 2-1-1　AUG 领域国家自然科学基金立项情况　(23)
图 2-1-2　AUG 中国知网学术论文发表情况　(24)
图 2-3-1　扩展专利分析方法　(彩图1)
图 3-1-1　AUG 全球专利申请趋势　(37)
图 3-1-2　AUG 全球专利申请主要技术分支申请量分布　(彩图2)
图 3-1-3　AUG 总体全球专利申请趋势　(39)
图 3-1-4　AUG 总体在华专利申请态势　(39)
图 3-1-5　AUG 总体主要专利申请人　(40)
图 3-1-6　AUG 能源系统全球专利申请趋势　(40)
图 3-1-7　AUG 能源系统在华专利申请态势　(41)
图 3-1-8　AUG 能源系统主要专利申请人　(42)
图 3-1-9　AUG 运动控制系统全球专利申请趋势　(43)
图 3-1-10　AUG 其他技术全球专利申请趋势　(44)
图 3-1-11　AUG 全球专利申请主要技术来源地　(44)
图 3-1-12　AUG 全球主要技术来源地专利申请量　(45)
图 3-1-13　AUG 全球专利申请主要技术目标地　(46)
图 3-1-14　AUG 全球主要专利申请人　(46)
图 3-1-15　AUG 专利同族主要分布图　(彩图1)
图 3-1-16　AUG 中国专利申请趋势　(53)
图 3-1-17　AUG 中国专利技术来源地　(54)
图 3-1-18　AUG 中国专利申请区域分布　(54)
图 3-1-19　AUG 中国专利申请类型　(55)

图 3-3-1　AUG 扩展领域各分支全球专利申请量　(57)
图 3-3-2　AUG 导航技术扩展领域全球专利申请趋势　(58)
图 3-3-3　AUG 水声通信技术扩展领域全球专利申请趋势　(58)
图 3-3-4　AUG 组网技术扩展领域全球专利申请趋势　(59)
图 3-4-1　AUG 导航技术自有与扩展领域全球专利申请趋势以及主要申请人对比　(彩图3)
图 3-4-2　AUG 水声通信技术自有与扩展领域全球专利申请趋势以及主要申请人对比　(64)
图 3-4-3　AUG 组网技术自有与扩展领域全球专利申请趋势以及主要申请人对比　(66)
图 3-4-4　AUG 导航技术自有与扩展领域主要来源地对比　(67)
图 3-4-5　AUG 水声通信技术自有领域与扩展领域主要来源地对比　(67)
图 3-4-6　AUG 组网技术自有领域与扩展领域主要来源地对比　(68)
图 4-1-1　AUG 导航技术全球专利申请技术来源地分布　(71)
图 4-1-2　AUG 导航技术全球申请主要申请人排名　(72)
图 4-1-3　AUG 导航技术分布雷达图　(72)
图 4-1-4　AUG 导航技术各技术分支申请量时间分布　(76)
图 4-1-5　AUG 导航技术功效　(76)
图 4-1-6　AUG 导航技术应用领域分布　(76)
图 4-1-7　AUG 组合导航技术热点路径　(77)
图 4-1-8　AUG 声学导航技术发展路线　(79)

图4-3-1	AUV导航技术全球专利申请趋势（89）		申请法律状态（146）	
图4-3-2	AUV导航技术申请人排名（92）	图5-5-3	哈尔滨工程大学水声通信专利技术发展路线（147）	
图4-3-3	AUV导航技术分布（94）	图5-5-4	US NAVY水声通信技术专利申请趋势（150）	
图4-3-4	AUV导航技术功效（94）	图5-5-5	US NAVY水声通信技术专利申请与公开年限分布（151）	
图4-3-5	AUV导航技术各技术分支全球申请量年度分布（95）	图5-5-6	US NAVY专利申请在各技术分支的分布（151）	
图4-3-6	AUV导航技术各技术分支中国申请量年度分布（95）	图5-5-7	US NAVY水声换能器技术发展路线（彩图4）	
图4-3-7	哈尔滨工程大学导航技术主要团队技术发展脉络（98）	图5-7-1	水声传感网络专利技术分布（156）	
图4-3-8	东南大学导航技术主要团队技术发展脉络（102）	图6-1-1	AUG组网技术重要专利申请趋势分析（160）	
图5-1-1	AUG水声通信技术专利申请态势（115）	图6-1-2	AUG组网技术重要专利不同年份申请主体分布（160）	
图5-1-2	AUG水声通信技术的专利申请人分布（116）	图6-1-3	AUG组网技术分支-申请人对应（164）	
图5-1-3	AUG水声通信技术相关学术论文发表趋势（118）	图6-1-4	AUG组网模式专利申请分布（165）	
图5-1-4	水声通信技术相关国家自然科学基金项目立项趋势（119）	图6-1-5	AUG组网通信技术发展脉络（166）	
图5-1-5	AUG水声通信技术专利申请技术构成（122）	图6-2-1	重点申请人组网技术申请量（173）	
图5-2-1	AUG水声通信技术专利功效分布（127）	图6-2-2	重点发明人组网技术申请量（174）	
图5-3-1	AUG水声通信技术扩展专利申请趋势（129）	图6-3-1	AUG组网技术扩展专利申请量趋势（177）	
图5-3-2	AUG水声通信技术扩展专利申请人类型（134）	图6-3-2	AUG组网技术扩展专利全球申请技术来源国分布（178）	
图5-3-3	AUG水声通信技术扩展专利技术分布（135）	图6-3-3	AUG水下组网技术扩展专利申请人类型分布（178）	
图5-3-4	水声换能器专利技术发展路径（136）	图6-3-4	AUG水下组网技术扩展专利申请人排名（179）	
图5-3-5	水声传感网络专利技术发展路径（137）	图6-3-5	AUG组网技术扩展专利分支分布（183）	
图5-3-6	电路与硬件模块专利技术发展路径（139）	图6-3-6	AUG组网技术网络拓扑结构专利申请趋势（184）	
图5-3-7	AUG水声通信扩展专利技术功效分布（140）	图6-3-7	AUG组网技术路径查找专利申请趋势（184）	
图5-5-1	哈尔滨工程大学水声通信技术专利申请趋势（146）	图6-3-8	AUG组网技术网络管理专利申请趋势（184）	
图5-5-2	哈尔滨工程大学水声通信技术专利	图6-3-9	AUG组网技术通信协议专利申请趋势（185）	
		图6-3-10	AUG组网技术编队控制申请量趋	

图 索 引

图 6-3-11　AUG 组网技术编队控制专利申请主体分布 （185）

势 （185）

图 6-3-12　水下组网技术功效 （186）

图 6-3-13　网络拓扑结构技术发展脉络 （187）

图 6-3-14　路径查找技术发展脉络 （187）

图 6-3-15　AUG 组网技术扩展专利全球主要申请人分布 （彩图 4）

图 6-3-16　哈尔滨工程大学组网技术申请趋势 （189）

图 6-3-17　哈尔滨工程大学组网技术专利脉络 （190）

图 6-3-18　江陵大学组网技术申请量趋势 （194）

图 6-3-19　江陵大学组网技术专利脉络 （194）

图 7-1-1　AUG 运动控制系统全球专利申请态势 （206）

图 7-1-2　全球 AUG 运动控制系统专利申请主要目标地 （207）

图 7-1-3　全球 AUG 运动控制系统专利申请主要来源地 （207）

图 7-1-4　全球 AUG 运动控制系统专利申请主要申请人 （208）

图 7-1-5　全球 AUG 运动控制系统专利申请技术构成 （209）

图 7-1-6　全球 AUG 运动控制系统主要来源地专利申请技术分布 （209）

图 7-1-7　全球 AUG 运动控制系统专利技术功效 （210）

图 7-2-1　全球 AUG 运动控制系统在华专利申请趋势 （211）

图 7-2-2　中国 AUG 运动控制系统专利申请技术构成 （211）

图 7-2-3　中国 AUG 运动控制系统三个技术分支专利申请态势 （212）

图 7-2-4　中国 AUG 运动控制系统专利申请技术效果分布 （213）

图 7-2-5　中国 AUG 运动控制系统各技术分支技术功效 （214）

图 7-2-6　中国 AUG 运动控制系统专利申请主要申请人技术分布 （214）

图 7-3-1　AUG 典型运动模式 （215）

图 7-3-2　一种 AUG 浮力驱动装置 （219）

图 7-3-3　AUG 浮力驱动系统技术发展路径 （219）

图 7-3-4　一种温差能驱动的滑翔运动水下机器人 （222）

图 7-3-5　依靠浮力驱动滑行的水下机器人 （223）

图 7-3-6　水下机器人用自回油式浮力调节装置 （223）

图 7-3-7　一种水下机器人用被动排油式浮力调节装置 （224）

图 7-3-8　一种水下滑翔器用浮力调节装置 （224）

图 7-3-9　一种 AUG 快速浮力调节装置 （224）

图 7-3-10　一种基于海洋环境参数调节的浮力驱动装置 （225）

图 7-3-11　一种 AUG 姿态调整装置 （226）

图 7-3-12　AUG 姿态调节技术发展路径 （227）

图 7-3-13　一种 AUG 用姿态调节装置 （228）

图 7-3-14　一种浅水滑翔机俯仰调节装置 （228）

图 7-3-15　一种水下机器人用质心调节装置 （229）

图 7-3-16　一种用于飞翼式 AUG 的姿态控制装置及控制方法 （229）

图 7-3-17　Teledyne Webb Research 混合驱动 AUG （231）

图 7-3-18　纽芬兰纪念大学混合驱动 AUG 概念样机 （231）

图 7-3-19　辅助推进系统发展路径 （232）

图 7-3-20　一种浮力和推进器双驱动方式远程自治水下机器人 （234）

图 7-3-21　一种水下螺旋桨推进模块和包含该模块的水下航行器 （235）

图 7-3-22　一种喷水推进型深海滑翔机 （235）

图 7-3-23　一种可变翼形双功能深海无人潜航器及其工作方法 （236）

图 7-3-24　一种小型水下航行器柔性扑翼驱动装置 （236）

图 7-3-25　一种仿生推进 AUG （237）

图 7-3-26　一种混合驱动水下机器人用可折

叠螺旋桨装置 （237）
图7-4-1 一种常见的"海翼"AUG （238）
图7-4-2 中科院沈自所AUG运动控制系统专利申请类型 （243）
图7-4-3 中科院沈自所AUG运动控制专利申请技术构成 （243）
图7-4-4 中科院沈自所AUG运动控制系统专利申请有效性 （243）
图7-4-5 中科院沈自所AUG运动控制系统专利申请主要发明人 （244）
图7-4-6 天津大学AUG运动控制系统专利申请技术构成 （248）
图7-4-7 天津大学AUG运动控制系统专利申请有效性状态 （248）
图7-4-8 天津大学AUG运动控制系统专利申请主要发明人 （248）

表 索 引

表1-2-1　AUG 技术分解表（11~13）
表1-5-1　AUG 主要申请人的名称约定（15~20）
表2-1-1　US NAVY 水声通信技术脱密年限分布（22）
表3-1-1　AUG 导航技术、水声通信技术、组网技术全球专利申请趋势（42）
表3-1-2　天津大学 AUG 专利申请技术构成（48）
表3-1-3　中科院沈自所 AUG 专利申请技术构成（49）
表3-1-4　中国海洋大学 AUG 专利申请技术构成（50）
表3-1-5　西北工业大学 AUG 专利申请技术构成（50）
表3-1-6　上海交通大学 AUG 专利申请技术构成（51）
表3-1-7　AUG 专利同族主要分布表（52）
表3-1-8　AUG 中国专利申请有效性分布统计（55）
表3-1-9　AUG 中国专利申请法律事件（56）
表3-3-1　主要国家 AUG 扩展领域各技术分支申请量分布（59~60）
表3-3-2　AUG 扩展领域各分支专利活跃度（60）
表3-3-3　AUG 扩展领域主要国家和地区专利申请增长率（61）
表3-3-4　AUG 扩展领域中国专利申请主要来源地（61~62）
表3-3-5　AUG 扩展领域中国主要申请人专利分布（62）
表4-1-1　AUG 导航技术全球申请量（71）
表4-1-2　部分 AUG 相关的国家科学基金项目（83）
表4-2-1　AUG 导航技术重点专利分析（86）
表4-2-2　东南大学 AUG 导航技术的科研立项项目（87）
表4-3-1　AUV 导航技术全球专利申请技术来源地（90）
表4-3-2　AUV 导航技术授权专利来源地分布（90）
表4-3-3　AUV 导航技术主要来源地在不同时期的专利申请量变化（91）
表4-3-4　AUV 导航技术各国专利申请同族地域分布（91~92）
表4-3-5　AUV 导航技术主要申请人在不同时期的专利申请量变化（93）
表4-3-6　AUV 导航技术专利全球主要国家技术分支分布（96）
表4-3-7　哈尔滨工程大学 AUV 导航技术申请量（96）
表4-3-8　哈尔滨工程大学 AUV 导航技术重要专利（96~97）
表4-3-9　东南大学 AUV 导航技术申请量（100）
表4-3-10　东南大学 AUV 导航技术重要专利（101）
表4-3-11　ATLAS ELEKTRONIK GmbH AUV 导航技术申请量（104）
表4-3-12　ATLAS ELEKTRONIK GmbH AUV 导航技术主要专利（104）
表4-3-13　专利文献评分表（106）
表4-4-1　SINS/DVL 松组合和紧组合的原理及其特点（109）
表4-4-2　声学导航性能对比（110）
表5-1-1　AUG 水声通信技术非专利文献数量（117）
表5-1-2　资助金额超过100万元的水声通信技术相关国家自然基金项目中的国

表5-1-3	AUG水声通信技术张福民团队国家重大专项 (119~120)
表5-1-3	AUG水声通信技术张福民团队国家自然基金项目 (120)
表5-3-1	AUG水声通信技术扩展专利主要申请国家或地区专利申请量 (130~131)
表5-3-2	AUG水声通信技术扩展专利同族地域分布 (131)
表5-3-3	AUG水声通信技术扩展专利主要申请人申请量 (132)
表5-4-1	重要专利文献筛选评分表 (141)
表5-5-1	哈尔滨工程大学水声通信重要专利技术 (147~149)
表6-1-1	AUG组网技术各申请人研究内容分布 (163~164)
表6-2-1	AUG组网技术重点专利分析 (171~172)
表6-2-2	水下组网技术国家自然科学基金立项统计 (174~175)
表6-3-1	AUG组网技术扩展专利主要申请人在不同时期的专利申请量变化 (180)
表6-3-2	AUG组网技术扩展专利主要申请国在不同时期的专利申请变化 (180~181)
表6-3-3	AUG组网技术扩展专利各国专利申请在他国布局情况分析 (181)
表6-3-4	AUG组网技术扩展专利各申请人历年专利申请量 (182)
表6-3-5	哈尔滨工程大学组网技术重要专利 (192~193)
表6-3-6	韩国江陵大学组网技术重要专利 (196)
表6-3-7	水下组网潜在重要专利文献评分表 (197)
表6-4-1	组网技术发展方式 (201)
表7-3-1	典型AUG浮力驱动系统技术指标 (217~218)
表7-4-1	常见"海翼"AUG性能参数及结构 (239)
表7-4-2	中科院沈自所申报国家自然科学基金项目 (240)
表7-4-3	中科院沈自所的AUG研究团队及任务分工 (240~241)
表7-4-4	"海翼1000"与"海翼7000"主要技术指标对比 (241~242)
表7-4-5	中科院沈自所AUG运动控制系统历年专利申请量 (242)
表7-4-6	中科院沈自所AUG运动控制系统领域重要专利 (244)
表7-4-7	天津大学申报国家自然科学基金项目 (246)
表7-4-8	天津大学AUG运动控制系统专利申请量 (247)
表7-4-9	天津大学运动控制系统领域重要专利 (249)

书　号	书　名	产业领域	定价	条　码
9787513006910	产业专利分析报告（第1册）	薄膜太阳能电池 等离子体刻蚀机 生物芯片	50	
9787513007306	产业专利分析报告（第2册）	基因工程多肽药物 环保农业	36	
9787513010795	产业专利分析报告（第3册）	切削加工刀具 煤矿机械 燃煤锅炉燃烧设备	88	
9787513010788	产业专利分析报告（第4册）	有机发光二极管 光通信网络 通信用光器件	82	
9787513010771	产业专利分析报告（第5册）	智能手机 立体影像	42	
9787513010764	产业专利分析报告（第6册）	乳制品生物医用 天然多糖	42	
9787513017855	产业专利分析报告（第7册）	农业机械	66	
9787513017862	产业专利分析报告（第8册）	液体灌装机械	46	
9787513017879	产业专利分析报告（第9册）	汽车碰撞安全	46	
9787513017886	产业专利分析报告（第10册）	功率半导体器件	46	
9787513017893	产业专利分析报告（第11册）	短距离无线通信	54	
9787513017909	产业专利分析报告（第12册）	液晶显示	64	
9787513017916	产业专利分析报告（第13册）	智能电视	56	
9787513017923	产业专利分析报告（第14册）	高性能纤维	60	
9787513017930	产业专利分析报告（第15册）	高性能橡胶	46	
9787513017947	产业专利分析报告（第16册）	食用油脂	54	
9787513026314	产业专利分析报告（第17册）	燃气轮机	80	
9787513026321	产业专利分析报告（第18册）	增材制造	54	

书号	书名	产业领域	定价	条码
9787513026338	产业专利分析报告（第19册）	工业机器人	98	9787513026338
9787513026345	产业专利分析报告（第20册）	卫星导航终端	110	9787513026345
9787513026352	产业专利分析报告（第21册）	LED照明	88	9787513026352
9787513026369	产业专利分析报告（第22册）	浏览器	64	9787513026369
9787513026376	产业专利分析报告（第23册）	电池	60	9787513026376
9787513026383	产业专利分析报告（第24册）	物联网	70	9787513026383
9787513026390	产业专利分析报告（第25册）	特种光学与电学玻璃	64	9787513026390
9787513026406	产业专利分析报告（第26册）	氟化工	84	9787513026406
9787513026413	产业专利分析报告（第27册）	通用名化学药	70	9787513026413
9787513026420	产业专利分析报告（第28册）	抗体药物	66	9787513026420
9787513033411	产业专利分析报告（第29册）	绿色建筑材料	120	9787513033411
9787513033428	产业专利分析报告（第30册）	清洁油品	110	9787513033428
9787513033435	产业专利分析报告（第31册）	移动互联网	176	9787513033435
9787513033442	产业专利分析报告（第32册）	新型显示	140	9787513033442
9787513033459	产业专利分析报告（第33册）	智能识别	186	9787513033459
9787513033466	产业专利分析报告（第34册）	高端存储	110	9787513033466
9787513033473	产业专利分析报告（第35册）	关键基础零部件	168	9787513033473
9787513033480	产业专利分析报告（第36册）	抗肿瘤药物	170	9787513033480
9787513033497	产业专利分析报告（第37册）	高性能膜材料	98	9787513033497
9787513033503	产业专利分析报告（第38册）	新能源汽车	158	9787513033503

书　　号	书　　名	产业领域	定价	条　　码
9787513043083	产业专利分析报告（第39册）	风力发电机组	70	
9787513043069	产业专利分析报告（第40册）	高端通用芯片	68	
9787513042383	产业专利分析报告（第41册）	糖尿病药物	70	
9787513042871	产业专利分析报告（第42册）	高性能子午线轮胎	66	
9787513043038	产业专利分析报告（第43册）	碳纤维复合材料	60	
9787513042390	产业专利分析报告（第44册）	石墨烯电池	58	
9787513042277	产业专利分析报告（第45册）	高性能汽车涂料	70	
9787513042949	产业专利分析报告（第46册）	新型传感器	78	
9787513043045	产业专利分析报告（第47册）	基因测序技术	60	
9787513042864	产业专利分析报告（第48册）	高速动车组和高铁安全监控技术	68	
9787513049382	产业专利分析报告（第49册）	无人机	58	
9787513049535	产业专利分析报告（第50册）	芯片先进制造工艺	68	
9787513049108	产业专利分析报告（第51册）	虚拟现实与增强现实	68	
9787513049023	产业专利分析报告（第52册）	肿瘤免疫疗法	48	
9787513049443	产业专利分析报告（第53册）	现代煤化工	58	
9787513049405	产业专利分析报告（第54册）	海水淡化	56	
9787513049429	产业专利分析报告（第55册）	智能可穿戴设备	62	
9787513049153	产业专利分析报告（第56册）	高端医疗影像设备	60	
9787513049436	产业专利分析报告（第57册）	特种工程塑料	56	
9787513049467	产业专利分析报告（第58册）	自动驾驶	52	

书　号	书　名	产业领域	定价	条　码
9787513054775	产业专利分析报告（第59册）	食品安全检测	40	
9787513056977	产业专利分析报告（第60册）	关节机器人	60	
9787513054768	产业专利分析报告（第61册）	先进储能材料	60	
9787513056632	产业专利分析报告（第62册）	全息技术	75	
9787513056694	产业专利分析报告（第63册）	智能制造	60	
9787513058261	产业专利分析报告（第64册）	波浪发电	80	
9787513063463	产业专利分析报告（第65册）	新一代人工智能	110	
9787513063272	产业专利分析报告（第66册）	区块链	80	
9787513063302	产业专利分析报告（第67册）	第三代半导体	60	
9787513063470	产业专利分析报告（第68册）	人工智能关键技术	110	
9787513063425	产业专利分析报告（第69册）	高技术船舶	110	
9787513062381	产业专利分析报告（第70册）	空间机器人	80	
9787513069816	产业专利分析报告（第71册）	混合增强智能	138	
9787513069427	产业专利分析报告（第72册）	自主式水下滑翔机技术	88	
9787513069182	产业专利分析报告（第73册）	新型抗丙肝药物	98	
9787513069335	产业专利分析报告（第74册）	中药制药装备	60	
9787513069748	产业专利分析报告（第75册）	高性能碳化物先进陶瓷材料	88	
9787513069502	产业专利分析报告（第76册）	体外诊断技术	68	
9787513069229	产业专利分析报告（第77册）	智能网联汽车关键技术	78	
9787513069298	产业专利分析报告（第78册）	低轨卫星通信技术	70	